여행은 꿈꾸는 순간, 시작된다

# 여행 준비 체크리스트

| | | |
|---|---|---|
| D-40 | 여행 정보 수집 & 여권 발급 | ☐ 가이드북, 블로그, 유튜브 등에서 여행 정보 수집<br>☐ 여권 발급 or 유효기간 확인 |
| D-30 | 항공권 예약 | ☐ 항공사 or 여행플랫폼 가격 비교<br>* 저렴한 항공권을 찾아보고 싶다면 미리 항공사나 여행플랫폼 앱 다운받아 가격 알림 신청해두기 |
| D-25 | 숙소 예약 | ☐ 교통 편의성과 여행 테마를 고려해 숙박 지역 먼저 선택<br>☐ 숙소 가격 비교 후 예약 |
| D-20 | 여행 일정 및 예산 계획 | ☐ 여행 기간과 테마에 맞춰 일정 계획<br>☐ 일정을 고려해 상세 예산 짜보기 |
| D-15 | 교통 패스와 입장권 구매 & 여행자 보험 및 입국 서류 준비 | ☐ 내 일정에 필요한 교통 패스와 입장권, 투어 프로그램 확인 후 예약<br>☐ 여행자 보험, 국제운전면허증, 국제학생증 등 신청<br>☐ 비지트 재팬 웹에서 입국 신고, 면세 수속 등록 |
| D-10 | 예산 고려하여 환전 | ☐ 환율 우대, 쿠폰 등 주거래 은행 및 각종 애플리케이션에서 받을 수 있는 혜택 알아보기<br>☐ 해외에서 사용할 수 있는 여행용 체크(신용)카드 준비 |
| D-5 | 데이터 서비스 선택 | ☐ 여행 스타일에 맞춰 데이터로밍, 유심칩, 포켓 와이파이 결정<br>* 여러 명이 함께 사용한다면 포켓 와이파이, 장기 여행이라면 유심칩, 가장 간편한 방법을 찾는다면 로밍 |
| D-3 | 짐 꾸리기 & 최종 점검 | ☐ 짐을 싼 후 빠진 것은 없는지 여행 준비물 체크리스트 보고 확인<br>☐ 기내 반입할 수 없는 물품을 다시 확인해 위탁수하물용 캐리어에 넣기<br>☐ 항공권 온라인 체크인 |
| D-DAY | 출국 | ☐ 여권, 비자, 항공권, 숙소 바우처, 여행자 보험 증서 등 필수 준비물 확인<br>☐ 공항 터미널 확인 후 출발 시각 3시간 전에 도착<br>☐ 공항에서 포켓 와이파이 등 필요 물품 수령 |

# 여행 준비물 체크리스트

## 필수 준비물

- ☐ 여권(유효기간 6개월 이상)
- ☐ 여권 사본, 사진
- ☐ 항공권(E-Ticket)
- ☐ 바우처(호텔, 현지 투어 등)
- ☐ 현금
- ☐ 해외여행용 체크(신용)카드
- ☐ 각종 증명서(여행자 보험, 국제운전면허증 등)

## 기내 용품

- ☐ 볼펜(입국신고서 작성용)
- ☐ 수면 안대
- ☐ 목베개
- ☐ 귀마개
- ☐ 가이드북, 영화, 드라마 등 볼거리
- ☐ 수분 크림, 립밤
- ☐ 얇은 점퍼 or 가디건

## 전자 기기

- ☐ 노트북 등 전자 기기
- ☐ 각종 충전기
- ☐ 보조 배터리
- ☐ 카메라, 셀카봉
- ☐ 포켓 와이파이, 유심칩
- ☐ 멀티어댑터

## 의류 & 신발

- ☐ 현지 날씨 상황에 맞는 옷
- ☐ 속옷
- ☐ 잠옷
- ☐ 수영복, 비치웨어
- ☐ 양말
- ☐ 여벌 신발
- ☐ 슬리퍼

## 세면도구 & 화장품

- ☐ 치약 & 칫솔
- ☐ 면도기
- ☐ 샴푸 & 린스
- ☐ 바디워시
- ☐ 선크림
- ☐ 화장품
- ☐ 클렌징 제품

## 기타 용품

- ☐ 지퍼백, 비닐 봉투
- ☐ 보조 가방
- ☐ 선글라스
- ☐ 간식
- ☐ 벌레 퇴치제
- ☐ 비상약
- ☐ 우산
- ☐ 휴지, 물티슈

**출국 전 최종 점검 사항**

① 여권 확인

② 항공권의 출국 공항 터미널 확인

③ 위탁수하물 캐리어 크기 및 무게 측정
(항공사별로 다르므로 홈페이지에서 미리 확인)

④ 기내 반입 불가 품목 확인

⑤ 포켓 와이파이, 환전 신청한 외화 등 수령 장소 확인

⑥ 비지트 재팬 웹 등록 확인 및 QR코드 캡처

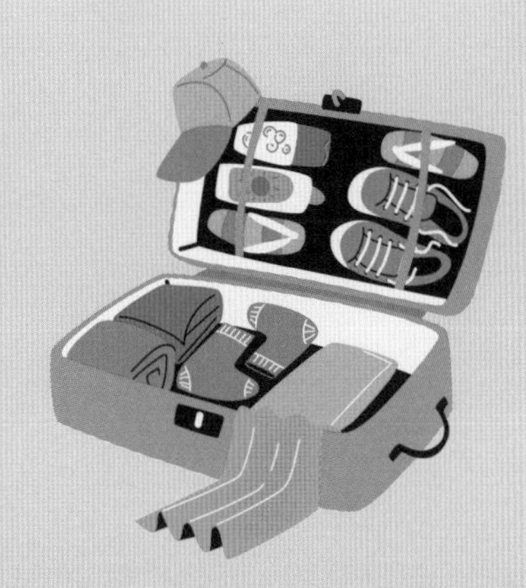

리얼

# 오사카

교토 고베 나라

**여행 정보 기준**

이 책은 2024년 10월까지 수집한 최신 정보를 바탕으로 만들었습니다.
정확한 정보를 싣고자 노력했지만 여행 가이드북의 특성상
책에서 소개한 정보는 현지 사정에 따라 수시로 변경될 수 있습니다.
변경된 현지 정보는 개정판에 반영해 더욱 실용적인 가이드북을 만들겠습니다.

**한빛라이프 여행팀 ask_life@hanbit.co.kr**


# 리얼 오사카 교토 고베 나라

**초판 발행** 2017년 12월 27일
**개정4판 2쇄** 2024년 12월 12일

**지은이** 황성민, 정현미 / **펴낸이** 김태헌
**총괄** 임규근 / **팀장** 고현진 / **책임편집** 정은영 / **디자인** 천승훈 / **지도·일러스트** 이예연
**영업** 문윤식, 신희용, 조유미 / **마케팅** 신우섭, 손희정, 박수미, 송수현 / **제작** 박성우, 김정우 / **전자책** 김선아

**펴낸곳** 한빛라이프 / **주소** 서울시 서대문구 연희로2길 62 한빛빌딩
**전화** 02-336-7129 / **팩스** 02-325-6300
**등록** 2013년 11월 14일 제25100-2017-000059호
**ISBN** 979-11-93080-43-6 14980, 979-11-85933-52-8 14980(세트)

한빛라이프는 한빛미디어(주)의 실용 브랜드로 우리의 일상을 환히 비추는 책을 펴냅니다.

이 책에 대한 의견이나 오탈자 및 잘못된 내용은 출판사 홈페이지나 아래 이메일로 알려주십시오.
파본은 구매처에서 교환하실 수 있습니다. 책값은 뒤표지에 표시되어 있습니다.
**한빛미디어 홈페이지 www.hanbit.co.kr / 이메일 ask_life@hanbit.co.kr**
**블로그 blog.naver.com/real_guide_ / 인스타그램 @real_guide**

Published by HANBIT Media, Inc. Printed in Korea



**지금 하지 않으면 할 수 없는 일이 있습니다.**
**책으로 펴내고 싶은 아이디어나 원고를 메일(writer@hanbit.co.kr)로 보내주세요.**
**한빛라이프는 여러분의 소중한 경험과 지식을 기다리고 있습니다.**

오사카를 가장 멋지게 여행하는 방법

# 리얼 오사카

교토 고베 나라

황성민·정현미 지음

HB 한빛라이프

**PROLOGUE**
작가의 말

# 진짜 오사카의 모습 그대로

1년에도 2~3번씩 오사카를 오가며 취재를 하지만 요즘처럼 많은 것이 바뀌었던 적은 없었던 것 같습니다. 단 몇 개월 차이인데도 변화가 너무 많아서 최신 정보를 업데이트 하기가 벅찰 정도입니다. 그랑 프런트 오사카와 우메다 스카이빌딩 사이 오랜 기간 비어있던 공간에, 새로 생긴 공원과 쇼핑몰, 상점이 가득 들어찼습니다. 아직 다 완공된 것은 아니지만 현재 오사카역 우메키타 출구에 공원이 일부 개장했고, 일본 전역의 특산품을 판매하는 쇼핑몰로 유명한 KITTE의 오사카점이 새로 오픈하면서 인기몰이를 하고 있습니다.
주문 시스템도 많이 변했습니다. '아날로그'를 대표하는 일본이지만 이제는 많은 식당에서 테이블에 있는 QR 코드를 스캔해 메뉴판을 보고, 주문하고 계산한 후 LINE으로 알림을 받아 음식을 픽업하는 곳이 늘어나고 있습니다.
물가도 많이 올랐습니다. 일본은 장기 경기 침체로 인해 물가의 변화가 거의 없다시피 했는데, 최근 1~2년 사이에 깜짝 놀랄 정도로 물가가 많이 상승했습니다. 다행히 최근 전례 없는 엔저로 일본 여행하기가 좋아진 것은 참 다행입니다.
최근 오사카는 백화점과 쇼핑 상가마다 푸드홀 경쟁이 뜨겁습니다. 팬데믹 이전부터 큰 백화점과 쇼핑몰을 중심으로 푸드홀을 만들기 시작했는데, 지금은 서로 유명 맛집들을 유치해 치열하게 경쟁하고 있습니다. 그 덕에 새롭게 생긴 푸드홀과 그곳의 음식점들을 찾아다니는 재미가 쏠쏠합니다.
마지막으로 교통 패스에 많은 변화가 생겼습니다. 팬데믹 기간 동안 판매 중지되었던 패스들 대부분이 폐지되었고, 오사카 주유 패스 또한 무료 이용 시설과 혜택이 줄어들었습니다. 특히 JR 웨스트레일 패스는 전면 개편되고 가격도 많이 상승했는데, 한큐·케이한 전철 등과 제휴해 같이 사용할 수 있는 교환권을 제공해 주기 때문에 패스를 따로 구입하는 수고를 덜 수 있습니다. 여러 면에서 조금 더 꼼꼼하게 알아보는 지혜가 필요합니다.
이번 개정판에서도 이렇게 많은 변화가 생긴 오사카의 '리얼'한 모습을 담으려 노력했습니다.
2017년에 처음 〈리얼 오사카 교토 PLUS 고베 나라〉를 출간한 초기부터 지금까지, '먹다 망하는 도시'라는 오사카 곳곳에 숨어 있는 진짜 맛집을 알리고, 항상 최신 정보를 담으려 노력해 온 저희의 노력이 독자분들의 즐거운 여행에 많은 도움이 되기를 바랍니다.

**황성민** 오사카 대학원에서 석사 과정을 밟으면서 여행과 맛집에 대한 글을 쓰다가 여행 작가가 되었다. 현지인이 맛집 추천을 부탁할 만큼 오사카의 음식에 대해서 모르는 것이 없고, 국내 최대 일본 여행 커뮤니티에서 맛집과 여행 정보를 소개하고 있다. 저서로는 〈리얼 오사카〉, 〈리얼 교토〉, 〈라멘 먹으러 왔습니다〉가 있으며 여행 워크북 〈안녕! 오사카〉, 〈안녕! 교토〉에는 내용 자문과 사진으로 참여하였다.

**블로그** blog.naver.com/haram4th **인스타그램** www.instagram.com/haram4th

**PROLOGUE**
작가의 말

# 따뜻한 여행의 기억을 위해

갓 스무 살이 되었던 제게 좋아하는 일본 록 그룹의 해체 소식은 정말 세상이 무너지는 일이었습니다. 동시에 그들의 마지막 콘서트 소식을 이유를 듣고는, 망설일 시간이 없었습니다. 좋아하는 그룹의 공연을 보자! 그렇게 저의 무궁무진(?)한 일본 여행은 그렇게 시작되었습니다. 일본어라고는 히라가나 한 자 적지 못했던 시절, 무작정 공연을 보겠다는 팬심 하나로 공항에 내렸습니다. 하지만 가장 먼저 맞닥뜨린 것은, 수능 시험지보다 어렵게 느껴지고, 아침 드라마 인간관계보다 더 꼬이고 꼬인 전철 노선도였습니다. 12월 말의 한겨울이었음에도 온몸이 젖을 정도로 진땀을 흘리던 제게, 한 중년 여성이 수줍게 다가와 도움의 손길을 내밀어 주었습니다. 저는 손짓 발짓 다 섞어 겨우 목적지를 물어볼 수 있었고, 그분은 티켓을 직접 산 다음 탑승구까지 함께 가주었습니다. 그제야 벤치에 털썩 주저앉은 제게 수줍은 표정으로 그분이 건네준 생수 한 병, 저는 지금도 그때 마셨던 그 물맛을 잊을 수 없습니다. 엉망진창이었던 첫 일본 여행이 지금까지도 따뜻한 온기로 남아있는 이유입니다.
"패스 하나면 다 되는 줄 알고 샀는데 사철은 뭐고, JR과 지하철은 도대체 무슨 차이인가요?" "어떤 패스를 사야 제약 없이 모든 노선을 다 탈 수 있나요?" "같은 노선인데 표를 다시 사야 한다는 건 무슨 말이죠?" 제가 활발히 활동하는 일본 여행 커뮤니티에 가장 많이 올라오는 질문들입니다. 일본의 교통과 교통 패스는 알면 알수록 더 복잡해지는 것으로 악명 높습니다. 초심자라면 당연히 무슨 노선인지도 헷갈리는 마당에 이렇게 많은 노선과 패스가 두둥 나타나니……. 더 머리가 아픈 것이 당연합니다. 여행을 준비하는 분들의 질문을 받을 때마다 늘 첫 여행 때 혼란스러웠던 제 모습을 떠올립니다. 물론 이 책 한 권이 여행에서 일어나는 모든 상황을 다 해결해줄 수는 없겠지만, 제가 그때 마신 시원하고 맛있었던 물 같은 존재가 되었으면 하는 마음입니다. 시끌벅적 활기찬 도시 분위기로 전 세계 여행객이 몰리는 오사카. 처음 여행이라면 막막할 수 있는 그 마음에 〈리얼 오사카〉가 여러분의 좋은 친구가 되었으면 하는 바람입니다.

**Special thanks to**

내가 열심히 살게 하는 원동력, 우리 가족(엄마, 동생, 우리 냥이들)과 나의 제2의 가족인 사모임 '덩거리회', 30년 이상의 오랜 친구 이은혜, 20여 년이 된 우리 박카스J 친구들, 책을 집필할 수 있도록 응원해주시는 네일동 스태프 분들, 모자란 저를 잘 이끌어주시고 큰 도움 주시는 황성민 작가님과, 팬데믹 기간 동안 같이 마음고생 많이 하며 멋진 책을 만들어주신 한빛라이프 여행팀 감사합니다!!

**정현미** 여행사에서 근무하며 100번 이상 일본을 오가다 쌓은 경험을 일본 여행 커뮤니티에서 닉네임 '꼬꼬'로 공유하기 시작했다. 이후 지금까지 19년째 간사이와 규슈 등 각 지역의 교통과 패스, 여행 일정과 정보에 대한 고민을 함께 풀어주는 스태프로 활동 중이다.

**이메일** jungcoco81@gmail.com **인스타그램** www.instagram.com/jungcoco0929

# 리얼 오사카를 소개합니다

**일러두기** 이 책에 나오는 외국어의 한글 표기는 국립국어원의 외래어 표기법을 따랐습니다. 단, 일본어의 한글 표기는 현지 발음에 최대한 가깝게 표기했으며 '간사이', '교토' 등 그 표현이 굳어진 단어는 예외로 두었습니다.

## 구글 맵스 QR 코드

각 지도에 담긴 QR코드를 스캔하면 엄선한 스폿 리스트가 담긴 구글 지도를 스마트폰에서 볼 수 있다. '지도 앱으로 보기'를 선택하고 구글 맵스 앱으로 연결하면 거리 탐색, 경로 찾기 등을 더욱 편하게 이용할 수 있다. 앱을 닫은 후에 지도를 다시 보려면 구글 맵스 애플리케이션 하단의 '저장됨' - '지도'로 이동해 원하는 지도명을 선택하면 된다.

## 아이콘

| | | | |
|---|---|---|---|
| 명소 | 음식점, 카페, 바, 디저트 전문점 | | 상점 |
| 주소 | 찾아가는 법 | 요금 및 가격 | 운영 시간 |
| 전화번호 | 홈페이지 | 구글 맵스 GPS | 기차, 사철 및 JR 역 |
| 지하철역 | 세븐일레븐 편의점 | 패밀리마트 편의점 | |

# 리얼 오사카 100% 활용 방법

## Book 01 리얼 오사카
### 〈리얼 오사카〉로 알차게! 여행 준비

**PART 01** 여행 준비에 들어가기 전에 오사카에 대해 꼭 알아두면 좋을 만한 정보만 모았다. 가벼운 마음으로 읽어보자.

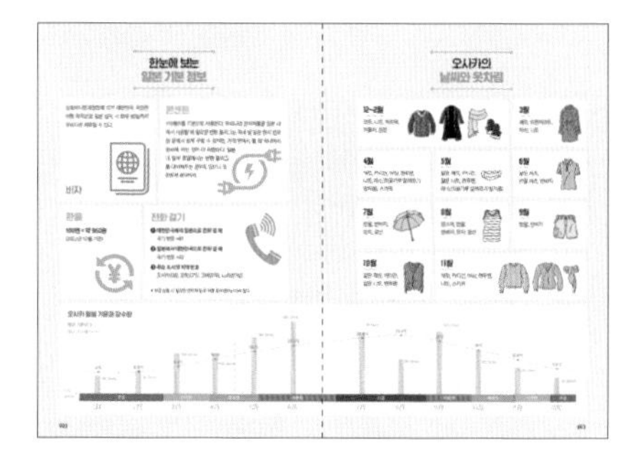

**PART 02** 본격적으로 어떤 코스로 다닐지, 무엇을 보고 먹고 살 것인지를 알아본 후 오사카 시내로 들어가는 방법까지 알아두자.

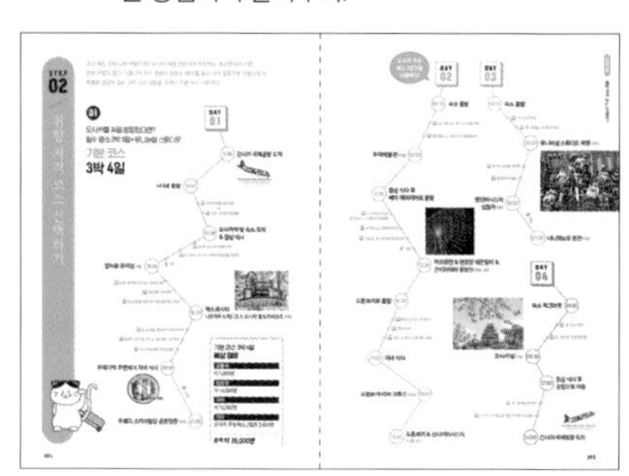

**PART 03** 진짜 오사카의 구석구석을 둘러볼 시간이다. 가장 중요한 것은 각 스폿의 영업 시간과 휴일, 그리고 가는 방법을 미리 확인해두는 것이다.

**PART 04** 여행을 준비하는 과정에서 놓친 부분이 있을까 봐 걱정된다면 차근차근 읽어보자. 여행 준비에 도움이 될 만한 팁을 정리해두었다.

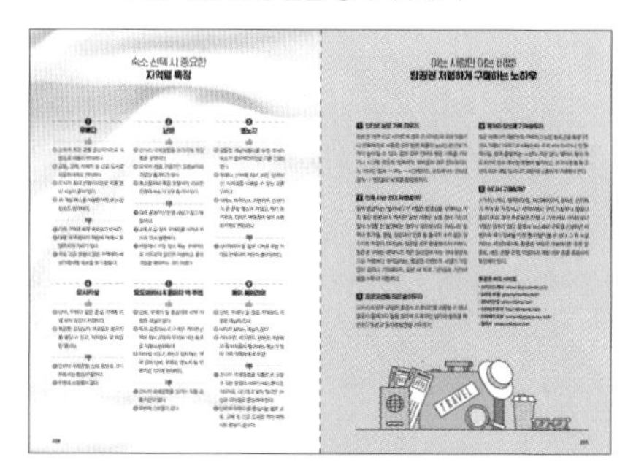

## 특별한 부록 두 가지!

### Book 02 교토·고베·나라 Plus Book

교토, 고베, 나라로 당일 또는 1박 2일 여행을 떠나보자. 핵심 스폿만 추려 코스를 만들었다. 여행을 준비할 시간이 없다면 이 코스를 적극 활용해 보자.

### Book 03 스마트 MApp Book

오사카를 쉼 없이 연구하는 저자가 엄선한 애플리케이션의 사용법을 담은 App Book과 현지에서 가볍게 들고 다닐 수 있는 Map Book을 함께 엮었다.

# 목차

# CONTENTS



## PART 01

## 한눈에 보는 오사카

## PART 02

# 오사카를 가장 멋지게 여행하는 방법

### STEP ❶ 취향 저격 스폿 선택하기



### STEP ❷ 취향 저격 코스 선택하기



### STEP ❸ 패스 선택하기



REAL GUIDE



### STEP ❹ 출국하기



### STEP ❺ 오사카 입국하기



### STEP ❻ 시내로 이동하기



### STEP ❼ 오사카 교통 미리보기



### STEP ❽ 알아두면 도움되는 오사카 여행 이야기

## PART 03

# 진짜 오사카를 만나는 시간



## PART 04

# 진짜 간사이를 만나는 시간

REAL GUIDE



REAL PLUS



## PART 05

# 즐겁고 설레는 여행 준비하기

실전 여행까지 책임진다!
스마트 MApp Book

PART

# 01

# 한눈에 보는 오사카

OSAKA

# 마음에 남는 오사카 여행의 장면들

출근 시간대가 지나고 한산한 오사카역 플랫폼을 지키는 역무원

꽃잎 호호 불어가며 목을 축이는 나라 공원의 사슴

빈티지 감성 가득한 일본식 커피숍, 킷사텐

퇴근 후 한잔을 놓칠 수 없는 직장인 군단

끓어가는 오뎅과 함께 뜨끈하게 녹는
우리네 마음

보는 것만으로도 마음이 몽글몽글해지는 아기자기한 소품 숍

한 신사의 손 씻는 물로
목을 축이는 길고양이

강만큼 널따란 오사카성 해자에서
유유자적 뱃놀이

강변에 앉아 즐기는 가을날의 브런치

험악한 표정으로 오사카를 지키는 쿠시카츠 다루마 아저씨

1분에도 수십 개의
타코야키를 만들어 내는
장인의 손놀림

교토를 지키는 인력거꾼과 교토에 내리는 꽃비

호시노브란코에서 맞는 그러데이션 단풍 비

고양이란 고양이는 다 모여
집사의 발길을 붙잡는 가게

일상 속에서 사찰을 찾는 불심 가득한 사람들

**01**

오사카 여행의 필수 코스!

**오사카성** / 오사카성 P.270

**02**

오사카를 상징하는 모든 사진의 배경

**도톤보리** / 미나미 B P.234

**05**

여유로운 하루를 선물하는 덴포잔 하버 빌리지

**베이 에어리어** / 베이 에어리어 P.314

오사카에서 꼭 보고, 먹고, 걷고,
느껴야 하는 필수 체험만 모았다.
특히 오사카를 처음 방문하는
짧은 일정이라면 우선 이곳에서 소개하는
Top10부터 경험해보자.

”

**07**

떠오르는 식도락의 거리, 최고의 식탁

**우라난바** / 미나미 A P.215

**08**

일본에서 가장 높은 빌딩

**아베노 하루카스** / 텐노지 P.296

탁트인 야외에서 즐기는 오사카의 야경

**우메다 스카이빌딩** / 키타 P.140

레트로풍 모습이 살아있는 거리

**신세카이** / 텐노지 P.297

쇼핑 거리에서 시간이 사라지는 경험

**신사이바시스지** / 미나미 B P.235

백화점과 쇼핑몰 천국에서 하루를

**우메다** / 키타 A P.137

오사카 미식의 성지 체험

**우메다의 푸드홀들** / 키타 A P.146

시원하게 미끄러져 내려오는 츠텐카쿠의 새로운 재미!

**츠텐카쿠 타워 슬라이더** / 텐노지 P.296

닌텐도 게임 캐릭터를 직접 만지다니!

**닌텐도 오사카** / 키타 A P.170

오사카에서 가장 독특한 카페를 찾는다면 이곳!

**나카자키초** / 키타 A P.161

"

지금 오사카에서 가장 많은
해시태그를 자랑하는 곳은 어디일까?
대표적인 명소 외에도 이 도시에는
놓칠 수 없는 즐거움이 수없이 많다.
지금 이 순간에도 오사카는 뜨겁게 열광하고
빠르게 변화하고 있기 때문이다.

"

해양생물을 눈앞에서 만나볼 수 있는 체험형 수족관

**니후레루** / 오사카 북부 P.202

아름다운 강변을 따라 늘어선 분위기 좋은 테라스 카페

**키타하마의 카페들** / 키타 C P.189

03

쌍둥이 빌딩에 있는 친환경 디자인의 스타벅스

**우메다 링크스 스타벅스** / 키타 A P.163

04

영화 속 호그와트에서 해리 포터 삼총사와 모험을

**유니버설 스튜디오 재팬** / 베이 에어리어 P.324

# SNS 핫 스폿 TOP 10

06

세련된 카페와 멋진 가게들이 모이는 핫 스폿

**미나미센바** / 미나미 B P.235

09

1년 내내 꽃을 볼 수 있는 공원

**츠루미료쿠치 공원** / 오사카 외곽 P.278

10

옛 건물이 남아 있는 전통가옥 보존 구역과 숨은 맛집

**지나이마치** / 오사카 외곽 P.288

# 숫자로 보는 오사카

세계에서 가장 살기 좋은
도시 10위(2022년, EIU)

300m

일본에서 가장 높은 빌딩 아베노 하루카스의 높이

OSA

오사카에서 세계 최초로
인스턴트 라면이 발명된 해

1958

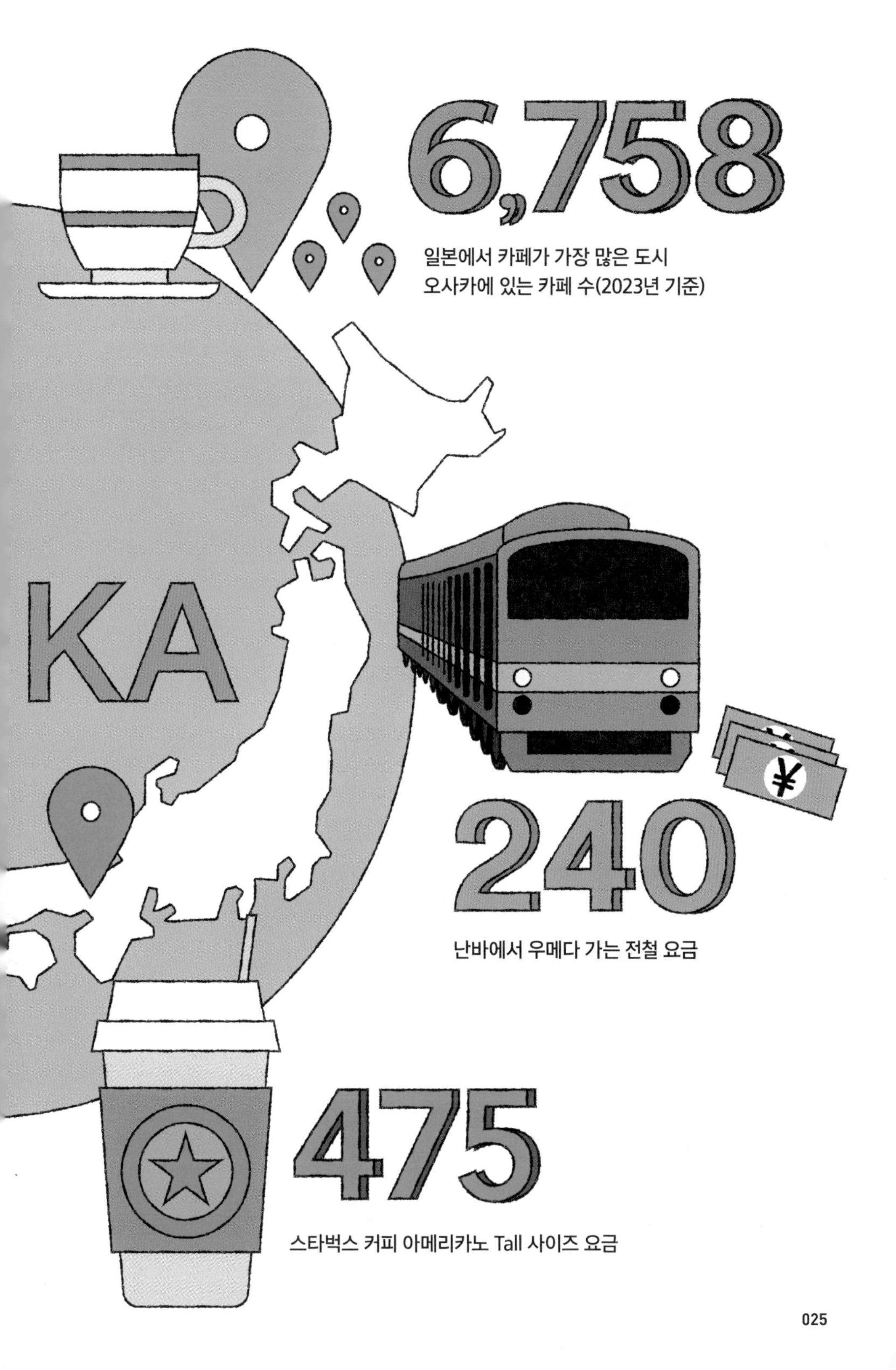
6,758
일본에서 카페가 가장 많은 도시
오사카에 있는 카페 수(2023년 기준)
KA
240
난바에서 우메다 가는 전철 요금
475
스타벅스 커피 아메리카노 Tall 사이즈 요금

# 한눈에 보는 일본 기본 정보

## 비자

상호비자면제협정에 의거 대한민국 국민은 여행 목적으로 일본 입국 시 최대 90일까지 무비자로 체류할 수 있다.

## 콘센트

100볼트를 기본으로 사용한다. 우리나라 전자제품을 일본 내에서 사용할 때 필요한 변환 플러그는 국내 및 일본 현지 편의점 등에서 쉽게 구할 수 있지만, 가격 면에서 볼 때 국내에서 준비해 가는 것이 더 저렴하다. 일본 내 일부 호텔에서는 변환 플러그를 대여해주는 경우도 있으니 프런트에 문의하자.

## 환율

**100엔 = 약 905원**
(2024년 10월 기준)

## 전화 걸기

❶ **대한민국에서 일본으로 전화 걸 때**
국가 번호 +81

❷ **일본에서 대한민국으로 전화 걸 때**
국가 번호 +82

❸ **주요 도시의 지역 번호**
오사카(06), 교토(075), 고베(078), 나라(0742)

* 위급 상황 시 필요한 연락처 등은 여행 준비편(Part 04) 참고

## 오사카 월별 기온과 강수량

평균 기온(°C)
평균 강수량(mm)

| | 1月 | 2月 | 3月 | 4月 | 5月 | 6月 |
|---|---|---|---|---|---|---|
| 평균 기온 | 6°C | 6.3°C | 9.4°C | 15.1°C | 19.7°C | 23.5°C |
| 평균 강수량 | 45.4mm | 61.7mm | 104.2mm | 103.8mm | 145.5mm | 184.5mm |

0°C
0mm

추운 / 선선한 / 쾌적한 / 따뜻한

# 오사카의 날씨와 옷차림

### 12~2월
코트, 니트, 히트텍, 머플러, 장갑

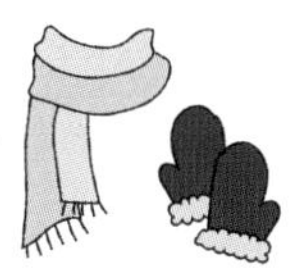

### 3월
재킷, 트렌치코트, 야상, 니트

### 4월
재킷, 카디건, 야상, 맨투맨, 니트, 마스크(꽃가루 알레르기 방지용), 스카프

### 5월
얇은 재킷, 카디건, 얇은 니트, 맨투맨, 마스크(꽃가루 알레르기 방지용)

### 6월
얇은 셔츠, 반팔 셔츠, 반바지

### 7월
반팔, 반바지, 모자, 양산

### 8월
민소매, 반팔, 반바지, 모자, 양산

### 9월
반팔, 반바지

### 10월
얇은 재킷, 카디건, 얇은 니트, 맨투맨

### 11월
재킷, 카디건, 야상, 맨투맨, 니트, 스카프

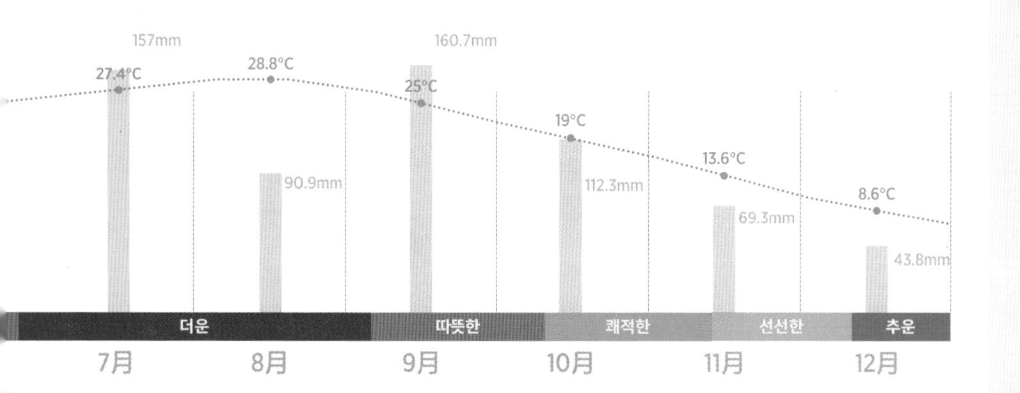

# 오사카의 축제

## 1월

### 토카 에비스
十日戎

1월 9~11일
난카이난바역~ 이마미야 에비스 신사

100만 명 이상이 모여들어 상업의 신 에비스를 모시는 축제

## 1월

### 시텐노지 도야도야
四天王寺どやどや

1월 14일 시텐노지

천하태평을 기원하는 축제로 슈쇼에(정월) 법회가 끝난 후 열린다.

## 2월

### 텐마 텐진우메 마츠리
てんま天神梅まつり

2월 10일~3월 초
오사카 텐만구

매화가 만개하는 때에 열리는 축제

## 2월

### 이치야 큐조 마츠리
一夜官女祭

2월 20일 노리스미요 신사

홍수, 질병을 막기 위해 처녀를 제물로 바쳤다는 전설에서 유래한 축제

## 3월

### 반파쿠 공원 사쿠라 마츠리
万博公園桜まつり

3월 말 반파쿠 공원

반파쿠 공원 전체를 하얗게 물들인 벚꽃을 만끽하는 축제

## 6월

### 아이젠 마츠리
愛染まつり

6월 30일~7월 2일
시텐노지

오사카 3대 축제 중 하나. 여름을 알리는 풍물 축제

## 7월

### 타나바타 마츠리
星愛七夕まつり

7월 7일 오사카 텐만구

칠월 칠석 축제. 7개의 고리를 차례로 통과하면 영원한 사랑이 이루어진다?

## 7월

### 텐진 마츠리
天神祭

7월 24~25일 오사카 텐만구

억울하게 죽은 스가하라 미치자네의 원혼을 달래던 행사에서 유래한 일본 3대 축제 중 하나

## 7월

### 스미요시 마츠리
住吉祭

7월 30일~8월 1일
스미요시타이샤

오사카 3대 축제. 큰 원을 빠져나가는 의식은 부정을 없애는 의미!

## 8월

### 나니와요도가와 하나비 대회
なにわ淀川花火大会

8월 초 요도가와

오사카 최대의 불꽃 축제

## 10월

### 미도스지 런웨이
御堂筋ランウェイ

11월 초
우메다 미도스지

최대 번화가 미도스지를 주 무대로 열리는 대형 축제. 참가 인원만 1만 명에 달한다.

## 11월~12월

### 오사카 빛의 향연
大阪 光の饗宴

11월 말~12월 말 우메다, 난바, 나카노시마, 요도야바시 등

오사카 전역에서 빛을 발하는 조명 축제. 최고의 야경!

## 일본의 공휴일

| 날짜 | 공휴일 | 원어 | 설명 |
|---|---|---|---|
| 1월 1일 | 설날 | 元日, 간지츠 | 새해 첫날을 쇠는 일본의 대명절 |
| 1월 둘째 월요일 | 성인의 날 | 成人の日, 세이진노히 | 만 20세가 된 성인을 축하하는 날 |
| 2월 11일 | 건국기념의 날 | 建国記念の日, 켄코쿠키넨노히 | 일본 초대 일왕 진무가 즉위한 날 |
| 2월 23일 | 일왕 탄생일 | 天皇誕生日, 텐노탄죠비 | 126대 일왕 나루히토의 생일 |
| 3월 20~21일 | 춘분의 날 | 春分の日, 슈분노히 | 봄을 맞아 집과 불단을 청소하고 성묘를 간다. |
| 4월 29일 | 쇼와의 날 | 昭和の日, 쇼와노히 | 쇼와 일왕의 생일로, 골든 위크가 시작되는 날 |
| 5월 3일 | 헌법기념일 | 憲法記念日, 겐포키넨비 | 일본 헌법이 시행된 날로, 우리의 제헌절과 같다. |
| 5월 4일 | 녹색의 날 | みどりの日, 미도리노히 | 일본의 식목일 |
| 5월 5일 | 어린이날 | こどもの日, 코도모노히 | 아이를 위한 날이자 단오날 |
| 7월 셋째 월요일 | 바다의 날 | 海の日, 우미노히 | 바다의 은혜에 감사하는 날 |
| 8월 11일 | 산의 날 | 山の日, 야마노히 | 2016년부터 시행된 등산의 날 |
| 8월 13~16일 | 오봉 | お盆 | 설날(간지츠)과 함께 일본의 2대 명절 |
| 9월 셋째 월요일 | 경로의 날 | 敬老の日, 케로노히 | 노인 공경의 날 |
| 9월 23일경 | 추분의 날 | 秋分の日, 슈우분노히 | 조상을 존경하고 망자를 그리는 날 |
| 10월 둘째 월요일 | 체육의 날 | 体育の日, 타이이쿠노히 | 1964년에 개최된 도쿄 올림픽 기념일 |
| 11월 3일 | 문화의 날 | 文化の日, 분카노히 | 메이지 일왕의 생일을 1948년에 문화의 날로 개정 |
| 11월 23일 | 근로감사의 날 | 勤労感謝の日, 킨로칸샤노히 | 근로자의 날 |

일본에도 공휴일이 일요일과 겹치면
그다음 날 쉬는 대체공휴일 제도가 있다.
휴일이 몰려 있는 연말연시(12월 23일~1월 5일),
골든 위크(4월 29일~5월 6일), 오봉(8월 11~16일),
실버 위크(9월 말)에 여행할 계획이라면
무조건 예약을 서두르자.

02 오사카 북부 p 198

# 구역별로 만나는 오사카

07 베이 에어리어 p 314

**❶ 키타**
#우메다 # 텐진바시 #나카노시마 & 혼마치
#오사카 여행의 중심 #맛집과 최첨단 유행

**❷ 오사카 북부**
#현지인이 즐겨 찾는 지역 #봄벚꽃 #가을단풍

**❸ 미나미**
#난바 #신사이바시 & 도톤보리
#1980~90년대의 화려했던 중심가 #글리코러너

**❹ 오사카성**
#오사카 여행의 필수 코스

**❺ 텐노지**
#1900년대 초 오사카의 중심지
#최고 높이에서 보는 야경

**❻ 오사카 남부**
#오사카의 옛 모습 #전통가옥

**❼ 베이 에어리어**
#상어고래 #아름다운 일몰

**★ 오사카 외곽**
#아름다운 자연 #힐링 명소

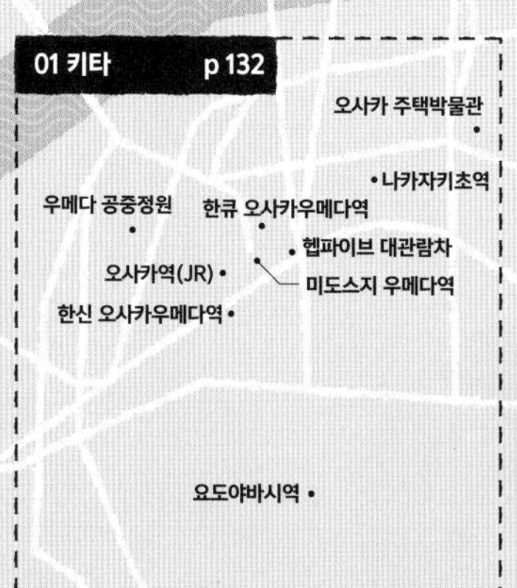

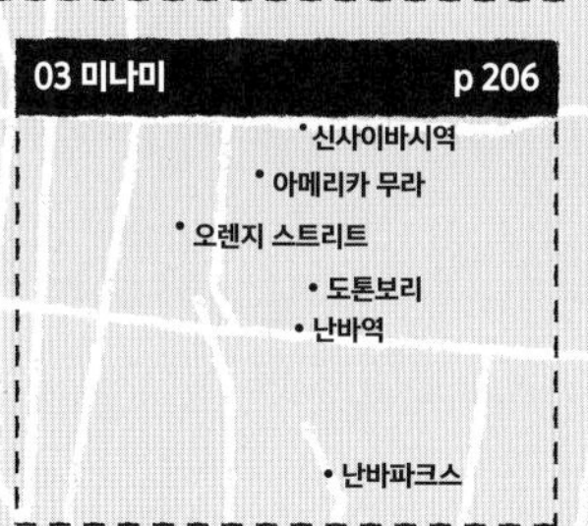


에비스초역
츠텐카쿠
오사카 시립미술관
도부츠엔마에역
테라다초역
아베노 하루카스
05 텐노지 p 290

06 오사카 남부 p 306
스미요시타이샤
오사카 시립 자연사박물관

# 오사카의 각 지역 들여다보기

오사카 여행의 중심지
## 키타

오사카를 방문할 때 도톤보리와 난바만 방문한다면 오사카의 반쪽만 경험하는 것이다. 지금 오사카의 중심은 우메다다. 이 지역을 중심으로 교토, 고베, 나라로 이동할 수 있으며 오사카의 맛집과 최첨단 유행은 대부분 우메다(혼마치역 위쪽)에 몰려 있기 때문이다.

**대표 명소** 우메다 링크스, 우메다 공중정원, 닌텐도 오사카, 헵파이브 관람차, 주택박물관, 나카자키초 카페 거리, 나카노시마 공원, 우츠보 공원, 강변 카페

떠오르는 새로운 명소
## 오사카 북부

오사카 북부는 명소가 많은 구역은 아니지만 즐길 거리가 의외로 많아 현지인이 즐겨 찾는 지역이다. 최근 오사카가 2025년 엑스포를 유치하면서 반파쿠 기념공원과 엑스포시티 홍보에 열을 올리고 있다.

**대표 명소** 리후레루, 반파쿠 기념공원, 엑스포시티, 컵누들 뮤지엄 오사카이케다, 미노오 공원 폭포와 단풍

화려했던 과거를 간직한
## 미나미

글리코러너, 쿠이다오레 타로, 거대한 용과 문어 등 재미있는 간판이 즐비한 구역. 난바, 도톤보리, 신사이바시는 1980~1990년대 오사카의 중심가로, 화려했던 일본의 옛 모습을 잘 보여준다. 특히 도톤보리는 오사카를 대표하는 풍경인 글리코러너와 번쩍이는 네온사인 그리고 활기찬 거리가 공존하는 구역이다.

**대표 명소** 도톤보리, 난바파크스, 신사이바시, 아메리카 무라, 오렌지 스트리트, 미나미 센바

오사카에 왔으면 당연히
## 오사카성

일본의 전국 시대를 통일한 도요토미 히데요시가 세운 성으로 일본 역사에서 매우 중요한 성이다. 토요토미 히데요시는 임진왜란을 일으킨 장본인이기도 해서 우리나라와도 관련이 깊다. 봄에는 화려한 벚꽃으로, 가을에는 분위기 있는 단풍으로 유명하다. 성 주변에 여유롭게 산책하거나 쉴 수 있는 공간도 많으니 복잡한 도심에서 잠깐 벗어나고 싶을 때 방문해보자.

**대표 명소** 오사카성, 니시노마루 정원, 오사카 역사박물관, 조폐박물관, 피스 오사카

쉼 없이 시야를 사로잡는 도시의 인파와 자동차 행렬, 화려하게 반짝이는 네온사인, 도심 속 유적과 공원이 선사하는 여유로운 시간, 곳곳에 숨어 손을 내미는 미식의 유혹은 오사카가 지닌 매력의 일부에 불과하다.

오사카 최대 유흥가에서 서민가로

## 텐노지

1900년대 초 오사카의 중심지로 '신세카이(신세계)'라고 불린다. 일본 내에서 가장 가난한 빈민촌과 일본에서 가장 높은 빌딩 아베노 하루카스가 공존하는 지역이다. 숙박료가 상대적으로 저렴해 이 지역에 묵는 여행자도 있는데, 텐노지역 주변 외에는 추천하지 않는다.

**대표 명소** 아베노 하루카스, 츠텐카쿠, 오사카 시립미술관

오사카의 자연과 역사를 만나는 곳

## 오사카 남부

오사카의 옛 모습을 많이 간직한 남부 지역에는 우리가 교토를 떠올릴 때 생각나는 풍경처럼 전통가옥이 잘 보존된 구역이 있다. 넓은 부지에 건설된 식물원이나 박물관도 있어 여유롭게 산책하며 둘러보기에도 좋다.

**대표 명소** 오사카 시립 자연사박물관, 스미요시타이샤

아이와 함께라면 꼭!

## 베이 에어리어

일본 최대급 수족관 카이유칸, 덴포잔 대관람차, 산타마리아 유람선, 레고랜드 등이 모여 있는 베이 에어리어는 아이와 함께 여행한다면 반드시 들러야 하는 구역이다. 특히 수족관과 레고랜드는 아이에게 즐거운 추억을 선물하기에 좋으며 아름다운 일몰까지 감상할 수 있어 누구와 동행하더라도 행복한 시간을 보낼 수 있다.

**대표 명소** 카이유칸, 덴포잔 대관람차, 산타마리아 유람선, 레고랜드, 사키시마 청사 전망대

멋진 힐링 스페이스

## 오사카 외곽

오사카는 대도시지만 근교로 조금만 나가도 아름다운 자연을 품은 구역을 만날 수 있다. 특히 세계 꽃 박람회가 열렸던 츠루미료쿠치 공원이나 오사카의 숲 중 하나인 호시노브란코는 아름다운 자연을 보며 여유롭게 쉴 수 있는 멋진 힐링 스페이스다.

**대표 명소** 츠루미료쿠치 공원, 호시노브란코, 지나이마치

# 가장 궁금해 하는 질문 TOP 10

**01**

## 경비는 얼마나 준비할까요?

**항공료**
50만 원(왕복 기준)

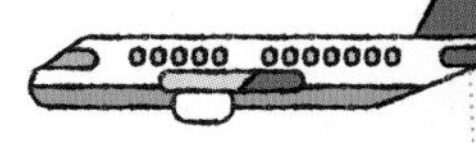

**게스트 하우스**
3,000엔~(1박 기준)

**비즈니스 호텔**
5,000~15,000엔(1박 기준)

**교통비**
약 7,000엔(간사이 레일웨이 패스 3일권 기준)

**식비**
약 1,000~3,000엔 (한끼 평균가 기준)

**02**

## 숙소는 어디에 잡을까요? P.436~438

이동이 편리한 곳은 단연 난바와 우메다. 하지만 숙박료가 높거나 민실인 경우가 많다. 난바와 우메다에 잡기 힘들다면 난바와 가까운 닛폰바시 또는 지하철 메인 노선인 미도스지선이 정차하는 텐노지, 다이고쿠초, 혼마치, 요도야바시, 나카츠 역 등에 잡아도 시내 이동이 수월하다.

**03**

## 오사카 여행은 언제가 좋을까요?

간사이 지방은 우리나라처럼 사계절의 구분이 뚜렷하다. 벚꽃 시즌이 시작되는 3월 말~4월 중순에는 항공권 가격이 크게 오르니 감안하여야 하고, 4월 말~5월 초에 일주일간 이어지는 일본의 최대 연휴인 '골든 위크' 기간에는 호텔 객실 부족, 관광지 인파 대란을 염두에 두어야 한다. 여름철에는 각종 축제와 행사를 즐길 수 있지만 고온다습한 날씨 때문에 쉽게 지칠 수 있다. 연말연시(12월 28일~1월 3일)에는 대부분의 관광지와 명소가 문을 닫으니 기억해 두자.

**04**

## 공항에서 시내로 가는 방법을 알려주세요. P.080

숙소 위치별로 시내로 가는 교통수단을 선택하는 것이 최고!

| 숙소 위치 | 교통수단 | 가격 |
|---|---|---|
| 난바 | 난카이 라피트(지정석)/ 급행(자유석) 중 택 1 | 1,490/970엔 |
| 우메다, 텐노지 | JR 칸쿠쾌속(일반) | · 텐노지(1,080엔)<br>· 우메다(1,210엔) |
| USJ, 덴포잔 | 공항 리무진 버스 | 1,800엔 |

**05**

## 아이와 함께 갈 만한 일정을 추천해주세요!

아이의 시선을 사로잡는 볼거리가 풍부한 명소와 직접 참여할 수 있는 체험 일정을 넣는 것이 좋다. 직접 만져보는 체험형 수족관 니후레루, 레고를 직접 조립해볼 수 있는 레고랜드 디스커버리와 바닷속 모습을 그대로 옮겨 놓은 카이유칸, 직접 그린 그림으로 컵라면을 만들 수 있는 컵누들 뮤지엄 등이 대표적이다. 오사카 주변 도시를 간다면 고베의 하버랜드에 있는 호빵맨 어린이 박물관, 나라에서는 나라공원에서 야생 사슴을 만나는 것도 좋다.

### 06 교토, 고베, 나라 중 어디를 갈까요?

오사카는 활기찬 도시, 고베는 세련된 도시, 교토는 일본다운 도시, 나라는 한적하고 예스러운 도시라고 생각하면 이해가 쉽다. 교토에는 수많은 사찰과 유네스코 문화유산이 있어 말 그대로 '일본다움'을 제대로 느낄 수 있다. 고베는 세련되고 여유로운 무역 항구 도시이며, 베이 에어리어 지역은 간사이 최고의 야경을 자랑하는 곳으로 꼽힌다. 나라 역시 유네스코가 지정한 역사 도시로 규모가 작기 때문에 사슴이 뛰어노는 나라공원을 중심으로 한나절이면 충분히 둘러볼 수 있다.

### 07

미취학 아동이라면 지하철 운임이 무료이고 관광지 입장도 무료인 경우가 많으므로 주유 패스를 따로 구매할 필요가 없다. 취학 아동이라면 지하철을 이용할 수 있는 오사카 1일 승차권 소아용(310엔)만 구매하고 입장료는 관광지마다 따로 지불하는 것이 유리하다. 단, 레고랜드 디스커버리, 덴포잔 대관람차를 이용할 예정이면 이들 입장료가 각각 2,800엔, 900엔으로 주유 패스의 가격을 초과하므로 어른용을 구매하는 게 좋다(단, 레고랜드 디스커버리는 공식 홈페이지에 명시된 날에 한해 무료 / 예약 필수).

### 08 유니버설 스튜디오 재팬 티켓 구매 시 고려할 것! P.326

모든 어트랙션을 이용할 수 있는 1일권은 8,600~9,500엔이다. 그러나 전 세계 입장객 수 5위에 빛나는 곳답게 어트랙션의 대기 시간이 30~90분 정도로 길다. 돈보다 시간이 더 소중한 여행인 만큼, 몇몇 인기 어트랙션을 기다리지 않고 탑승할 수 있는 익스프레스 패스를 추가로 구매하는 것도 좋은 방법!

### 09 오사카 대중교통을 쉽게 이용하는 노하우가 있나요?

오사카 시내를 중심으로 다니는 일정이면 가장 핵심이 되는 오사카 메트로 지하철을 잘 체크해두자. 오사카 메트로에 속한 노선은 모두 개찰구 내에서 추가 요금 없이 환승 가능하다. 나에게 적절한 패스 선택이 어렵다면 사용하는 만큼 차감되는 IC카드를 이용하는 것이 효율적이다.

### 10 마지막날의 일정은 어디가 가장 좋을까요?

공항으로 수월하게 이동할 수 있는 지역의 명소 1~2곳을 방문하자. 난카이 난바역이 가까워서 공항까지 이동이 편리한 난바역 주변에서 쇼핑을 즐기거나, JR선이나 리무진이 이용하기 편하다면 거대한 우메다의 쇼핑몰에서 막판 쇼핑 삼매경도 추천할 만하다. 저녁 비행기라면 오전에 3~4시간 정도 근교의 나라 공원을 둘러봐도 좋다.

# PART 02

# 오사카를 가장 멋지게 여행하는 방법

OSAKA

STEP 01

# 취향 저격 스폿 선택하기

# 명소 선택하기

OSAKA

오사카를 온몸으로 느껴보는 시간

## 필수 체험

기모노 입고 오사카 옛 거리를 거닐고, 갓 제조한 맥주를 마시고,
취향에 따라 직접 만든 라멘을 맛보며 더욱 풍성한 추억을 만들어보자.

### 아사히 맥주 스이타 공장

P.205

90분 동안 가이드와 함께 맥주 생산 과정을 둘러본 다음, 참가비 1,000엔을 내면 신선하고 맛있는 맥주를 2잔까지 시음할 수 있다.

### 컵누들 뮤지엄

P.203

세계 최초로 인스턴트 라멘이 발명된 장소에 건립된 기념관. 직접 디자인하고 재료를 선택해 나만의 컵라면을 만드는 체험 코스가 인기다.

### 주택박물관

P.176

에도 시대의 오사카 마을을 재현한 박물관. 당시의 주택과 상점 등을 둘러볼 수 있다. 기모노를 가장 저렴한 비용으로 체험할 수 있는 곳.

아이와 함께 레고부터 해리 포터까지

## 테마파크 여행

오사카의 테마파크에서는 일본 특유의 섬세하고 아기자기한 감성을 느낄 수 있다.
특히 아이와 함께 떠나는 여행이라면 아래 세 곳은 필수 코스다.

### 유니버설 스튜디오 재팬

P.324

미국의 원조보다 더 재미있는 경험을 기대해도 좋다. 특히 핼러윈이나 크리스마스 기간의 야간에 방문하면 더 특별한 이벤트가 기다린다.

### 카이유칸

P.318

아시아 최대 도시형 실내 수족관. 마치 해저로 내려가며 바닷속을 탐험하는 기분을 느낄 수 있을 것이다. 귀여운 물범은 꼭 만나보기!

### 레고랜드 디스커버리

P.319

카이유칸 옆, 덴포잔 마켓 플레이스에 자리한 레고 세상이다. 특별 오픈 때를 제외하고는 어린이 동반 입장만 가능하다.

아무것도 하지 않을 자유
## 공원 산책

지친 일상에서 벗어나 도착한 오사카. 한 곳도 놓치지 않고 둘러보고 싶은 마음이 크겠지만
잠시나마 도심 속 공원에 들러 아무것도 하지 않는 자유를 누려보는 것은 어떨까?

### 나카노시마 공원 P.186

나카노시마 우측 끝부분에 위치한 도심 속 공원. 강 풍경과 함께 빌딩 사이로 보이는 하늘 아래 휴식할 수 있는 멋진 공원이다.

### 우츠보 공원 P.188

지하철 히고바시역과 요츠바시역 사이, 도심 한가운데에 작은 공원이 있다. 벚꽃과 단풍이 매우 아름답고, 주변에 멋진 카페가 많은 것은 덤.

### 반파쿠 기념공원 P.203

사시사철 아름다운 풍경을 볼 수 있고 다양한 행사도 열린다. 최근에 엑스포시티가 건립되어 즐길 거리와 먹거리도 풍성하다.

몸도 마음도 따뜻하게
## 온천 여행

일본 여행에서 빼놓을 수 없는 것이 바로 온천! 간사이 지역의 온천으로는
고베 아리마 온천이 가장 유명하지만 오사카 시내와 근교에도 매력적인 온천이 있다.

### 미노오 온천 스파가든 P.205

미노오 공원 입구에 자리한 온천. 호텔에 묵으면 대욕장 노천탕 이용이 무료고, 당일 온천만 할 경우에는 지하의 시설을 이용한다.

### 나니와노유 온천 P.177

100% 천연 온천으로, 피부 각질층을 분해시키는 성분이 풍부해 일명 '미인탕'으로 불린다. 주택박물관 등 우메다 여행 후 방문하기에 좋다.

### 스파 스미노에 P.320

난바와 니시우메다에서 지하철 요츠바시선으로 갈 수 있는 천연 온천으로, 덴포잔 등 베이 에어리어를 여행한 후 방문하기에 좋은 위치다.

오래된 시간을 산책하다

## 박물관 & 미술관 여행

오사카는 예로부터 역사와 경제의 중심지였다. 오사카항과 고베항을 통해 서양과 교류했던 오사카에는 훌륭한 박물관과 미술관이 많다.

### 오사카 시립미술관

텐노지 공원 내에 있으며, 일본과 중국의 미술품 약 8,000여 점을 상설 전시한다. 금동여래입상 등 통일 신라 시대에 제작된 불상도 있다.

* 2024년 10월 현재 임시 휴관중

### 국립 국제미술관

P.187

일본과 세계 미술의 연계를 보여주는 작품을 만나볼 수 있다. 세계 미술의 경향을 읽을 수 있는 주제로 구성되어 있다.

### 오사카 역사박물관

P.276

오사카의 역사를 체험 요소로 녹여낸 오감 만족 박물관. 아스카 유적에 건립되었고, 미니어처 옛 거리, 신사이바시와 도톤보리 재현 공간도 있다.

시간 순삭, 사지 않아도 구경하는 재미

## 쇼핑 거리

아기자기한 소품과 보세 의류부터 우리나라보다 저렴하게 구매 가능한 명품 브랜드까지, 파도 파도 끝이 없는 물건의 천국 오사카에서 마음껏 쇼핑해 보자.

### 신사이바시스지

P.235

길이 580m에 이르는 오사카 최고의 아케이드 상점가. 주말이면 약 12만 명이 찾으며, 모든 장르를 아우르는 다양한 점포들이 모여 있는 곳.

### 텐진바시스지

P.177

길이 2.6km에 육박하는, 일본에서 제일 긴 상점가. 저렴하고 맛있는 식당들과 지금 유행하는 디저트가 즐비한, 서민적인 물가를 경험하는 곳.

### 우메다

P.164

오사카역을 중심으로 대형 백화점들과 쇼핑몰이 모여, 구경만으로도 하루가 모자란 쇼핑의 천국.

# 음식 선택하기

OSAKA

라멘은 오사카 스타일

## 라멘

오사카에서는 닭과 해산물 육수에 간장이나 소금으로 간을 한 라멘이 특히 유명하다.

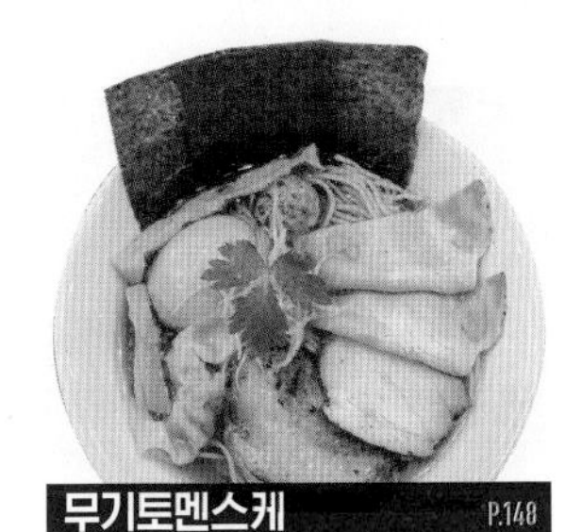

### 무기토멘스케 P.148

현재 오사카에서 가장 핫한 라멘 전문점! 토리쇼유 라멘을 주력으로 선보인다. 분점이지만 본점을 넘어서는 뛰어난 맛을 자랑한다.

미도스지선 나카츠역

### 산쿠 P.153

해산물 베이스 육수와 간장을 사용하는 곳으로 카케 라멘이 인기다. 사누키식 우동 면발의 츠케멘도 별미!

JR 후쿠시마·한신 신후쿠시마역

### 인류 모두 면류 P.153

닭 뼈로 우려낸 맑은 육수에 해산물과 조개를 섞어 만든 국물이 아주 깔끔하다.

미도스지선 니시나카시마미나미카타역

일본에서도 최고

## 우동

통통하고 쫄깃한 면발, 다시마와 멸치로 우려낸 깊은 국물 맛. 오사카의 우동은 정말 일품이다.

### 라쿠라쿠 P.287

다른 가게와 비교할 수 없을 만큼 탄력 있고 쫄깃한 면발을 자랑하는 곳. 붓카케 우동을 꼭 먹어보자.

케이한선 고즈역 근처

### 뱌쿠앙 P.148

엄청난 두께인데도 부드러움과 쫄깃함을 동시에 느낄 수 있는 면발이 최고! 튀김도 맛있다.

한큐 고베선 칸자카가와역

### 칫코우 멘코우보우 P.322

시원한 국물에 쫄깃한 면발과 커다란 튀김을 넣은 우동. 가격도 저렴하다.

추오선 오사카코역 근처, 카이유칸에서 도보 3분 소요

오사카에서 미식 여행을 하지 않는다는 것은
가장 중요한 매력을 놓치는 것과 같다. 소바, 오코노미야키, 우동, 라멘 등
우리가 일상을 살아가며 맛봤던 수많은 일본 음식의 참맛을 제대로 느낄 시간이다.

오사카에서도 꼭 맛봐야 할

## 소바

소바는 간사이보다 간토 지방에서 즐겨 먹는다고 알려져 있지만 오사카에도 유명한 소바집이 많다.

### 타카마 P.179

미쉐린 1스타 소바 전문점으로, 오사카에서 가장 평이 좋다. 카모지루 소바, 모리 소바가 주 메뉴.

타니마치선·사카이스지선 텐진바시스지로쿠초메역

### 슈하리 P.280

식자재 선별부터 조리까지, 최고의 소바를 만드는 전문점. 100% 메밀 소바를 저렴한 가격에 맛보자.

타니마치선 타니마치욘초메역 근처

### 소바키리 아야메도우 P.280

미쉐린 1스타를 자랑하는 오사카성 인근 소바 맛집.

사카이스지선 텐진바시스지로쿠초메역

오사카가 원조!

## 오코노미야키

밀가루 반죽에 채소와 고기, 해산물 등을 섞어 구운 뒤 가다랑어포와 소스를 뿌려 먹는 오사카 대표 음식.

### 오모니 P.229

훌륭한 맛으로 소문나 츠루하시 본점 외에도 도톤보리와 우메다 그랑 프런트 오사카에 지점이 생겼다.

츠루하시 시장 내

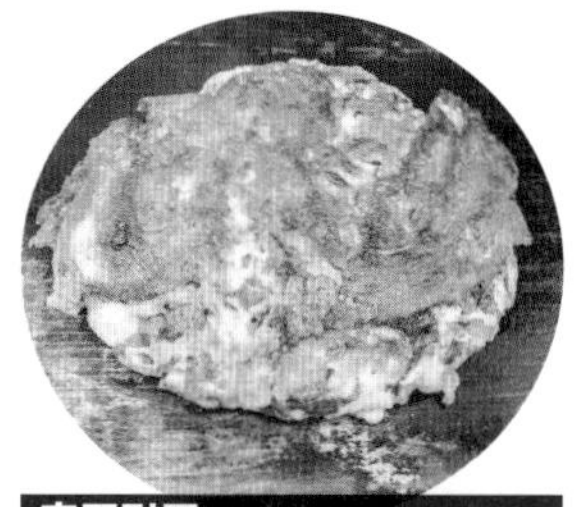

### 후쿠타로 P.218

파를 듬뿍 넣은 네기야키가 인기 만점인 오코노미야키 가게. 현지인과 관광객 모두에게 인기 만점인 가게다.

미도스지선 난바역

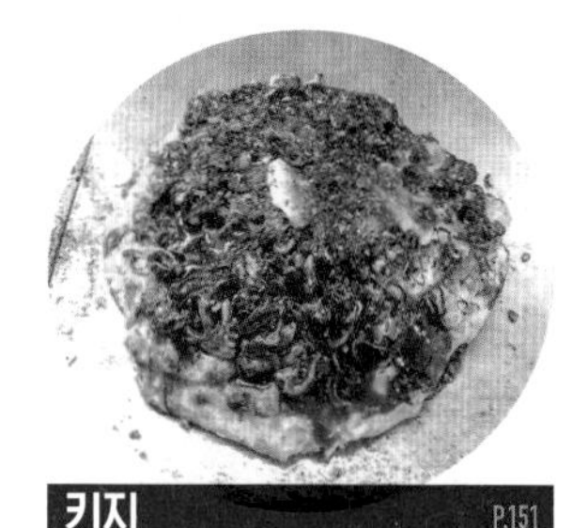

### 키지 P.151

우메다 스카이빌딩에 있어 야경 감상 후 맥주와 함께 모단야키, 부타타마, 스지야키를 즐기기에 좋다.

우메다 스카이빌딩 지하 1층

부드러운 속살에 짭조름한 문어가 가득

## 타코야키

겉은 바삭하고 속은 말랑한 상태가 잘 구워진 것이며, 다양한 토핑을 올려 먹기도 한다.

**야마짱** P.299

특제 육수를 넣은 반죽으로 구워내 소스 없이도 맛있는 타코야키가 일품이다.

📍 킨테츠 텐노지역

**와나카** P.217

가격이 저렴하지만 양이 푸짐하고 맛도 좋다. 실내 좌석도 있어 편의성도 최고.

📍 도톤보리 그랜드 카케츠 옆

**하나다코** P.149

우메다 최고의 타코야키 전문점. 파를 듬뿍 얹고 마요네즈를 뿌린 네기마요가 별미.

📍 한큐 오사카우메다역

일본에서도 고기는 구워야 제맛!

## 야키니쿠

일본 최고의 소고기 산지와 가까운 오사카에서 양질의 고기를 비법 소스와 함께 맛보자.

**만료** P.179

오사카 랭킹 1위! 소 한 마리를 사들여 직접 발골하기 때문에 다른 곳에는 잘 없는 희귀 부위까지 맛볼 수 있다.

📍 타니마치선 미나미모리마치역

**타지마야 이마** P.150

일본 최고로 꼽히는 고베규와 같은 환경에서 자란 타지마규를 상대적으로 저렴한 가격에 즐길 수 있는 곳.

📍 타니마치선 히가시우메다역

**소라** P.229

저렴하면서 맛있기로 소문난 곳. 초심자에서 고급자까지 메뉴를 구분해 둔 것이 재미있다.

📍 미도스지선 난바역

곱게 뭉친 밥알에 잘 숙성된 회 한 점

## 스시

오사카를 대표하는 전통 초밥은 상자 안에 재료를 깔고 밥을 얹은 후 눌러서 만드는 하코즈시다.

### 키즈나 P.279

다른 곳과 비교 불가한 최상급 스시 전문점. 2시간 30분짜리 코스 메뉴의 맛이 좋고 가격도 합리적인 편이다.

나가호리 츠루미료쿠치선 교바시역 근처

### 하루코마 P.180

저렴한 가격에 푸짐하고 맛있는 스시를 맛볼 수 있는 곳으로 오사카에서 최고의 가성비를 자랑한다.

타니마치선 텐진바시로쿠초메역

### 키슈 야이치 P.150

한큐 백화점 12층 식당가에 있는 회전 초밥집. 조금 비싸지만 맛이 훌륭하다.

미도스지선 우메다역

일본의 덮밥

## 돈부리

밥 위에 고기, 돈카츠, 회 등을 올려 먹는 덮밥 요리 돈부리는 그 종류도 다양하다.

### 요시토라 P.191

돈부리 중 가장 고급스러운 것은 역시 장어를 올린 우나기동. 비싸지만 큰 감동을 준다.

사카이스지선 혼마치역

### 사카마치노 텐동 P.243

호젠지요코초 입구 맞은편에 있는 텐동 전문점. 구성은 단출하지만 맛이 아주 좋다.

미도스지선 난바역

### 텐치진 P.223

라멘집이지만 부타동이 더 유명한 곳. 숯불향이 가득 밴 돼지고기와 파가 향긋하게 어우러진다.

센니치마에선 닛폰바시역

### 고소한 돼지고기의 향연
## 돈카츠

최근에는 두껍게 썬 돼지고기를 저온으로 튀겨 육즙이 살아 있는 돈카츠가 인기다.

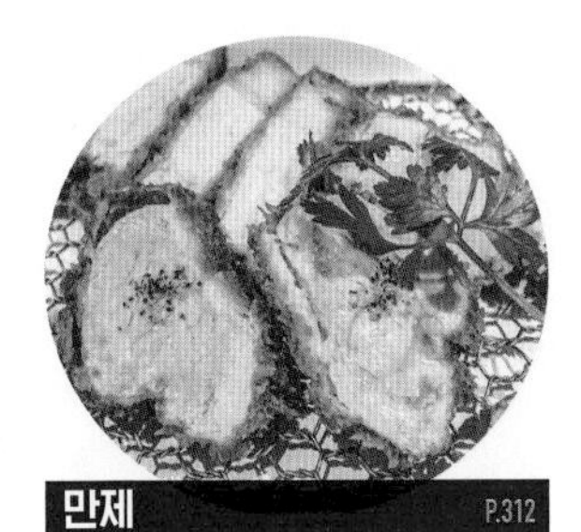

**만제** P.312

일본 전국에서 손님이 찾아오는 돈카츠 맛집. 오전 7시부터 줄을 서야 자리를 구할 수 있다.

JR 야오역

**에페** P.149

미쉐린 빕 구르망에 뽑힌 곳. 일본 최고라 불리는 만제와 비교해도 절대 밀리지 않는 돈카츠를 선보인다.

타니마치선 히가시우메다역

**돈카츠 다이키** P.241

나가호리바시역 부근의 떠오르는 돈카츠 맛집. 두툼하면서도 부드럽고 육즙 가득한 히레카츠가 일품!

사카이스지선 나가호리바시역

### 마음을 달래주는 음식
## 일본 가정식

밥, 국, 메인 요리 1종, 반찬 2종으로 구성되며, 보통 생선에 달걀찜과 츠케모노를 곁들인다.

**다이코쿠** P.242

카야쿠메시(가다랑어포 육수에 버섯 등 채소를 넣어 지은 밥)가 유명한 곳. 오사카 서민의 맛을 볼 수 있다.

미도스지선 난바역

**뉴하마야** P.194

매일 바뀌는 정식 메뉴가 아주 맛있는 가정식집. 햄버그, 고기구이, 달걀, 국 등이 나온다.

미도스지선 혼마치역

**후츠우노쇼쿠도 이와마** P.220

저렴한 가격에 푸짐하고 다양한 일본 가정식을 선보인다. 이곳 역시 인기 메뉴는 매일 바뀌는 정식.

난카이 난바역

일본의 국민 음식
## 카레

라멘과 함께 국민 음식으로 꼽히는 카레. 일본인은 카레를 연 평균 84회, 주 1.6회 섭취한다고 한다.

### 보타니카리 P.190

인기 절정의 카레 전문점. 화려하고 맛있는 카레를 선보인다. 천연 스파이스를 이용한 보타니카리가 주메뉴.

미도스지선 혼마치역

### 브루노 P.156

헵나비오 7층 식당가에 있는 세련된 분위기의 카레 전문점. 비프 치즈 카레와 버섯 카레가 인기다.

미도스지선 우메다역

### 가르 P.193

주변 직장인에게 특히 인기가 높은 카레 전문점. 매운맛을 좋아한다면 치키치키카레를 주문하자.

요츠바시선 혼마치역, 우츠보 공원 근처

일단 믿고 먹는
## 체인 맛집

맛집을 찾아다니기 힘들 땐 맛있고 저렴하면서 발견하기도 쉬운 체인점이 최고!

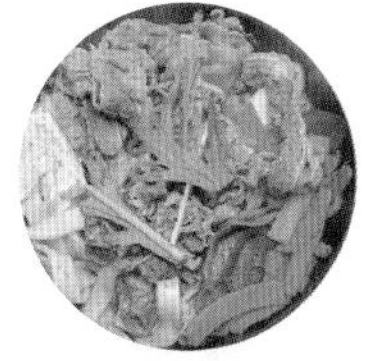

### 요시노야
吉野家

일본 최초이자 최고의 규동 체인. 다른 브랜드에 비해 가격은 조금 높지만 메뉴를 고급화해 차별화를 추구했다.

### 야요이켄
やよい軒

정식과 덮밥을 중심으로 하는 가정식 체인점. 쌀밥을 무한 제공하며, 조식 메뉴도 인기!

### 마츠노야
松野屋

마츠야 계열의 저렴한 돈카츠 체인점. 미소소스를 추가하면 나고야의 명물 미소카츠의 맛을 느낄 수 있다.

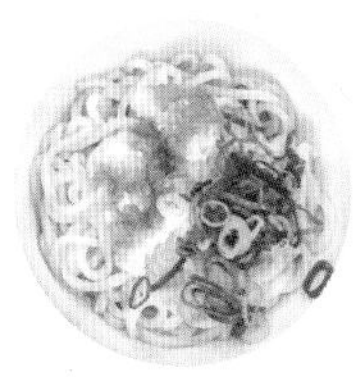

### 나카우
なか卯

교토풍 돈부리, 우동 전문 체인점. 오야코동과 로스트 비프동을 비롯해 계절 우동 메뉴가 맛있다.

### 마루가메세이멘
丸亀製麺

쫀득한 면발이 아주 맛있는 사누키 우동 전문점. 바삭한 튀김 추가는 필수다.

# 카페&디저트 선택하기

OSAKA

## 지금 오사카의 핫 카페는 여기!

### 태양의 탑 P.162

나카자키초 카페거리를 생겨나게 한 나카자키초의 대표카페. 모닝 메뉴부터 저녁 메뉴까지 다양하고 맛있는 음식과 음료를 즐길 수 있다.

타니마치선 나카자키초역

### 타카무라 와인 앤드 커피 P.191

1992년 주류 전문점으로 문을 연 곳. 거대한 와인 저장고 같은 분위기에서 커피와 와인을 즐길 수 있다.

요츠바시선 히고바시역

### 몬디알 카페 328 P.241

2014년 미국 포틀랜드에서 개최된 '커피 페스타'에서 3위를 차지한 바리스타의 커피를 맛볼 수 있는 곳.

요츠바시선 요츠바시역

## 오사카 사람들이 사랑하는 카페

### 고칸 P.192

쌀로 만든 빵과 디저트로 유명한 카페. 대기 줄이 언제나 길게 늘어설 만큼 인기있다.

사카이스지선 키타하마역

### 마루후쿠 커피점 P.244

아주 진하고 강한 맛의 독특한 커피로 유명한 카페. 일본의 음료 브랜드 아사히가 마루후쿠와 제휴해 커피를 만들 정도로 유명한 곳이다.

미도스지선 혼마치역

### 키타하마 레트로 P.193

가게 이름처럼 레트로한 분위기가 돋보이는 멋진 카페. 다양한 케이크와 맛있는 홍차를 즐길 수 있다.

사카이스지선 키타하마역

일본 내에서도 오사카는 '카페 천국'이라 불린다.
요즘 한창 SNS를 뜨겁게 달구고 있는 카페는 물론 현지인에게 특히 사랑받는 곳과
디저트로 유명한 전문점까지, 선택을 위한 행복한 고민은 끝이 없다.

## 브런치를 즐기기 좋은 카페

**아도 팡듀스** P.192

직접 운영하는 농장의 채소로 만든 빵이 주력 메뉴. 빵에서 채소 특유의 식감과 맛을 느낄 수 있다.

미도스지선 요도야바시역

**노스 쇼어** P.189

나카노시마와 요도강이 보이는 테라스에서 분위기 있는 식사와 달콤한 휴식을 즐길 수 있는 곳.

사카이스지선 키타하마역

**푸드스케이프** P.192

맛있는 빵과 커피를 맛볼 수 있는 곳. 아늑하고 편안한 분위기에서 브런치를 즐길 수 있다.

사카이스지선 키타하마역

## 입이 행복해지는 디저트 전문점

**아시드라시니스** P.279

오사카 최고의 케이크점이라고 해도 과언이 아니다. 가장 유명한 라쿠테 케이크는 꼭 맛보자.

타니마치선 텐마바시역, 오사카성 근처

**파티스리 루셰루셰** P.243

한적한 주택가에 있는 멋진 케이크 가게. 초콜릿 케이크인 프랑스 느와르가 유명하다.

센니치마에선 니시나가호리역

**파티스리 라뷔루리에** P.180

파리에서 통째로 옮겨온 듯한 분위기와 훌륭한 케이크를 자랑한다. 카페 거리로 유명한 나카자키초 근처에 있다.

타니마치선 나카자키초역, 텐진바시스지 부근

# 주점 선택하기

OSAKA

## 퇴근한 직장인의 천국

### 사카나야 히데조우 타치노미텐 P.218

우리나라에서는 발견하기 힘든 입식 이자카야. 안주도 저렴하고 맛있다.

미도스지선 난바역

### 사카바 야마토 P.158

낮부터 줄을 설 만큼 인기 높은 곳. 주변 직장인의 단골 회식 공간.

타니마치선 히가시우메다역

### 텐푸라 다이키치 P.224

낮에는 밥집이지만 저녁에는 신선하고 맛있는 튀김과 다양한 술을 즐길 수 있는 이자카야.

난카이 난바역

## 조용하고 여유롭게 한잔

### 기린시티 플러스 P.223

난바시티에 있는 기린 맥주 전문점. 넓고 깔끔한 공간에서 여유로운 시간을 보낼 수 있다.

미도스지선 난바역

### 루쥬에블랑 코하쿠 P.160

저렴하고 다양한 안주와 와인을 즐길 수 있는 곳. 바 좌석으로 구성되어 있어 혼자 즐기기에도 좋다.

타니마치선 히가시우메다역

### 바 래러티 P.250

신사이바시에 있는 은은한 분위기의 바. 혼자서 한잔 하기에도 좋은 곳.

미도스지선 신사이바시역

## 안주로 승부하는 곳

### 타유타유 DX P.150

모든 안주가 맛있는 이자카야. 최근 가장 핫한 공간으로 떠오른 곳.

타니마치선 히가시우메다역

### 키타로즈시 P.219

술을 부르는 맛있는 회와 스시. 여유로운 영업시간은 덤!

난카이 난바역

### 텟판진자 P.245

맛있는 창작 꼬치 요리 이자카야. 약 50가지의 꼬치 요리와 술이 있다.

미도스지선 난바역

술을 좋아하든 아니든 여행에서 하루를 마무리하기에 가장 좋은 곳은 바로 현지인이 북적거리는 술집이다.
특히 퇴근 후 술 문화가 발달했고 맛있는 안주가 넘쳐나는 일본에서라면 더욱 그렇다.
현지에서 하루를 마무리하는 사람들의 공간 속으로 들어가보자.

## 저렴한 가격이 강점!

**마구로야** P.159

참치를 저렴한 가격에 즐길 수 있는 술집. 참치 마니아라면 꼭 가보자.

📍 한큐 오사카우메다역

**챠오챠오** P.159

저렴한 교자와 함께 술 한잔할 수 있는 곳. 교자 종류가 놀랄 만큼 다양하다.

📍 미도스지선 우메다역

**히모노야로** P.159

저렴한 가격에 훌륭한 갯장어 요리를 맛볼 수 있어 인기가 높은 곳.

📍 타니마치선 히가시우메다역

## 맥주와 환상 궁합, 쿠시카츠 전문점

**요네야** P.158

오랫동안 직장인의 사랑을 받았던 쿠시카츠 전문점. 테이블석도 있고 서서 먹을 수 있는 카운터석도 있다.

📍 타니마치선 히가시우메다역

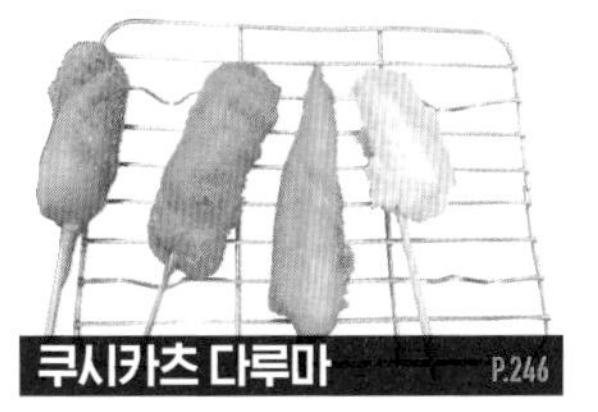

**쿠시카츠 다루마** P.246

쿠시카츠 원조집. 오사카 전역에 체인점이 있고 본점은 신세카이에 있다.

📍 미도스지선 도부츠엔마에역

**야에카츠** P.301

쿠시카츠 다루마에 비해 가격이 저렴하지만 맛은 결코 뒤지지 않는다. 참마를 넣어 쫄깃한 튀김옷이 특징.

📍 미도스지선 도부츠엔마에역

## 대표 이자카야 체인점

**야키니쿠노 와타미** P.225

저렴한 가격에 고기와 술을 무제한으로 즐길 수 있는 이자카야 체인점. 평일 런치 정식 메뉴도 인기가 높다.

**와라와라 笑笑**

다양한 요리와 저렴한 술 메뉴가 있다. 타베 노미호다이(음식과 주류 무제한)도 가능.

**토리키조쿠 鳥貴族**

저렴한 야키토리 전문점. 퇴근 시간 이후나 주말에는 늘 만석이다. 모든 메뉴의 가격이 370엔!

# 쇼핑 스폿 선택하기

OSAKA

쇼핑의 정수

## 백화점

**한큐 백화점** P.142

고가의 명품부터 중저가 패션 잡화까지 갖춘 실용적인 백화점. 특히 지하 1층 식품 매장은 오사카에서 가장 규모가 크다.

**타카시마야 백화점** P.227

1831년에 창업한 오랜 역사를 자랑하는 백화점. 20~30대 여성에게 큰 인기를 얻고 있는 미나미 지역 쇼핑의 중심지다.

**루쿠아 & 루쿠아 1100** P.166

젊은층을 주 타깃으로 조성한 쇼핑몰. JR 오사카역과 연결되어 있다.

필요한 아이템을 한번에

## 잡화몰

**핸즈** P.257

'DIY 제품은 지구 역사상 최대 수량 보유'라는 표어처럼 공예품 마니아에게 천국 같은 곳.

**무인양품** P.227

우리에게도 익숙한 실용적이고 깔끔한 생활용품점. 우리나라 매장보다 더 다양한 제품을 만날 수 있다.

**프랑프랑** P.165

독특하고 모던한 디자인의 생활 및 인테리어 용품 전문점. 여성 여행자라면 필수 쇼핑 스폿.

오사카로 떠날 때에는 빈 가방을 준비하자.
시내 곳곳에 즐비한 슈퍼마켓, 드럭스토어, 쇼핑몰이 보물상자를 가득 품고 있기 때문이다.
인기 쇼핑 품목이 궁금하다면 Step 08 P.118~127에서 소개하는 Best 쇼핑 아이템을 참고하자.

소소한 즐거움을 담다

## 슈퍼마켓

### 타마데

최저가 콘셉트의 체인 슈퍼마켓으로, 오사카에서 가장 흔하게 볼 수 있다. 24시간 운영한다.

### 라이프마트

난바, 다이코쿠초 등 중심지에 위치한 체인으로, 저렴한 즉석식품 코너가 인기. 저녁 6시 이후엔 타임 세일이 열린다.

### 코효

오사카에서 시작된 슈퍼마켓 체인으로, 이온몰의 자회사가 되었다. 다양한 특별 코너가 마련되어 있다.

약국과 편의점이 한곳에

## 드럭스토어

### 마츠모토 키요시

일본 최대 드럭스토어. 다른 곳보다 약간 비싸지만, 애플리케이션 가입을 하거나 라인 메신저에서 친구 등록을 하면 10~15% 할인 쿠폰을 준다.

www.matsukiyo.co.jp

### 코쿠민

오사카 토종 드럭스토어. 봄에는 알레르기 관련 제품이나 감기약, 여름에는 선크림 등 계절에 맞는 상품이 눈에 잘 띄는 곳에 진열되어 있다.

www.kokumin.co.jp

### 스기 약국

조제가 가능한 드럭스토어로, 도톤보리 끝자락에 24시간 영업하는 지점이 있어 밤 늦게 쇼핑하기도 제격이다.

www.sugi-net.jp

STEP 02

취향 저격 코스 선택하기

코스 짜는 것이 너무 어렵다면? 오사카 여행 전문가가 추천하는 코스만 따라가면 전혀 어렵지 않다. 다음 7개 코스 중에서 원하는 테마를 골라 나의 일정으로 만들어보자. 특별한 언급이 없는 경우 모든 일정은 우메다 주변 숙소 기준이다.

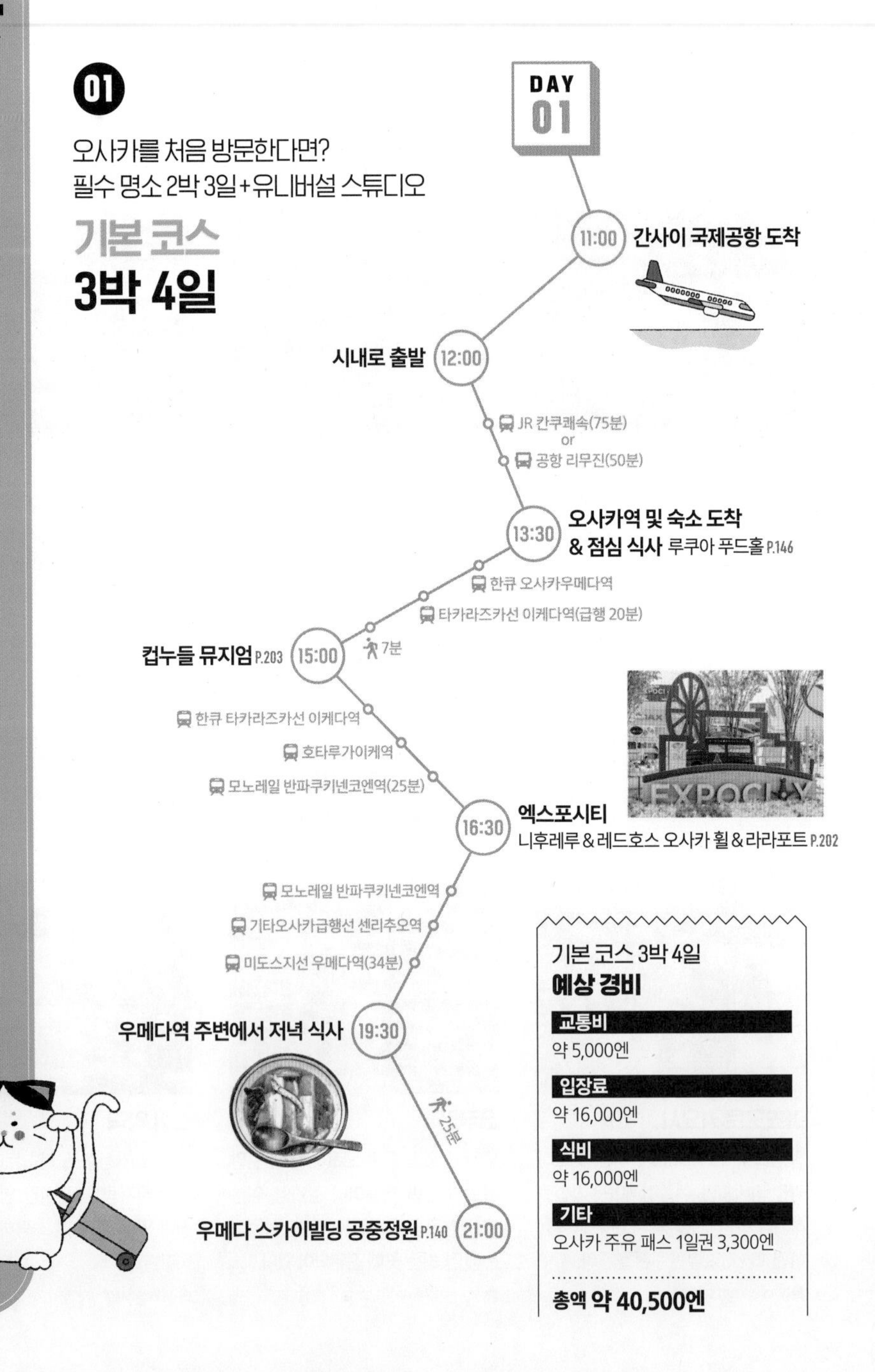

## 01

오사카를 처음 방문한다면?
필수 명소 2박 3일+유니버설 스튜디오

## 기본 코스 3박 4일

### DAY 01

- 11:00 간사이 국제공항 도착
- 12:00 시내로 출발
  - JR 칸쿠쾌속(75분) or 공항 리무진(50분)
- 13:30 오사카역 및 숙소 도착 & 점심 식사 루쿠아 푸드홀 P.146
  - 한큐 오사카우메다역
  - 타카라즈카선 이케다역(급행 20분)
  - 7분
- 15:00 컵누들 뮤지엄 P.203
  - 한큐 타카라즈카선 이케다역
  - 호타루가이케역
  - 모노레일 반파쿠키넨코엔역(25분)
- 16:30 엑스포시티
  니후레루 & 레드호스 오사카 휠 & 라라포트 P.202
  - 모노레일 반파쿠키넨코엔역
  - 기타오사카급행선 센리추오역
  - 미도스지선 우메다역(34분)
- 19:30 우메다역 주변에서 저녁 식사
  - 25분
- 21:00 우메다 스카이빌딩 공중정원 P.140

기본 코스 3박 4일
**예상 경비**

|  |  |
| --- | --- |
| 교통비 | 약 5,000엔 |
| 입장료 | 약 16,000엔 |
| 식비 | 약 16,000엔 |
| 기타 | 오사카 주유 패스 1일권 3,300엔 |

**총액 약 40,500엔**

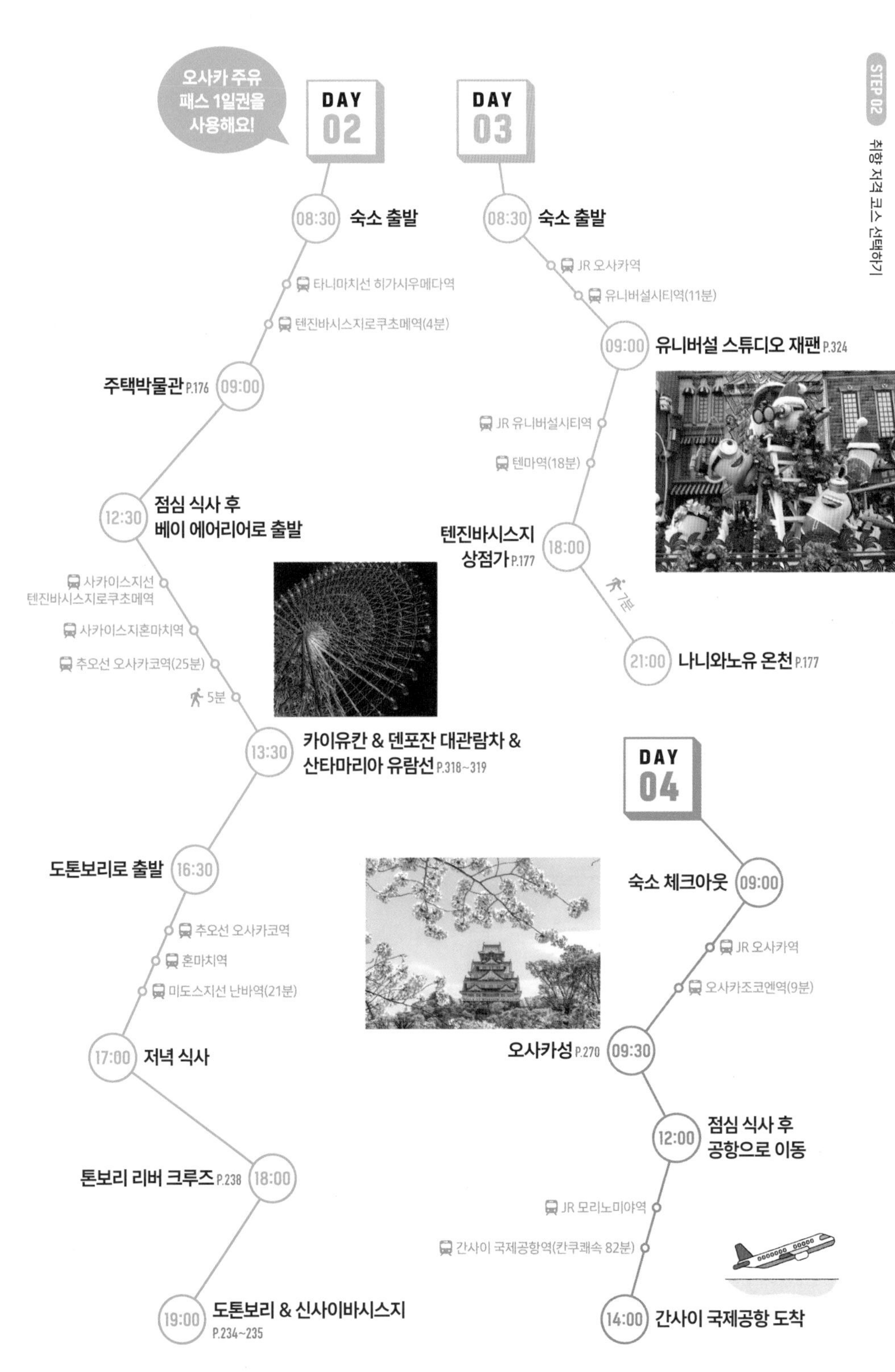
오사카 주유 패스 1일권을 사용해요!
DAY 02
08:30 숙소 출발
타니마치선 히가시우메다역
텐진바시스지로쿠초메역(4분)
주택박물관 P.176 09:00
12:30 점심 식사 후 베이 에어리어로 출발
사카이스지선 텐진바시스지로쿠초메역
사카이스지혼마치역
추오선 오사카코역(25분)
5분
13:30 카이유칸 & 덴포잔 대관람차 & 산타마리아 유람선 P.318~319
도톤보리로 출발 16:30
추오선 오사카코역
혼마치역
미도스지선 난바역(21분)
17:00 저녁 식사
톤보리 리버 크루즈 P.238 18:00
19:00 도톤보리 & 신사이바시스지 P.234~235
DAY 03
08:30 숙소 출발
JR 오사카역
유니버설시티역(11분)
09:00 유니버설 스튜디오 재팬 P.324
JR 유니버설시티역
텐마역(18분)
텐진바시스지 상점가 P.177 18:00
7분
21:00 나니와노유 온천 P.177
DAY 04
숙소 체크아웃 09:00
JR 오사카역
오사카조코엔역(9분)
오사카성 P.270 09:30
12:00 점심 식사 후 공항으로 이동
JR 모리노미야역
간사이 국제공항역(칸쿠쾌속 82분)
14:00 간사이 국제공항 도착

아이들과 다양한 체험을 할 수 있는

# 아이와 함께 3박 4일

## DAY 01

**간사이 국제공항 도착** 11:00

**시내로 출발** 12:00

- JR 칸쿠쾌속(75분)
- or
- 공항 리무진(50분)

**오사카역 및 숙소 도착 & 점심 식사** 13:30

- 한큐 오사카우메다역
- 타카라즈카선 이케다역(급행 20분)
- 7분

**컵누들 뮤지엄** P.203 15:00

- 한큐 타카라즈카선 이케다역
- 호타루가이케역
- 모노레일 반파쿠키넨코엔역(25분)

**엑스포시티** P.202 16:30
니후레루 & 레드호스 오사카 휠 & 라라포트

- 모노레일 반파쿠키넨코엔역
- 한큐 타카라즈카선 호타루가이케역
- 오사카우메다역(38분)

**저녁 식사** 20:00

## DAY 02

**숙소 출발** 08:30

- JR 오사카역
- 유니버설시티역(11분)

**유니버설 스튜디오 재팬** P.324 09:00

- JR 유니버설시티역
- 텐마역(18분)

**텐진바시스지 상점가** P.177 18:00

- 7분

**나니와노유 온천** P.177 21:00

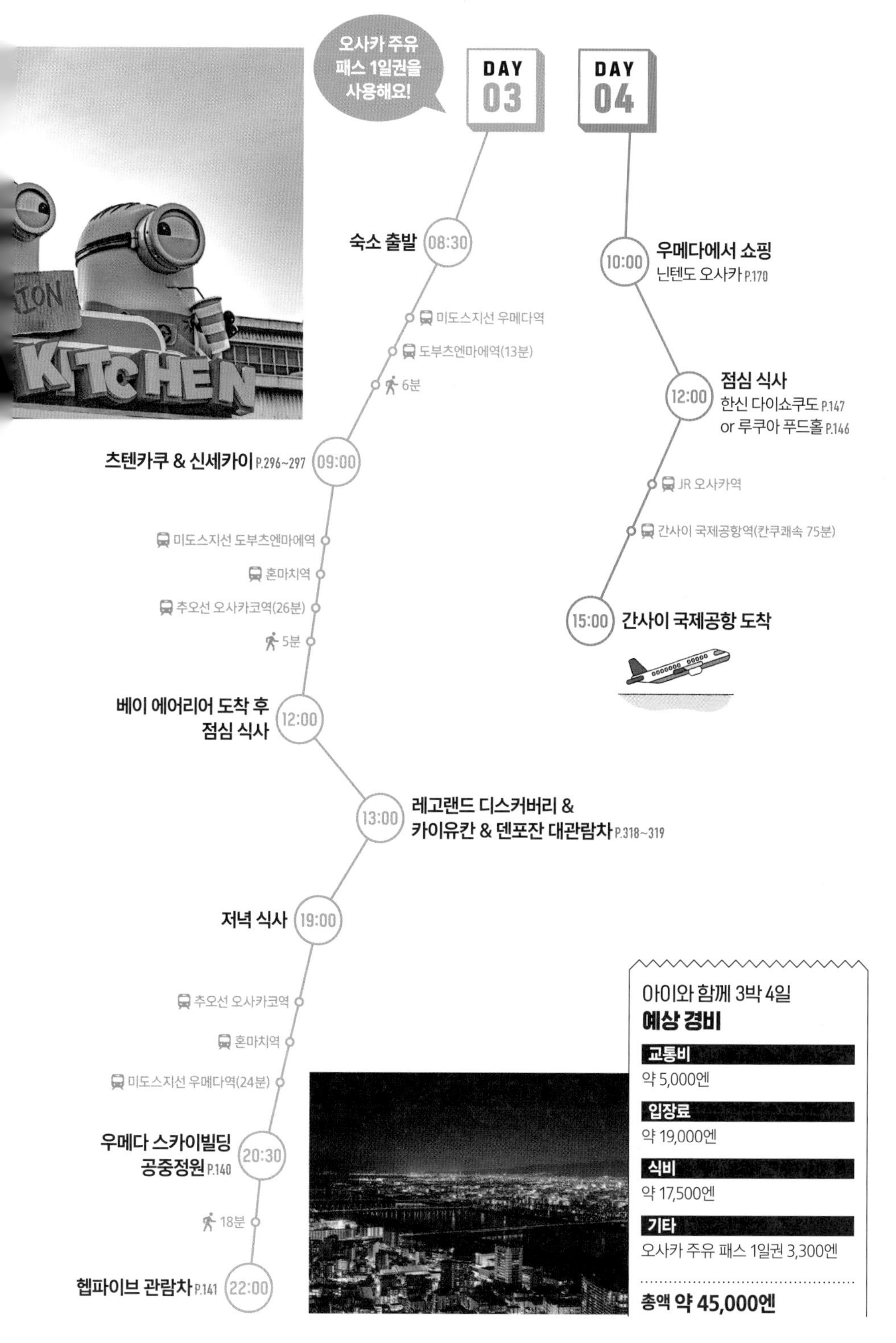

오사카 주유 패스 1일권을 사용해요!

## DAY 03

- **08:30 숙소 출발**
  - 미도스지선 우메다역
  - 도부츠엔마에역(13분)
  - 도보 6분
- **09:00 츠텐카쿠 & 신세카이** P.296~297
  - 미도스지선 도부츠엔마에역
  - 혼마치역
  - 추오선 오사카코역(26분)
  - 도보 5분
- **12:00 베이 에어리어 도착 후 점심 식사**
- **13:00 레고랜드 디스커버리 & 카이유칸 & 덴포잔 대관람차** P.318~319
- **19:00 저녁 식사**
  - 추오선 오사카코역
  - 혼마치역
  - 미도스지선 우메다역(24분)
- **20:30 우메다 스카이빌딩 공중정원** P.140
  - 도보 18분
- **22:00 헵파이브 관람차** P.141

## DAY 04

- **10:00 우메다에서 쇼핑**
  닌텐도 오사카 P.170
- **12:00 점심 식사**
  한신 다이쇼쿠도 P.147
  or 루쿠아 푸드홀 P.146
  - JR 오사카역
  - 간사이 국제공항역(칸쿠쾌속 75분)
- **15:00 간사이 국제공항 도착**

아이와 함께 3박 4일
**예상 경비**

**교통비**
약 5,000엔

**입장료**
약 19,000엔

**식비**
약 17,500엔

**기타**
오사카 주유 패스 1일권 3,300엔

총액 **약 45,000엔**

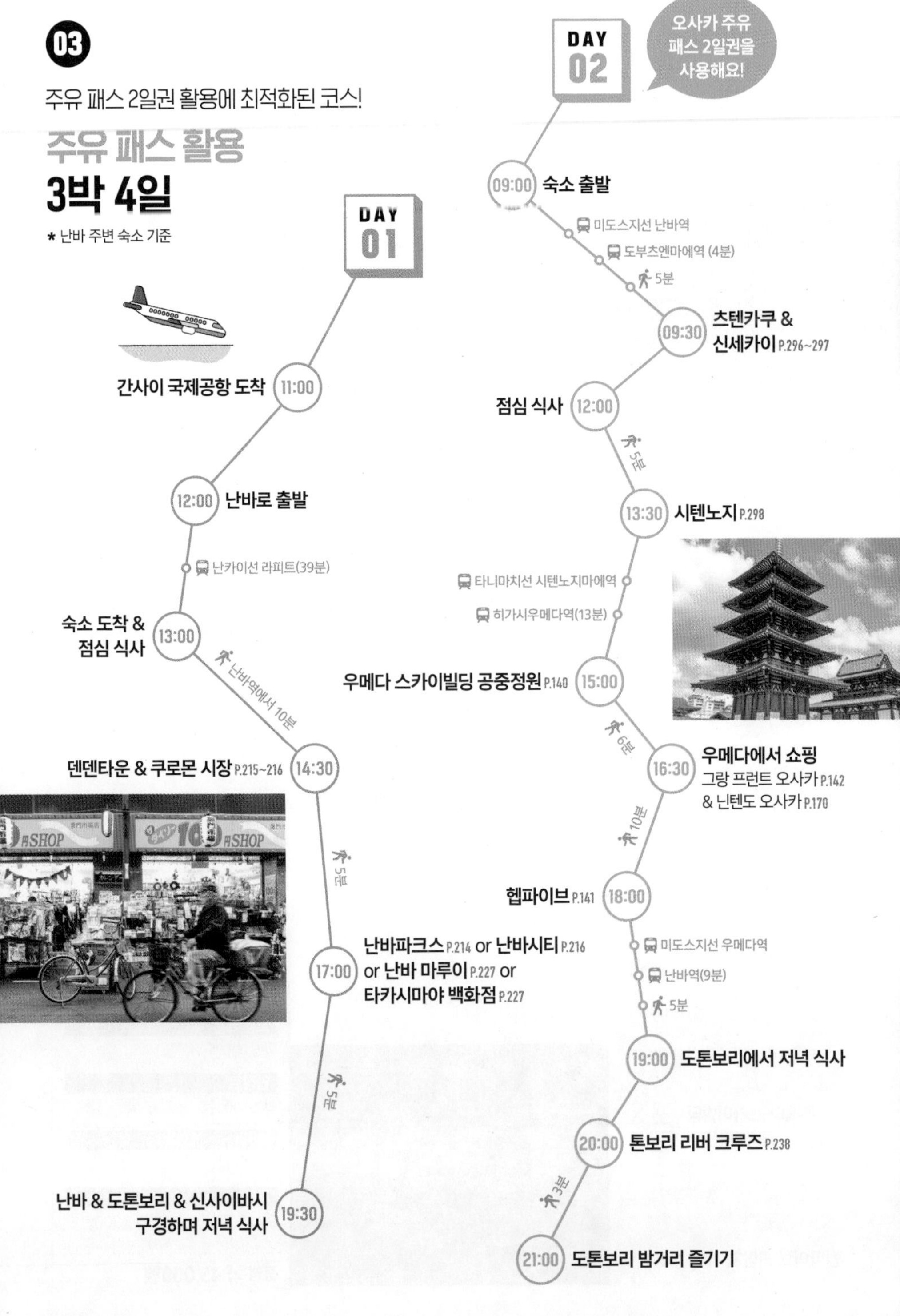
03
주유 패스 2일권 활용에 최적화된 코스!
주유 패스 활용
3박 4일
* 난바 주변 숙소 기준
DAY 01
11:00 간사이 국제공항 도착
12:00 난바로 출발
난카이선 라피트(39분)
13:00 숙소 도착 & 점심 식사
난바역에서 10분
14:30 덴덴타운 & 쿠로몬 시장 P.215~216
5분
17:00 난바파크스 P.214 or 난바시티 P.216 or 난바 마루이 P.227 or 타카시마야 백화점 P.227
5분
19:30 난바 & 도톤보리 & 신사이바시 구경하며 저녁 식사
DAY 02
오사카 주유 패스 2일권을 사용해요!
09:00 숙소 출발
미도스지선 난바역
도부츠엔마에역 (4분)
5분
09:30 츠텐카쿠 & 신세카이 P.296~297
12:00 점심 식사
5분
13:30 시텐노지 P.298
타니마치선 시텐노지마에역
히가시우메다역(13분)
15:00 우메다 스카이빌딩 공중정원 P.140
6분
16:30 우메다에서 쇼핑
그랑 프런트 오사카 P.142
& 닌텐도 오사카 P.170
10분
18:00 헵파이브 P.141
미도스지선 우메다역
난바역(9분)
5분
19:00 도톤보리에서 저녁 식사
20:00 톤보리 리버 크루즈 P.238
3분
21:00 도톤보리 밤거리 즐기기

## DAY 03

오사카 주유 패스 2일권을 사용해요!

**09:30 숙소 출발**

- 사카이스지선 닛폰바시역
- 텐진바시스지로쿠초메역(10분)

**10:00 주택박물관** P.176

**11:30 텐진바시스지 상점가 & 점심 식사** P.177

- 사카이스지선 오기마치역
- 사카이스지혼마치역
- 추오선 타니마치욘초메역(10분)
- 5분

**13:30 오사카 역사박물관** P.276

- 15분

**14:30 오사카성 & 고자부네 놀잇배** P.270

- 추오선 타니마치욘초메역
- 오사카코역(15분)
- 5분

**16:00 산타마리아 유람선 & 덴포잔 대관람차 & 덴포잔 마켓 플레이스** P.318~319, P.322

- 5분
- 추오선 오사카코역
- 코스모스퀘어역
- 뉴트램 난코 포트타운선 토레이도센타역(10분)
- 8분

**19:00 사키시마 코스모타워 전망대 & 저녁 식사** P.320

- 뉴트램 난코 포트타운선 토레이도센타역
- 스미노에코엔역(18분)
- 5분

**21:00 스파 스미노에** P.320

## DAY 04

**11:00 숙소 체크아웃**

**11:30 린쿠타운으로 출발**

- 난카이선 난카이 난바역
- 린쿠타운역(라피트 34분)

**12:00 린쿠 프리미엄 아웃렛 쇼핑 & 점심 식사** P.313

- JR선 린쿠타운역
- 간사이 국제공항역(6분)

**14:30 간사이 국제공항 도착**

### 주유 패스 2일권 활용 3박 4일 예상 경비

**식비**

약 16,000엔

**기타**

라피트 왕복권 3,000엔

오사카 주유 패스 2일권 5,500엔

스파 스미노에 750엔

**총액 약 25,000엔**

오사카 대표 명소를 중심으로 욕심낸

# 필수 체험 Top 10 4박 5일

오사카 주유 패스 1일권을 사용해요!

## DAY 01

**11:00 간사이 국제공항 도착**

**12:00 시내로 출발**

- JR 칸쿠쾌속(75분) or 공항 리무진(50분)

**13:30 오사카역 및 숙소 도착 & 점심 식사**

- 한큐 오사카우메다역
- 타카라즈카선 이케다역(급행 20분)
- 7분

**15:00 컵누들 뮤지엄** P.203

- 한큐 타카라즈카선 이케다역
- 호타루가이케역
- 모노레일 반파쿠키넨코엔역(25분)

**16:30 엑스포시티** P.202
니후레루 & 레드호스 오사카 휠 & 라라포트 엑스포시티 P.204

**18:30 우메다로 출발**

- 모노레일 반파쿠키넨코엔역
- 기타오사카급행선 센리추오역
- 미도스지선 우메다역(34분)

**19:00 저녁 식사**
한큐삼번가 우메다 푸드홀 P.146

- 25분

**20:30 우메다 스카이빌딩 공중정원** P.140

## DAY 02

**08:30 숙소 출발**

- 다니마치선 히가시우메다역
- 텐진바시스지로쿠초메역(4분)

**09:00 주택박물관** P.176

**12:30 점심 식사 & 베이 에어리어로 출발**

- 사카이스지선 텐진바시스지로쿠초메역
- 사카이스지혼마치역
- 추오선 오사카코역(25분)
- 5분

**13:30 카이유칸 & 덴포잔 대관람차 & 산타마리아 유람선** P.318~319

**16:30 도톤보리로 출발**

- 추오선 오사카코역
- 미도스지선 혼마치역
- 미도스지선 난바역(21분)

**17:00 우라난바 지역에서 저녁 식사** P.215

- 7분

**18:00 톤보리 리버 크루즈** P.238

- 5분

**19:00 도톤보리 & 신사이바시스지** P.234~235

## DAY 03

- 08:30 숙소 출발
  - JR 오사카역
  - 유니버설시티역(11분)
- 09:00 유니버설 스튜디오 재팬 P.324
- 17:30 텐진바시스지 상점가로 출발
  - JR 유니버설시티역
  - 텐마역(18분)
- 18:00 텐진바시스지 상점가 쇼핑 & 저녁 식사 P.177
  - 7분
- 21:00 나니와노유 온천 P.177

## DAY 04

- 09:00 숙소 출발
  - JR 오사카역
  - 오사카조코엔역(9분)
  - 2분
- 09:30 조 테라스 경유
  - 17분
- 10:00 오사카성 P.270
  - 5분
- 11:00 니시노마루 정원 P.271
  - 추오선 모리노미야역
  - 혼마치역(5분)
  - 15분
- 12:30 우츠보 공원 주변 맛집 및 카페 투어
  - 20분
  - 미도스지선 혼마치역
  - 텐노지역(10분)
- 17:00 아베노 하루카스 P.296
  - 5분
  - JR 텐노지역
  - 테라다초역(2분)
- 19:00 저녁 식사
  - JR 테라다초역
  - 오사카역(20분)
- 21:00 우메다에서 쇼핑 P.163~171

## DAY 05

- 09:00 숙소 체크아웃
  - 타니마치선 히가시우메다역
  - 미나미모리마치역
  - 사카이스지선 키타하마역(9분)
- 09:20 키타하마역 주변 테라스 카페에서 브런치 P.189
  - 7분
- 10:20 나카노시마 공원 산책 P.186
  - 사카이스지선 키타하마역
  - 미나미모리마치역
  - 타니마치선 히가시우메다역(9분)
  - 5분
- 12:00 오사카 에키마에빌딩 식당가에서 점심 식사 P.143
  - 10분
  - JR 오사카역
  - 간사이 국제공항역 (칸쿠쾌속 75분)
- 15:00 간사이 국제공항 도착

필수 체험 Top 10 4박 5일

**예상 경비**

**교통비**
약 6,000엔

**입장료**
약 17,000엔

**식비**
약 20,000엔

**기타**
오사카 주유 패스 1일권 3,300엔

총액 **약 46,500엔**

지금 오사카에서
유행하는 곳은 바로 여기!

## 핫 스폿 일주
# 2박 3일

**DAY 01**

**11:00** **간사이 국제공항 도착**

**12:00** **시내로 출발**

JR 칸쿠쾌속(75분)
or
공항 리무진(50분)

**13:30** **오사카역 및 숙소 도착**

도보 15분

**14:00** **점심 식사**
나카자키초 카페 거리에서 브런치 P.161~162

도보 5분
미도스지선 나카츠역
혼마치역(7분)

**16:30** **우츠보 공원 주변 카페 & 레스토랑**
팡듀스 P.189 or 차시츠 P.193

도보 10분

**18:00** **미나미센바 & 신사이바시 주변 카페**

도보 25분

**19:00** **저녁 식사**
아지노야 P.248 or 돈카츠 다이키 P.241

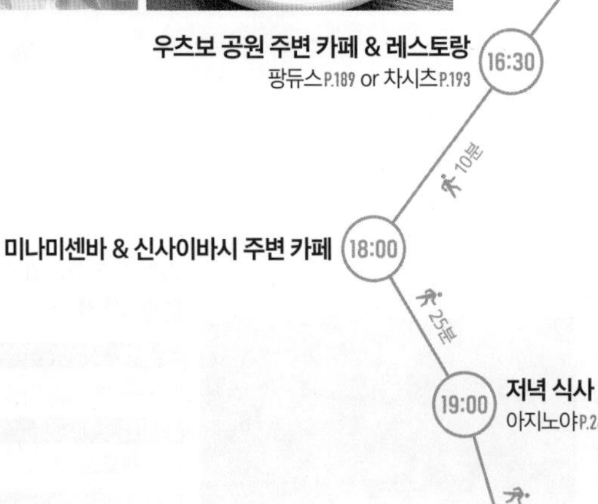

도보 10분

**21:00** **이자카야 & 바**
바 래러티 P.250 or 텟판진자 P.245

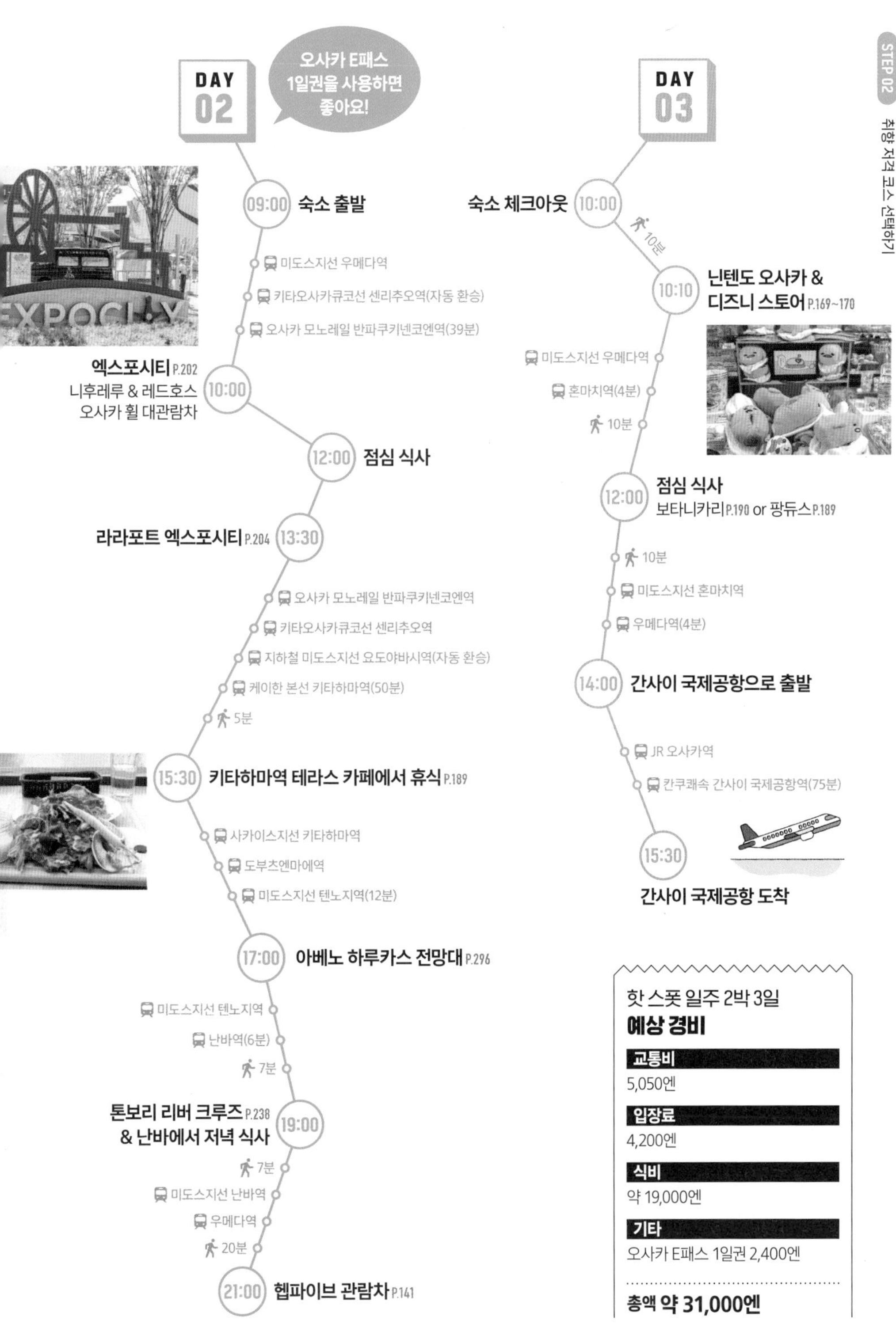
DAY 02
오사카 E패스 1일권을 사용하면 좋아요!
09:00 숙소 출발
미도스지선 우메다역
키타오사카큐코선 센리추오역(자동 환승)
오사카 모노레일 반파쿠키넨코엔역(39분)
EXPOCITY
10:00 엑스포시티 P.202
니후레루 & 레드호스
오사카 휠 대관람차
12:00 점심 식사
13:30 라라포트 엑스포시티 P.204
오사카 모노레일 반파쿠키넨코엔역
키타오사카큐코선 센리추오역
지하철 미도스지선 요도야바시역(자동 환승)
케이한 본선 키타하마역(50분)
5분
15:30 키타하마역 테라스 카페에서 휴식 P.189
사카이스지선 키타하마역
도부츠엔마에역
미도스지선 텐노지역(12분)
17:00 아베노 하루카스 전망대 P.296
미도스지선 텐노지역
난바역(6분)
7분
19:00 톤보리 리버 크루즈 P.238
& 난바에서 저녁 식사
7분
미도스지선 난바역
우메다역
20분
21:00 헵파이브 관람차 P.141
DAY 03
10:00 숙소 체크아웃
10분
10:10 닌텐도 오사카 & 디즈니 스토어 P.169~170
미도스지선 우메다역
혼마치역(4분)
10분
12:00 점심 식사
보타니카리 P.190 or 팡듀스 P.189
10분
미도스지선 혼마치역
우메다역(4분)
14:00 간사이 국제공항으로 출발
JR 오사카역
칸쿠쾌속 간사이 국제공항역(75분)
15:30 간사이 국제공항 도착
핫 스폿 일주 2박 3일
예상 경비
교통비
5,050엔
입장료
4,200엔
식비
약 19,000엔
기타
오사카 E패스 1일권 2,400엔
총액 약 31,000엔

06

봄에는 오사카의 벚꽃 명소만 골라

# 벚꽃놀이 1일 코스

벚꽃놀이 1일 코스

**예상 경비**

**식비**

약 5,000엔

**입장료**

2,200엔

**교통비**

1,550엔

**기타**

오사카 E패스 1일권 2,400엔

**총액 약 11,500엔**

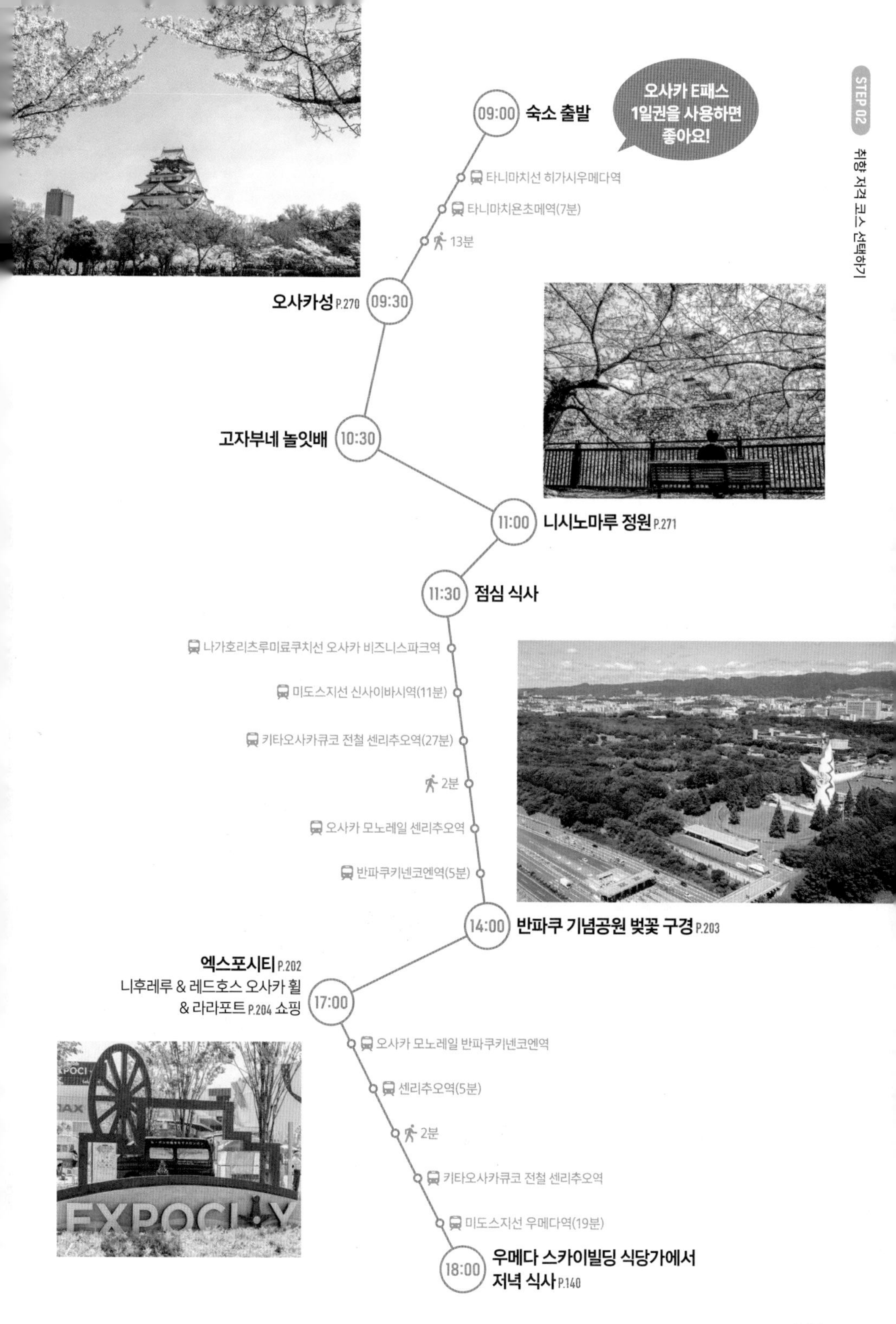
09:00 숙소 출발
오사카 E패스 1일권을 사용하면 좋아요!
타니마치선 히가시우메다역
타니마치욘초메역(7분)
13분
오사카성 P.270 09:30
고자부네 놀잇배 10:30
11:00 니시노마루 정원 P.271
11:30 점심 식사
나가호리츠루미료쿠치선 오사카 비즈니스파크역
미도스지선 신사이바시역(11분)
키타오사카큐코 전철 센리추오역(27분)
2분
오사카 모노레일 센리추오역
반파쿠키넨코엔역(5분)
14:00 반파쿠 기념공원 벚꽃 구경 P.203
엑스포시티 P.202
니후레루 & 레드호스 오사카 휠
& 라라포트 P.204 쇼핑 17:00
오사카 모노레일 반파쿠키넨코엔역
센리추오역(5분)
2분
키타오사카큐코 전철 센리추오역
미도스지선 우메다역(19분)
18:00 우메다 스카이빌딩 식당가에서 저녁 식사 P.140

07

가을에는 오사카 최고의 단풍을 찾아서

# 단풍놀이 1일 코스

단풍놀이 1일 코스
**예상 경비**

**식비**
1,440엔

**교통비**
1,260엔

**기타**
800엔

**총액 약 3,500엔**

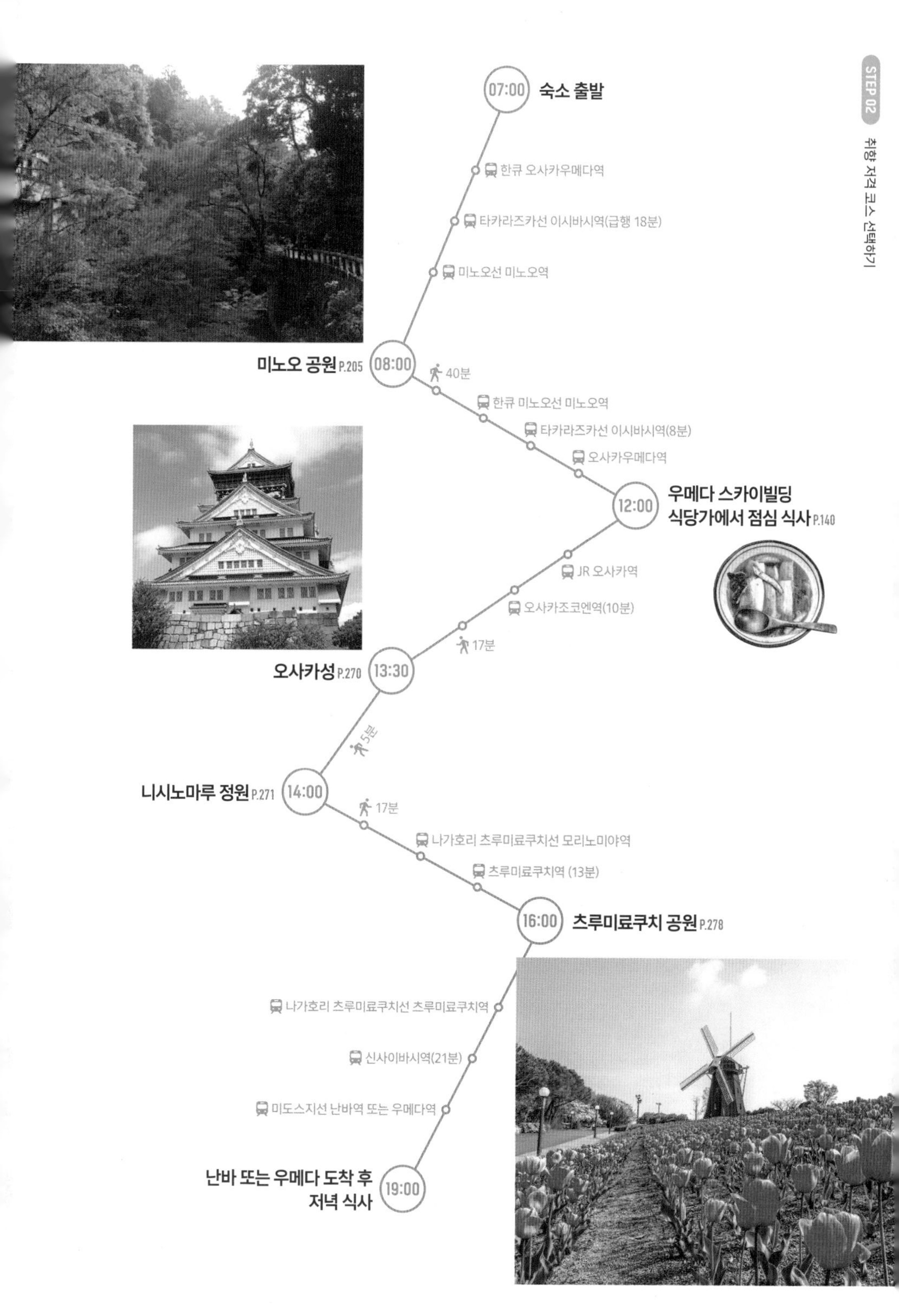
07:00 숙소 출발
한큐 오사카우메다역
타카라즈카선 이시바시역(급행 18분)
미노오선 미노오역
미노오 공원 P.205 08:00
40분
한큐 미노오선 미노오역
타카라즈카선 이시바시역(8분)
오사카우메다역
12:00 우메다 스카이빌딩 식당가에서 점심 식사 P.140
JR 오사카역
오사카조코엔역(10분)
17분
오사카성 P.270 13:30
5분
니시노마루 정원 P.271 14:00
17분
나가호리 츠루미료쿠치선 모리노미야역
츠루미료쿠치역 (13분)
16:00 츠루미료쿠치 공원 P.278
나가호리 츠루미료쿠치선 츠루미료쿠치역
신사이바시역(21분)
미도스지선 난바역 또는 우메다역
난바 또는 우메다 도착 후 저녁 식사 19:00

STEP 03

/ 패스 선택하기

# 나에게 딱 맞는 패스는?

PASS

오사카를 처음 방문한다면 패스 구매는 필수에 가깝다.
아래에서 자신의 일정과 계획에 맞는 패스를 선택해보자. 특별한 표기가 없는 한 패스는 1일권 기준이다. 일정에 맞게 여러 개를 선택해야 할 수도 있다.

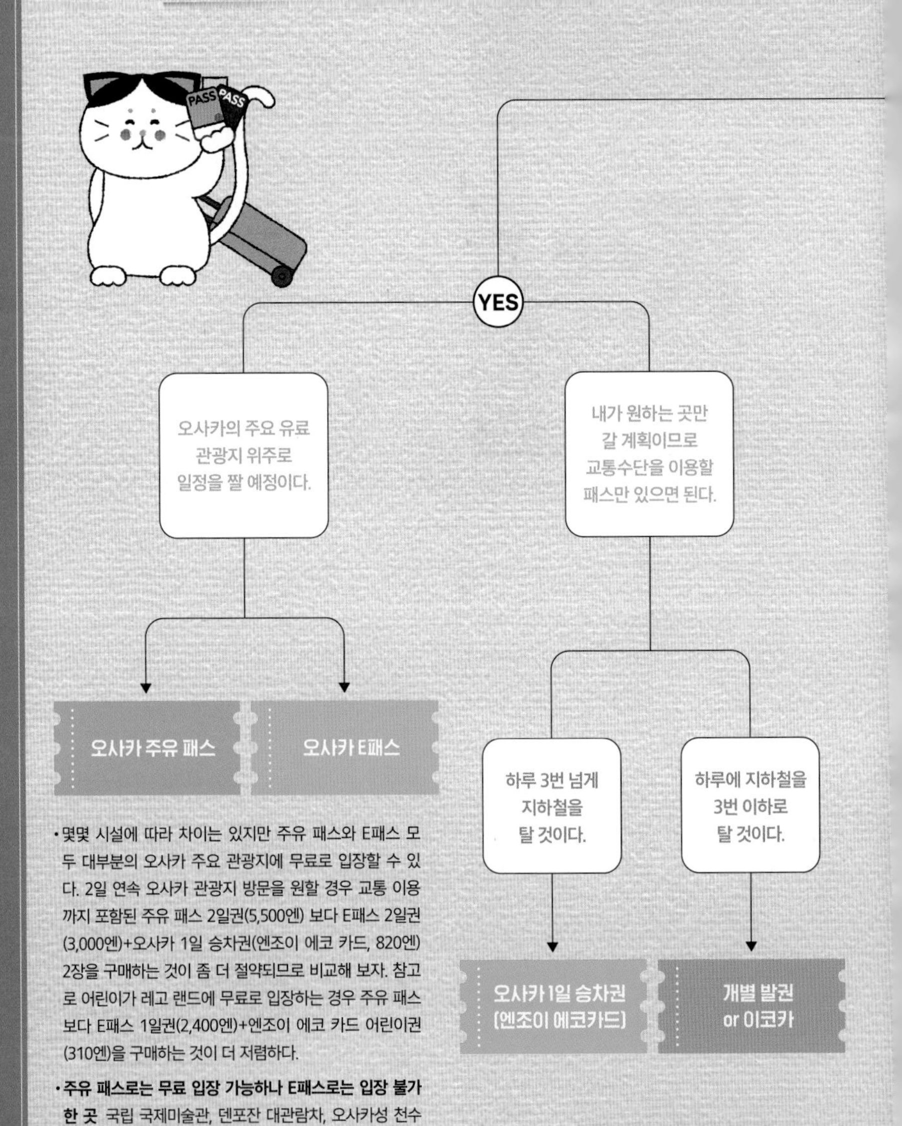


- 몇몇 시설에 따라 차이는 있지만 주유 패스와 E패스 모두 대부분의 오사카 주요 관광지에 무료로 입장할 수 있다. 2일 연속 오사카 관광지 방문을 원할 경우 교통 이용까지 포함된 주유 패스 2일권(5,500엔) 보다 E패스 2일권(3,000엔)+오사카 1일 승차권(엔조이 에코 카드, 820엔) 2장을 구매하는 것이 좀 더 절약되므로 비교해 보자. 참고로 어린이가 레고 랜드에 무료로 입장하는 경우 주유 패스보다 E패스 1일권(2,400엔)+엔조이 에코 카드 어린이권(310엔)을 구매하는 것이 더 저렴하다.
- **주유 패스로는 무료 입장 가능하나 E패스로는 입장 불가한 곳** 국립 국제미술관, 덴포잔 대관람차, 오사카성 천수각, 오사카성 니시노마루 정원, 카이요도 피규어 뮤지엄 미라이자 오사카조, 오사카 역사박물관, 츠텐카쿠 다이브 & 워크 등

- 히메지, 와카야마, 고야산 이용 불가
- 연속 3일 동안 간사이 국제공항, 교토, 나라, 고베 이동 예정이라면 가장 추천

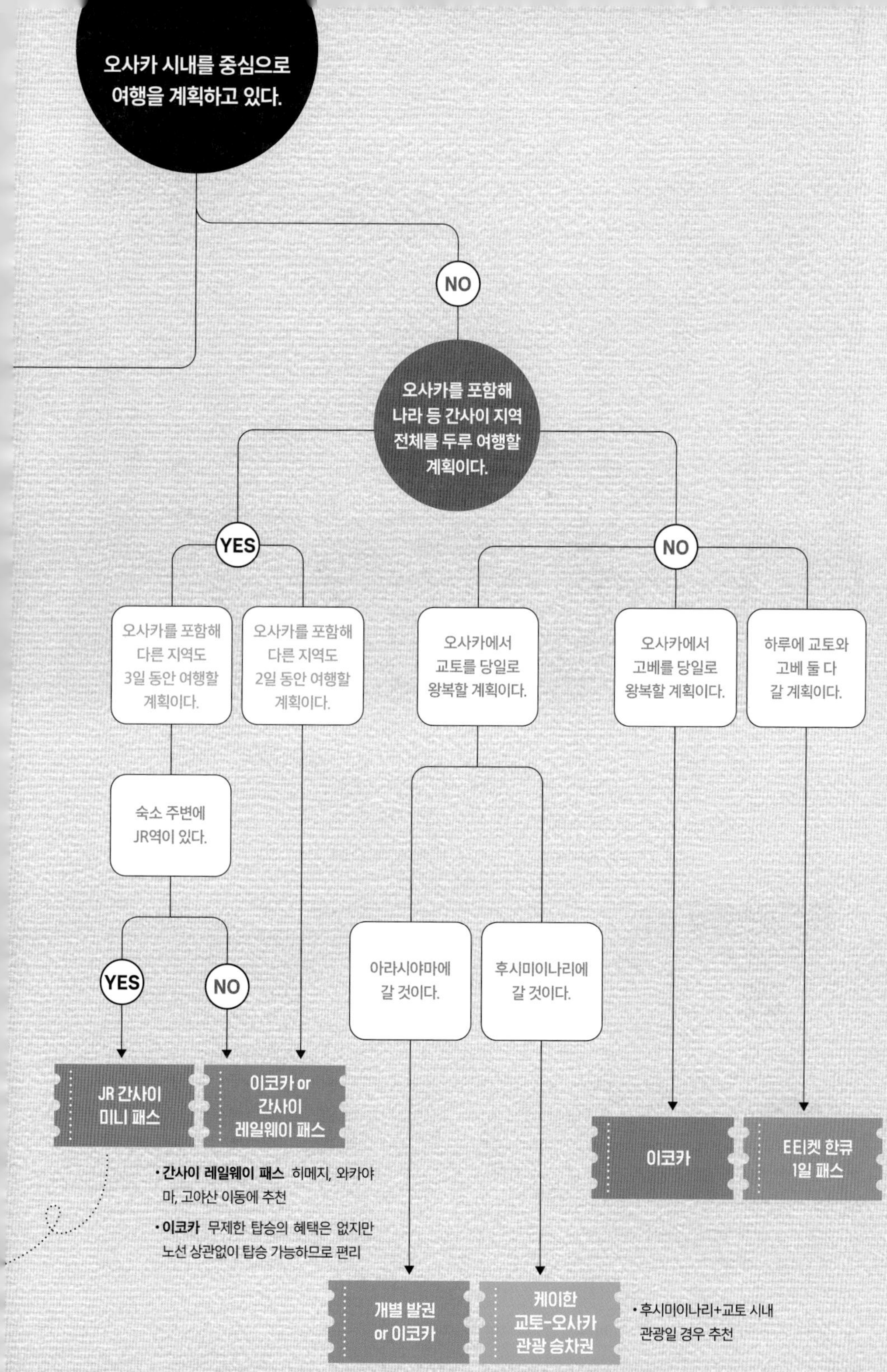

오사카 시내를 중심으로 여행을 계획하고 있다.

NO

오사카를 포함해 나라 등 간사이 지역 전체를 두루 여행할 계획이다.

YES

오사카를 포함해 다른 지역도 3일 동안 여행할 계획이다.

숙소 주변에 JR역이 있다.

YES → JR 간사이 미니 패스

NO → 이코카 or 간사이 레일웨이 패스

오사카를 포함해 다른 지역도 2일 동안 여행할 계획이다. → 이코카 or 간사이 레일웨이 패스

- **간사이 레일웨이 패스** 히메지, 와카야마, 고야산 이동에 추천
- **이코카** 무제한 탑승의 혜택은 없지만 노선 상관없이 탑승 가능하므로 편리

NO

오사카에서 교토를 당일로 왕복할 계획이다.

아라시야마에 갈 것이다. → 개별 발권 or 이코카

후시미이나리에 갈 것이다. → 케이한 교토-오사카 관광 승차권

- 후시미이나리+교토 시내 관광일 경우 추천

오사카에서 고베를 당일로 왕복할 계획이다. → 이코카

하루에 교토와 고베 둘 다 갈 계획이다. → E티켓 한큐 1일 패스

# 패스별 핵심 포인트

더이상 고민하지 말자. 깊이 파고들수록 수많은 옵션이 존재하는 것이
오사카 패스이기 때문에 머리 아픈 과정만 계속될 뿐이다.
아래 소개하는 8종은 수많은 여행자의 일정과 패턴을 분석해 베스트 패스만 추려 놓은 것이다.
각자의 일정에 해당하는 것만 선택해 간단하게 준비를 끝내자.

오사카 시내 여행을 위한 필수 아이템

## 오사카 주유 패스 大阪 周遊パス

**기간** 1일, 2일 | **가격** 1일권 3,300엔, 2일권 5,500엔 | **지역** 오사카

스마트폰 하나로 40여 개 명소 무료 입장을 비롯해 오사카 시내 전철, 지하철, 버스 무제한 탑승이 가능한 패스. 오사카를 처음 방문해 많은 관광지를 다녀보고 싶은 여행자에게 추천한다. 이 패스를 선택하기 전에 가장 먼저 해야 할 일은 주유 패스 홈페이지에서 흥미 있는 관광지를 확인하는 것이다. 가고 싶은 명소가 3곳 이상(1일권 기준)이라면 구매하는 것이 좋고, 특히 입장료가 비싼 레고랜드 디스커버리(2,800엔), 산타마리아 유람선(1,800엔), 덴포잔 대관람차(900엔), 공중정원(2,000엔), 톤보리 리버 크루즈(1,500엔)가 포함되어 있다면 더더욱 망설일 필요 없다. 어린이용은 따로 없지만 아이와 함께 레고랜드와 덴포잔 대관람차를 갈 예정이라면 성인용으로라도 구매하는 것이 유리하다. 우메다 스카이빌딩 공중정원은 주유 패스 이용 시 15시 이전에만 무료로 입장할 수 있고(15시 이후 입장객 20% 할인), 레고랜드는 홈페이지에 명시된 무료 입장 가능일에만 이용 가능하니 참고하자. 또한 2024년 6월 17일부터 스마트폰으로 티켓을 구매하고, QR코드를 이용해 시설 입장, 대중교통을 이용하는 방식으로 변경되었다. 인터넷에 접속해 사용해야 하기 때문에 휴대전화의 전원이 켜져 있고 인터넷 통신 가능한 환경에서만 사용할 수 있다. 또 여러 명이서 여행하는 경우 가족 대표가 전원의 티켓을 구매해 1대의 기기로 이용하거나, 각각의 기기에서 교환하여 사용하는 2가지 방식으로 이용할 수 있다.

**무료 이용 가능한 시설 보기 osaka-amazing-pass.com/kr/service_free.html**

오사카 포함 간사이 전역을 여행하려면

## 오사카 E패스 大阪楽遊パス Osaka E-Pass

**기간** 1일, 2일 | **가격** 1일권 2,400엔, 2일권 3,000엔, 지하철 패스 통합 1일권 3,200엔, 2일권 4,500엔
**지역** 오사카

스마트폰 하나로 25개 명소 무료 입장이 가능한 패스. 주유 패스와 비슷한 패스지만 대중교통 무료 이용 혜택이 없는 패스이다. 만약 주말에 이용할 계획이라면 오사카 E패스와 오사카 1일 승차권(엔조이 에코 카드) 주말권(620엔)을 조합하면 주유 패스 1일권(3,300엔)보다 저렴하게 이용할 수 있다. 특히 2일권이 3,000엔이기 때문에 평일에 오사카 1일 승차권 2장(1,640엔)을 추가하더라도 주유 패스 2일권(5,500엔)보다 저렴하다. 다만 주유 패스로 무료로 입장할 수 있는 오사카성 천수각은 E패스로 입장 불가하고, 반대로 주유 패스로 무료 입장할 수 없는 오사카휠 대관람차는 E패스로 무료 입장 가능한 것처럼 몇몇 무료 이용 시설이 다르다. 따라서 사전에 자기가 가고 싶은 여행지가 포함되어 있는지 확인이 필요하다. 주유 패스와 마찬가지로 스마트폰으로 구입하고 QR코드를 통해 이용할 수 있으며 주유 패스와 마찬가지로 인터넷에 접속해 사용해야 하기 때문에 휴대전화의 전원이 켜져 있고 인터넷 통신 가능한 환경에서만 사용할 수 있다. 어린이 요금 할인은 없지만 관광지 방문 일정에 따라 E패스 구매가 이득이라면 성인권을 구매해 사용할 수 있다. 마찬가지로 인터넷에 접속해 사용해야 하기 때문에 휴대전화의 전원이 켜져 있고 인터넷 통신 가능한 환경에서만 사용할 수 있다.

**무료 이용 가능한 시설보기 www.e-pass.osaka-info.jp/kr/facility/free**

3

오사카 포함 간사이 전역을 여행하려면

## 간사이 레일웨이 패스 KANSAI RAILWAY PASS

**기간** 2일, 3일 | **가격** 2일권 5,600엔, 3일권 7,000엔
**지역** 오사카, 교토, 고베, 나라, 히에이잔, 히메지, 와카야마, 고야산

오사카는 물론 교토, 고베, 나라, 히메지, 고야산 등 간사이 전 지역의 전철, 지하철을 자유롭게 이용할 수 있는 패스(JR 제외). JR을 제외한 대부분의 사철 이용이 가능해 전철을 갈아탈 때 매번 복잡한 요금표를 보고 표를 사는 수고를 더는 데다가, 어느 노선을 이용해도 찍고 타기만 하면 되어 아주 편하다. 하지만 짧은 기간에 세 도시 이하만 다닌다면 오히려 손해고, 오사카를 중심으로 교토 및 고베만 당일 여행한다면 그다지 이득을 보지 못한다. 수많은 패스가 너무 어렵게 느껴진다면 본전 생각은 잊고 제일 폭넓게 사용되는 이 패스를 선택할 수 있으나, 패스 없이 타는 만큼 차감되는 교통카드를 사용하는 것이 나을 수 있으므로 신중하게 선택하는 것이 좋다. 만약 짧은 2~3일 일정 동안 히메지와 고야산에 방문할 예정이라면 티켓 가격 이상 이득을 볼 수 있다.

JR 노선으로 간사이를 여행할 수 있는 최저가 패스

## JR 간사이 미니 패스 JR Kansai Mini Pass

**기간** 3일 | **가격** 3,000엔 | **지역** 오사카, 교토, 고베, 나라

오사카, 교토, 나라, 고베 등 간사이 핵심 도시를 JR 철도로 3일 동안 무제한 사용할 수 있는 패스. JR 보통, 쾌속, 신쾌속 이용이 가능하지만 JR 특급 하루카 이용 시에는 추가 요금(지정석 1,930엔, 자유석 1,200엔)이 있다. 숙소가 JR 역 주변이면서 여러 시외 지역으로 이동할 예정이라면 간사이 레일웨이 패스보다 훨씬 실용성이 높다. 관광지 할인 혜택, 선물 증정 등 특전도 함께 챙기자.

**TIP**

첫 개시일부터 연속 3일간 가능하며, 비연속 사용은 불가능하다. 일본 현지에서는 판매하지 않기 때문에 한국 여행사에서 미리 구매하고 현지에서 티켓으로 교환해야 하며, 사용 개시일은 추후에 변경이 불가하니 신중하게 선택해야 한다.

오사카에서 교토로 당일 여행을 갈 땐

## E티켓 한큐 1일 패스 デジタル乗車券 阪急1dayパス

**기간** 1일 | **가격** 1,300엔 | **지역** 오사카, 교토, 고베, 다카라즈카

오사카, 교토, 고베, 다카라즈카를 연결하는 한큐 전철 전 노선을 1일 동안 자유롭게 이용할 수 있는 전자 티켓. 공식 웹사이트(app.surutto-qrtto.com/tabs/home)에서 회원 가입한 후 신용카드로 구매 가능하며, 스마트폰에서 발급된 바코드를 사용해 하루 동안 한큐 전철(고베 고속선 제외)에 무제한 탑승 가능하다. 다만 교토나 고베 왕복만 이용할 경우 패스권보다 요금이 저렴하기 때문에 효율이 좋지 못하고, 하루에 교토, 고베, .오사카를 모두 이동할 계획이 있다면 가장 이득을 볼 수 있는 1일권이다.

6

JR 간사이 미니 패스 + 히메지&와카야마

## JR 웨스트레일 패스 JR West Rail Pass

**기간** 1일, 2일, 3일, 4일 | **가격** 1일권 2,800엔, 2일권 4,800엔, 3일권 5,800엔, 4일권 7,000엔
**지역** 오사카, 교토, 고베, 나라, 히메지, 와카야마

간사이 미니 패스에서 히메지, 와카야마까지 범위를 확대한 패스. JR 보통, 쾌속, 신쾌속은 물론 JR 특급 하루카도 이용할 수 있다. 1~4일권으로 종류가 다양하므로 간사이 레일웨이 패스보다 선택의 폭이 다양하다. 저렴한 가격을 자랑하는 간사이 미니 패스보다 가성비는 다소 떨어지지만, 하루에 하루카 특급을 2회 탑승하거나, 히메지 당일 여행을 계획한다면 웨스트레일 패스 1일권이 특히 유용하다.

**TIP**

국내에서 미리 구매할 경우 JR 역에서 여권과 교환권을 제시해 패스로 교환해야 하며, 현지 구매, 국내 구매, JR 홈페이지 구매 모두 가격이 동일하다. 2023년 10월부터는 웨스트레일 패스를 구매하는 여행자에게 교토 시영 지하철 1일권, 케이한 교토-오사카 관광 승차권 1일권, 한큐 패스 1일권을 추가로 증정한다. 이 3장의 패스는 반드시 웨스트레일 패스 사용 기간 중에 지정된 장소에서 교환 및 사용해야 한다.

- **수령 절차** 국내 여행사에서 패스 구매 → 일본 현지 패스 교환처에서 JR 웨스트레일 패스 + 사철 패스 교환권 수령 → JR 웨스트레일 패스 이용 기간 중 각 사철 패스 수령처에서 교환권을 실물 패스로 교환

교토 이동 패스의 신흥 강자

## 교토-오사카 관광 승차권 KYOTO-OSAKA SIGHTSEEING PASS

**기간** 1일, 2일 | **가격** 1일권 1,000엔, 2일권 1,500엔 | **지역** 오사카, 교토

오사카와 교토 구간을 연결하는 케이한 전철을 무제한 이용할 수 있는 패스. 한큐 전철로는 갈 수 없고 케이한 전철로만 갈 수 있는 후시미이나리, 토후쿠지, 우지를 방문할 계획이라면 필수다. 2일권은 비연속 사용 가능하며, 오사카 시내에서도 요도야바시, 키타하마, 텐마바시, 쿄바시 등 케이한선을 탑승할 수 있는 역이 4곳이나 되므로, 숙소가 우메다가 아닌 경우 한큐 전철보다 이용하기 편하다. 관광 명소에서 제시하면 다양한 할인 혜택도 받을 수 있다.

**TIP**

개찰구 통과 시 뒷면에 사용일이 찍히며, 당일 막차까지 이용 가능하다. 숙소가 요도야바시와 가까운 난바 근처일 경우 유리한 패스.

주유 패스를 사용하지 않는 경우에 꼭 필요한 교통 패스

## 오사카 1일 승차권(엔조이에코카드) 1日乗車券 エンジョイエコカード

**기간** 1일 | **가격** 월~금 820엔, 토~일 & 공휴일 620엔 | **지역** 오사카

오사카 시내 지하철, 버스를 무제한 탑승할 수 있는 오사카메트로 전용 패스. 지하철 기본 운임이 190엔임을 감안하면, 지하철을 4번만 이용해도 무조건 사는 것이 유리하다. 30개 이상의 관광 명소에서 입장료 할인도 받을 수 있다.

**TIP**

24시가 지나 날짜가 바뀌어도 막차까지 이용할 수 있다. 평일엔 820엔이지만 토·일·공휴일엔 200엔이 할인된 620엔에 구매 가능하며, 어린이용 티켓(310엔)도 판매하므로 가족 여행객에게 추천한다.

## 패스 가격 및 구매처

| 패스구분 | 가격 | 구매처 |
|---|---|---|
| **오사카 주유 패스** | 1일권 3,300엔<br>2일권 5,500엔 | · 공식 홈페이지 osaka-amazing-pass.com/kr<br>· 국내 온라인 여행사 |
| **오사카 E패스<br>(오사카 E-Pass)** | 1일권 2,400엔<br>2일권 3,000엔<br>지하철 패스 통합 1일권 3,200엔<br>지하철 패스 통합 2일권 4,500엔 | · 공식 홈페이지 www.e-pass.osaka-info.jp/kr<br>· 국내 온라인 여행사 |
| **엔조이 에코카드** | 평일 820엔,<br>주말 및 공휴일 620엔 | · 각 지하철역 발매기<br>· 국내 온라인 여행사 |
| **간사이<br>레일웨이 패스** | 2일권 5,600엔<br>3일권 7,000엔<br>(일본 내에서 구매 시<br>2일권 100엔, 3일권 200엔 추가) | · 간사이투어리스트 인포메이션(공항 제1터미널, 교토)<br>· 난카이전철 간사이공항역 티켓 발매소<br>· 오사카 지하철 정기권 발매소(난바, 텐노지, 우메다)<br>· 빅카메라 난바, 아베노 큐즈 몰<br>· 한큐 투어리스트 인포메이션(오사카우메다역)<br>· 공식 홈페이지 www.surutto.com/kansai_rw/ko<br>· 국내 온라인 여행사 |
| **JR 간사이 미니 패스** | 3일권 3,000엔 | · 국내 온라인 여행사(일본 내 구매 불가) |
| **JR 웨스트레일 패스** | 1일권 2,800엔<br>2일권 4,800엔<br>3일권 5,800엔<br>4일권 7,000엔 | · 간사이 투어리스트 인포메이션(공항 제1터미널, 교토)<br>· 트래블 서비스 센터 오사카<br>· 국내 온라인 여행사 |
| **E티켓 한큐 1일 패스** | 1일권 1,300엔 | · 스루토 간사이 웹사이트<br>app.surutto-qrtto.com/tabs/home |
| **교토-오사카 관광<br>승차권(케이한)** | 1일권 1,000엔<br>2일권 1,500엔 | · 간사이 투어리스트 인포메이션(공항 제1터미널, 교토)<br>· 케이한선 각 역 창구<br>· 국내 온라인 여행사 |

REAL GUIDE

# 교통도 쇼핑도 한 장으로 다 되는 교통카드 **이코카 ICOCA**

JR 서일본에서 발행하는 교통카드로, 일본에서는 IC카드라고 부른다. 오사카 사투리 '갈까? 行こか(이코카)'에 착안해 이름 붙였다. JR은 물론 사철, 지하철, 버스, 노면전차 등 거의 모든 교통 수단을 이 카드 한 장으로 탑승 가능하며(신칸센 및 유료 특급은 좌석권 별도 구매 필요) 오사카를 포함한 일본 전국에서 사용할 수 있다. 한국의 교통카드와 마찬가지로 충전해서 사용하며 탑승하는 만큼 금액이 차감되는 형태로, 카드 한 장만으로 노선 구분 없이 편하게 탑승 가능하다는 것이 가장 큰 장점이다. 교통비를 절감하려면 교통 패스를 구매하는 것도 유용하지만, 이용 가능한 노선을 확인하지 않고 편하게 이용하고 싶은 사람, 교통편을 많이 사용하지 않아 탑승한 만큼만 금액을 지불하고 싶은 사람에게 좋다. 또 교통카드의 기능뿐 아니라 이코카 마크가 있는 식당, 점포 등에서 결제 수단으로도 이용 가능해 더욱 편하다. 구매와 충전은 현금으로만 가능하며, 카드 유효 기간은 발급일로부터 10년이다.

## 사용 방법

지하철 승차 시 충전된 이코카를 개찰구에 태그해 통과하고, 하차 시에도 마찬가지로 개찰구에 태그하고 통과하면 된다. 이때 개찰구에서 결제된 금액과 카드의 잔액을 확인할 수 있다. 버스의 경우, 뒷문으로 승차할 때 단말기에 이코카를 태그한 후, 앞문으로 하차할 때 앞문의 단말기에 태그 후 하차한다.
상점에서 이코카로 결제하려면 먼저 이코카 마크가 부착되어 있는지 확인할 것. 점원에게 이코카로 결제하겠다고 말한 뒤 결제 금액을 확인 후 터치패드에 터치하면 된다. 충전만 해두면 현금을 세고 주고받는 번거로움이 없어 매우 편리하다.

## 구매 및 충전

JR역 창구 '미도리노마도구치(みどりの窓口)', 'ICOCA' 마크가 있는 티켓 자동 발매기에서 구매 가능하다. 일반적으로 카드 보증금 500엔과 카드 충전액 1,500엔을 포함해 2,000엔에 판매하며 카드 보증금 500엔은 카드를 환불하면 돌려받을 수 있다. 추가 충전 시에는 이코카 충전(ICOCA チャージ)이라고 적힌 티켓 발매기에서 충전할 수 있으며, 편의점에서도 이코카 마크가 부착되어 있는 곳이라면 충전 가능하다. 직원에게 '이코카 챠-지(チャージ)'라고 요청하면 된다.

## 실물 카드를 지갑 앱으로 옮기기

- 아이폰 사용자라면 가지고 있는 이코카 카드를 지갑 앱으로 옮겨서 사용할 수 있다. 단, 모바일 카드로 등록한 후에 실물 카드는 사용할 수 없으니 주의할 것.
- 아이폰의 지갑 애플리케이션 열기 → 상단 '+' 버튼 → 교통 카드 선택 → ICOCA 선택 → 동의 및 기존 카드 이체 → ICOCA ID번호 마지막 4자리

***ICOCA ID번호** 카드 뒷면 오른쪽 하단에 인쇄된 'JW'로 시작하는 17자리 숫자

- 실물카드를 모바일 이코카로 등록한다면 보증금 500엔도 잔액에 포함되어 확인된다.
  (예: 잔액 500엔의 이코카를 아이폰으로 옮길 경우 카드 보증금까지 잔액이 1,000엔으로 등록됨)

## 모바일 이코카 발급하기

- 모바일 이코카 발급은 아이폰에서만 가능하며, 마스터카드로만 결제 가능하다(애플페이 지원되는 현대 마스터카드 필요).
- 아이폰 지갑 열기 → 상단 '+' 버튼 → 교통카드 선택 → ICOCA 선택 → 동의 및 계속 → 충전 금액 선택(최소 1,000엔)

STEP 04 / 출국하기

# 여행 중 인터넷을 사용하려면?

## 01 데이터 로밍

- 여행 기간 중 원하는 날을 선택해 서비스를 이용할 수 있다.
- 별도의 기기를 임대 및 휴대하지 않아도 된다.

- 1일 9,000~12,000원으로 요금이 다소 비싸다.
- 로밍한 휴대전화 기기만 사용할 수 있기 때문에 공유 불가능.
- 핫 스폿을 사용하더라도 데이터 사용량이 한정되어 있다.

- 현지에 도착해 전원만 켜도 전화와 문자 서비스가 자동으로 로밍 상태가 된다.
- 출국 전 통신사 고객 센터나 공항에 입점해 있는 통신사 부스에 문의하자.

## 02 포켓 와이파이

- 1일 3,000~4,000원대로 데이터 로밍에 비해 요금이 저렴하다.
- 동행자와 공유 가능. 스마트폰, 태블릿, 랩톱 등 최대 10대 기기와 공유도 가능.

- 전체 일정 기간만큼 기기를 대여해야 하고, 기기 분실의 우려가 있다.

- 출국 전 미리 신청해 택배 수령 또는 출국 당일 공항 수령한다.

## 03 유심칩 구매

- 여행 기간이 길수록 유리하다(국내에서 구매할 경우 5일 무제한 약 16,000원).

- 통신 회사에 따라 프로파일을 다운로드해 사용해야 하는 경우도 있다. 설정 및 세팅을 위해서는 와이파이가 연결된 장소로 이동해야 한다. 해외 직구로 구입한 휴대폰이라면 캐리어 락(컨트리 락) 해제 확인이 필요할 수 있다.

* **캐리어락** 단말기에 지정된 정해진 국가 혹은 이동통신사의 SIM 카드만 인식하도록 제한을 걸어놓은 잠금 장치 / 안드로이드 단말기는 통신사에 문의해 확인 가능, 아이폰은 설정→일반→정보→이동통신사 잠금→SIM 제한 없음의 경우 캐리어락 해제 상태

- 국내에서 온라인으로 구매해 택배 및 공항 수령하는 방법과 현지 상점에서 구매하는 방법이 있다.
- 간사이 국제공항 1층 입국장에도 유심칩 매장 및 자판기가 있다. 칩은 업체와 종류에 따라 다르지만 가격은 보통 2G 기준 약 2,500엔(7일권) 정도로 비싼 편이니 참고하자.

# 기내에서
# 신고서 작성하기

일본으로 입국할 때는 '외국인 입국 기록'과 '휴대품·별송품 신고서' 작성이 필요하다. 다만, 요즘에는 기내에서 신고서를 나눠주지 않는 경우도 있으므로 두 서류를 대체할 수 있는 비지트 재팬 웹(Visit Japan Web)에서 미리 등록을 해두는 것이 편하다. 귀국 시에는 신고 물품이 있는 경우에만 '대한민국 세관 신고서'를 작성한다.

## 한국 → 일본

### 외국인 입국 기록(입국 신고서)

기내에서 승무원이 나눠주면 일본어 또는 영어로 작성하자. 1인당 1장 작성한다.

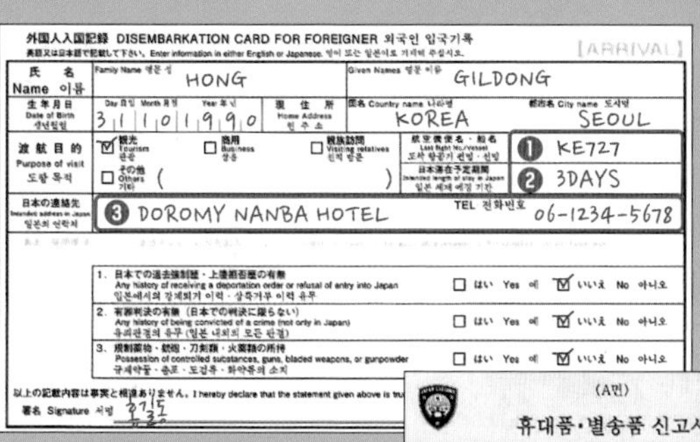

外国人入国記録 DISEMBARKATION CARD FOR FOREIGNER 외국인 입국기록 [ARRIVAL]

| 氏名 Name 이름 | Family Name 영문 성: HONG | Given Names 영문 이름: GILDONG |
|---|---|---|
| 生年月日 Date of Birth 생년월일 | 3 1 1 0 1 9 9 0 | 現住所 Home Address 현주소 — Country name 나라명: KOREA / City name 도시명: SEOUL |
| 渡航目的 Purpose of visit 도항 목적 | ☑ 観光 Tourism 관광 / □ 商用 Business 상용 / □ 親族訪問 Visiting relatives 친척 방문 / □ その他 Others 기타 ( ) | 航空機便名・船名 Last flight No./Vessel 도착 항공기 편명·선명: ① KE727 / 日本滞在予定期間 Intended length of stay in Japan 일본 체재 예정 기간: ② 3DAYS |
| 日本の連絡先 Intended address in Japan 일본의 연락처 | ③ DOROMY NANBA HOTEL | TEL 전화번호 06-1234-5678 |

1. 日本での退去強制歴・上陸拒否歴の有無 Any history of receiving a deportation order or refusal of entry into Japan 일본에서의 강제퇴거 이력·상륙거부 이력 유무 □ はい Yes 예 ☑ いいえ No 아니오
2. 有罪判決の有無(日本での判決に限らない) Any history of being convicted of a crime (not only in Japan) 유죄판결의 유무 (일본 내외의 모든 판결) □ はい Yes 예 ☑ いいえ No 아니오
3. 規制薬物・銃砲・刀剣類・火薬類の所持 Possession of controlled substances, guns, bladed weapons, or gunpowder 규제약물·총포·도검류·화약류의 소지 □ はい Yes 예 ☑ いいえ No 아니오

以上の記載内容は事実と相違ありません。I hereby declare that the statement given above is tru…
署名 Signature 서명 홍길동

❶ 탑승한 항공기 편명 또는 배의 선명
❷ 체류일 기입. 2박 3일의 경우 3 days 또는 3日
❸ 현지에서 체류할 호텔명과 전화번호

### 휴대품·별송품 신고서

세관 신고품이 없어도 반드시 작성한다. 일본어 또는 영어로만 적는다.

❶ 일본 도착 날짜
❷ 체류할 호텔명과 전화번호
❸ 가족 동반일 경우 대표 1인 작성하고 동반 가족 인원 수와 나이 기재
❹ 해당 사항에 체크

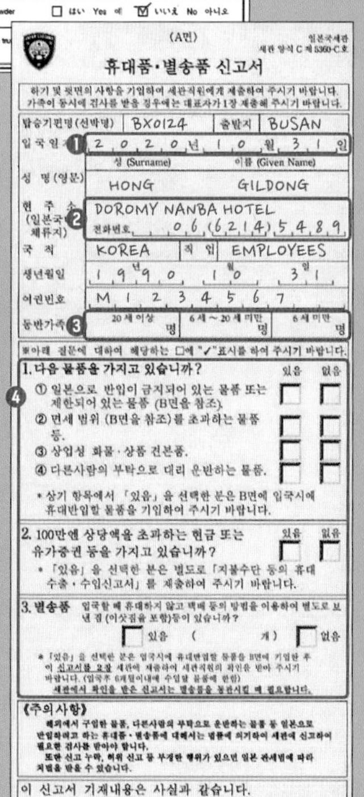

(A면) 일본국세관 세관 양식 C 제5360-C호

휴대품·별송품 신고서

하기 및 뒷면의 사항을 기입하여 세관직원에게 제출하여 주시기 바랍니다. 가족이 동시에 검사를 받을 경우에는 대표자가 1장 제출해 주시기 바랍니다.

| 탑승기편명(선박명) | BX0124 | 출발지 | BUSAN |
|---|---|---|---|
| 입국일 ❶ | 2020년 10월 31일 | | |
| 성명(영문) | 성 (Surname) HONG | 이름 (Given Name) | GILDONG |
| 현주소 (일본국 체류지) ❷ | DOROMY NANBA HOTEL 전화번호 06(6214)5489 | | |
| 국적 | KOREA | 직업 | EMPLOYEES |
| 생년월일 | 1990년 10월 31일 | | |
| 여권번호 | M1234567 | | |
| 동반가족 ❸ | 20세 이상 명 | 6세~20세 미만 명 | 6세 미만 명 |

※아래 질문에 대하여 해당하는 □에 "✓"표시를 하여 주시기 바랍니다.

1. 다음 물품을 가지고 있습니까? ❹ 있음 없음
① 일본으로 반입이 금지되어 있는 물품 또는 제한되어 있는 물품 (B면을 참조).
② 면세 범위 (B면을 참조)를 초과하는 물품 등.
③ 상업성 화물·상품 견본품.
④ 다른사람의 부탁으로 대리 운반하는 물품.
* 상기 항목에서 「있음」을 선택한 분은 B면에 입국시에 휴대반입할 물품을 기입하여 주시기 바랍니다.

2. 100만엔 상당액을 초과하는 현금 또는 유가증권 등을 가지고 있습니까? 있음 없음
* 「있음」을 선택한 분은 별도로 「지불수단 등의 휴대 수출·수입신고서」를 제출하여 주시기 바랍니다.

3. 별송품 입국할 때 휴대하지 않고 택배 등의 방법을 이용하여 별도로 보낸 짐(이삿짐을 포함)이 있습니까?
□ 있음 ( 개) □ 없음
* 「있음」을 선택한 분은 입국시에 휴대반입할 물품을 B면에 기입한 후 이 신고서를 2장 세관에 제출하여 세관직원의 확인을 받아 주시기 바랍니다. (입국후 6개월이내에 수입할 물품에 한함)
세관에서 확인을 받은 신고서는 별송품을 통관시킬 때 필요합니다.

《주의사항》
해외에서 구입한 물품, 다른사람의 부탁으로 운반하는 물품 등 일본으로 반입하려고 하는 휴대품·별송품에 대해서는 법률에 의거하여 세관에 신고하여 필요한 검사를 받아야 합니다.
또한 신고 누락, 허위 신고 등 부정한 행위가 있으면 일본 관세법에 따라 처벌을 받을 수 있습니다.

이 신고서 기재내용은 사실과 같습니다.
서명

## 일본 → 한국

### 대한민국 세관 신고서

세관 신고 물품이 있는 대상자만 작성하면 된다. 세관 신고 물품이 없다면 신고서 작성 없이 '세관 신고 없음(Nothing to Declare)' 통로를 통과하면 된다. 신고 대상 물품이 있다면 아래 내용대로 작성하여 제시한다.

❶ 가족 여행 시 대표자 외 동반 인원 수
❷ 해당 사항에 체크
❸ 귀국일, 신고인 이름과 서명 필수

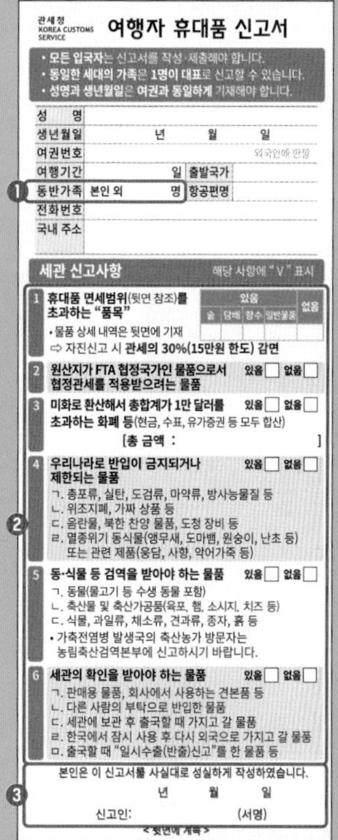

관세청 KOREA CUSTOMS SERVICE

여행자 휴대품 신고서

- 모든 입국자는 신고서를 작성·제출해야 합니다.
- 동일한 세대의 가족은 1명이 대표로 신고할 수 있습니다.
- 성명과 생년월일은 여권과 동일하게 기재해야 합니다.

| 성 명 | | | |
|---|---|---|---|
| 생년월일 | 년 월 일 | | |
| 여권번호 | 외국인에 한함 | | |
| 여행기간 | 일 | 출발국가 | |
| ❶ 동반가족 | 본인 외 명 | 항공편명 | |
| 전화번호 | | | |
| 국내 주소 | | | |

세관 신고사항 해당 사항에 "V" 표시 ❷

1. 휴대품 면세범위(뒷면 참조)를 초과하는 "품목" 있음(술, 담배, 향수, 일반물품) 없음
• 물품 상세 내역은 뒷면에 기재
⇨ 자진신고 시 관세의 30%(15만원 한도) 감면

2. 원산지가 FTA 협정국가인 물품으로서 협정관세를 적용받으려는 물품 있음□ 없음□

3. 미화로 환산해서 총합계가 1만 달러를 초과하는 화폐 등(현금, 수표, 유가증권 등 모두 합산) 있음□ 없음□
[총 금액 : ]

4. 우리나라로 반입이 금지되거나 제한되는 물품 있음□ 없음□
ㄱ. 총포류, 실탄, 도검류, 마약류, 방사능물질 등
ㄴ. 위조지폐, 가짜 상품 등
ㄷ. 음란물, 북한 찬양 물품, 도청 장비 등
ㄹ. 멸종위기 동식물(앵무새, 도마뱀, 원숭이, 난초 등) 또는 관련 제품(웅담, 사향, 악어가죽 등)

5. 동·식물 등 검역을 받아야 하는 물품 있음□ 없음□
ㄱ. 동물(물고기 등 수생 동물 포함)
ㄴ. 축산물 및 축산가공품(육포, 햄, 소시지, 치즈 등)
ㄷ. 식물, 과일류, 채소류, 견과류, 종자, 흙 등
• 가축전염병 발생국의 축산농가 방문자는 농림축산검역본부에 신고하시기 바랍니다.

6. 세관의 확인을 받아야 하는 물품 있음□ 없음□
ㄱ. 판매용 물품, 회사에서 사용하는 견본품 등
ㄴ. 다른 사람의 부탁으로 반입한 물품
ㄷ. 세관에 보관 후 출국할 때 가지고 갈 물품
ㄹ. 한국에서 잠시 사용 후 다시 외국으로 가지고 갈 물품
ㅁ. 출국할 때 "일시수출(반출)신고"를 한 물품 등

❸ 본인은 이 신고서를 사실대로 성실하게 작성하였습니다.
년 월 일
신고인: (서명)
<뒷면에 계속>

TIP

### 비지트 재팬 웹(Visit Japan Web)

일본 입출국 수속에 필요한 '입국 심사', '세관 신고' 등의 정보를 온라인에서 입력할 수 있다. 출발 전 웹에서 등록하고 발급받은 QR 코드를 입국 심사대와 세관 신고대에서 제시하면 된다.

STEP 05 / 오사카 입국하기

# 간사이 국제공항

## Kansai International Airport 關西國際空港(KIX)

간사이 지역의 관문인 간사이 국제공항은 바다를 매립해 만든 인공섬 위에 건립되었다.
제1·2터미널이 있으며 대부분의 항공사는 제1터미널을 이용한다.
피치항공과 제주항공은 제2터미널을 이용하고 있다.

www.kansai-airport.or.jp

| 건물 구분 | 용도 및 위치 | 시설 및 기타 참고 사항 |
|---|---|---|
| 제1터미널 | **4층**<br>국제선 출발 | 귀국 시 이용하는 출국장. 국제선 게이트까지<br>윙 셔틀로 이동 가능 |
| | **3층**<br>라운지 및 휴게 시설 | 대한항공 라운지 등 휴게 시설 |
| | **2층**<br>국내선 출발·도착 | 음식점, 쇼핑 시설, 국내선 출발 및 도착<br>오사카 시내, 교토, 고베, 나라 등으로 갈 수 있는 난카이 전철역 및 JR 역 |
| | **1층**<br>국제선 도착 | 투어리스트 인포메이션 센터(각종 패스 구매 가능) |
| 에어로 플라자 | 제1터미널 2층에서<br>무빙워크로 연결 | 음식점, 유료 라운지(샤워 가능),<br>호텔 닛코 간사이 국제공항, 퍼스트 캐빈 |
| 제2터미널 | 피치항공, 제주항공<br>출발·도착 터미널 | 건물 외부 에어로 플라자행 무료 셔틀을 이용해<br>난카이 전철 간사이 국제공항역, JR 간사이 국제공항역,<br>간사이 국제공항 제1터미널로 이동 가능 |

# 입국 절차

## 01 입국 신고서 및 휴대품 신고서 작성

비지트 재팬 웹에서 입국 정보, 세관 신고 내용을 작성하지 않았다면 기내에서 승무원이 나눠주는 서류를 기입한다. 등록해 두었다면 QR코드를 캡처해 준비해 둔다.

## 02 입국 심사대로 이동

착륙 후 '到着(Arrivals, 도착)' 이정표를 따라 모노레일로 이동하면 '入国審査(Immigration, 입국심사)'가 나온다. 표지판을 보고 '外国人(Foreign Passports, 외국인)' 쪽에 줄 서자.

## 03 입국 심사대 통과하기

여권과 입국 신고서 또는 QR 코드를 제시한 후 심사관의 안내에 따라 지문 인식과 사진 촬영을 마치면 90일 체류 스티커가 부착된 여권을 돌려받는다. 간혹 심사관이 질문을 하기도 하는데, 내용은 보통 일본에 온 목적과 여행 기간, 일행 유무 등이다. 일본어를 모른다면 간단하게 영어로 대답하자.

## 04 수하물 찾기

입국 심사대 통과 후 아래층으로 내려가면 위탁 수하물 찾는 곳이 나오는데, 먼저 전광판에서 타고 온 항공편명을 찾아 수취대(carousel) 번호부터 확인하고 찾아가자.

## 05 세관 통과하기

짐을 찾은 후 정면의 '税関(Customs, 세관)'으로 가 여권과 휴대품 신고서 또는 QR 코드를 제시한다. 세관원이 여행 목적과 호텔 위치, 위험물이나 반입 금지 품목 소지에 대해 물어보면 대답하자.

## 06 도심으로 이동

리무진 버스 승강장은 1층 바깥에 있고, JR선이나 난카이선은 에스컬레이터를 이용해 2층으로 올라가면 이어지는 통로로 찾아갈 수 있다.

TIP

### 공항 내 인포메이션 센터

**간사이 투어리스트 인포메이션 센터**
Kansai Tourist Information Center

간사이 국제공항 제1터미널 1층의 국제선 도착 로비에 있다. 여행 정보와 숙박 시설 소개, 환전, 유심칩 판매, 교통 패스 및 입장권 판매 서비스를 제공한다.

북쪽 도착 출구와 남쪽 도착 출구 사이(공항 도착 로비 1층)
07:00~22:00(환전 서비스 07:00~ 21:30)

**JR 매표소** JR Ticket Office

간사이 국제공항역 JR 개찰구 앞, 티켓 발매기 옆쪽에 JR 패스 구매 및 각종 JR 관련 안내 팸플릿을 구할 수 있는 외국인 전용 창구가 있다. 예약 메일, 여권, 왕복 항공권 사본을 지참하면 한국에서 예약한 하루카 편도권, JR 웨스트레일 패스를 교환할 수 있다. 티켓발매기에서는 이코카 발급도 가능하다.

간사이 국제공항 제1터미널 2층과 연결 07:00~22:00

# 공항에서 시내로 **가는 방법 BEST 4**

간사이 국제공항에서 오사카 시내로 들어가는 방법은 여러 가지가 있지만, 간단하게 생각하자.
호텔의 위치와 짐의 양에 따라서 아래 세 방법 중 하나를 선택하면 된다.

### 숙소가 난바인 경우, **라피트** 또는 **난카이 공항급행**

호텔이 난바에 있다면 라피트나 난카이 공항급행이 최고다. 라피트와 난카이 공항급행은 오사카 시내에서 정차하는 역이 비슷하고 소요시간도 10분 정도밖에 차이나지 않지만, 라피트의 좌석은 지정석인 데다 더 넓고 캐리어를 수납할 수 있는 공간이 따로 있어 쾌적하다는 장점이 있다.

02

### 숙소가 우메다인 경우, **하루카** 또는 **JR 칸쿠 쾌속**

호텔이 우메다에 있다면 하루카나 JR 칸쿠쾌속을 이용하자. 2023년 오사카역에 키타우메다구치 플랫폼이 생기면서 하루카가 오사카역에도 정차해, 더욱 편하고 빠르게 이동할 수 있게 되었다. JR 칸쿠 쾌속은 약 10분정도 느리지만 하루카에 비해 가격이 반값으로 저렴하고 사람도 그리 많지 않아서 편하게 앉아서 갈 수 있다. 단, 짐을 보관할 장소가 따로 없어 짐이 많은 경우에는 불편할 수 있다.

03

### 숙소가 난바와 우메다 외 지역인 경우

- **사카이스지선**의 정차역(에비스쵸, 니혼바시, 나가호리바시 등)
  라피트 또는 공항급행 탑승 → 텐가차야역 → 사카이스지선으로 환승
- **미도스지선**의 정차역(다이고쿠쵸, 신사이바시, 혼마치, 나카츠, 에사카 등)
  라피트 또는 공항급행 탑승 → 난바역 → 미도스지선으로 환승
- **JR선**의 정차역(텐노지, 다이쇼, 벤텐쵸, 니시쿠조, 후쿠시마, 텐마, 교바시)
  JR 칸쿠쾌속 탑승 → 환승 없이 목적지 도착

### 짐이 많거나 가족 여행일 경우, **리무진 버스**

짐이 많을 땐 리무진 버스가 최고다. 무거운 짐을 들고 계단을 오르내리거나 많이 걷지 않아도 되기 때문이다. 공항에서 나오면 바로 보이는 리무진 버스 정류장에서 오사카, 고베, 교토, 나라 등 어디든 원하는 곳으로 가는 노선을 찾을 수 있을 것이다. 아이나 고령자를 동반했거나 유모차가 있는 경우에도 가장 좋은 방법이다.

| 교통수단 | 티켓 구매 장소 | 티켓 가격 | 탑승 장소 |
| --- | --- | --- | --- |
| 난카이선 라피트 | 간사이 국제공항역 매표소 | 1,490엔(라피트), 970엔(공항급행)<br>* 라피트 티켓은 난카이역 내 티켓 창구에서 구매할 경우 정상가보다 140엔 할인된 1,350엔에 '칸쿠 토쿠와리 라피트 티켓(関空トク割 ラピートきっぷ)'이라는 할인 티켓을 구매할 수 있다. | 간사이 국제공항역 난카이선 플랫폼 |
| JR 하루카 | 간사이 국제공항역 매표소 | **텐노지역**<br>평일 1,840엔(자유석), 2,370엔(지정석)<br>주말 1,840엔(자유석), 2,770엔(지정석)<br>**오사카역**<br>평일 2,410엔(자유석), 2,940엔(지정석)<br>주말 2,410엔(자유석), 3,340엔(지정석)<br>* 국내 여행사에서 판매하는 하루카 편도권을 구매하면 텐노지 1,300엔, 오사카역 1,800엔으로 지정석을 이용할 수 있다. | 간사이 국제공항역 JR 플랫폼 |
| 사카이스지선 | 간사이 국제공항역 매표소(최초 구매) → 사카이스지선 텐가차야역 (환승 티켓 구매) | 190~290엔<br>(+ 라피트 또는 공항급행 요금) | 공항 난카이선 플랫폼(탑승) → 난카이 텐가차야역(하차) → **도보 2분** → 사카이스지선 텐가차야역(환승) |
| 미도스지선 | 간사이 국제공항역 매표소(최초 구매) → 미도스지선 난바역 (환승 티켓 구매) | 190~290엔<br>(+ 라피트 또는 공항급행 요금) | 공항 난카이선 플랫폼 → 난카이 난바역(하차) → **도보 5분** → 미도스지선 난바역(환승) |
| JR 칸쿠쾌속 | 간사이 국제공항역 발매기 | 1,080~1,210엔 | 간사이 국제공항역 JR 플랫폼 |
| 리무진 버스 | 리무진 버스 정류장 발매기 | **우메다**<br>1,800엔(성인), 900엔(소인)<br>**난바**<br>1,300엔(성인), 650엔(소인) | **우메다**<br>5번 승강장<br>**난바**<br>11번 승강장 |

TIP

## 간사이 국제공항에서 교토, 고베, 나라로 가는 방법

**❶ 간사이 국제공항 → 교토** **공항 리무진** 90분 ¥2,800엔
**JR 특급 하루카** 80분 ¥3,110엔(자유석), 3,640엔(지정석) * 국내 여행사에서 하루카 편도권 구매 or JR 서일본 홈페이지 사전 예약 시 2,200엔(지정석)에 구매 가능

**❷ 간사이 국제공항 → 고베** **고베 베이셔틀** 고베 공항 하차(30분) ¥1,880엔 * 고베 베이셔틀 정상가 1,880엔→500엔으로 한시적 할인 중(2025.3.31까지) / **공항 리무진** 산노미야역 하차(65분) ¥2,200엔

**❸ 간사이 국제공항 → 나라** (JR 텐노지역에서 환승 필요) **JR 특급 하루카+야마토지쾌속** 70분 ¥2,500엔(하루카 자유석), 3,030엔(하루카 지정석)
* 국내 여행사에서 하루카 편도권 구매 or JR 서일본 홈페이지 사전 예약 시 1,800엔(지정석)에 구매 가능 / **JR 칸쿠쾌속+야마토지쾌속** 90분 ¥1,740엔 / **공항 리무진** 103분 ¥2,400엔 (하루 5회 운행)

STEP 07

# 오사카 교통 미리보기

고베

JR 20분
한큐/한신 30분

JR 30분
한큐 45분
케이한 50분

교토

우메다

JR 10분

유니버설 스튜디오

JR 10분

지하철 8분

오사카성

지하철 10분

JR 65분

난바

킨테츠 40분

난카이 45분

지하철 7분

나라

간사이 국제공항

JR 35분

JR 50분

텐노지

TIP

❶ 오사카만 여행한다면 버스보다 지하철을 이용하는 것이 편리하다.
❷ 역 이름이 혼동되면 역 고유 번호를 확인하자.
❸ 지하철 이동이 많다면 1일 승차권을 적극 활용하자(평일 4회 이상, 주말 3회 이상).
❹ 간사이 레일웨이 패스, 오사카 주유 패스가 있다면 교통비를 줄일 수 있다(단, 간사이 레일웨이 패스는 오사카뿐 아니라 간사이 여러 지역으로 이동이 많을 경우, 오사카 주유 패스는 입장료 1,000엔 이상인 무료 관광지를 3곳 이상 방문 시 이득).
❺ 지하철과 JR, 사철은 서로 환승이 불가능하며, 사철도 회사가 다르면 환승이 불가능하다.
❻ 다른 사철로 환승할 경우 개찰구를 나와 티켓을 새로 구매해야 한다(자동 환승 구간 제외).

# 지하철

地下鐵

도심 곳곳으로 연결되어 있어 오사카 여행 시 가장 많이 이용하는 교통수단. 바둑판 모양이기 때문에 세로 노선과 가로 노선으로 구분하면 쉽다. 세로 노선으로 미도스지선·요츠바시선·사카이스지선·타니마치선 등이 있으며, 가로 노선으로는 추오선·센니치마에선이 있다. 베이 에어리어 지역은 무인 경전철인 뉴트램 난코 포트타운선이 운행한다. 사철과 달리 환승이 가능하고, 한국의 지하철과 비슷해 비교적 이용하기쉽다. 일본의 지하철은 중간의 1개 량이 '여성 전용칸(女性全用車)'으로 지정되어 있으니 참고하자.

🕓05:00~24:00
¥1구간 190엔, 2구간 240엔, 3구간 290엔, 4구간 340엔, 5구간 390엔

### 지하철 티켓 구매

이코카(ICOCA) 등의 선불 충전식 IC카드가 있다면 탑승 시와 하차 시 개찰구에서 태그하고 통과한다. 잔액이 해당 노선의 최소 운임(지하철은 190엔) 이상이면 탑승 가능하며 하차 시 잔액이 부족한 경우 개찰구 옆 정산기에서 충전이 가능하다. IC카드가 없다면 승차권 발매기에서 아래와 같은 순서로 티켓을 구매한다.

❶ 발매기 위의 지하철 노선도에서 목적지까지의 요금을 확인한다.
❷ 발매기에 돈을 넣고, 확인한 요금을 선택한다.
❸ 승차권과 잔돈을 챙긴다.

## 여행자가 주로 이용하는 노선

Ⓜ **미도스지선** 御堂筋線 난바와 우메다를 연결한다. 여행 시 이용 빈도가 가장 높은 노선.

Ⓣ **타니마치선** 谷町線 주택박물관, 텐진바시 상점가, 오사카성으로 갈 때 주로 이용하는 노선. 세로 노선 중 유일하게 모든 노선과 환승이 가능하다.

Ⓨ **요츠바시선** 四つ橋線 미도스지선의 서쪽 지역을 운행한다. 난바와 우메다로 이동할 때 주로 이용한다.

Ⓒ **추오선** 中央線 오사카성을 상징하는 녹색으로, 키타와 미나미 지역을 가로지르는 노선. 서쪽으로는 바다를 건너 뉴트램과 연결되고, 동쪽으로는 킨테츠선과 연결된다. 베이 에어리어의 덴포잔과 카이유칸을 방문할 때 주로 이용한다.

Ⓢ **센니치마에선** 千日前線 난바 일대를 동서로 횡단하는 노선. 호텔이 몰려 있는 난바역과 닛폰바시역을 연결하며 한인 타운이 있는 츠루하시와도 연결된다.

Ⓚ **사카이스지선** 堺筋線 미도스지선과 타니마치선 사이를 운행하며 호텔이 많은 닛폰바시역에서 주택박물관, 텐진바시스지로 갈 때 주로 이용한다.

● **뉴트램 난코 포트타운선** 南港ポートタウン線 오사카 남항의 인공섬 사키시마 일대 주택단지의 교통수단. 시영 지하철과 요금 체계가 같고 환승도 가능하다.

## JR

오사카 여행자는 주로 외곽을 돌아 오사카성과 츠루하시로 갈 수 있는 오사카칸조선과 유니버설 스튜디오로 갈 수 있는 유메사키선을 이용하게 된다. JR선은 보통, 쾌속, 특급, 신칸센으로 구분되어 있으며, 보통과 쾌속은 일반 승차권으로 탑승이 가능하지만 특급 열차와 신칸센은 따로 특급권을 구매해야 한다. 사철보다 요금이 저렴한 편이지만 오사카칸조선과 유메사키선을 제외하면 명소와 연결되는 역이 드물어 이용할 일이 거의 없다.

🕓04:54~00:30(오사카역 오사카칸조선 기준)
¥1구간 이내 140엔(거리 비례로 요금 증가)

**JR 이용**

JR은 열차의 종류에 따라서 탑승 장소가 다르다. JR선 플랫폼에는 ○○ 혹은 △△ 모양의 표시가 있다. ○○은 보통 열차, △△는 쾌속 열차가 정차하는 플랫폼이다.

## 사철

사철은 JR이나 시영 지하철 외에 개별 철도 회사가 운영하는 노선으로, 각각의 회사가 독자적으로 철도를 부설하고 역을 만들었기 때문에 다른 회사의 노선과 연결되지 않으며, 환승도 불가능하다. 오사카 시내에서보다는 교토, 고베, 나라 등의 근교로 이동할 때 주로 이용한다.

### 오사카와 근교에서 이용할 수 있는 사철

- **한큐 전철** 阪急電鉄 한큐 오사카우메다역을 중심으로 오사카 북부와 타카라즈카, 교토, 아라시야마, 고베를 연결한다. 오사카에서 교토로 갈 때 가장 많이 이용하는 노선이다.
- **한신 전기철도** 阪神電気鉄道 한신 오사카우메다역에서 히메지 성까지 한 번에 연결되어 고베로 갈 때 편리하다.
- **케이한 전기철도** 京阪電気鉄道 오사카 나카노시마에서 교토로 이어지는 사철로, 후시미이나리타이샤 등 교토의 숨은 명소로 이동하기에 좋다. 난바에서 교토로 이동할 경우 요도야바시 역을 이용할 수 있어 편리하다.
- **난카이 전기철도** 南海電気鉄道 가장 오랜 역사를 가진 사철로, 난카이 난바역을 중심으로 간사이 국제공항, 와카야마 등을 연결한다. 주로 간사이 국제공항에서 오사카로 이동할 때 이용하며, JR보다 요금이 저렴하다.
- **킨테츠 철도** 近畿日本鉄道 JR 다음으로 방대한 노선을 자랑하는 사철로, 오사카난바역을 중심으로 서쪽인 교토와 나라, 나고야를 잇는다. 오사카-나라 구간을 이동할 때에 편리하다.

## 오사카 모노레일
### 大阪高速鉄道大阪モノレール

오사카 고속철도가 운행하는 모노레일은 1990년 개통했다. 오사카 국제공항(이타미 공항)에서 동부의 카도마시까지 잇는 본선과 반파쿠 기념공원에서 사이토니시까지 운행하는 사이토선으로 이루어져 있으며, 구간에 따라 요금이 증가한다. 주로 센리 뉴타운이 있는 센리추오역, 반파쿠 기념공원, 오사카 대학교 등을 갈 때 이용하며 타 전철에 비해 요금이 비싸 여행자의 이용 빈도는 낮다.

¥ 성인 200엔(거리 비례로 요금 증가), 아동 100엔(성인 동반 아동 2명 무료)

**모노레일 이용**

1회 승차권이나 카드로 탑승할 수 있고, 간사이 레일웨이 패스로도 이용할 수 있다.

## 버스
### 市バス

오사카 시내 구석구석을 연결해 지하철보다 접근성이 뛰어나지만, 일본어나 오사카 지리를 잘 모른다면 이용하기 다소 불편하다. 특히 출퇴근 시간에는 교통 체증이 심해 버스보다는 지하철과 JR로 이동하는 것이 좋다.

🕓 05:00~24:00(노선마다 다름)
¥ 성인 210엔, 아동 110엔(성인 동반 아동 2명 무료)

**버스 이용**

❶ 승차는 뒷문, 하차는 앞문!
❷ 요금은 버스에서 내릴 때 현금, IC카드, 엔조이 에코 카드, 오사카 주유 패스 등으로 지불한다.
❸ IC카드(이코카, 스이카, 파스모, 스고카 등) 사용자에 한해 버스와 버스(90분 이내 무료), 버스와 지하철(100엔 할인)을 일정 시간 내 이용 시 환승 할인이 적용된다. 기타 사철에서는 적용이 되지 않는다.

## 택시
### タクシー

대중교통 중 요금이 가장 비싸지만 4인 이상이거나 노약자가 있을 때 이용하기 좋다. 요금은 거리와 시간 병합제로 보통 2km 기준이며, 기본요금은 회사별로 600~680엔 정도다. 가장 흔히 보이는 한큐 택시는 오사카 전역에 택시 승강장이 있어 이용하기 편리하다.

¥ (한큐 택시 기준) 중형 택시 기본 600엔/1.3km, 260m당 추가 100엔, 시속 10km 이하의 경우 1분 30초당 100엔

**택시 이용**

택시의 문은 운전사가 조작한다. 직접 열고 닫는 일이 없도록 한다.

여행자가 기억해야 할

# 오사카 주요 역

### 한큐 오사카우메다역 阪急 大阪梅田

한큐 전철의 시종착역이며 한큐 교토선·고베선·타카라즈카선이 모두 이곳에서 출발한다. 교토나 고베를 모두 방문하고 싶을 경우 필수적으로 이용하게 되는 곳이다.

**여행 가능 지역** 교토, 아라시야마, 고베, 아리마 온천, 타카라즈카

### 한신 오사카우메다역 阪神 大阪梅田

우메다에서 고베 여행을 하거나 아리마 온천, 히메지성을 갈 때 주로 이용한다.

**여행 가능 지역** 고베, 히메지성

### 케이한 요도야바시역 京阪 淀屋橋

케이한선의 출발 역으로 후시미 이나리타이샤, 키요미즈데라, 우지 등을 여행할 때 편리하다. 지하철 미도스지선 요도야바시역과 연결된다.

**여행 가능 지역** 교토

### 신오사카역 JR 新大阪

신칸센이나 와카야마, 교토, 키노사키 온천 등으로 가는 특급 열차가 정차하는 역이다. 간사이 국제공항과 교토로 가는 하루카, 시라하마로 가는 쿠로시오 특급, 키노사키 온천으로 가는 코우노도리 특급을 탈 수 있다.

**여행 가능 지역** 교토, 히메지

### 오사카역(JR) 大阪

오사카 시내와 근교 지역을 연결하는 거의 모든 JR선을 탈 수 있다. 교토, 고베, 나라로 갈 때 주로 이용하며 간사이 국제공항이나 교토로 가는 JR 특급 하루카와 와카야마로 가는 쿠로시오도 탑승할 수 있다.

**여행 가능 지역** 교토, 아라시야마, 고베, 히메지, 나라, 유니버설 스튜디오 재팬

### 혼마치역 本町

미도스지선·요츠바시선·추오선으로 갈아 탈 수 있는 역으로 주로 덴포잔, 카이유칸 등에 갈 때 이용한다.

**여행 가능 지역** 덴포잔, 카이유칸, 사키시마 청사 전망대

### 오사카난바역 大阪難波

한신선·킨테츠선으로 고베, 나라에 갈 때 주로 이용하게 되는 역이다. 고베에 갈 때는 한신선과 공동 운영되므로 번거롭게 한신 오사카우메다역까지 갈 필요 없다.

**여행 가능 지역** 고베, 나라

### 난카이난바역 難波

간사이 국제공항에서 난바를 바로 연결하는 공항급행과 라피트를 탈 수 있어 난바 쪽에 숙박할 때 많이 이용하게 되는 역이다. 난바에서 와카야마시로 갈 때도 편리하다.

**여행 가능 지역** 와카야마시, 간사이 국제공항

### 닛폰바시역 日本橋

닛폰바시역 주변에는 난바 지역의 호텔이 모여 있어 여행자들이 많이 이용한다. 지하철 센니치마에선·사카이스지선을 이용할 수 있고, 킨테츠선도 이용할 수 있어서 나라로 갈 때도 편리하다.

**여행 가능 지역** 오사카 시내, 나라

### 텐노지역 天王寺

JR, 시영 지하철 미도스지선·타니마치선·킨테츠선을 이용할 수 있는 역이다. JR의 특급열차도 모두 텐노지역에 정차하므로 환승하기에 편리하다.

**여행 가능 지역** 간사이 국제공항, 나라, 오사카 시내

TIP

**오사카 근교 도시별 주요 이용 역**

- **교토** 한큐 오사카우메다역, 케이한 요도야바시역, 오사카역(JR)
- **고베** 한큐 오사카우메다역, 한신 오사카우메다역, 오사카난바역
- **나라** 오사카역(JR), 텐노지역(JR), 오사카난바역
- **와카야마** 오사카역(JR), 난카이난바역
- **간사이 국제공항** 오사카역, 난카이난바역

## 알고 보면 쉽다
# 자동 환승 제도

지하철 및 사철 경로를 검색하다 보면 '탑승 상태 유지' 혹은 '자동 환승'이라는 표현을 볼 수 있다.
'자동 환승'은 어떤 역을 기점으로 A노선에서 B노선으로 자동으로 바뀌는 시스템이다.
따로 환승할 필요는 없지만, 최초 탑승 시 최종 목적지를 잘 확인하자.

## 아사히 스이타 맥주공장으로 가는 길

### 사카이스지선 각 역 ⟶ 스이타역(한큐)

사카이스지선 각 역(닛폰바시·나가호리바시·에비스초 등)에서 스이타 맥주 공장으로 이동할 경우 한큐 센리선으로 자동 환승할 수 있다. 단, 반드시 사카이스지선을 탈 때 키타센리행(北千里行)을 타야 무환승 연결이 가능하다. 타카츠키시행(高槻市行)을 탑승했다면 아와지역에서 1회 환승해야 한다.

❶ 사카이스지선 역에서 텐진바시스지로쿠초메역(天神橋筋六丁目駅, 한큐 센리선으로 자동 환승되는 기준 역)까지 가는 티켓을 구매해 '키타센리행(北千里行)'을 탑승.
❷ 스이타역에 도착하면 개찰구의 정산기에 구매한 티켓과 추가 요금 200엔을 지불.

**TIP**
**패스로 이용하기**

- 사카이스지선 역-텐진바시스지로쿠초메역 구간은 주유 패스·엔조이 에코 카드·오사카 1일권 사용 가능.
- 간사이 레일웨이 패스, IC 카드 사용자는 역무원에게 따로 제시할 필요 없이 개찰구 기계로 통과.

## 반파쿠 기념공원으로 가는 길

### 미도스지선 역 ⟶ 센리추오역(키타오사카 급행선)

미도스지선의 각 역(신사이바시·난바·우메다 등)에서 센리추오역으로 이동할 경우 키타오사카 급행선으로 자동 환승할 수 있다.

❶ 미도스지선에 해당하는 출발역에서 센리추오행(千里中央行) 탑승.
❷ 에사카역(江坂駅)-센리추오(千里中央駅) 구간은 키타오사카 급행선이지만 열차를 갈아 탈 필요 없이 자동 환승된다.
❸ 센리추오역에 도착하면 개찰구의 정산기에 구매한티켓과 추가 요금 140엔을 지불.

**TIP**
**패스로 이용하기**

- 미도스지선 각 역-에사카역 구간은 오사카 주유 패스·엔조이 에코 카드·오사카 1일권으로 사용 가능.
- 간사이 레일웨이 패스 소지 시 역무원에게 따로 제시할 필요 없이 개찰구 기계로 통과.
- 이 구간에서 사용할 패스가 없는 경우라면 IC 카드(이코카 등)를 이용하면 가장 편리하다.
- 오사카 주유 패스의 경우 에사카역(千里中央行)까지만 무료 구간이므로, 센리추오역에 도착하면 개찰구 정산기에 주유 패스 투입 후 추가 요금 140엔 지불.

## 유니버설 스튜디오 재팬으로 가는 길

### 닛폰바시역 ⟶ 유니버설시티역

닛폰바시역에서 유니버설시티역으로 이동할 때 킨테츠 나라선에서 한신 난바선으로 자동 환승한다. 상세 경로는 닛폰바시역-오사카난바역-니시쿠조역-유니버설시티역 순인데, 그중 닛폰바시역-니시쿠조역 사이에서 자동 환승을 한다.

❶ 킨테츠선 닛폰바시역에서 오사카난바역까지 티켓을 구매한 후 킨테츠 나라선 고베산노미야행(神戸三宮行)' 탑승.
❷ 오사카난바역을 기점으로 한신 난바선으로 자동 환승.
❸ 니시쿠조역에 도착해 개찰구의 정산기에 닛폰바시역에서 구매한 티켓과 추가 요금 220엔 지불.
❹ 개찰구에서 나온 후 JR 니시쿠조역으로 이동해 JR 사쿠라지마선 유니버설시티역행(170엔) 티켓 구매 후 탑승.

**TIP**
**패스로 이용하기**

- 간사이 레일웨이 패스 소지 시 역무원에게 제시할 필요 없이 닛폰바시-니시쿠조 구간은 개찰구 기계로 통과.
- 사용할 수 있는 패스가 없는 경우에는 IC 카드(이코카 등)를 이용하면 편리하다.
- JR 구간은 간사이 스루 패스 사용이 불가능하니 별도로 티켓을 구매해야 한다.

STEP
08

# 알아두면 도움되는 오사카 여행 이야기

# 낮밤 할 것 없이 멋진 하늘에서 내려다보는 오사카

넓은 평야 지대에 자리하고 있는 오사카. 높은 빌딩의 전망대에서 도시를 내려다보면 낮에는 맑고 푸른 하늘 아래 펼쳐진 도시를 감상할 수 있고, 저녁에는 아름다운 일몰과 멋진 야경을 볼 수 있다. 오사카에는 무료 전망대도 많이 있는데 유료 전망대 못지않은 멋진 전망을 자랑한다. 낮의 풍경이 더 멋진 전망대와 밤의 풍경이 더 멋진 전망대를 나누어 소개하니 취향에 맞게 찾아가 보자.

## 사키시마 코스모타워 전망대

**さきしまコスモタワー展望台**

유료 | 오사카 주유 패스 무료

베이 에어리어 지역에서 가장 높은 건물인 WTC 빌딩 맨 꼭대기에 위치한 전망대다. 아베노 하루카스가 완공되기 전까지 오사카에서 가장 높은 빌딩이기도 했다. 빌딩 우측으로는 덴포잔을 비롯한 오사카 시내 야경, 좌측으로는 멀리 고베의 야경까지 볼 수 있다.

## 덴포잔 대관람차

**天保山大観覧車**

유료 | 오사카 주유 패스 무료

최고 높이 112.5m에 달하는 대관람차로 한 바퀴 도는 데 약 15분이 소요된다. 오사카만, 간사이 국제공항, 롯코산까지 구경할 수 있으며, 일몰 때 탑승하면 붉게 물들어 가는 바다도 만끽할 수 있다.

## 헵파이브 HEP ファイブ

유료 | 오사카 주유 패스 무료

옥상에 자리한 관람차에서 개인 음향기기를 연결해 들으며 우메다의 빌딩 숲과 야경을 감상하는 특별한 추억을 만들 수 있다.

### 츠텐카쿠 텐보 파라다이스

**通天閣 天望パラダイス** 유료

츠텐카쿠의 야외 전망대. 츠텐카쿠 입장료 외에 추가로 입장료를 내야 하지만 탁 트인 신세카이 풍경을 관람할 수 있어 값어치를 충분히 한다. 야경보다 낮에 보는 것이 더 좋다.

### 오사카 스테이션시티 바람의 광장

**風の広場** 무료

오사카역과 연결된 노스 게이트 빌딩 11층에 위치한 힐링 공간. 우메다의 멋진 풍경이 한눈에 보이는 넓은 광장에 편의점과 커피 전문점, 벤치 등 편하게 즐길 수 있는 휴식 공간이 넓게 자리 잡고 있다. 이름처럼 멋진 풍경에서 바람을 느끼며 힐링을 즐길 수 있는 곳.

### 우메다 한큐 빌딩 스카이 로비

**梅田阪急ビル スカイロビー** 무료

헵파이브 맞은 편에 위치한 건물로 거대한 엘리베이터를 타고 올라갈 수 있다. 오사카역과 한신 백화점 방향의 풍경을 무료로 감상 가능하다.

### 아베노 하루카스 あべのハルカス 유료

아베노 하루카스는 일본에서 가장 높은 빌딩으로 지상 300m에서 가장 멋진 오사카 야경을 볼 수 있는 명소다. 아름다운 일몰과 화려한 도심의 불빛을 감상할 수 있는 해 질 녘이 가장 좋다.

**TIP**

아베노 하루카스 16층에는 무료로 입장 가능한 정원이 있다. 최상층에서 보는 풍경만큼은 아니지만 텐노지 주변의 풍경을 내려다 볼 수 있는 멋진 장소다.

### 우메다 스카이빌딩 梅田スカイビル 유료

'공중 정원'이라는 이름처럼 마치 별이라도 뿌린 듯 반짝이는 바닥과 아기자기한 장식들이 야경과 어우러지며 로맨틱한 분위기를 자아낸다. 유리로 막혀 있는 다른 전망대와는 달리 360도 모두 오픈되어 있다는 점도 특별함을 더한다.

**TIP**

40층 전망대는 티켓이 있어야 입장할 수 있지만, 매표소인 39층까지는 무료로 갈 수 있다. 이곳에서 즐기는 야경 또한 무시할 수 없을 정도로 황홀하다.

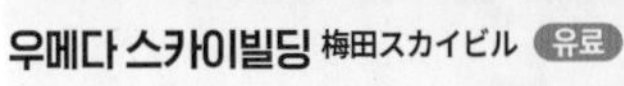

### 한큐 32번가 다이닝

127m의 높이로, 한큐 32번가 27~31층에 위치한 식당가. 맛있는 식사에 더해 오사카역을 중심으로 펼쳐지는 화려한 야경까지 무료로 즐길 수 있는 곳이다.

### 오사카 에키마에 3번 빌딩 33층 전망대

**大阪駅前第3ビルの33F展望フロア**

무료

오사카역 앞 3번 빌딩 33층에 있는 무료 전망대. 서쪽과 남쪽 방향만 보인다는 점이 아쉽지만 무료임에도 야경 뷰가 상당히 훌륭하다. 특히 니시우메다와 나카노시마의 아름다운 야경까지 즐길 수 있는 곳이다.

### 그랑 프론트 오사카 테라스 가든

**グランフロント大阪 テラスガーデン**

무료

그랑 프론트 오사카 남관, 북관 9층에 위치한 테라스 가든으로 JR 오사카역, 우메다 스카이빌딩 등의 풍경을 즐길 수 있는 곳이다.

# 1년 중 오직 이때만
# 오사카 4계절 계절 스폿

봄
spring

1년 중 가장 아름다운 계절은 역시 화려한 색채의 꽃이 만발하는 봄이다. 오사카에 봄이 찾아오면 도시 곳곳에 벚꽃이 흐드러지며, 그중 오사카성, 반파쿠 기념공원, 츠루미료쿠치 공원은 꼭 가봐야 할 명소들이다. 주변 도시 또한 벚꽃 명소가 많다.

## 벚꽃과 사진찍기 좋은 곳

- 오사카성 니시노마루 정원 P.271
- 반파쿠 기념공원 P.203
- 아라시야마 P.385
- 히메지성 P.413
- 츠루미료쿠치 공원 P.278
- 조폐박물관(겹벚꽃 명소) P.277
- 철학의 길 P.373
- 나라 공원 P.425

## 오사카 벚꽃 감상 팁

벚꽃 감상의 최대 문제점은 절정과 동시에 꽃이 져버린다는 것이다. 한껏 기대하고 찾아갔는데 벚꽃이 끝물이라면 실망스러울 것이다. 하지만 희망은 있다. 오사카를 비롯한 간사이 지역은 벚꽃 명소가 많고 지형에 따라 피는 시기가 약간씩 달라서 1주 정도 차이를 두고 개화하기 때문이다. 그리고 일반 벚꽃보다 늦게 피는 겹벚꽃도(약 2주 뒤) 있기 때문에 기회는 남아있다.

- **오사카와 주변 도시별 벚꽃 개화 순서** 교토→오사카=나라→고베
- **오사카 내 벚꽃 개화 순서** 오사카성=츠루미료쿠치 공원→반파쿠 기념공원→조폐박물관

오사카 여행하면 가장 먼저 떠오르는 것이 음식이겠지만, 오사카의 사계를 담은 자연도 음식만큼 다채롭고 유명하다. 타지에서 계절을 즐기기 위해 일부러 찾아온다는 멋진 곳들을 즐겨보자.

## 여름
summer

오사카의 여름은 정말 무덥다. 교토에 이어 일본에서 가장 더운 도시 중 하나가 오사카다. 오사카 사람들은 무더운 여름을 이기기 위해서 축제를 벌였다. 1,500년의 역사를 가진 텐진 마츠리는 무더운 여름에 개최되며 화려한 불꽃 놀이와 함께 마무리된다. 비어 가든은 여름에만 즐길 수 있는 독특한 문화로 오사카의 높은 빌딩에 있는 야외 광장이나 공원 등에서 바비큐와 맥주를 즐길 수 있다.

- **텐진 마츠리**
  7월 말 가와사키 공원(川崎公園)·사쿠라노미야 공원(桜之宮公園)
- **나니와 요도가와 하나비 타이카이**
  8월 초 요도가와
- **오사카의 비어 가든**
  오사카 시내 빌딩의 야외 가든

선선한 날씨와 푸른 하늘, 붉고 노랗게 물든 단풍까지. 가을은 봄과 함께 여행하기에 최적인 계절이다. 특히 가을의 오사카는 비도 거의 내리지 않아 여행 내내 청명하고 선선한 날씨를 만날 수 있어 아주 좋다.

## 단풍 길 산책 추천 여행지

- 미노오 공원 P.205
- 호시노브란코 P.286
- 우츠보 공원 P.188
- 키부네&쿠라마 교토
- 도후쿠지 교토

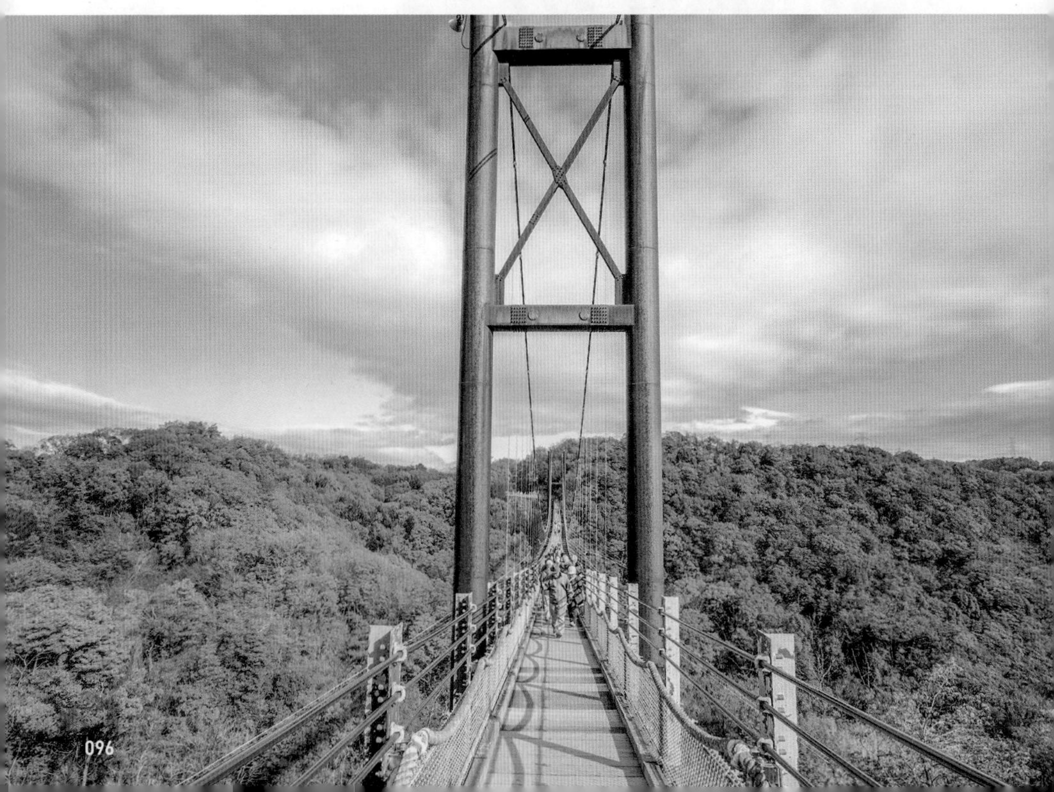

## 겨울
winter

겨울의 오사카는 눈이 거의 내리지 않아서 특별한 멋이 있지는 않다. 하지만 추운 날 온천에서 몸을 따뜻하게 녹이는 기분과 화려한 조명의 일루미네이션의 환상적인 분위기는 겨울이 아니면 즐길 수 없다. 겨울 여행만의 정취를 느껴보자.

### 추천 온천 여행지

- 나니와노유 온천 P.177
- 스파 스미노에 P.320
- 카미카타 온센 잇큐 P.321

### 오사카 추천 일루미네이션

- 나카노시마 빛의 르네상스 🚶 나카노시마
- 미도스지 일루미네이션
  🚶 미도스지(우메다 한신백화점 교차로~난바역 서쪽 출구 교차로)
- 난바파크스 일루미네이션 🚶 난바파크스
- 고베 루미나리에 고베 🚶 고베 산노미야 일대

## 오사카에 왔다면 인증은 필수
# 인증샷 스폿 올드 & 뉴

**OLD** **도톤보리 글리코 간판** P.235

오사카 인증이라면 바로 여기!
명실상부 오사카 최고의 상징

**NEW** **난바 야사카신사** P.214

나쁜 기운은 없애고 좋은 기운을 내뱉는
도깨비 밑에서 찰칵

**OLD** **츠텐카쿠 & 신세카이** P.296~297

시끌벅적 오사카의 유쾌함이 돋보이는
서민 상점가

**NEW** **파르코 네온 식당가** P.261

알록달록 화려한 네온사인이 인상적인
감각적인 식당가

OLD **우메다 스카이빌딩 공중정원** P.140

오사카 야경 넘버 원! 360도로 탁 트인
야외의 야경을 한눈에

NEW **유니버설 스튜디오 슈퍼 닌텐도 월드** P.324

감탄만 나오는 현실 속 게임 세계!
슈퍼마리오의 풍경이 그대로 재현된 곳

OLD **아메리카 무라** P.239

예술 & 패션 & 음악 & 쇼핑이 한데 어우러진
개성 만점의 거리. 일명 오사카 젊은이들의 놀이터

NEW **키타카가야 월 아트**

낡은 폐공장이 영국아티스트의 손을 거쳐
근사한 예술작품으로 변신

오사카메트로 요츠바시선 기타카가야(北加賀屋) 하차, 4번 출구로 나와 약 도보 7분 / MASK(Mega Art Storage Kitakagaya)를 기준으로 곳곳에 그려진 월 아트를 감상할 수 있다.

오사카와 함께한 100년 역사

# 대를 잇는 원조 맛집

**1841년~ 요시노스시** P.191 ✕ 하코즈시

사각 틀에 밥과 생선을 넣고 눌러 만드는 오사카 전통 초밥, '하코즈시箱寿司(상자 초밥)'을 처음 고안한 가게. 쫀득한 식감에 감칠맛 넘치는 초밥은 오늘날까지 많은 사랑을 받고 있다.

✕ 하코즈시(箱寿司) 🚶 지하철 미도스지선 혼마치역

**1653년~ 아루니아라무**(스시 만) P.302 ✕ 하코즈시

약 370년 역사를 가진, 오사카에서 가장 오래된 스시 가게 '스시 만'에서 운영한다. 코타이스루메스시(小鯛雀鮨)라는 일본 초기 형태의 초밥을 지켜오며 다양한 메뉴를 선보이고 있다.

✕ 코타이스루메스시(小鯛雀鮨) 🚶 지하철 미도스지선 텐노지역

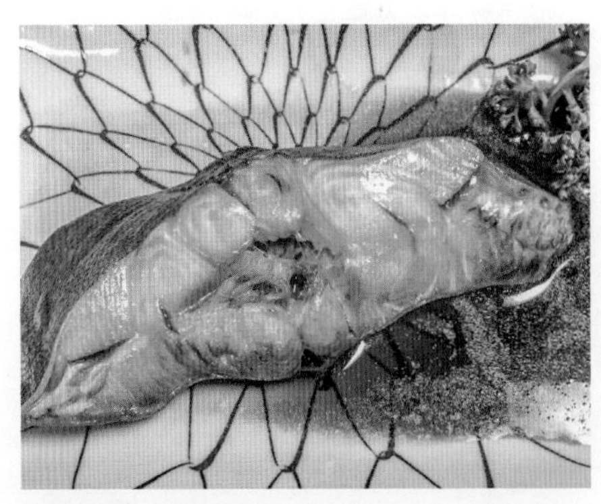

**1902년~ 다이코쿠** P.242 ✕ 가정식

우엉, 고기 등의 재료를 넣고 만든 오사카의 전통 밥 '카야쿠고항(かやくご飯)'과 생선 조림을 전문으로 하는 가게다. 100년 이상 한 자리를 지키며 많은 사랑을 받고 있다.

✕ 카야쿠고항(かやくご飯) 🚶 지하철 미도스지선 난바역

**1922년~ 북극성** P.253 ✕ 오므라이스

오므라이스라는 음식을 처음 만든 가게로 100년이 지난 지금도 여전히 사랑받고 있다. 원조 오므라이스의 맛이 궁금하다면 방문은 필수다.

✕ 오므라이스 🚶 지하철 미도스지선 난바역

오랜 역사가 있는 도시 오사카. 오사카에는 긴 역사를 이어온 상업 도시답게 오래된 노포가 많이 있다. 100년이란 시간을 넘어 아직도 사랑받고 있는 가게들을 찾아가 보자.

1776년~ **미미우** P.225 우동스키

스키야키라는 쇠고기 전골요리를 오사카식으로 변형시킨 우동스키(うどんすき)라는 메뉴를 처음 고안한 가게다. 난바 타카시마야 백화점 내에도 지점이 있다.

우동스키(うどんすき) 지하철 미도스지선 난바역

1910년~ **도지마 스에히로** P.160 샤부샤부

창업은 양식 레스토랑으로 시작했으나 1952년 샤부샤부를 처음 고안해 전 세계적으로 유행하게 한 원조 가게이다. 본점과 분점이 도보 5분 거리에 위치한다.

샤부샤부 런치(しゃぶしゃぶランチ) JR 키타신치역

1910년~ **지유켄** P.221 카레

보온 밥솥이 없던 시절, 손님에게 따뜻한 밥을 대접하고자 만든 명물 카레가 대박 나면서 100년 이상 사랑받고 있는 가게다.

명물카레(名物カレー) 지하철 미도스지선 난바역

1921년~ **히라오카 커피점** P.194 커피

오사카에서 가장 오래된 커피숍으로 100년 전 레시피 그대로의 커피와 도넛을 판매하고 있다.

백년커피(百年珈琲), 백년도너츠(百年ドーナツ)
지하철 미도스지선 혼마치역

# 기다릴 가치가 있는
# 줄 서는 맛집

### 만제 P.312 돈카츠 ★★★★

P.312

전국에서 찾아오는 돈카츠 맛집. 오전 7시 이전부터 줄을 서서 기다려야만 전국 최고로 불리는 돈카츠를 맛볼 수 있다.

도쿄 엑스 & 토쿠조히레카츠(TOKYO-X&特上ヘレカツ)
JR 야마토지선 야오역

### 라쿠라쿠 P.287 우동 ★★★☆

P.287

최고의 우동을 만들기 위해 가장 수질이 좋은 곳에 가게를 오픈한 곳. 턱이 아플 정도로 탄성이 뛰어나고 쫄깃한 우동면을 맛볼 수 있다.

쿠로케와규니쿠붓카케(黒毛和牛肉ぶっかけ)
케이한 카타노선 코즈역

### 멘야 츠무구 P.204 라멘 ★★★★

P.204

750엔이라는 저렴한 가격에 천연 재료로만 만든 최상급 라멘을 맛볼 수 있는 곳. 3시간을 기다려도 또 가고 싶게 만드는 가게.

숙성라멘(熟成らー麺)
오사카모노레일 우노베역

오사카 사람들은 성격이 급하고 줄 서는 것을 극도로 꺼린다. 그런 오사카 사람들이 기다려서 먹는 가게는 도대체 어떤 맛일까? 성격 급하기로 유명한 오사카 사람들마저 줄 세우는 찐 맛집을 찾아가 보자.

★☆☆☆ 30분 정도 ★★☆☆ 1시간 정도 ★★★☆ 2시간 정도 ★★★★ 2시간~

### 하나다코 P.149 타코야키 ★☆☆☆

크고 실한 문어가 들어있는 타코야키에 파를 수북히 올려 먹는 네기마요가 맛있는 집. 30분 넘는 대기 시간이 아깝지 않다.

네기마요 지하철 미도스지선 우메다역

### 하루코마 P.180 스시 ★★☆☆

오사카에서 가장 가성비 좋고 맛있기로 유명한 초밥집. 긴 대기열이 있지만 회전이 빠르기 때문에 줄 길이에 비해 빠르게 입장할 수 있다.

지하철 타니마치선·사카이스지선 텐진바시스지로쿠초메역

### 오모니 P.229 오코노미야키 ★★☆☆

푸짐한 재료로 만들어진 오코노미야키에 원하는 토핑을 마음껏 뿌려서 먹을 수 있는 오코노미야키 맛집.

오모니야키(オモニ焼き) 지하철 센니치마에선 츠루하시역

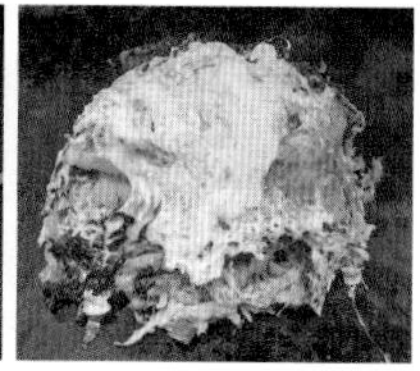

# 백화점에 숨은 찐 맛집들
# **요즘 대세 실내 포장마차**

### **오이시이모노 요코초** オイシイもの横丁 P.147

시끌벅적하고 정감있는 느낌이 좋다면 우메다 링크스 지하 1층의 오이시이모노 요코초로 가보자. 맛있는 음식과 술과 사람이 있다.

🚶 우메다 링크스 지하 1층

### **화이티우메다 노모카** NOMOKA P.165

지하철 우메다 역, 히가시우메다 역을 잇는 지하상가인 화이티우메다 동쪽에 있는 실내 포장마차 거리. 가성비가 뛰어나고 라멘, 한국식 주점, 스시, 오뎅 등 다양한 음식과 술을 즐길 수 있는 것이 장점이다.

🚶 화이티 우메다

최근 우메다의 백화점을 중심으로 푸드홀 형태의 장소들이 많이 늘어나고 있다.
특히 포장마차들이 모여 있는 형태가 많아 식사를 하기에도 한잔 하기에도 좋다.
사람 냄새 나는 오사카의 실내 포장마차들을 찾아가 보자.

## 우메키타 플로어 P.147

새벽 4시까지 영업하는 실내 오픈형 바 거리. 가격대가 좀 있지만 아주 깨끗하고 안전한 환경에서 늦은 시간까지 즐길 수 있다는 것이 장점이다.

🚶 그랑 프론트 오사카 북관 6층

## 루쿠아 푸드홀 P.146

오뎅, 딤섬, 맥시칸 요리, 해산물, 고기 등 다양한 안주와 함께할 수 있는 다양한 바가 모여 있는 곳.

🚶 LUCUA 지하 1층

## 한신 바루요코초 阪神バル横丁 P.147

한신 백화점 지하 2층이 리뉴얼을 거쳐 한신 바루요코초로 재탄생했다. 7가지 특색있는 매장에서 요리와 술을 즐겨보자.

🚶 한신백화점 지하 2층

알고 먹으면 더 맛있다!

# 일본 음식

우리에게도 친숙한 일식. 하지만 한국과 일본은 식문화가 다르므로
식당을 이용할 때의 예절이나 먹는 법 등에 차이가 있다.
일본 음식의 특징과 식문화에 대해서 알아보고
'먹다가 망한다'는 말이 있을 만큼 맛있는 음식으로 유명한
오사카에서 제대로 알고 미식 여행을 즐겨보자.

## 일본 음식의 특징

**눈으로 먹는 일본 요리** 일식에서는 시각적 아름다움과 재료 간의 조화에 집중한다. 음식에 따라 다른 그릇을 사용하는 것도 특징인데, 국은 뚜껑이 있는 칠기, 날 음식은 깊은 접시, 찜은 뚜껑이 있는 보시기를 사용한다.

**달짝지근한 양념** 일식에서는 맛을 낼 때 주로 된장, 식초, 청주 등의 기본 조미료와 다시마, 가다랑어포를 이용한다. 설탕, 맛술 등을 첨가해 달콤한 맛이 나는 경우도 많다.

**젓가락 사용이 기본** 젓가락으로 음식을 찌르거나 집었던 음식을 다시 내려놓는 것, 젓가락에 붙은 음식을 빨아먹거나 입안에 음식이 있을 때 젓가락으로 다른 음식을 집는 행동은 피한다. 국의 건더기도 젓가락을 사용해 먹는다.

## 일본 요리를 맛있게 즐기는 방법

**돈부리, 비비지 말자** 규동, 오야코동 같은 돈부리를 제대로 맛보려면 비비지 않고 먹어야 한다. 밥을 먼저 떠서 재료를 올려 먹는 것이 가장 좋다. 보통 '시치미'라는 매콤한 양념이 있으니 취향에 따라 넣어 먹자. 특히 규동에는 시치미가 필수이며 일본인은 된장국에도 넣어 먹는다.

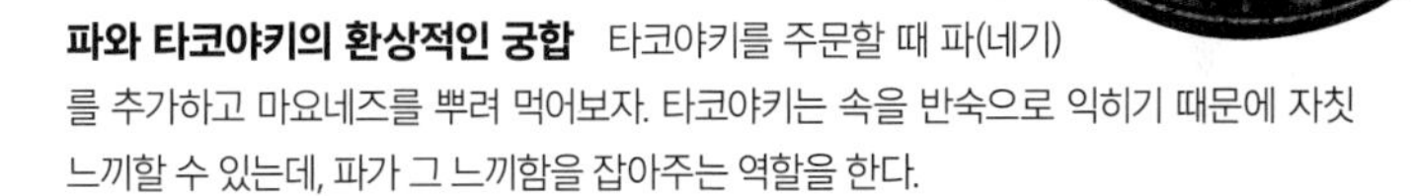

**파와 타코야키의 환상적인 궁합** 타코야키를 주문할 때 파(네기)를 추가하고 마요네즈를 뿌려 먹어보자. 타코야키는 속을 반숙으로 익히기 때문에 자칫 느끼할 수 있는데, 파가 그 느끼함을 잡아주는 역할을 한다.

## 일본 음식점 이용 팁

**사람 수대로 주문하자** 일본 음식점이나 카페에서는 사람 수대로 주문하는 것이 기본이다. 단 메뉴에 '2인' 이라고 적혀 있는 경우는 두 사람이 같이 먹을 수 있다. 이자카야에서는 반드시 1인당 하나의 메뉴를 시켜야 하는 것은 아니며, 보통 여러 가지를 주문해서 함께 먹는다.

**오토오시, 세키료 확인하자** '오토오시(お通し)' 혹은 '츠키다시(つきだし)'는 주로 일본 이자카야에서 작은 접시에 제공하는 요리로, 일종의 자릿세라고 생각하면 된다. 가격은 보통 100~300엔 정도로 삶은 완두콩, 채소무침, 샐러드, 곤약, 두부 등을 제공한다. 오토오시의 경우 더 요청하면 추가 요금이 발생하니 참고하자. 음식점에 따라 '세키료(席料)'라고 표현하기도 한다.

TIP

**자판기로 음식 주문하기**

❶ 매장 밖이나 자판기에 있는 메뉴판을 보고 음식을 고른다.
❷ 돈을 기계에 넣는다.
❸ 메뉴를 선택하고 티켓을 꺼낸다.
❹ 거스름돈 반환 버튼이나 레버를 당겨 돈을 받는다.
❺ 원하는 자리에 가서 앉은 후 직원이 오면 티켓을 준다.

## 비슷한 듯 다른 맛
# 간사이 음식과 간토 음식

오사카와 교토로 대표되는 간사이(関西) 음식과
도쿄를 중심으로 한 간토(関東) 음식에는 어떠한 차이점이 있을까?
일본인 사이에서도 두 지역의 음식은 항상 비교 대상이며,
이에 담긴 재미있는 이야기도 많다.

## 국물을 만드는 법도 마시는 법도 다르다

간사이의 국물(だし)은 미네랄이 함유되지 않은 연수(軟水, なんすい)에 다시마로 맛을 내고 맑은 간장을 섞어 은은한 향과 재료 본연의 깊은 맛을 느낄 수 있다. 간토에서는 미네랄을 함유한 경수(硬水, こうすい)에 가다랑어포로 맛을 낸 다음 진간장을 섞는다. 간토에서는 국물이 면을 적셔 먹는 용도인 반면, 간사이에서는 마시는 것으로 인식한다. 미소국도 간토보다 간사이의 맛이 더 연하다.

## 선호하는 식빵의 두께가 다르다

흔하게 구할 수 있는 식빵도 간토와 간사이가 서로 다르다. 일본에서는 보통 식빵을 6등분하는데 간사이, 그중에서도 특히 오사카가 위치한 킨키 지역에서는 5등분 식빵이 인기다. 간토 사람은 바삭한 식감을, 간사이 사람은 부드럽고 쫀득한 식감을 선호하기 때문이다.

## '고기(肉)'의 종류는?

'고기'라고 하면 간토에서는 돼지고기, 간사이에서는 소고기를 떠올린다. 이런 인식 차이는 카레에 돼지고기(간토)와 소고기(간사이)를 사용하는 것만 봐도 드러난다.

## 간사이는 우동, 간토는 소바!

나가노현과 시즈오카현을 경계로 서쪽에서는 우동을, 동쪽에서는 소바를 즐겨 먹는다. 간사이는 밀 재배에 좋은 풍토와 기후를 지녔고 염전이 많아 우동 면과 국물을 만드는 데 제격이었다. 반면 간토는 메밀 재배에 좋은 환경이고 나가노현에서 도쿄로 메밀국수 만드는 방법이 전해지며 소바가 더 발달했다.

## 쪄서 먹는 장어와 구워서 먹는 장어

장어는 일본인이 가장 좋아하는 식자재 중 하나다. 간토에서는 과거 무사들이 배를 열기 싫어했던 탓에 머리만 떼고 통째로 찐 다음 숯불에 구워내 지방이 적고 부드럽다. 간사이에서는 머리를 붙인 채 배를 가르고 꼬챙이를 꽂아 천천히 구워 고소하고 바삭하다.

# 당신이 모르던 스시의 비밀 맛의 핵심은?

일본 음식하면 가장 먼저 떠올리게 되는 초밥. 회전초밥집부터
하이엔드 초밥 레스토랑까지 일본에서는 다양한 맛과 가격대의 초밥을 즐길 수 있다.
간사이 시역은 선통석이 초밥이 많이 남아 있는데
오사카는 네모난 모양의 상자초밥, 교토는 고등어초밥, 나라는 감잎초밥이 있다.
흔히 우리가 아는 초밥은 도쿄에서 나중에 개발된 형태다.
오사카를 여행한다면 현대의 초밥과 전통 초밥 모두 먹어보자.

## 기본적인 초밥 종류

- **니기리** にぎり 밥 위에 생선이 올려져 있는 기본 초밥
- **아부리** あぶり 밥 위의 생선을 토치로 살짝 구운 초밥
- **군함** 軍艦 밥의 옆을 김으로 둥글게 감싸고 그 위에 생선이나 해산물을 얹은 초밥
- **마키모노** 巻物 김밥처럼 속에 초밥 재료를 넣고 말아서 만드는 초밥

## 대표적인 초밥 메뉴

참치(まぐろ), 참치중뱃살(中とろ), 참치대뱃살(大とろ), 연어(サーモン), 장어(うなぎ), 갯장어(あなご), 도미(鯛), 광어(ひらめ), 고등어(さば), 꽁치(さんま), 전갱이(あじ), 오징어(いか), 성게(うに), 연어알(イクラ), 굴(かき), 새우(えび)

## 계절별 맛있는 초밥

- **봄** 새우, 가다랑어, 문어, 대합, 날치, 대합, 갯장어
- **여름** 전갱이, 붕장어, 전복, 뱀장어, 보리멸 새우, 소라, 오징어
- **가을** 전갱이, 도미, 가자미, 꽁치, 고등어, 참치, 연어
- **겨울** 굴, 문어, 광어, 방어, 참치

## 스시 맛있게 먹는 법

### 1. 간장을 대하는 자세

스시는 장인이 자신만의 레시피에 따라 간장, 밥, 생선, 와사비의 양까지 모두 계산해 만든다. 간장에 고추냉이를 풀어버리면 스시에 맞춰 애써 만든 간장의 맛이 변하고 본래의 생선 맛까지 잃게 된다. 간장은 밥이 아닌 생선에만 살짝 찍는다.

### 2. 순서를 지키면 더 맛있다

기름진 생선을 먹고 나서 담백한 흰살 생선을 먹으면 맛을 제대로 느낄 수 없다. 담백한 흰살부터 시작해 붉은살 생선 스시를 먹은 다음 기름진 등푸른 생선은 마지막에 먹자.

### 3. 10~20초만 기다려주세요

냉장고에서 차가운 회를 꺼내 따뜻한 밥에 올리는 과정이 빠르게 진행되기 때문에 회와 밥의 온도가 비슷해질 때까지 10~20초 정도 기다렸다가 먹는 것이 좋다. 고급 전문점에서는 스시를 만든 다음 잠시 기다렸다가 손님에게 내는 경우가 많다.

# 실전에서 바로 통하는
# 일본 음식 메뉴판

## 기본 용어

- 다이 大[だい] 대
- 츄우 中[ちゅう] 중
- 쇼우 小[しょう] 소
- 나미 並み[なみ] 보통(덮밥)
- 오오모리 大盛り[おおもり] 곱빼기

※ 정확히 두 배는 아니고 양 추가(덮밥)
- 토쿠모리 特盛り[とくもり] 특곱빼기
- 오오메니 多めに[おおめに] 많이
- 카루메 軽め[かるめ] 적게
- 스쿠나메니 少なめに[すくなめに] 적게
- 누키데 抜きで[ぬきで] 빼고
- 이레데 入れで[いれで] 넣어서
- 베츠데 別で[べつで] 별도로/따로
- 츠이카데 追加で[ついかで] 추가로
- 오카와리 お代(わ)り 추가, 리필
- 오스스메 おすすめ 추천
- 모치카에리 持ち帰り 포장해 가다

## 기본 메뉴

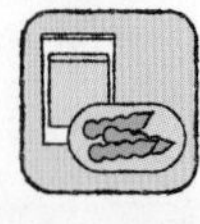

- 고항 ご飯[ごはん] 흰쌀밥
- 카야쿠고항 かやくご飯

여러 재료를 넣어 지은 밥
- 오차 お茶[おちゃ] 녹차
- 오히야·미즈 お冷[おひや]·水[みず] 찬물
- 오유 お湯[おゆ] 따뜻한 물
- 츠케모노 つけもの 절임류
- 미소시루 味噌汁[みそしる] 된장국
- 사라다 サラダ 샐러드
- 낫토 納豆[なっとう] 발효콩
- 모리아와세 盛り合わせ[もりあわせ] 모둠

## 채소류

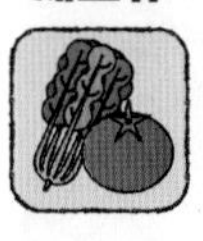

- 나스 なす 가지
- 타마네기 玉ねぎ[たまねぎ] 양파
- 네기 葱[ねぎ] 파
- 피망 ピーマン 피망
- 시메지 しめじ 느타리버섯
- 인겐 いんげん 껍질콩
- 고보우 ごぼう 우엉
- 렌콘 れんこん 연근
- 카보챠 かぼちゃ 단호박
- 이모 いも 고구마
- 닌진 人参[にんじん] 당근
- 닌니쿠 にんにく 마늘

## 육류

### 닭

- 모모니쿠 もも肉 허벅지살
- 스나기모 砂肝[すなぎも] 닭모래집
- 난코츠 軟骨[なんこつ] 닭연골
- 츠쿠네 つくね 고기 완자
- 테바사키 手羽先[てばさき] 닭날개구이
- 레바 れば 간
- 카와 鳥皮[カワ] 닭껍질
- 사사미 ささみ 가슴살
- 토리니쿠 とりにく 닭고기
- 토리모모 とりもも 닭다리살

### 소

- 탄 タン[たん] 우설
- 미스지 みすじ 부채살
- 로스 ロース 등심
- 히레 ヒレ[ひれ] 안심
- 사로인 サーロイン[さーろいん]

허리 부위 등심
- 란뿌 ランプ[らんぷ] 우둔살
- 니쿠모모 肉もも[にくもも] 설깃살
- 호루몬 ホルモン 대창
- 레바 レバ 소간
- 미노 ミノ 소의 첫 번째 위
- 하라미 ハラミ 안창살
- 카루비 カルビ 갈비

### 돼지

- 부타 豚[ぶた] 돼지고기
- 부타바라 豚バラ[ぶたばら] 삼겹살

## 해산물류

- 에비 えび 새우
- 우나기 鰻[うなぎ] 장어
- 아나고 穴子[あなご] 붕장어
- 카이바시라 貝柱[かいばしら] 조개 관자
- 호타테 ほたて 가리비
- 시로미 白身[しろみ] 흰살 생선
- 키스 きす 보리멸
- 사바 さば 고등어
- 이카 いか 오징어

- 샤케 鮭[しゃけ] 연어
- 니신 ニシン 청어
- 타코 たこ 문어
- 이카 イカ 오징어
- 이쿠라 いくら 연어알
- 이와시 鰯[イワシ] 정어리
- 우니 ウニ 성게
- 아마에비 甘エビ 단새우
- 에비 海老[えび] 새우
- 마구로 マグロ 참치
- 토로 トロ 참치 뱃살
- 츄토로 中トロ 참치 중뱃살
- 오토로 大トロ 참치 대뱃살
- 엔가와 えんがわ 지느러미
- 카니 カニ 게
- 타이 鯛[たい] 도미
- 츠부가이 つぶ貝 고둥
- 하마치 ハマチ 새끼방어
- 아와비 鮑[あわび] 전복
- 마다이 マダイ 참돔
- 가츠오 鰹[カツオ] 가다랑어
- 아지 鯵[アジ] 전갱이
- 칸파치 カンパチ 잿방어
- 코노시로 コノシロ[또는 코하다 こはだ] 전어
- 히라메 鮃[ひらめ] 광어
- 아카카이 赤貝[あかかい] 피조개
- 토리카이 鳥飼[とりかい] 새조개
- 하마구리 ハマグリ 대합
- 게소 げそ 오징어 다리
- 샤코 蝦蛄[しゃこ] 갯가재

## 덮밥

- 톤부리 とんぶり 덮밥
- 오야코동 親子丼 닭고기 달걀 덮밥
- 가츠동 カツ丼 돈카츠 덮밥
- 규동 牛丼[ぎゅうどん] 소고기 덮밥
- 부타동 豚丼[ぶたどん] 돼지고기 덮밥
- 카이센동 海鮮丼[かいせんどん] 해산물 덮밥
- 이쿠라동 いくら丼 연어알 덮밥
- 우니동 ウニ丼 성게알 덮밥
- 마구로동 マグロ丼 참치 덮밥
- 스테키동 ステーキ丼 스테이크 덮밥
- 뎃카동 鉄火丼[てっかどん] 참치 덮밥
- 우나동 鰻丼[うなどん] 장어 덮밥
- 카레 カレー 카레

## 구운 음식

- 야키모노 焼き物[やきもの] 구운 요리
- 오코노미야키 お好み焼き 밀가루 반죽에 재료를 넣고 구운 음식
- 타코야키 たこ焼き 문어 빵
- 야키니쿠 焼き肉[やきにく] 불고기

## 꼬치 음식

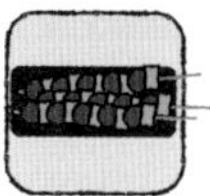

- 야키토리 焼き鳥[やきとり] 닭꼬치
- 윈나 ウインナ 비엔나 소시지
- 에린기 エリンギ 팽이버섯
- 시이타케 しいたけ 표고버섯
- 긴난 銀杏[ぎんなん] 은행

## 면 요리

- 우동 饂飩[うどん] 우동
- 소바 蕎麥[そば] 소바
- 라멘 ラーメン 라면
- 카케 かけ 국물이 있는 면 요리
- 키츠네 우동 狐 うどん[きつね] 유부 우동
- 마루텐 우동 丸天 うどん[まるてん] 동그란 어묵 우동
- 자루 소바 笊[ざる] 채반에 건진 면을 장국에 찍어 먹는 요리
- 붓카게 우동 ぶっかけ うどん 국물을 자작하게 부어 비벼 먹는 우동
- 타마고 玉子[たまご] 달걀
- 한쥬쿠타마고 半熟玉子[はんじゅくたまご] 반숙 달걀
- 온센타마고 温泉玉子[おんせんたまご] 온천 달걀
- 아지타마 味玉[あじたま] 간장 등 양념에 조린 삶은 달걀
- 카에타마 替え玉[かえだま] 육수가 남으면 가능한 면 리필 시스템

## 스시

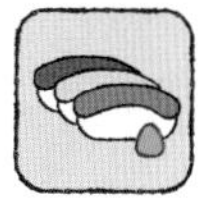

- 스시 寿司[すし] 초밥
- 츠쿠리·사시미 作り[つくり]·さしみ 생선회
  ※ 간사이에서는 사시미라는 단어 대신 '츠쿠리'라고 한다.
- 네타 ねた 초밥의 생선회
- 샤리 しゃり 초밥의 밥
- 베니쇼우가 べに生姜[べにしょうが] 생강 절임
- 캇파마키 かっぱ巻き[かっぱまき] 오이 김밥
- 텟카마키 てっか巻き[てっかまき] 가다랑어 김밥
- 군칸 軍艦[ぐんかん] 김으로 밥을 두르고 위에 재료를 올려 먹는 초밥
- 오니기리 おにぎり 주먹밥
- 이나리즈시 稲荷鮨[いなりずし] 유부초밥

술술술 여행이 풀린다
# 일본 술 알고 마시자

일본은 술의 천국이라 해도 과언이 아닐 만큼 다양한 맛과 종류의 술을 생산한다.
니혼슈에서부터 소주, 맥주, 위스키, 사와는 물론
셀 수 없을 만큼 다양한 일본 소주까지, 그 특징을 알아보자

## 그야말로 맥주 천국

일본의 마트나 편의점에서 주류 코너에 가보면 진열장을 가득 채운 맥주가 눈에 띈다. 우리에게도 익숙한 아사히, 산토리, 삿포로뿐 아니라 기린, 에비스는 물론 지역 맥주까지 다양하다. 일본 맥주는 맥아의 함량이 높아서 우리나라 맥주보다 맛이 진하고 부드럽다. 일본에서 가장 많이 팔린다는 산토리 프리미엄 몰츠는 부드러운 목 넘김에 특화된 맥주다. 오사카 맥주로 유명한 미노오 맥주는 세계 맥주 콩쿠르에서 6년 연속 최우수상을 수상하기도 했다.

## 건강까지 생각한 발포주

맥아 또는 보리를 원료의 일부로 사용해 만든 발효주로 탄산을 함유하며, 일반적으로 첨가물의 중량이 맥아 중량 비율의 50%를 넘는 것을 말한다. 쉽게 말해 맥주에서 맥아 함량을 줄여 원가를 절감하되 대신 다양한 맛을 추구한 맥주인 셈이다. 발포주는 맥아 비율에 따라서 제1(50%이상), 제2(25%~50%), 제3(25%미만) 발포주로 구분되는데, 제3발포주의 경우 맥아가 전혀 들어가지 않고 완두 단백질로 만들어진 경우도 있다. 주로 신장르라는 이름으로 판매되며 산토리의 킨무기(金麦), 아사히의 클리어 아사히, 기린 코이아지(濃い味), 삿포로의 드래프트 원 등이 대표적이다.

## 따뜻한 사케 한잔

사케(酒)는 일본의 전통주로 '니혼슈(日本酒)'라고도 불린다. 사케는 맥주나 와인 같은 양조주로, 쌀을 원료로 제조하며 알코올 도수는 15~20도 정도다. 좋은 사케는 음양주와 순미주로 단맛이 강한 쌀의 중심부만을 이용하여 제조한다. 라벨에 원료의 도정 정도를 표시하는데, 그 비율이 높을수록 좋은 술로 평가받는다. 특히 기본 원료가 쌀이기 때문에 쌀로 유명한 산지에서 제조된 니혼슈를 고르면 실패할 일이 드물다. 일본에서 쌀로 유명한 곳은 니가타현(新潟県), 아기타현(秋田県), 홋카이도(北海道)다.

## 요즘 대세 일본 위스키

일본 위스키는 스카치 위스키를 모방한 것에서 시작되었으나 스모키한 맛을 억제하여 가볍게 음용할 수 있도록 만들어졌다. 일본을 대표하는 위스키 회사는 산토리(Suntory)와 니카(Nikka)다. 일본에서 위스키가 본격적으로 생산되기 시작한 것은 1924년 오사카에 야마자키 증류소가 완성되면서부터이며 1929년에 시로사츠(白札)가 시판되어 호평을 받았다. 1934년에는 홋카이도에 요이치 증류소가 설립되었고 1940년 니카 위스키가 판매되기 시작했다. 2001년에는 〈위스키 매거진〉의 블라인드 테스트에서 니카의 '싱글 캐스크 요이치 10년'이 최고 득점을 받으며 세계에서도 인정받기 시작했다. 산토리의 '야마자키 싱글 몰트 셰리 캐스크 2013'은 영국 위스키 가이드북 〈월드 위스키 바이블〉에서 세계 최고의 위스키로 선정되었다.

**추천 위스키**

야마자키 18년(山崎18年), 야마자키 25년(山崎25年), 히비키 21년(響21年), 타케츠루 21년 퓨어 몰트(竹鶴21年ピュアモルト)

## 비슷하면서도 다른 일본 소주

예로부터 마셔온 일본 소주는 사케(발효주)가 아닌 증류주다. 보통 사케 도수가 15~20도 정도인 것에 비해 일본 소주는 25~40도로 높아 위스키처럼 물이나 음료와 섞어 마신다. 소주의 원재료는 쌀, 보리, 메밀 등의 곡물이 주를 이루며 특이하게 고구마를 이용해서 만드는 이모쇼츄(芋焼酎)도 인기가 많다. 다양한 맛과 향의 '츄하이' 혹은 '사와'로 불리는 술은 원래 소주에 매화나 포도 맛을 첨가해서 마시던 것이다. 초기에는 알코올 도수가 높았지만 현재에는 10% 미만으로 생산되며 한국에도 많이 알려진 호로요이 같은 제품은 3% 정도다. 보통 원료가 되는 술을 희석해 탄산수와 과일 등의 향을 첨가해서 만드는데, 원료가 되는 술은 소주, 보드카, 주조용 알콜, 매실주 등으로 다양하다.

# 여행의 피로를 풀어주는
# 일본 술 Best!

시원한 맥주부터 발포주(맥주의 맥아 함량을 10% 미만으로 낮춘 술),
전통 사케, 부담 없이 마실 수 있는 츄하이까지, 일본인이 가장 좋아하는 술을 소개한다.
가격은 판매점마다 조금씩 다르니 참고하자.

## 맥주

### 에비스
YEBISU エビスビール

**230엔(350ml)**

정통 독일식 맥주를 지향하는
프리미엄 맥주

### 아사히 슈퍼 드라이
Asahi Super Dry
アサヒスーパードライ

**200엔(350ml)**

에비스와 1~2위를 다투는 맥주.
깨끗하고 청량한 맛!

### 기린 라거
Kirin Lager Beer キリン ラガービール

**200엔(350ml)**

130년 역사를 자랑하는
목 넘김이 좋은 맥주

### 삿포로 생맥주 블랙 라벨
Sapporo サッポロ 生ビール黒ラベル

**200엔(350ml)**

우리가 아는 그 청량한 맛

## 발포주

### 산토리 킨무기
Suntory サントリー 金麦 Rich Malt

**110엔(350ml)**

질 좋은 보리 사용률이 50%인
가성비 최고의 발포주

### 기린 노도고시
Kirin キリン のどごし〈生〉

**110엔(350ml)**

깊은 맛과 청량감을 자랑하는
발포주계의 베스트셀러

### 삿포로 무기토 호프
Sapporo サッポロ 麦とホップ

**110엔(350ml)**

보리와 맥아의 함량을 높여 진하고
단단한 거품이 특징

### 아사히 클리어
Asahi Clear クリア アサヒ

**110엔(350ml)**

보리의 향을 극대화시켜 떫은맛을
없앤 깔끔한 발포주

## 사케

### 엔마 閻魔

**1,300엔(25%, 720ml)**

엄선된 겉보리를 원료로 만들어 향이 부드럽고 깔끔하며, 옅은 위스키의 맛이 특징. 보리 사케 부문 금상 수상에 빛나는 명주임에도 가격은 부담 없는 수준

### 쿠로키리시마 EX
黒霧島 EX

**1,000엔(25%, 900ml)**

고구마를 원료로 만든 사케. 깔끔한 맛, 부드러운 목 넘김은 물론 가격까지 저렴해 인기

### 시로 白岳しろ

**1,200엔(25%, 720ml)**

어떠한 요리에도 잘 어울리는 사케. 향이 풍부하면서도 맛이 깔끔. 세계적 권위의 국제 품질 평가 기관 몽드 셀렉션(Monde Selection)에서 5년 연속 수상한 명주

### 초야 사라리토시타 우메슈
Choya さらりとした梅酒

**900엔(10%, 1,000ml)**

엄선한 기슈(紀州)산 매실로 만든 향긋한 사케. 특히 여성에게 인기. 매실주계의 1인자

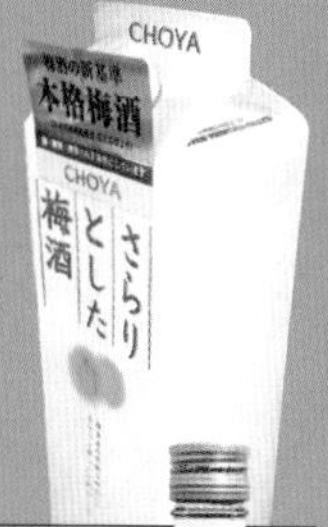


### 기린 신로츄
Kirin 杏露酒 しんるちゅう

**700엔(14%, 500ml)**

살구 과육을 그대로 함유해 달콤한 향과 맛이 특징. 탄산수나 홍차, 과즙과 섞어마시기에도 제격

## 츄하이

### 산토리 스트롱 제로(-196°C)
Suntory Strong Zero
サントリー スト ロングゼロ(-196°C) ダブルレモン

**140엔(9%, 350ml)**

레몬의 청량한 맛을 극대화한 과일주

### 산토리 호로요이 시로이 사와
Suntory サントリー ほろよい 白いサワー

**140엔(3%, 350ml)**

상큼한 과일 맛과 부드러운 목 넘김. 특히 여성에게 인기

### 기린 효게츠
Kirin キリン 氷結

**140엔(5%, 350ml)**

호로요이와 1~2위를 다투는 츄하이. 깔끔하고 청량한 과일 맛에 종류도 다양

### 아사히 스랏토
Asahi Slat アサヒ すらっと

**141엔(3%, 350ml)**

탱글탱글한 과육을 함유한 츄하이. 다른 츄하이에 비해 60% 낮은 칼로리

### 아사히 칼피스 사와
Calpis Sour カルピスサワー

**150엔(3%, 350ml)**

유산균의 상큼함과 달콤함을 느낄 수 있는 인기 츄하이

이건 꼭 사야 해!

# 오사카 한정 핫 쇼핑 아이템

**헬로키티 미니손수건**

**330엔**

다양한 헬로키티 캐릭터를 이용해 만든 미니 손수건

**오사카 명물 티셔츠**

**1,500엔~**

쿠이다오레, 빌리켄, 타코야키, 요시모토 게닌 등 오사카의 명물을 테마로 만든 티셔츠

**산리오 캐릭터 물병**

**380엔**

키티, 구데타마 등 산리오의 대표 캐릭터로 디자인한 물병

**타코야키 기념품**

**400엔**

오사카의 명물 타코야키를 캐릭터화한 기념품

**오사카 한정 산리오 기념품**

**400엔~**

오사카에서만 판매하는 산리오 대표 캐릭터 제품

**타코베에**

**たこべえ**

**980엔**

마요네즈 뿌린 타코야키 맛 센베이(煎餅) 과자

**타코야키 프리츠**

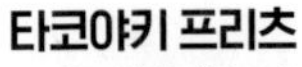


**800엔**

제과 업체 글리코를 대표하는 스낵 프리츠와 오사카 명물 타코야키의 만남

**요시모토 극장 기념품**

**300엔~**

일본 최대의 예능인 양성소 요시모토 프로덕션(吉本興業)의 인기 예능인을 모델로 만든 기념품

**카이유칸 미니등**

**600엔~**

카이유칸 수족관의 상징을 귀엽게 캐릭터화한 미니등

### 유니버설 스튜디오 재팬 컵라면

**1,700엔~**

유니버설 스튜디오에서 가장 인기 있는 선물 랭킹 1위. 스누피, 미니언즈 등 종류도 다양하다.

### 리쿠로오지상 치즈케이크

**りくろーおじさんのチーズケーキ**

**965엔**

오사카에 총 9개 매장을 운영하는 유명 치즈케이크점 리쿠로오지상에서 구매할 수 있다. 난카이 난바역과 5분 거리에도 매장이 있어 공항으로 돌아갈 때 선물로 구매하기 좋다.

### 오사카 사브레

**大阪 サブレ**

**1,188엔(10개입)**

도톤보리의 상징 쿠이다오레 모양의 쿠키

### 이치란 라멘

**一蘭ラーメン**

**2,157엔(5개입)**

유명 라면 체인점 이치란의 맛을 집에서도 즐길 수 있는 인스턴트 라면 세트

### 바톤 도르

**Bâton d'or**

**648엔(6봉)~**

제과업체 그리코에서 만든 고급 라인 과자. 풍부하고 깊은 고급 버터 맛이 특징

### 손수건

**1,100엔~**

안나수이, 버버리 등 브랜드 손수건을 1,000엔 정도에 구매할 수 있어 선물용으로 인기가 높다. 유명 백화점 1층 잡화점에서 주로 판매한다.

### 오사카 마그넷

**550엔~**

오사카의 대표 상징물만 모아 만든 냉장고 자석

---

TIP

### 기념품 & 선물 고르기 팁

❶ **기념품, 조금 더 참신하게!** 오사카에는 도톤보리 글리코러너와 쿠이다오레, 츠보라야(복어) 간판, 카니도라쿠의 게 간판 등 매력적인 대표 캐릭터가 있다. 이 캐릭터가 원피스, 키티, 디즈니의 인기 캐릭터와 어우러지는 재미있고 귀여운 상품이 많다.

❷ **대형 역사 인근의 기념품점에서 색다른 기념품을!** 신칸센역이 있는 JR 신오사카역에는 현지 특산물을 판매하는 곳이 있다. 유명 특산품부터 마니아층 특산품까지 갖추고 있어, 흔한 기념품에서 벗어나고 싶다면 대형 역사의 기념품점을 공략해보자.

❸ **유명 기념품은 공항 면세점을 이용하자** 각 도시를 대표하는 기념품은 시내보다 공항 면세점이 좀더 저렴한 경우가 많다.

# 드럭스토어
# 쇼핑 아이템 Best!

면세 제도 개정에 따라 소모품도 면세 대상이 되면서 다양한 제품을 좀 더 저렴하게 구매할 수 있게 된 만큼 드럭스토어 쇼핑도 한층 즐거워졌다. 가격은 판매점마다 조금씩 차이가 있으니 참고하자.

### 시세이도 센카 퍼펙트휩
**資生堂 専科 パーフェクトホイップ**

**495엔**

풍성한 거품을 자랑하는 클렌징

### 오로나인 연고 オロナイン

**657엔(100g)**

여드름, 무좀, 상처, 화상, 염증, 습진, 가려움 증상에 효과 있는 일본의 국민 연고

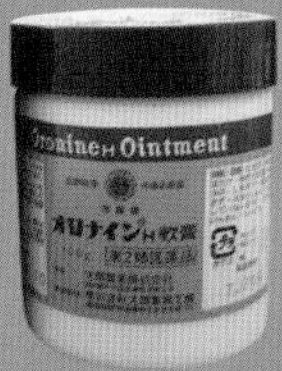


### 오타이산 太田胃散

**1,078엔(32개입)**

뛰어난 효과로 오랜 시간 사랑받은 국민 소화제

### 사론파스
**サロンパス**

**1,185엔(140매입)**

명함 사이즈의 작지만 효과는 탁월한 일본의 국민 파스

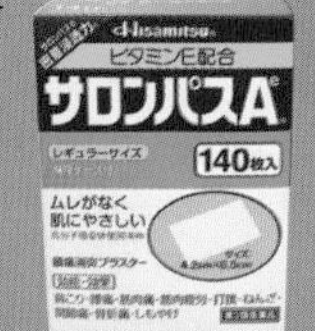


### 비오레 메이크노 우에카라 리프레시 시트
**メイクの上からリフレッシュシート**

**303엔(10매입)**

화장은 지워지지 않고 땀과 기름기만 제거해주는 땀 티슈

### 오쿠치 레몬 オクチレモン

**5개입 200엔**

입안을 늘 상큼하게 케어할 수 있는 1회용 구강 케어 스틱

### 로이히츠보코
**ロイヒつぼ膏**

**699엔(156매)**

부모님 선물 리스트에서 빠지지 않는 일명 '동전 파스'

### 파브론골드
**パブロン ゴールド**

**1,628엔**

목감기, 재채기, 콧물 등에 효과가 있는 종합 감기약

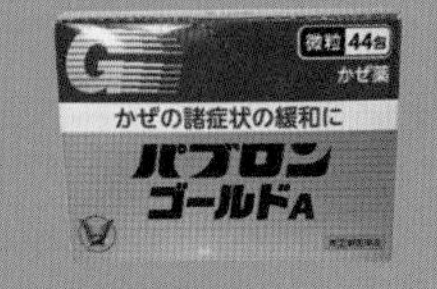


### 맨담 약용스틱
**メンソレータム薬用プスティック**

**217엔**

건조한 입술에 탁월한 효과를 자랑하는 립밤

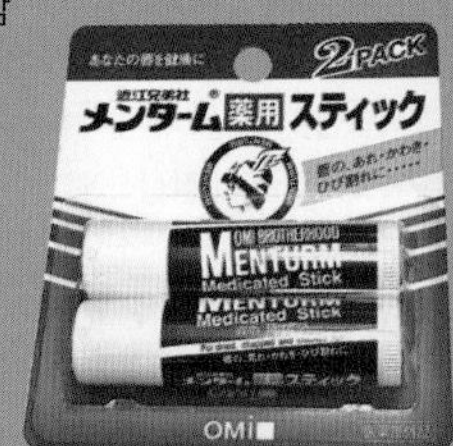

### 데오나츄레
**デオナチュレ**

**1,200엔**
9년 연속 데오드란트 판매 1위, 특히 겨드랑이 땀냄새 케어에 탁월해 인기가 높다.

### 니노큐아 크림
**ニノキュア**

**980엔**
닭살 피부 완화에 효과가 있는 피부 개선제

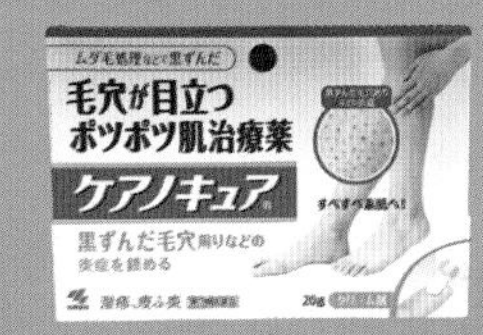


### DHC 건강식품
**DHC 健康食品**

**1,000~2,000엔**
하루 5~6알로 건강을 지키는 영양제가 1,000~2,000엔대

### 비오레 퍼펙트 오일
**ビオレ パーフェク ト オイル**

**1,265엔**
진한 색조 화장도 잘 지워지는 가성비 최고의 클렌징 오일

### EVE QUICK

**40정 1100엔**
두통을 빠르게 해결해주는 일본 국민 두통약

### 혈류 개선 허리 온열 패치
**血流改善 腰ホットン**

**1,020엔(와이드 10매입)**
48도 정도의 온열이 18시간 지속되며 혈류 개선 효과를 자랑하는 허리 패치

### 가네보 스이사이 효소 세안 파우더 酵素洗顔パウダー

**1,980엔(32개입)**
각질을 제거하고 피부를 매끈하게 만드는 데 효과 있는 효소 세안 파우더

### 모기패치 A
**ムヒパッチA**

**598엔(76매입)**
모기나 벌레 물린 곳에 붙이면 가려움이 완화되는 패치

### 캐릭터 배스 볼

**100~400엔**
배스 볼 안에 귀여운 캐릭터 피규어가 들어있어 어린이에게 인기가 높은 제품

### 밧칸토우 爆汗湯

**260엔**
입욕하는 동안 엄청나게 땀을 내며 지방을 분해한다는 다이어트 입욕제

### 메구리즘 수면 안대 めぐりズム

**522엔**
40도대의 온열과 향기로운 아로마 향으로 수면을 돕는 안대

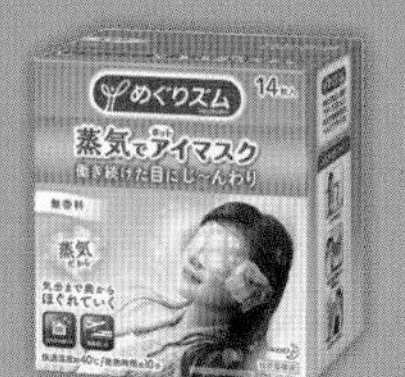


### 란도린
**ランドリン**

**547엔**
우아한 향과 오랜 지속력으로 2019년 일본에서 대유행을 일으킨 섬유 탈취제

# 슈퍼마켓
# 쇼핑 아이템 Best!

요즘 일본에서 유행하는 과자, 음료수, 먹거리는 물론 오랜 시간 여행자에게 사랑받았던 스테디셀러를 총망라했다. 가격은 판매점마다 조금씩 차이가 있으니 참고하자.

### 칼피스 Calpis

**300~400엔**

유산균이 함유된 음료로 물이나 탄산수, 소주 등에 희석해 마셔야 한다.

### 나카타니엔 스시타로
**永谷園 すし太郎**

**4인분 200엔**

따뜻한 밥과 섞어주면 간단하게 완성되는 치라시 스시(散らし鮨) 건더기와 소스

### 야키토리노 타레
**やきとりのたれ**

**200엔**

짭조름하고 달콤한 일본식 닭꼬치 맛 소스

### 이토엔 무기챠 사라사라
**伊藤園 麦茶 さらさら**

**400엔**

찬물에도 바로 녹는 고소한 풍미의 보리차 가루. 카페인 제로라 남녀노소 인기가 많다.

### 인스턴트 명란 파스타
**キューピー からし 明太子**

**170엔**

삶은 면만 넣어 섞어주면 완성되는, 독특한 풍미의 파스타 소스

### 히가시마루 우동 수프
**ヒガシマル醤油 スープ**

**110~200엔(8개입)**

일본 본고장의 깊은 국물 맛을 간단하게 낼 수 있는 수프

### 블랜디스틱 라테 시리즈
**Blendy Stick**

**300엔(10개입)**

커피는 물론 홍차, 녹차 등 아주 다양한 인스턴트 라테 시리즈

### 토스트 스프레드
**トーストスプレッド**

**200~300엔**

빵에 발라 굽거나 구운 빵에 얹어 먹는 다양한 맛의 스프레드

### 이치란 컵라면

**490엔**

후쿠오카의 인기 라멘집 이치란에서 처음 선보이는 돼지 사골 육수의 컵라면

### 스타벅스 한정판 라테

**490엔~**

기간 한정으로 나오는 다양한 가루 스틱 라테

### 오카즈라유 & 고항데스요
**おかずラー油 & ごはんですよ**

**200~300엔**

고추기름인 오카즈라유, 김, 간장, 가다랑어포 등을 조린 밥도둑

### 카라아게 그랑프리 믹스
**からあげグランプリ**

**120엔(100g)**

묻혀서 튀기기만 하면 간장 및 소금 맛 닭튀김을 만들 수 있는 가루

### 오타후쿠 오코노미야키 소스
**オタフクソース**

**180~200엔**
오코노미야키에 뿌려 먹는 소스 시리즈. 그 밖에 타코야키, 야키소바에 뿌려먹는 소스도 다양하다.

### 캬베츠노 우마타레
**キャベツのうまたれ**

**300엔**
인기 닭꼬치 집에서 먹던 양배추의 맛을 집에서 재현할 수 있는 양배추용 소스

### 몬카페 드립 커피 버라이어티팩
**モンカフェ ドリップコーヒー**

**700엔(10개입)**
인스턴트라 생각할 수 없는 완성도 높은, 깊은 향기의 드립 커피

### 후루체 フルーチェ

**170엔**
우유와 섞기만 하면 완성되는 근사한 요거트!

### 스프모 아지와우 샤부샤부
**スープも味わうしゃぶしゃぶ**

**300엔**
일본식 샤부샤부를 작은 캡슐로 재현할 수 있는 육수 캡슐

### 카마메시노 모토
**釜飯の素**

**300엔~**
밥을 지을 때 얹어 주기만 하면 맛있는 일본식 솥밥이 완성!

### 후리카케 ふりかけ

**100엔**
밥에 뿌려 먹는 다양한 가루. 주먹밥을 만들 때 사용하면 좋다.

### GABA FOR SLEEP 초콜릿
**GABAフォースリープ<まろやかミルク**

**200엔**
불면증을 완화시켜 주는 GABA 성분이 포함된 부드러운 맛의 밀크 초콜릿

### BOSS 카페 베이스
**BOSS カフェベース**

**300엔**
물이나 우유에 희석하는 것 만으로 카페의 맛을 재현할 수 있는 커피 농축액

### 컵수프 カップスープ

**100엔(3개입)~**
뜨거운 물을 부어 먹는 가루 수프

### 아사게 미소시루
**あさげ 味噌汁**

**200엔(10개입)**
뜨거운 물만 부으면 바로 완성되는 일식 된장국

### 닛신 돈베이 키츠네 우동
**日清 どん兵衛 キツネ うどん**

**150엔**
세계 최초로 컵라면을 만든 닛신의 스테디셀러

### 나카타니엔 오차즈케
**永谷園 お茶漬け**

**200엔(8개입)**
밥 위에 가루를 뿌리고 뜨거운 물만 부으면 아침 식사용으로도 좋은 오차즈케 완성

TIP

**슈퍼마켓 쇼핑 Tip!**

**❶ 점포별, 날짜별로 달라지는 특별 할인 품목**
당일 한정 특별 할인 품목은 매장마다 다르지만 슈퍼마켓 입구에 전시 혹은 전단 등으로 눈에 잘 띄게 되어 있다. 단 1인당 구매 가능 수량에 제한이 있을 수 있다.

**❷ 유통 기한 확인**
식품류는 유통 기한 확인이 필수다. 보통은 상미기한(賞味期限)이라고 표기되어 있으니 참고하자. 간혹 '05年 ○○月 ○○日' 형식으로 표기된 것도 볼 수 있는데, 이는 2019년 5월 1일 기준 1년으로 시작된 나루히토 일왕 체제의 연호 레이와(令和)다. 참고로 2025년은 레이와 7년이다.

### 5개의 맛 스프 하루사메
**5つの味のスープはるさめ**

**400엔(10개입)**
1봉 50Kcal 대로 간편하게 즐길 수 있는 다섯 가지 맛 컵누들

### 브루봉 루만도
**BOURBON ルマンド**

**150엔**
겹겹이 얇은 크레이프 결에 코코아 크림이 조화를 이룬 바삭한 과자

### 카메야노 카키노타네
**亀田の柿の種**

**250엔**
일명 감 씨앗 과자라 불리는 과자. 짭짤하고 바삭바삭한 식감에 안주로 인기!

### 카라시 멘타이코 페이스트
**辛子明太子ペースト**

**190엔**
빵이나 원하는 곳에 토핑으로 간단하게 즐길 수 있는 명란 튜브

### 이즈 와사비 마요네즈
**伊豆わさびマヨネーズ**

**430엔**
맛있기로 유명한 이즈 지역의 와사비를 사용한 매콤 상큼한 마요네즈

### 츠지리 맛챠 미루쿠
**辻利 抹茶ミルク**

**450엔**
교토의 유명 말차 전문점 츠지리에서 엄선해 만든 달달한 말차 라테 파우더

### 홋또 시리즈
**ほっと**

**400엔**
레몬, 유자, 매실, 생강 등 몸도 마음도 릴랙스 되는 액체 타입의 차 원액

### 푸치 우동 시리즈
**プチッとうどんシリーズ**

**200엔(3개입)**
카레, 탄탄멘, 유자 등 1인분씩 작은 캡슐에 들어있는 우동 소스

### 에키미소 료테이노 아지
**液みそ 料亭の味**

**250엔**
요리점의 맛이라는 상품명처럼 양질의 육수를 사용한 깊은 풍미의 된장 원액

### 갈릭라이스 조미료
**ガーリックライスの素**

**110엔(3개입)**
집에서 양식점 풍미를 낼 수 있는 볶음밥 조미료. 치킨라이스, 드라이 카레 등의 맛도 있다.

### 카케루 고호비 앙버터
**かけるご褒美 あん×バタ**

**325엔**
북해도산 팥과 버터, 소금, 설탕을 사용한 앙버터 페이스트. 팥으로만 된 페이스트도 있다.

### 블렌디 더 리터
**ブレンディ ザリットル**

**550엔(6개입)**
물에 잘 녹는 1리터용 커피 가루. 커피 외에 녹차, 쟈스민, 루이보스, 우롱차, 홍차, 피치 티 도 있다.

### 이에몬 교토 레모네이드
**伊右衛門 京都レモネード**

**160엔**
교토 차의 명가 후쿠쥬엔 장인이 엄선한 교토산 찻잎과 레몬, 꿀의 새콤달콤한 음료

### 홋카이도 콘 드레싱
**北海道コーン ドレッシング**

**325엔**
홋카이도 특산품인 스위트 콘으로 만든, 자연스러운 단맛의 샐러드 드레싱

### 쿠로미츠
**黒みつ**

**200g 320엔**
오키나와산 흑설탕과 부드러운 꿀이 조화로운 시럽. 교토 특산품 와라비 모찌에 제격!

# 일본 3대 편의점 쇼핑 아이템 Best!

높은 품질과 저렴한 가격의 각종 식품 및 제품을 갖춘 일본의 편의점은 단순한 판매점 이상의 의미를 지닌다. 명심하자. 일본 여행에서는 편의점 방문이 필수다.

## 세븐일레븐

### 훈와리 콧페 타마고 사라다롤
**ふんわりコッペのたまごサラダロール**

감칠맛이 훌륭한 달걀과 마요네즈를 사용해 부드럽고 고소한 맛이 특징

### 스미비야키 규카루비 벤토
**炭火焼き牛カルビ弁当**

숯불에 구운 소갈비와 밥의 환상적인 조화

### 샤케바타 오무스비
**鮭バターおむすび**

간장 베이스로 깊은 풍미의 연어와 고소한 버터의 맛있을 수밖에 없는 조화

### 콘 마요네즈 빵
**コーンマヨネーズパン**

탱글탱글한 옥수수와 부드러운 화이트 소스가 어우러진 빵

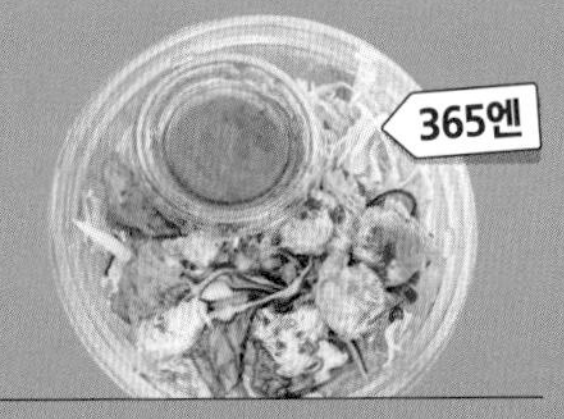


### 새우 파스타 샐러드
**プリプリ海老のパスタサラダ**

살짝 매콤한 소스가 가미된, 포동포동한 새우의 식감이 매력적인 샐러드 파스타

### 고보우 사라다
**ごぼうサラダ**

아삭아삭한 우엉과 마요네즈 맛에 먹을수록 중독되는 일본식 샐러드

### 밀크 와라비 연유 이치고
**みるくわらび 練乳いちご**

우유를 넣은 쫄깃한 떡에 새콤달콤 딸기 소스와 과육, 연유를 뿌린 디저트

### 랑그드샤 화이트 초코
**ラングドシャホワイトチョコ**

버터를 듬뿍 넣어 풍미가 좋은 쿠키에 화이트 초콜릿을 곁들인 과자

### 히토구치 야키 쇼콜라
**ひとくち焼きショコラ**

카카오의 깊고 진한 맛과 촉촉한 식감이 특징인 스낵

## 패밀리마트

### 파미 치키
**ファミチキ**

감칠맛 최고 프라이드 치킨!

### 타베루 보쿠조 밀크
**たべる牧場ミルク**

패밀리마트에서만 구매할 수 있는 아이스크림. SNS에서 최고 인기!

### 구다쿠상 미니 히야시츄카
**具だくさんミニ冷し中華**

쫄깃한 면과 새콤달콤한 소스에 차슈, 지단, 오이 등 고명이 풍부한 상큼하고 시원한 맛의 중화풍 냉면

### 파미마 더 메론빵
**ファミマ・ザ・メロンパン**

프랑스산 발효 버터를 사용한 겉은 바삭, 속은 쫄깃한 빵에 상큼한 메론향이 가미된 패밀리마트 대인기 제품

### 토리 소보로 벤또
**鶏そぼろ弁当**

보슬보슬한 달걀, 짭조름한 갓나물, 달콤한 닭고기볶음을 한번에

### 야와라카 이나리즈시
**やわらかいなり寿司3ヶ入**

달콤하고 짭조름하게 조린 부드러운 유부와 밥이 잘 어우러진 인기 상품

### 밀크 스트로베리 초코
**ミルクストロベリーチョコ**

바삭바삭한 동결 건조 딸기에 달콤한 초콜릿을 아낌없이 코팅한 과일 초콜릿

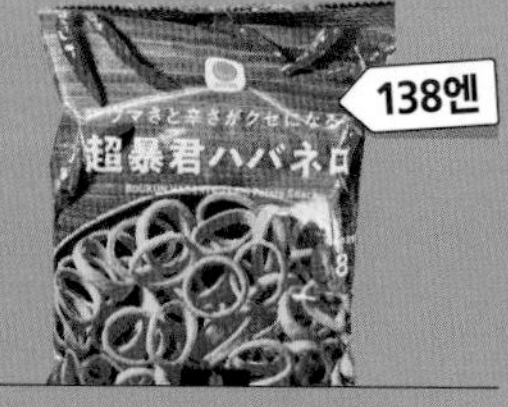


### 초폭군 하바네로
**超暴君ハバネロ**

자극적인 매운맛이 중독되는 하바네로 스낵

### 오렌지향 얼그레이 티
**オレンジ香るアールグレイティー**

스리랑카산 우바 찻잎을 40% 사용한 무설탕 음료. 일본 유수의 차 브랜드 애프터눈 티에서 감수했다.

### 사쿠사쿠 판다
**さくさくぱんだ**

바삭바삭한 식감의 과자, 밀크 초콜릿이 조화로운 귀여운 판다 모양 비스킷

### 오츠마미 이카후라이
**おつまみイカフライ**

바삭하게 튀겨내 안주나 간식으로 제격인 오징어포

### 나나슈노 카이센 믹스
**7種の海鮮ミックス**

7종의 맛을 믹스한 해산물 전병 과자

## 로손

### 프리미엄 롤케이크
**プレミアムロールケーキ**

홋카이도산 생크림을 넣어 편의점 간식의 수준을 뛰어넘는 로손의 대표 디저트

### 킨샤리 오니기리 쥬쿠세 나마타라코
**金しゃりおにぎり 熟成生たらこ**

엄선한 명란젓을 숙성해 만든, 명란젓의 짭잘함과 고소한 밥이 조화로운 주먹밥

### 모찌 식감 롤
**もち食感ロール**

홋카이도산 생크림을 듬뿍 넣은 시그니처 디저트. 시즌 한정 상품도 인기

### 쯔부쯔부 타라코노 와후파스타
**つぶつぶたらこの和風パスタ**

명란의 식감과 감칠맛을 한입 가득 느낄 수 있는 일본풍 파스타

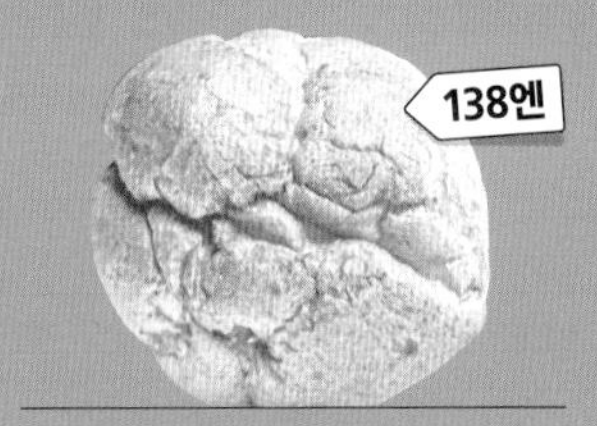


### 오오키나 트윈 슈
**大きなツインシュー**

고소한 휘핑크림과 달콤한 커스터드 크림을 동시에 즐길 수 있는 슈크림

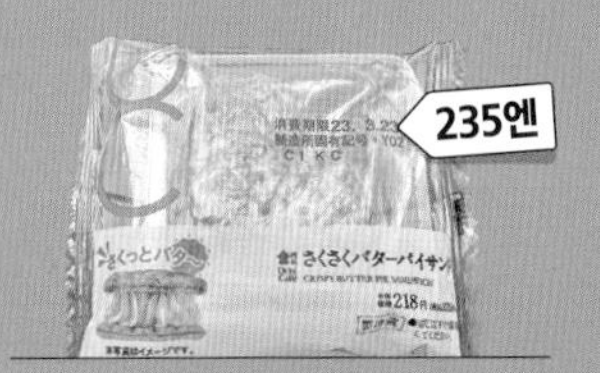


### 사쿠사쿠 버터파이 샌드
**さくさくバターパイサンド**

바삭바삭한 파이반죽에 고소한 커스터드크림이 샌드되어있는 디저트 (알콜 1% 미만 포함)

### 코레가 노리벤또
**これがのり弁当**

'이것이' 시리즈 인기 메뉴. 김을 이용한 가장 대중적인 정석 일본 도시락

### 에비 도리아 海老ドリア

풍미가 좋은 버터 라이스와 생크림 화이트 소스, 탱글탱글한 새우와 치즈 4종이 어우러진 환상적인 새우 도리아

### 이카소멘 イカソ-メン

감칠맛과 꼬들꼬들한 식감이 중독적인, 소면처럼 가느다란 오징어포

### 콘초코 코이이치고
**コーンチョコ　濃いいちご味**

일본의 유명 딸기 품종, 아마오우 딸기를 사용한 초콜릿을 코팅한 과자

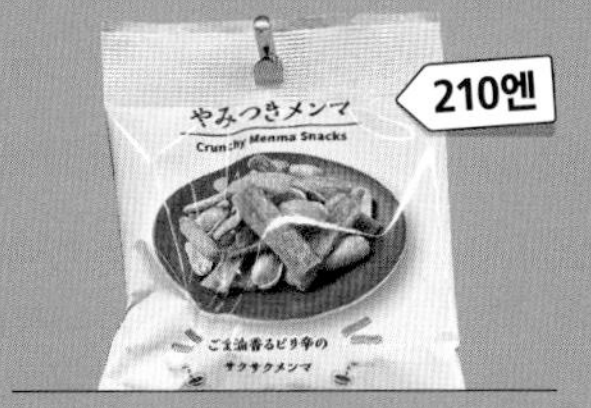


### 야미츠키 멘마
**やみつきメンマ**

참기름맛과 매콤한 맛이 어우러진 바삭한 식감의 죽순과자

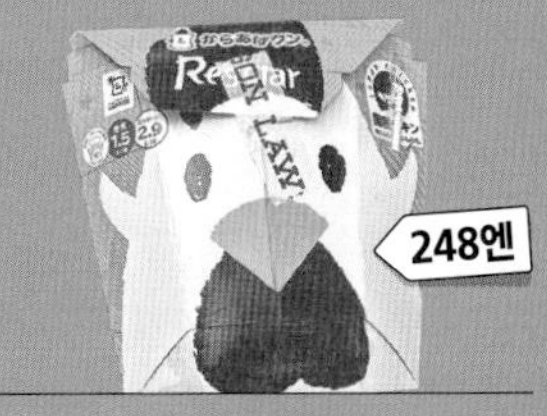


### 카라아게쿤
**からあげクン**

패밀리마트 '파미 치키'에 대적하는 로손의 대표 치킨 간식

## 100% 활용하기!
# 일본 면세 제도

일본은 구매품에 10%의 소비세를 별도로 부과하고 있으며, 외국인 여행자(체류 6개월 미만의 일시 체류자)를 대상으로 면세 제도를 시행한다. 면세 대상 확대나 면세 적용 금액 변경 등 때에 따라 내용이 개정되고 있으니 혜택을 놓치지 않도록 꼼꼼히 확인하는 것이 좋다.

### 일반 물품과 소모품 면세 제도

| 구분 | 일반 물품 | 소모품 |
|---|---|---|
| 종류 | 신발 및 가방, 보석류 및 공예품, 골프 용품, 의류, 가전제품 | 화장품, 식품류, 음료, 건강식품, 담배 |
| 면세 구매 금액 | 동일 매장 내 1일 총 구매 금액 5,000엔 이상 (세금 별도) | 동일 매장 내 1일 총 구매 금액 5,000~500,000엔 이하(세금 별도) |
| 주의하자! | 입국일로부터 6개월 이내에 일본에서 반출해야 함 | 구매 후 30일 이내에 일본에서 반출해야 함 |
| 참고하자! | • 일반 물품과 소모품의 합산 구매액은 소모품과 동일한 조건이 적용된다.<br>예시) 신발 3,000엔(일반 물품) + 과자 3,000엔(소모 물품) → 면세 가능 | |

### 면세 혜택 받는 순서

❶ 쇼핑몰, 백화점, 가전제품 판매점, 드럭스토어 등 면세 수속이 가능한 매장에는 '택스 프리(Tax Free)' 마크가 붙어 있다.

❷ 일반 물품 혹은 소모품의 총액이 세금 제외 5,000엔 이상이 되도록 구매 후 면세 카운터를 방문한다. 구매한 상품과 면세용 영수증, 본인 여권(입국 스탬프 필수), 결제 신용카드(카드, 영수증, 여권의 명의가 일치해야 함)를 지참해야 한다.

❸ 본인 확인이 끝나면 계약서에 서명한 후 차액을 현금으로 환급받고, 구매 상품을 지정 봉투로 밀봉한다. 이 밀봉된 상품은 출국 시까지 훼손 없이 보관해야 한다.

❹ 액체류는 기내 반입이 되지 않으므로 소모품 밀봉 시 액체류만 따로 분리해 밀봉해야 한다. 일부 드럭스토어에서는 별도 면세 카운터 방문 없이 면세 계산대에서 바로 이 절차를 진행하기도 한다.

* 면세 수수료를 부과하는 매장이 일부 있다. 10%에 해당하는 환급금이 아니라면, 면세 수수료를 부과한 것이니 이를 감안하도록 하자.

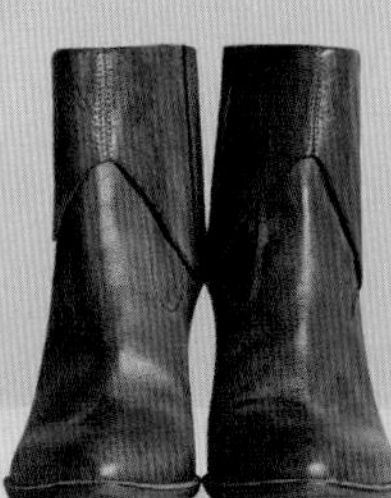

### 택스 프리 VS 듀티 프리

| 구분 | 택스 프리(Tax Free) | 듀티 프리(Duty Free) |
|---|---|---|
| 종류 | 소비세 면세 | 관세 면세 |
| 의미 | 소비세가 포함된 금액으로 물건을 구매한 외국인이 면세 환급 절차를 거쳐 소비세를 환급받는 경우 | 해외로 출국하는 내국인과 외국인이 구매하는 물건에 관세를 붙이지 않고 판매하는 경우 |
| 적용 범위 | 주로 일본 시내 면세점을 통해 면세 환급을 받는 경우에 적용 | 주로 국제공항, 여객선 터미널 등에서 운영하는 면세점에서 적용 |

## 알아두면 유용한 면세 상식 Q&A

**Q 면세를 받고 싶은데 여권을 호텔에 두고 왔습니다. 일단 구매하고 다음 날 여권을 다시 가져가도 될까요?**

A 면세는 구매 당일 영업시간 내에 수속을 마쳐야 하므로 다음 날 처리는 불가능합니다.

**Q 면세 범위에 식품도 포함이 되는데, 식당에서 식사를 한 경우에도 면세가 적용되나요? 일본에서 상품을 구매해 한국에서 물건을 판매하는 경우는 면세 적용 대상입니까?**

A 면세 제1조건은 해외 반출이며, 음식점에서의 식사는 일본 내에서 발생한 경우이므로 면세 대상이 아닙니다. 사업 및 판매를 목적으로 한 구매도 면세 대상에서 제외됩니다.

**Q 드럭스토어에서 식품과 건강식품을 구매해 면세를 적용받고, 구매 봉투에 밀봉 포장했는데 100ml 이상의 액체류가 동봉되어 있는 걸 알았습니다. 면세 봉투를 기내에 반입할 수 있나요?**

A 기내 반입 가능한 액체류는 1개당 100ml 이하의 용기만 가능하며, 총 1L가 넘지 않는 범위 내로 투명 비닐 지퍼백에 담아야 합니다. 액체 1개라도 100ml 이상의 용량이라면 기내 반입이 금지되므로 위탁 수하물로 처리해야 합니다.

**Q 가족의 신용카드로 결제를 했는데 면세 수속이 가능한가요?**

A 타인 명의의 카드는 면세 적용이 되지 않습니다. 결제 신용카드와 영수증, 여권의 명의가 일치해야 합니다.

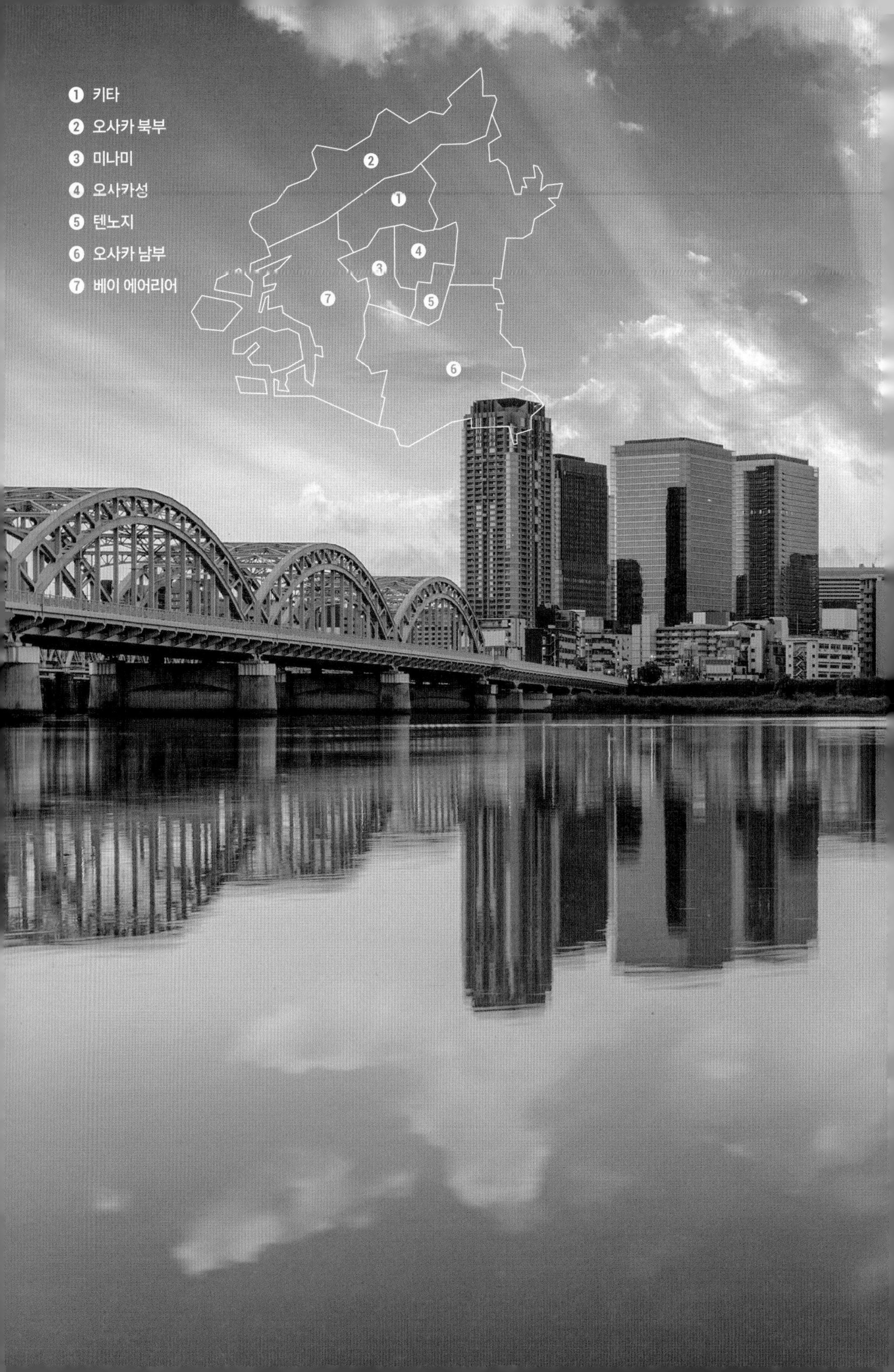

❶ 키타
❷ 오사카 북부
❸ 미나미
❹ 오사카성
❺ 텐노지
❻ 오사카 남부
❼ 베이 에어리어

# PART 03

# 진짜 오사카를 만나는 시간

OSAKA

SECTION Ⓐ 우메다
SECTION Ⓑ 텐진바시
SECTION Ⓒ 나카노시마 & 혼마치
B
C
A

# 오사카 여행의 시작

# 키타

키타에 왔다면
**이건 꼭!**

★★★★★

**우메다 스카이빌딩**의
공중정원에서
최고의 야경을 감상해보세요.

★★★★☆

나카노시마와 키타하마의
**테라스 카페**에서
브런치를 즐기며 여유 있는
시간을 즐겨보세요.

★★★☆☆

**주택박물관**에서
에도 시대의 주택과 생활상을
들여다보세요.

코스 01
코스 02
타카마
텐진바시스지로쿠초메
나카츠
나카츠
주택박물관
텐진바시스지 상점가
구즈
누차야마치 & 누차야마치 플러스
로프트
하루코마
키디랜드
나카자키초
우메다 스카이빌딩
프랑프랑
한큐 오사카우메다
파티스리 라뷔루리에
덴마
오기마치
그랑 프런트 오사카
헵파이브
루쿠아 & 루쿠아 1100
우메다
동양정
JR 오사카
하나다코
다이마루 백화점
한신 백화점
한신 오사카우메다
히가시우메다
니시우메다
키타신치
오사카 텐만구
텐진바시스지 상점가
미나미모리마치
오사카텐만구
와타나베바시
오에바시
시립 동양 도자기 미술관
나니와바시
나카노시마 공원
요도야바시
국립 국제미술관
오사카 시립과학관
히고바시
키타하마
N
W
E
S

**01**

# 핵심 1일 코스

출발 텐진바시스지로쿠초메역

10:00 **주택박물관**

도보 5분

11:30 **군조 or 타카마 or 하루코마 본점**

14:00 **텐진바시스지 상점가 & 오사카텐만구**

도보 15분

15:00 **국립 국제미술관**

지하철 히고바시역 → 니시우메다역

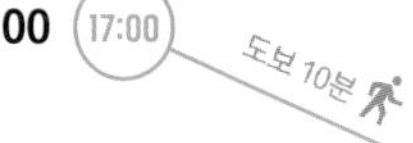

17:00 **루쿠아 & 루쿠아 1100**

도보 10분

18:30 **우메다 스카이빌딩**

도보 5분

19:30 **키지**

우메다역 도착

02
핵심 명소+
쇼핑 1일 코스
텐진바시스지로쿠초메역 출발
10:00 주택박물관
도보 5분
11:30 군조 or 타카마 or 하루코마 본점
도보 10분
13:00 텐진바시스지 상점가
도보 5분
14:00 파티스리 라뷔루리에
도보 15분
15:30 로프트
LOFT
도보 5분
16:30 키디랜드 or 프랑프랑
Francfranc
도보 7분
18:00 동양정
도보 7분
19:30 헵파이브
HANKYU
도보 5분
21:00 하나다코
우메다역 도착

SECTION

# 우메다

UMEDA 梅田

**#우메다야경 #한신백화점명물 #생활잡화쇼핑**

키타의 중심부인 우메다는 오사카의 대표 상업 지구다. 1874년 이 지역 일대의 갯벌을 매립해 JR 오사카역을 건설하면서 '매립지'를 뜻하는 '우메다(埋田)'로 명명되었으며 이후 '매화밭'으로 뜻이 바뀌어 오늘에 이른다. 1990년부터 시작된 도심 재개발을 통해 초고층 빌딩들이 들어서면서 오사카에서 가장 빽빽한 스카이라인을 이루고 있다.

## 주요 이용 패스

JR 간사이 미니 패스, 오사카 주유 패스, 엔조이 에코 카드

## ACCESS

### 공항에서 가는 법

- **JR 간사이쿠코역**
  - JR 간사이 공항선 ⓒ75분 ¥1,210엔
- **JR 오사카역**

- **1층 리무진 버스정류장**
  - 공항 리무진 ⓒ58분 ¥1,800엔
- **신한큐 호텔**

### 난바에서 가는 법

- **난바역**
  - 미도스지선 ⓒ10분 ¥240엔
- **우메다역**

- **난바역**
  - 요츠바시선 ⓒ10분 ¥240엔
- **니시우메다역**

# Ⓐ 우메다 상세 지도

## SEE

01 우메다 스카이빌딩 02 헵파이브 03 한큐삼번가 04 한큐 백화점 05 그랑 프런트 오사카 06 차야마치 07 한신 백화점 08 오사카 에키마에빌딩 09 오사카 스테이션시티 10 우메키타 공원 11 한큐 히가시도리 12 오하츠텐진도리 13 키타신치 14 츠유노텐 신사

## EAT

01 무기토멘스케 02 바쿠앙 03 하나다코 04 에페 05 타지마야 이마 06 타유타유 DX 07 키슈 야이치 08 인디안카레 09 부도테이 10 키지 11 츠루하시 후게츠 12 네기야키 야마모토 13 카이텐즈시 간코 14 산쿠 15 모에요멘스케 16 인류 모두 면류 17 잇푸도 18 큐 야무 테츠도 19 동양정 20 오사카 돈테키 21 우동보우 22 우무기 23 브루노 24 타코노테츠 25 하브스 26 코코로니아마이 앙팡야 27 파티스리 몽셰르 28 니시무라 커피 29 클럽 하리에 30 요네야 31 사카바 야마토 32 마구로야 33 챠오챠오 34 히모노야로 35 루쥬에블랑 코하쿠 36 카메스시 37 도지마 스에히로

푸드홀 특집 38 루쿠아 푸드홀 39 한큐삼번가 우메다 푸드홀 40 한신 다이쇼쿠도 41 오이시이모노 요코초 42 우메키타 플로어 나카자키초 카페 특집 43 티 룸 우리엘 44 카야 카페 45 킷사 아카리마치 46 오사카 나니와야 47 이야시쿠칸테이 48 태양의 탑

## SHOP

01 킷테 오사카 02 요도바시 카메라 링크스 우메다 03 로프트 04 꼼 데 가르송 05 프랑프랑 06 화이티 우메다 07 헵나비오 08 루쿠아 & 루쿠아 1100 09 누차야마치&누차야마치 플러스 10 키디랜드 11 동구리 공화국 12 한큐 맨즈 13 이시이 스포츠 14 디즈니 스토어 15 점프 숍 16 포켓몬 센터 17 닌텐도 오사카 18 에스트 19 다이마루 백화점 20 미키 악기 21 만다라케 22 HMV

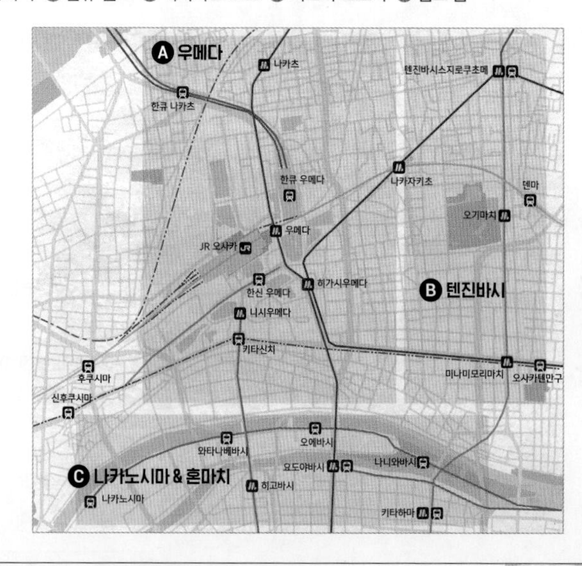

SEE
EAT
SHOP
나카츠
한큐 나카츠
나카자키초
한큐 오사카우메다
JR 오사카
히가시우메다
한신 오사카우메다
니시우메다
키타신치

01

## 우메다 스카이빌딩 梅田スカイビル



높이 173m, 40층짜리 쌍둥이 건물로, 오사카에서 일곱 번째로 높다. JR 교토역을 지은 일본 건축가 히라 히로시(原広司)가 설계를 맡았으며 1993년 완공되었다. 파리 개선문처럼 두 건물 꼭대기가 서로 연결되어 있으며, 전면이 유리로 덮여 있어 맑은 날이면 파란 하늘과 어우러져 근사한 풍경을 연출한다. 39~40층에 위치한 공중정원 전망대는 우메다 최고의 야경을 자랑하는데, 다른 전망대와는 달리 사방이 모두 트여 있어 전경을 더욱 생생하게 감상할 수 있다. 지하 1층에는 1900년대 초기 오사카 거리를 재현한 타키미코지 식당가가 있으며 '오사카 5대 오코노미야키'를 선보이는 키지가 이곳에 있다. 오후 6시 전에 도착한다면 과거 모습을 고스란히 재현한 우체국도 방문해보자. 작은 숲과 연못으로 이뤄진 1층의 나카시젠노모리 정원은 인근 직장인의 도심 속 휴식 공간으로 사랑받는다. 27층에 역동적인 3D 그림 세계를 체험할 수 있고 멋진 조망을 경험할 수 있는 '키누타니코지 천공미술관'도 신설되었다. 우메다 스카이빌딩은 인도의 타지마할, 시드니 오페라하우스 등과 함께 영국 〈더 타임스〉에서 선정한 '전 세계 최고의 빌딩 20' 중 하나다.

지하철 미도스지선 우메다역(梅田駅) 5번 출구에서 도보 10분 공중정원 전망대 09:30~22:30, 타키미코지 식당가 11:30~22:00(음식점마다 다름), 키누타니코지 천공미술관 평일 10:00~18:00, 금~토 & 공휴일 10:00~20:00 ¥ 공중정원 전망대 성인 2,000엔, 어린이 500엔, 주유 패스 & E패스 소지자 무료(15:00 입장까지/15:00 이후 입장료 20% 할인), 키누타니코지 천공미술관 입장료 1,300엔, 학생 800엔, 주유 패스 & E패스 소지자 무료 大阪市北区大淀中1-1-88 www.skybldg.co.jp 34.705362, 135.490269

02

## 헵파이브 HEP Five

대관람차에서 즐기는 로맨틱한 야경

지름 75m의 거대한 붉은색 대관람차가 눈길을 사로잡는 헵파이브는 한큐 그룹의 계열사 시설로, 'HEP'은 'Hankyu Entertainment Park'의 약자다. 한큐 오사카우메다역, 미도스지선 우메다역의 출구와 이어져 현지인의 약속 장소로도 유명하다. 입구에서는 일본 아티스트 이시이 타츠야(石井竜也)의 작품인 20m 길이의 빨간 고래 조형물을 볼 수 있고, 1~6층은 패션 및 잡화점, 5~6층 일부는 식당가로 구성되어 있다. 7층에서 탈 수 있는 대관람차의 최고 높이는 106m에 달하며, 탑승 소요 시간은 약 15분이다. 낮에는 오사카성까지 보이는 탁 트인 360도 파노라마 풍경을, 밤에는 로맨틱한 야경을 선사하는 곳이다.

JR 오사카역(JR大阪駅) 미도스지 출구에서 도보 4분/지하철 미도스지선 우메다역(梅田駅)에서 도보 5분/타니마치선 히가시우메다역(東梅田駅)에서 도보 5분 쇼핑가 11:00~21:00, 식당가 11:00~22:30, 대관람차 11:00~23:00(탑승 마감 22:45) ¥ 대관람차 800엔, 오사카 주유 패스 & E패스 소지자 & 5세 이하 무료 大阪市北区角田町5-15
hepfive.jp 34.704040, 135.500291

03

## 한큐삼번가 阪急三番街

교통의 중심에 위치한 식도락과 쇼핑 천국

한큐 오사카우메다역 남쪽 건물(남관)과 한큐 버스터미널이 있는 북쪽 건물(북관)까지의 지역을 일컫는다. 1층은 키노쿠니야 서점, 카페와 음식점, 패션 매장, 지하 1층은 패션 및 화장품 매장, 지하 2층은 식당가로 이루어져 있다. 특히 이곳 식당가는 우동이 맛있는 우무기, 매콤하고 고소한 맛이 일품인 인디안카레, 스테이크동으로 유명한 혼미야케, 두툼한 돈카츠로 유명한 KYK 등 맛집이 많기로 유명하다. 북관에는 프랑프랑, 키디랜드 매장 등이 들어서 있다. 북관 한큐 버스터미널에서는 아리마 온천, 아마노하시다테, 돗토리현, 도쿄, 후쿠오카, 나고야 등으로 가는 버스를 이용할 수 있다.

한큐 오사카우메다역(大阪梅田駅)에서 지하상가로 연결/지하철 미도스지선 우메다역(梅田駅)·JR 오사카역(JR大阪駅) 북쪽 개찰구에서 도보 1분
쇼핑몰 10:00~21:00, 식당가 10:00~23:00
大阪市北区芝田1-1-3
h-sanbangai.com
34.705576, 135.498274

04

## 한큐 백화점 阪急百貨店

### 오사카 대표 백화점

1929년 세계 최초로 역과 같은 건물에 들어선 백화점. 재단장을 거쳐 2012년 일본 최대 규모로 다시 문을 열었으며 화장품 매장도 간사이 최대 규모를 자랑한다. 식품관과 10~11층 식당가 구성이 훌륭해 쇼핑과 식사, 휴식을 한곳에서 즐길 수 있다. 우리나라 여행자가 많이 찾는 몽셰르 도지마롤, 쌀 케이크로 현지인에게 사랑받는 고칸(Gokan)은 물론, 가공식품을 판매하는 지하 1층 식품관, 다양한 식자재를 갖춘 지하 2층 식품관도 있다. 한큐 백화점에서 여행자가 선물용으로 가장 많이 구매하는 손수건 매장은 1층에 있다. 안나수이, 질 스튜어트, 라 뒤레, 지방시 등 다양한 해외 브랜드 제품을 판매한다. 50엔 추가 시 브랜드 포장도 해준다.

지하철 미도스지선 우메다역(梅田駅)과 연결 10:00~20:00, 12~13층 식당가 11:00~22:00(월별로 변경, 홈페이지 확인) 大阪市北区角田町8-7 www.hankyu-dept.co.jp 34.702795, 135.498568

05

## 그랑 프런트 오사카 グランフロント大阪

### 우메다 최고의 복합 쇼핑센터

JR 오사카역 노스 게이트 빌딩(North Gate Building) 북쪽에 위치한 초대형 복합 쇼핑센터. 4개 건물로 구성되어 산책하는 기분으로 쇼핑을 즐길 수 있다. 오사카 최대 규모를 자랑하는 자라 홈 매장, 무인양품과 시마무라 악기 클래식점, 키노쿠니야 서점 등 266개 매장이 입점해 있다. 식당가도 잘 갖췄는데, 지하 1층의 우메키타 셀러(Umekita Cellar), 오사카와 일본 및 해외 유명 음식점을 모아 놓은 7~9층의 우메키타 다이닝(Umekita Dining), 늦은 밤까지 문을 여는 북관 6층의 우메키타 플로어(Umekita Floor)에서 쇼핑과 식사 무엇이든 가능하다.

JR 오사카역(JR大阪駅) 노스 게이트 빌딩과 연결/지하철 미도스지선 우메다역(梅田駅) 5번 출구에서 좌측 정면 횡단보도를 건너 퍼스트 키친까지 직진 후 좌회전 상점가 10:00~21:00, 우메키타 셀러 10:00~22:00, 우메키타 다이닝 11:00~23:00, 우메키타 플로어 11:00~23:00 大阪市北区大深町4-20 umeda-sc.jp/ko/grand-front-sc 34.704182, 135. 494832

06

## 차야마치 茶屋町

오사카를 대표하는 젊음의 거리

현지 젊은층이 주로 찾는 패션의 거리로 누차야마치, 누차야마치 플러스 매장이 가장 유명하다. 최신 패션 및 잡화는 물론 악기점, 타워 레코드, 음식점까지 필요한 모든 것이 모여 있다 해도 과언이 아니다. 누차야마치 앞은 주말이면 친구나 연인을 만나려는 현지인으로 북적인다.

한큐 오사카우메다역(大阪梅田駅) 챠야마치 출구에서 도보 3분/지하철 미도스지선 우메다역(梅田駅) 1번 출구에서 도보 4분/JR 오사카역(JR大阪駅) 미도스지선 북쪽 출구에서 도보 7분
상점 11:00~21:00, 타워 레코드 11:00~22:00, 식당가 및 카페 11:00~23:00 大阪市北区茶屋町10-12 nu-chayamachi.com 34.707238, 135.499156

07

## 한신 백화점 阪神梅田本店

간사이 최고의 식품관으로 통하는 곳

쇼핑 상품보다 식품관이 더 유명한 백화점. 한신 타이거즈의 공식 상품 판매처가 있는 곳이기도 하다. 최근 분관이 문을 열면서 오사카 최초로 쉐이크쉑 버거가 입점했고, 지하에 스낵 코너도 생겼다. 본관 리뉴얼 이후 생긴 9층 한신대식당에는 미쉐린 카레집 보타니카리, 소바로 유명한 도산진, 하리쥬 그릴 같은 유명 맛집이 즐비하니 놓치지 말자.

지하철 미도스지선 우메다역(梅田駅) 3-A 출구에서 도보 3분
상점 10:00~20:00, 지하 1층 스낵파크 & 쉐이크쉑 버거 10:00~22:00 06-6345-1201 大阪市北区梅田1-13-13
www.hanshin-dept.jp/dept 34.701352, 135.497715

08

## 오사카 에키마에빌딩 大阪駅前ビル地下食堂街

우메다 직장인의 점심을 책임지는 곳

에키마에빌딩은 JR 오사카역 앞에 있는 1~4번 빌딩을 말한다. 회사가 밀집해 있어 지하 식당가는 언제나 직장인으로 붐빈다. 이곳 식당가에서는 '맛이 없는 가게는 순식간에 망한다'는 말이 있을 정도로 맛과 서비스 경쟁이 치열하다. 외관은 조금 낡아 보이지만 내부는 맛집 천국이니 꼭 들러보자.

JR 키타신치역(北新地駅)에서 연결/지하철 타니마치선 히가시우메다역(東梅田駅)에서 도보 3분 11:00~21:00(상점마다 다름) 大阪市北区梅田1丁目1-3 34.698852, 135.499290

09

## 오사카 스테이션시티 大阪ステーションシティ

JR 오사카역과 연결된 대형 종합 쇼핑몰

JR 오사카역을 사이에 두고 노스 게이트와 사우스 게이트 빌딩으로 나뉜 복합 쇼핑 공간. 노스 게이트에는 젊은층을 타깃으로 한 패션몰 루쿠아와 루쿠아 1100, 사우스 게이트에는 그랑비아 호텔과 핸즈, 다이마루 백화점이 들어서 있다. 1층의 에키 마르셰(Eki Marche)에는 유명 음식점도 많다.

JR 오사카역(JR大阪駅) 직결. 지하철 미도스지선 우메다역(梅田駅) 3-A 출구 07:00~24:00 大阪市北区梅田3丁目1-3 osakastationcity.com 34.702534, 135.49594

10

## 우메키타 공원 Umekita Park

빌딩 숲속 힐링 플레이스

JR 우메키타 정류장의 지상 공간에 새롭게 조성된 공원. 그랑 프런트 오사카와 우메다 스카이빌딩 사이 오랜 기간 비어있던 공간에 그랜드 그린 오사카(GRAND GREEN OSAKA)가 들어서면서 그 중심이 도심 속 공원으로 새롭게 태어나게 되었다. 아름다운 곡선의 다리로 연결되는 45,000㎡의 넓은 부지에 공연장, 카페, 음식점, 박물관이 있으며, 2027년 완공을 목표로 시설을 늘려나가고 있다.

JR 오사카역 우메키타치카구치 출구에서 바로 연결
大阪市北区大深町6番38号 umekita.com/midori
34.703660, 135.492437

11

## 한큐 히가시도리 阪急東通商店街

우메다의 속살을 엿볼 수 있는 상점가

헵나비오에서 동쪽으로 쭉 이어진 상점가. 골목을 따라 바, 스시 전문점, 이자카야 등이 늘어서 있고 밤늦게까지 문을 여는 곳도 많다. 우메다의 빌딩가는 보통 오후 8~9시면 문을 닫지만 이 구역은 예외다. 우메다의 밤을 만끽하고 싶다면 이곳으로 발길을 옮겨보자.

지하철 타니마치선 히가시우메다역(東梅田駅)에서 도보 3분
상점마다 다름 大阪市北区小松原町~大阪市北区堂山町 34.702567, 135.499997

12

## 오하츠텐진도리 お初天神通り商店街

사랑이 이루어지는 거리

츠유노텐 신사에서 헵나비오로 이어지는 유흥가. 간코스시, 치보 등 유명 체인점과 카메스시, 니시무라 커피점도 들어서 있다. 이 상점가에는 신분 차이를 극복하지 못하고 동반 자살한 기녀 오하츠와 상인 토쿠베의 비극적인 이야기가 전해져 '사랑이 이루어지길 기원하는 거리'로 불리기도 한다.

지하철 타니마치선 히가시우메다역(東梅田駅) 4번 출구에서 도보 2분 10:00~22:00(상점마다 다름) 大阪市北区曾根崎2丁目2-5-20 34.699122,135.500526

13

## 키타신치 北新地

오사카 밤의 매력에 빠지다

키타신치는 도쿄의 긴자와 함께 일본의 대표 유흥가로 꼽힌다. 에키마에빌딩 건너편에서 시작해 총 3개 블록에 클럽, 고급 레스토랑과 바 등이 모여 있는데, 가격이 조금 부담스럽기는 하지만 서비스와 음식에 대한 만족도가 높다. 저렴한 런치 세트를 선보이는 곳도 있으니 점심시간을 노려보자.

JR 키타신치역(北新地駅) 1번 출구/지하철 타니마치선 히가시우메다역(東梅田駅)에서 오사카 에키마에 3번 빌딩 방향으로 도보 5분 11:30~04:00(상점마다 다름) 大阪市北区曾根崎新地1丁目 kgnet.jp 34.697297, 135.498779

14

## 츠유노텐 신사 露天神社

1300년 전 슬픈 사랑 이야기

1300년의 역사를 지닌 신사로 '오하츠텐진'으로도 불린다. 소네자키와 우메다 지역을 지키는 신을 모시고 있어 많은 참배객이 방문한다. 이 신사에는 기녀 오하츠와 상인 토쿠베가 서로 사랑했지만 신분 차이를 넘지 못해 함께 목숨을 끊은 이야기가 전해진다. 매월 첫째 금요일에는 신사 내에서 벼룩시장이 열리며, 7월 셋째 금~토요일에는 예대제(例大祭)라는 여름 축제가 열린다.

지하철 타니마치선 히가시우메다역(東梅田駅)에서 도보 5분 06:00~24:00, 사무실 09:00~18:00 大阪市北区曽根崎2丁目5番4号 34.699521, 135.500861

## 루쿠아 푸드홀 Lucua Food Hall

**이탈리아를 그대로 옮겨 놓은 듯**

루쿠아의 지하 식당가 옆에 새롭게 문을 연 푸드홀이다. 이탈리아 콘셉트로 꾸민 공간에서 이국적인 분위기를 느낄 수 있다. 다양한 이탈리아 요리와 와인 등을 맛볼 수 있고 식자재도 판매하니 둘러보는 것만으로도 즐겁다.

지하철 미도스지선 우메다역(梅田駅) 3A 출구 방향 도보 3분. 바루치카(バルチカ)를 통해 진입 11:00~23:00, 부정기 휴무 大阪市北区梅田3-1-3地下2階 34.702859, 135.494776

## 한큐삼번가 우메다 푸드홀 Umeda Food Hall

**모든 음식이 다 있을 것 같은 미식 천국**

한큐삼번가 지하 식당가 북관이 재단장했다. 전체적으로 넓은 공간에 많은 좌석이 있어 여유롭고, 원하는 메뉴는 거의 다 있을 정도로 다양한 음식점이 입점해 있으니 메뉴 선택을 고민하고 있다면 이곳으로 가자.

한큐 오사카우메다역(大阪梅田駅) 직결. 한큐삼번가 북관 지하 2층, 지하철 미도스지선 우메다역(梅田駅) 1번 출구 방향 직결 10:00~23:00 大阪市北区芝田1丁目2 34.705867, 135.497795

### 한신 다이쇼쿠도 阪神大食堂

저렴하고 간단하게 즐기는 한 끼

최근 우메다의 푸드홀 경쟁이 치열한 가운데 한신 백화점도 9층 식당가를 전면 리뉴얼해 한신 다이쇼쿠도로 재탄생했다. 미쉐린 가이드 빕 그루망인 보타니카리, 기타신치의 유명 야키니쿠 가게의 분점인 기타신치 하라미 등 유명 음식점이 모여 있다. 더불어 지하 2층에는 술과 음식을 즐길 수 있는 실내 주점 한신 바루요코초, 지하 1층에는 서서 간단한 음식을 즐길 수 있는 한신 스낵파크가 있다.

지하철 타니마치선 히가시우메다역(東梅田駅) 1번 출구 직결 11:00~22:00(마지막 주문 21:30) 大阪市北区梅田1-13 13号 34.701341, 135.498324

### 오이시이모노 요코초 おいしいもの横丁

포장마차 거리 분위기에서 한 잔

우메다 링크스 지하 1층에 새로 생긴 야타이무라(포장마차 거리) 형태의 푸드홀이다. 가게들이 모두 오픈된 형태로 늘어서 마치 야시장에 온 듯한 느낌이 들며, 오사카 특유의 떠들썩한 분위기를 만끽할 수 있다. 입점한 가게들도 다양한데 술과 함께 하기 좋은 메뉴가 다 모여있다. 오뎅, 야키토리, 야키니쿠, 초밥, 야키교자는 물론이고 해장용 라멘과 우동도 있다.

지하철 미도스지센 우메다역 4번 출구에서 바로 09:30~22:00(가게마다 다름) 大阪市北区大深町4-201 LINKS UMEDA B1 34.704309, 135.496713

### 우메키타 플로어 Umekita Floor

우메다의 야경을 내려다보며 즐기는 술 한잔

늦은 밤까지 술 한잔 즐길 곳을 찾는다면 늦은 밤까지 문을 여는 우메키타 플로어로 가자. 그랑 프런트 오사카 북관 6층에 있으며, 멋진 야경을 감상하며 여유로운 시간을 보내기에 최적인 도심 속 이자카야다. 총 16개 음식점과 술집이 있어 마음에 드는 요리와 술을 찾아 자리를 옮기며 2차를 즐기기에도 최고다.

지하철 미도스지선 우메다역(梅田駅) 5번 출구에서 도보 3분. 그랑 프런트 오사카 북관 6층 11:00~23:00 ¥3,000엔~ 大阪市北区大深町3-1 グランフロント大阪 北館6F 34.705172, 135.494640

01

## 무기토멘스케 麦と麺助

최고급 재료로 만든 명품 라멘

'오리쇼유 라멘'이라는 새로운 맛으로 오사카 라멘 계에 엄청난 파란을 일으켰던 모에요멘스케가 새롭게 낸 분점이다. 일본 3대 닭으로 꼽히는 히나이닭과 꿩으로 만든 특제 쿠라다시 쇼유소바(특제 수제 간장 소바)가 주력 메뉴이고, 멸치의 일종인 이리코로 우려낸 이리코 소바도 한정 판매한다. 최고급 재료를 이용해 닭의 풍미와 감칠맛을 최대한 끌어낸 짜지 않은 국물과 직접 뽑은 쫄깃한 면이 어우러지는 중화 소바의 맛이 일품이다. 토요일에는 계절에 맞는 최상급 재료로 만든 특별 한정 라멘을 판매한다. 2022년에 이어 2023년에도 미쉐린 가이드 빕 구르망으로 선정되었다.

특제 쿠라다시 쇼유소바(特製蔵出し醬油そば) 1,590엔 지하철 미도스지선 나카츠역(中津駅) 1번 출구에서 도보 3분/한큐 오사카우메다역(大阪梅田駅) 차야마치 방면 출구에서 도보 10분 월 & 수 & 목 & 금 11:00~15:30, 토 & 일 11:00~16:00, 화 & 부정기 휴무 大阪市北区豊崎3-4-12 twitter.com/mugitomensuke 34.711343, 135.500016

02

## 뱌쿠앙 白庵

사누키 우동의 진수를 맛볼 수 있는 곳

두툼한 면발의 사누키 우동을 좋아한다면 꼭 가봐야 할 키타 최고의 맛집. 텐푸라 세트를 주문하면 면과 국물의 따뜻한 정도를 선택할 수 있는데, 탱탱한 면발을 원하면 차갑게 먹는 '히야히야(ひやひや)'가 제격이다. 카케 우동과 텐푸라가 함께 나오고 녹차 소금에 튀김을 찍어 먹는 점이 독특하다. 면 맛을 제대로 느끼고 싶다면 맛간장을 넣어 먹는 치쿠타마붓카케 우동을 먹어보자. 이곳이 왜 맛집인지 알 수 있을 것이다.

텐푸라 세트(天ぷらセット/ひやひや) 1,200엔, 치쿠타마텐붓카케 우동(ちくたま天ぶっかけ) 1,080엔, 토리텐붓카케 우동(とり天ぶっかけ) 1,080엔 한큐 고베선 칸자키가와역(神崎川駅) 개찰구를 나가면 바로 정면(반드시 보통 열차를 탈 것) 11:00~15:00 & 17:30~21:30(마지막 주문 21:00), 화~수 휴무 大阪市淀川区新高6-12-7 三和マンション 1F www.byakuan.com 34.732223, 135.47368

03

## 하나다코 はなだこ

**파와 타코야키의 환상적인 조화**

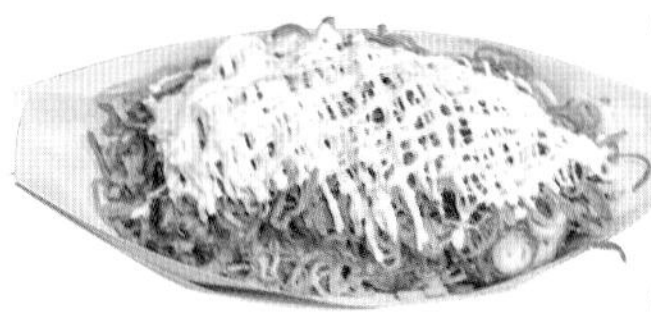

언제나 손님으로 붐비는 우메다에서 가장 유명한 타코야키점. 신선한 냉장 문어만 사용하는 하나다코의 타코야키에는 오사카의 타코야키 중 가장 큰 문어 조각이 들어 있다. 주력 메뉴인 네기마요는 타코야키 위에 다진 파를 듬뿍 얹은 것으로, 겉은 바삭하지만 속은 반숙이어서 먹다 보면 느끼해지는 타코야키의 단점을 상큼하게 보완했다. 일반 타코야키도 맛이 훌륭하고, 얇은 과자 안에 타코야키를 넣은 타코센베도 인기 메뉴다. 타코야키를 좋아한다면 반드시 가볼 것.

네기마요(ネギマヨ) 6개 670엔, 타코야키(たこ焼き) 6개 570엔 JR 오사카역(JR大阪駅)에서 한큐 백화점 방향 횡단보도 건너서 바로 왼쪽/지하철 미도스지선 우메다역(梅田駅)에서 미츠비시 도쿄 UFJ 은행 옆 에스컬레이터를 타고 올라가 맥도날드 방향으로 우회전, 도로가 보이면 좌회전 후 직진하다가 JR 오사카역으로 가는 횡단보도 근처에서 왼쪽 10:00~22:00 大阪市北区角田町 9-16 大阪新梅田食道街 1F 34.703159, 135.497983

04

## 에페 Epais エペ

**돈카츠 맛도 분위기도 최고!**

키타신치에 있는 돈카츠 맛집으로 언제나 손님으로 북적인다. 부드러운 고기의 식감과 고소한 튀김옷은 일본 최고의 돈카츠로 꼽히는 만제P.312와 비교해도 결코 뒤지지 않는다. 등심과 안심 중에서 선택할 수 있는데 등심이 좀 더 부드럽고 맛있다. 최근 미쉐린가이드 빕 구르망으로 선정되면서 손님이 급증해 가능하면 예약을 하고 방문하는 것이 좋다(런치 예약은 불가). 바쁜 점심시간에는 전화를 잘 받지 않으므로 오후 3시 이후에 전화해보자. 특히 디너 메뉴에만 있는 '도쿄엑스'는 당일 오후 3시 이후에나 판매 여부를 알 수 있을 정도로 수급이 까다로운 재료로 만든다.

오늘의 특선 샤토브리앙 정식(本日の特選ヘレカツ·シャトーブリアン定食) 2,640엔 지하철 타니마치선 히가시우메다역(東梅田駅)에서 3번 빌딩으로 도보 5분. 에키마에 3번 빌딩 건너편 주차장 우측 골목으로 2블록 직진 후 나오는 도로에서 좌회전 월~토 11:00~15:30(마지막 주문 14:00), 18:00~20:00(마지막 주문 19:30), 수요일 디너, 일 & 공휴일 휴무 06-6347-6599(예약 접수 14:00~15:00 & 18:00~21:00) 大阪市北区曽根崎新地1-9-3 ニュー華ビル 3F epais-kitashinchi.gorp.jp 34.697812, 135.499620

05

## 타지마야 이마 但馬屋イーマ

개별실에서 즐기는 타지마규 야키니쿠

세계적으로 유명한 고베규. 고베규는 타지마규 중에서 최고 품질의 것을 따로 브랜드화한 것이며 둘은 당연히 맛도 거의 비슷하다. 이러한 좋은 품질의 소고기를 상대적으로 저렴한 가격에 깔끔하게 정돈된 개별실에서 먹을 수 있는 곳이 바로 여기다. E-MA 건물 내에 있으며 혼자 가더라도 보통 2인용 방으로 안내해주니 부담없이 들러보자.

야키니쿠산슈루이노란치(焼肉3種類のランチ) 2,900엔 지하철 타니마치선 히가시우메다역(東梅田駅)에 도보 4분/미도스지선 우메다역(梅田駅) 8-13번 출구쪽 개찰구에서 도보 4분 11:00~15:00(마지막 주문 14:30), 17:00~23:00(마지막 주문 22:00) 06-6440-1129(4인 이상 예약 가능) 大阪市北区梅田1-12-6 イーマ 5F 34.700609, 135.498536

06

## 타유타유 DX たゆたゆDX

가성비 최고의 꼬치 요리 이자카야

오사카의 긴자로 불리는 키타신치는 주로 비즈니스 모임을 위한 바나 음식점이 즐비해 평균 가격대가 높은 편이다. 타유타유 DX는 이런 키타신치에서 저렴한 가격에 훌륭한 꼬치 요리를 선보이는 이자카야. 다른 지점과 다르게 코스 요리가 있어 편하게 주문할 수 있는 것도 장점이다. 코스는 메뉴판에 없고 따로 주문해야 하니 문의해보자.

오마카세 코스 4,000엔~ 지하철 니시우메다역(西梅田駅)에서 도보 3분 17:00~00:00(마지막 주문 23:00), 일 휴무 06-6147-8140(예약 가능) 大阪市北区堂島1-5-35 大阪屋堂島レジャービル B1F 34.696427, 135.496883

07

## 키슈 야이치 한큐 오사카우메다 본점 紀州 弥一 阪急うめだ本店

질 좋은 스시를 저렴하게

한큐 백화점 12층 식당가에 위치한 회전초밥 전문점이다. 백화점 식당가에 있는 만큼 깔끔한 인테리어와 친절함은 기본. 무엇보다 초밥의 수준이 상당히 높다. 다양한 가격대별로 취향에 맞는 접시를 선택해 먹을 수 있는 시스템인 만큼 각자의 예산에 맞춰 즐길 수 있다. 하지만 접시당 가격이 기본 500~700엔대이니 예산을 조금 넉넉하게 잡도록 하자.

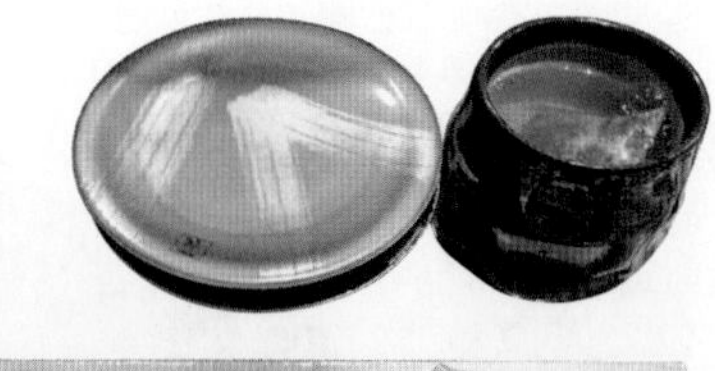

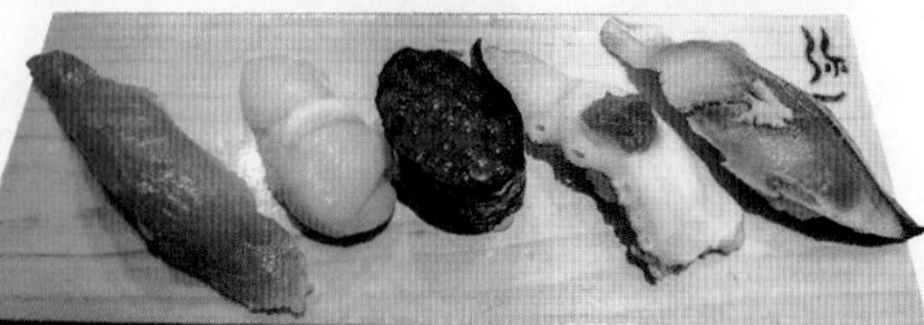

¥3,000엔~ 지하철 미도스지선 우메다역(梅田駅) 6번 출구에서 연결(12층 식당가) 11:00~22:00 大阪市北区角田町8-7 阪急うめだ本店 12F 34.703023, 135.498764

08

## 인디안카레 インデアンカレー

매콤하고 진한 인도식 카레

매콤한 카레로 유명한 한큐삼번가 맛집. 메뉴는 카레와 하야시라이스 단 두 가지뿐이며 물과 샐러드를 함께 제공한다. 매콤하고 고소한 맛이 꽤 중독성 있는 이곳 카레는 일본인에게는 매운 편이지만 우리 입맛에는 많이 맵지 않고, 상큼한 샐러드와 잘 어울린다. 회전율이 매우 높아 대기 줄이 길어도 금방 줄어드니 손님이 많은 시간대라도 한번 도전해보자.

인디안카레(インデアンカレー) 880엔 지하철 미도스지선 우메다역(梅田駅) 1번 출구 방향 한큐삼번가 지하 2층 식당가 월~금 11:00~22:00, 토~일 10:00~22:00, 부정기 휴무 大阪市北区芝田1-1-3 阪急三番街 B2F 34.704716, 135.498205

09

## 부도테이 ぶどう亭

직장인에게 사랑받는 유서 깊은 양식당

오사카 에키마에 3번 빌딩의 지하에 위치한 햄버그 스테이크 및 튀김 요리 전문점이다. 직장인의 점심 메뉴 격전지인 3번 빌딩에서 잔뼈가 굵은 곳답게, 가격 대비 양이 푸짐하고 맛도 훌륭하다. 대표 메뉴는 두툼한 햄버그와 커다란 새우튀김, 노릇한 크로켓이 함께 나오는 A세트. 점심시간에는 줄이 긴 경우가 많으니 되도록 이 시간대는 피해서 방문하자.

A세트(Aセット: 햄버그, 새우튀김, 크로켓) 1,150엔~ 지하철 미도스지선 우메다역(梅田駅)에서 도보 12분/타니마치선 히가시우메다역(東梅田駅)에서 도보 5분(에키마에 3번 빌딩 지하 2층) 월~토 11:00~22:00(마지막 주문 21:00), 일 & 공휴일 11:00~21:00(마지막 주문 20:00) 大阪市北区梅田1-1-3 大阪駅前第3ビル B2F 34.699316, 135.499395

10

## 키지 きじ

우메다에서 가장 맛있는 오코노미야키

우메다역 상점가와 우메다 스카이빌딩 지하 1층 식당가에 위치한 키지는 우메다에서 가장 맛있는 오코노미야키를 선보이는 곳이다. 신선한 식자재와 적절한 배합의 반죽, 조화로운 맛의 소스로 현지인의 입맛을 사로잡고 있다.

스지타마(すじ玉) 1,050엔, 모단야키(もだん焼) 980엔 지하철 미도스지선 우메다역(梅田駅)에서 도보 15분(우메다 스카이빌딩 지하 1층) 11:30~21:30, 목 & 첫째 셋째 수 휴무 大阪市北区大淀中1-1-90 34.704779, 135.490596

11

## 츠루하시 후게츠 鶴橋風月

**오사카 대표 오코노미야키 체인**

오사카의 유명 오코노미야키 체인점. 역시 재일교포가 모여 사는 츠루하시에서 시작해 한국까지 진출한 유명 맛집이다. 다양한 오코노미야키와 야키 소바 메뉴를 갖췄고, 푸짐한 양과 훌륭한 맛을 자랑하는 곳이다. 각 테이블마다 설치된 철판 위에서 직원이 직접 오코노미야키를 구워준다.

야키 소바(焼きそば) 950엔, 후게츠야키(風月焼き) 1,480엔 지하철 미도스지선 우메다역(梅田駅) 5번 출구(요도바시 카메라 8층) 11:00~23:00(마지막 주문 22:00) 大阪市北区大深町1番1号 ヨドバシ梅田ビル 8F fugetsu.jp 34.704391, 135.496426

12

## 네기야키 야마모토 에스트점 ねぎ焼やまもと

**맥주가 술술 들어가는 네기야키 맛집**

헵파이브 뒷쪽 골목에 위치한 네기야키 맛집. 네기야키는 우리나라의 파전과 비슷한 음식으로, 밀가루 반죽에 고기와 파가 듬뿍 들어 있다. 보통은 오코노미야키 가게에서 같이 판매하는데, 이곳은 네기야키를 주력으로 한다. 일본식 파전에 맥주 한잔, 군침 도는 조합이다.

스지네기(すじねぎ) 1,330엔 지하철 미도스지선 우메다역(梅田駅) 1번 출구(EST동관 1층) 11:30~21:00, 부정기 휴무 大阪市北区角田町3番25号 エストE27 East Area 1F negiyaki-yamamoto.com 34.704686, 135.501054

13

## 카이텐즈시 간코 에키 마르셰점 回転寿司がんこ

**합리적인 가격으로 즐기는 회전초밥**

두건을 두른 남성의 모습이 박힌 간판으로도 유명한 간코스시에서 만든 회전초밥 전문점이다. 회가 두꺼운 것이 특징이며 그중 가장 유명한 메뉴는 도미스시다. 각 메뉴는 가격별(130~800엔 정도)로 접시색이 다르고 제철 생선으로 만든 스시는 할인 행사를 한다. 계산할 때는 접시 바코드를 기계로 스캔한 뒤 계산서를 준다.

¥ 3,000엔 JR 오사카역(JR大阪駅)에서 연결(에키 마르셰 206번) 11:00~23:00(마지막 주문 22:15) 06-4799-6811 大阪市北区梅田3-1-1 エキマルシェ大阪 www.gankofood.co.jp/cuisine/kaiten 34.701912, 135.494689

14

## 산쿠 三く

멸치 쇼유 라멘으로 유명한 곳. 오사카에서도 최상급의 라멘을 선보이는 곳이라 평일, 주말 할 것 없이 늘 붐빈다. 멸치 육수에 1년 동안 숙성한 간장을 섞어 만든 국물은 그 어떤 라멘보다도 감칠맛이 강하다. 차슈도 잡내가 전혀 없고 국물이 잘 배어 있어 부드럽다. 디너타임에는 매시 39분에 제공하는 디저트 서비스를 놓치지 말자.

니쿠카케 라멘(肉かけラーメン) 1,350엔, 츠케멘(つけ麺 全粒粉, 통밀) 1,100엔 JR 후쿠시마역(JR福島駅) 개찰구에서 도보 7분 수~월 11:39~15:00 & 18:39~23:00, 화 휴무 大阪市福島区福島2-6-5AKパレス1F 34.693758, 135.485913

15

## 모에요멘스케 燃えよ 麺助

**보양식 같은 오리 쇼유 라멘**

오리, 닭, 해산물을 섞어 만든 독특한 쇼유 라멘을 선보이는 곳. 국물은 물론이고 차슈도 오리고기로 올려 보양식 느낌이 든다. 맑은 국물의 감칠맛이 뛰어나며 얇은 면을 사용하는데도 불구하고 면발의 쫄깃함이 살아 있다.

특제 키슈오리 소바(特製紀州鴨そば) 1,490엔
JR 후쿠시마역(JR福島駅)에서 도보2분
화~토 11:00~15:00 & 18:00~21:00, 일 11:00~16:00, 월 & 부정기 휴무 大阪市福島区福島 5-12-21
34.696334, 135.486891

16

## 인류 모두 면류 人類みな麺類

**맑은 육수로 만든 깔끔한 라멘**

이름도 재미있고 맛도 좋은 라멘 전문점. 닭뼈로 우려낸 맑은 육수에 해산물과 조개를 섞어 만든 국물은 아주 깔끔하고, 밀기울을 첨가해 맛과 식감이 독특한 면과 아주 잘 어울린다. 그릇의 1/3을 차지할 정도로 커다란 차슈도 잡내 없이 부드러운 맛이 난다.

라멘매크로 아츠기리야키부타(ラーメンMacro 厚切り焼豚) 1,199엔, 라멘매크로 우스기리야키부타(ラ□メンMacro 薄きり焼豚) 847엔 지하철 미도스지선 니시나카시마미나미카타역(西中島南方駅)/한큐 교토선 미나미카타역(南方駅)에서 도보2분
10:00~03:00, 금~일 10:00~04:00
大阪市淀川区淀川区西中島1丁目12 西中島1丁目 1-12-15
jinrui-minamenrui.com 34.725502, 35.499034

17

## 잇푸도 우메다점 一風堂 梅田店

**최고의 인기를 구가하는 돈코츠 라멘집**

일본 전역에 돈코츠 라멘 열풍을 일으킨 곳. 최근 한국에서는 칠수했지만 현지에서는 여전히 인기가 높다. 우메다점은 오사카 내 잇푸도 지점 중에서도 평가가 가장 좋은 곳이니 놓치지 말자. 진하고 고소한 돈코츠 라멘을 좋아한다면 시로마루, 매콤한 맛을 선호하면 아카마루를 추천한다.

교쿠시로마루모토아지(極白丸元味) 1,290엔, 쿄쿠아카마루신아지(極赤丸新味) 1,420엔 지하철 미도스지선 우메다역(梅田駅) 1번 출구에서 헵나비오를 따라 직진하다 길 끝에서 좌회전 후 직진 11:00~23:00(마지막 주문 22:30) 大阪市北区角田町6-7, 角田ビル 1F ippudo.com 34.703454, 135.500605

18

## 큐 야무 테츠도 旧ヤム鐵道

**매달 바뀌는 새로운 맛의 스파이스 커리**

오사카에 5개의 점포를 가지고 있는 인기 스파이스 카레 전문점. 다양한 육류와 계절 채소가 듬뿍 들어간 매콤하면서도 독특한 맛이 나는 카레를 맛볼 수 있다. 매달 나오는 카레가 다르기 때문에 여러 번 방문하더라도 새로운 맛을 경험하게 된다. 카레는 총 4종류가 있는데 아이카케는 2가지, 트리플은 3가지, 올카케는 4가지 카레를 섞어서 먹을 수 있다.

아이카케카레(あいかけカレー) 1,265엔 지하철 미도스지선 우메다역(梅田駅) 3A 출구에서 도보 3분/JR오사카역(大阪駅) 미도스지 출구에서 도보 3분 11:00~21:00 大阪市北区梅田3-1-3 バルチカ B2F kyuyamutei.web.fc2.com 34.703359, 135.496265

19

## 동양정 グリルキャピタル東洋亭

**100년 이상을 이어온 대표적인 일본 양식당**

1897년 교토에서 개업한 이래 지금껏 사랑받은 간사이 스타일 양식당. 햄버그 스테이크와 구운 토마토 샐러드가 별미다. 이 두 메뉴를 저렴한 가격으로 함께 맛볼 수 있는 런치 세트가 가장 인기 있다. A런치는 메인 메뉴에 토마토 샐러드, 밥이 함께 나오고 B런치는 여기에 디저트와 음료까지 추가된다. 우메다점은 한큐 백화점 12층 식당가에 있다.

A런치(Aランチ) 1,720엔, B런치(Bランチ) 2,220엔
지하철 미도스지선 우메다역(梅田駅) 11번 출구(한큐 백화점 12층 11:00~22:00 touyoutei.co.jp
34.702704, 135.498509

20

## 오사카 돈테키 大阪トンテキ

돼지고기 스테이크가 있다고?

돼지고기 스테이크와 부타동으로 유명한 곳. 돼지고기 특유의 냄새 때문에 호불호가 갈릴 수도 있지만, 겨자 소스를 발라 먹으면 특유의 냄새는 사라지고 담백한 맛이 살아나며 부담 없이 즐길 수 있다.

돈테키 정식 200g(トンテキ定食 200g) 1,080엔 지하철 미도스지선 우메다역(梅田駅)에서 도보 5분/타니마치선 히가시우메다역(東梅田駅)에서 도보 4분(에키마에 3번 빌딩 지하 2층) 월~토 11:00~22:00(마지막 주문 21:00), 일 & 공휴일 11:00~21:00(마지막 주문 20:00) 大阪市北区梅田1-1-3 大阪駅前第3ビル B1F 34.699077, 135.499630

21

## 우동보우 오사카점 うどん棒

**맛과 양 모두 만족스러운 우동집**

오사카 에키마에 3번 빌딩 지하에 있는 우동 전문점. 대표 메뉴는 치쿠타마붓카케 우동이며, 다른 곳에 비해 큰 치쿠와 튀김이 함께 나온다. 카레 세트, 츠케멘 세트 등 런치 세트가 저렴하고 다양해 점심시간에는 직장인으로 가득 찬다.

치쿠타마히야텐(ちく玉ひや天) 1,500엔 지하철 미도스지선 우메다역(梅田駅)에서 도보 12분/타니마치선 히가시우메다역(東梅田駅)에서 도보 5분(에키마에 3번 빌딩 지하 2층) 월~금 11:00~15:00 & 17:30~20:00(수~목만 저녁 영업), 토~일 & 공휴일 11:00~15:00, 부정기 휴무 大阪市北区梅田1-1-3 大阪駅前第3ビル B2F udonbo.co.jp 34.699177, 135.499473

22

## 우무기 兎麦

가성비 최고! 우메다역과 가까운 우동 맛집

일본의 각종 매체에 소개되어 유명세를 탔고, 우메다의 우동집 중 가성비가 가장 뛰어난 곳으로도 꼽힌다. 붓카케 우동은 정통 사누키 스타일이며, 카케 우동은 부드러운 면에 칼칼한 국물이 일품이다. 텐푸라는 가격 대비 속재료가 커서 풍미가 좋다. 우동면 '오오모리(곱빼기)'가 무료니 참고하자.

치쿠타마붓카케 우동(ちく玉天ぶっかけ) 890엔, 젠부이리붓카케 우동(全部入りぶっかけ) 1,060엔, 토리텐카레우동(とり天カレーうどん) 1,060엔 지하철 미도스지선 우메다역(梅田駅) 1~5번 출구에서 우회전 후 광장이 나오면 좌측의 에스컬레이터를 타고 한큐삼번가 지하 2층 식당가로 이동 11:00~22:00(마지막 주문 21:30) 大阪市北区芝田1-1-3 阪急三番街B2F No.12 34.705078, 135.498033

23

## 브루노 헵나비오점 Bruno HEPナビオ店

**건강하고 맛있는 카레**

세련된 분위기와 훌륭한 서비스를 서보이는 인도 카레 전문점. 대표 메뉴인 비프 치즈 카레는 밥이 치즈에 둘러싸여 나오는 것이 특징이며, 질 좋은 버섯이 듬뿍 들어가는 버섯 커리도 인기 메뉴다. 치즈, 생강, 락교, 오이 피클 등의 토핑이 기본으로 제공되며 추가도 가능하다.

치즈비프카레(チーズビーフカレー) 1,650엔, 아라비키함바그카레(粗挽きハンバーグカレー) 1,760엔 지하철 미도스지선 우메다역(梅田駅) 11번 출구에서 도보 5분(헵나비오 7층 식당가) 11:00~22:30(마지막 주문 21:30), 런치 월~금 11:00~15:00, 1월 1일 & 헵나비오 휴관일 휴무 大阪市北区角田町7-10 HEP NAVIO 7F 34.703229, 135.499977

24

## 타코노테츠 蛸之徹

**직접 만들어 더 맛있는 타코야키**

타코야키, 오코노미야키, 야키 소바 등 오사카의 코나몬문화(粉物文化, 밀가루 문화)를 대표하는 음식을 직접 만들어서 먹을 수 있는 곳이다. 만드는 과정이 쉽고 재미있다.

타코야키 12개(たこ焼) 830엔, 모단(モダン) 1,080엔, 이카부타야키 소바(イカ豚焼きそば) 950엔 지하철 미도스지선(梅田駅) 13번 출구 방향 화이티 우메다 노스 몰 2(Whity Umeda North Mall 2) J3 출구로 나가 도보 3분 월~토 11:00~23:00, 일 & 공휴일 11:00~22:30(마지막 주문 21:50) 050-5869-8099 大阪市北区角田町1-10 くろふねビル 1F 34.704329, 135.500996

25

## 하브스 한큐삼번가점 HARBS

**신선한 과일과 부드러운 생크림의 환상 조합**

일본 전국에 체인이 있는 케이크 가게. 가격이 사악하지만 입에 넣는 순간 가격은 잊게 되는 마성의 케이크를 다양하게 맛볼 수 있다. 케이크 속에 신선한 생과일이 가득 들어 있어 산뜻하고, 적당한 단맛과 부드러운 생크림까지 더해져 환상의 조화를 이룬다. 케이크와 더불어 1인 1 음료 주문이 필수이니 예산은 넉넉하게 잡자.

밀크레이프(ミルクレープ) 1조각 980엔 지하철 우메다역 2번 출구 한큐 삼번가 남관 지하 1층 11:00~21:00
大阪市北区芝田1-1-3 阪急三番街 南館 B1F
www.harbs.co.jp/harbs 34.704595, 135.498524

26

## 코코로니아마이 앙팡야 こころにあまい あんぱんや

인기 만점의 달콤한 앙금빵

한큐 오사카우메다역 1층 요도바시 카메라 건물 방향으로 나가는 길에 있는 앙금빵 전문점이다. 단팥 앙금은 물론 밤, 녹차 등 다양한 앙금이 들어가 있는 빵을 판매한다. 인기가 높아 점심, 저녁 시간에는 늘 긴 대기 줄이 늘어선다.

코시 앙팡(こしあんぱん, 단팥) 152엔, 우지말차 앙팡(宇治抹茶あんぱん, 녹차) 162엔 지하철 미도스지선 우메다역(梅田駅)에서 미츠비시 도쿄 UFJ 은행 옆 에스컬레이터를 타고 올라가 우측의 맥도날드 방향으로 우회전 10:00~21:30 大阪市北区角田町9-24 新梅田食道街 1F cascade-kobe.co.jp/annpannya 34.703917, 135.497674

27

## 파티스리 몽셰르 パティスリーモンシェール

부드러운 생크림이 가득한 도지마롤의 탄생지

촉촉한 스펀지 케이크 안에 부드러운 생크림이 가득한 도지마롤을 탄생시킨 몽셰르(구 몽슈슈). 요도야바시역 근처에 아담한 외관과 아기자기한 인테리어를 갖춘 본점이 있고, 한큐 백화점 식품관에도 지점이 있으니 가까운 곳으로 들러보자.

도지마롤(堂島ロール) 1,680엔 지하철 요츠바시선 히고바시역(肥後橋駅)에서 도보 7분 월~금 10:00~19:00, 토~일 & 공휴일 10:00~18:00 06-6136-8003 大阪市北区堂島浜2-1-2 mon-cher.com 34.695087, 135.495410

28

## 니시무라 커피 우메다점 にしむら珈琲

고베 토종 커피 전문점이 우메다에

고베에서 시작된 일본 토종 커피 전문점. 다른 토종 커피 전문점인 마루후쿠 커피점P.244에 비해 커피 맛이 연하다. 부드러운 커피를 좋아한다면 이곳으로 가보자.

케이크 세트(ケーキセット) 1,550엔, 조식 한정 프루트 세트(フルーツ) 1,000엔 지하철 타니마치선 히가시우메다역(東梅田駅)에서 도보 3분/미도스지선 우메다역(梅田駅)에서 도보 5분(헵나비오 근처 오하츠텐진도리 입구) 08:30~23:00, 마지막 월 휴무 大阪市北区曽根崎2-15-20 スイング梅田 1F kobe-nishimura.jp 34.702020, 135.500867

29

## 클럽 하리에 クラブハリエ

**독일 빵 바움쿠헨을 맛보다**

한신 백화점 지하 1층에 자리 잡은 인기 서양 과자점. 독일의 명물 빵 바움쿠헨이 가장 유명한데, 다양한 크기의 바움쿠헨을 낱개로도 판매한다.

바움쿠헨 미니(バームクーヘンmini) 1개 519엔, 바움쿠헨 1,296엔 한신 오사카우메다역(大阪梅田駅)에서 도보 1분/지하철 미도스지선 우메다역(梅田駅)에서 3-A 출구로 나와 한신 백화점까지 도보 3분 10:00~20:00 06-6348-8631(예약 주문 가능) 大阪市北区梅田1-13-13 阪神百貨店梅田本店 B1F clubharie.jp 34.702058, 135.497781

30

## 요네야 우메다 본점 よねや 梅田本店

**쿠시카츠와 가볍게 한잔**

화이티 우메다(Whity Umeda)에 있는 쿠시카츠집 겸 서서 마시는 이자카야. 주로 퇴근 후 쿠시카츠와 맥주 한잔을 즐기려는 직장인이 모여드는 맛집이다. 현지인의 퇴근 후 일상을 함께 즐기고 싶다면 들러보자.

쿠시카츠 개당 130~400엔 지하철 미도스지선 우메다역(梅田駅) 10-13번 개찰구로 나온 후 화이티 우메다 노스 몰(North Mall)방향으로 도보 1분 11:00~21:30(마지막 주문 21:00), 셋째 목 휴무 大阪市北区角田町2-5 ホワイティうめだノースモール 34.703086, 135.499491

31

## 사카바 야마토 酒場 やまと

**저렴한 해산물 안주가 있는 이자카야**

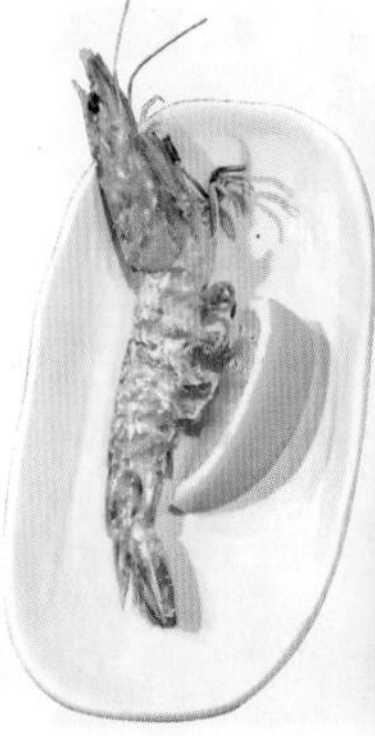

저렴하고 맛있는 해산물 안주를 곁들여 술을 마실 수 있는 이자카야다. 저렴하면서도 재료가 워낙 신선하고 음식맛도 좋아 하루종일 대기 줄이 길게 늘어서 있을 만큼 현지인에게 인기가 높다.

에비텐 모리아와세(海老天盛り合わせ) 869엔, 오뎅 모리아와세(おでん盛り合わせ) 869엔 지하철 타니마치선 히가시우메다역(東梅田駅) 1번 출구 방향 직결. 오사카후코쿠 생명 빌딩 지하 2층 11:00~22:00 06-6312-3955 大阪市北区小松原町2-4 大阪富国生命ビルフコクフォレストスクエア B2F 34.702398, 135.499935

32

## 마구로야 시바타점 まぐろや 柴田店

참치 전문 주점

한큐 오사카우메다역 근처 골목에 있는 참치 전문 주점. 참치가 신선할 뿐 아니라 가격도 저렴해서 직장인이 많이 모여든다. 넓은 실내에 크고 작은 테이블이 많아 여러 명이 가도 부담 없이 자리를 잡을 수 있다. 술 종류도 다양한 편.

예산 3,000엔~ 한큐 오사카우메다역(大阪梅田駅) 차야마치 출구에서 도보 3분/지하철 미도스지선 우메다역(梅田駅) 1번 출구 방향 뉴한큐 호텔에서 도보 3분 월~토 11:00~13:30 & 17:00~22:30, 일 휴무 06-6375-0968(예약 가능) 大阪市北区芝田1-5-6 梅田旭ビル 1F 34.706402, 135.497331

33

## 챠오챠오 한큐 오사카우메다점 チャオチャオ 阪急大阪梅田店

교자 전문 이자카야

교자를 전문으로 하는 이자카야. 음식이 저렴하고 맛도 좋아 주변 직장인이 퇴근 후 많이 찾는다. 대표 메뉴인 챠오챠오교자, 에비치즈교자 등이 맛있다. 술값도 저렴한 편이라 부담없다.

챠오챠오교자(チャオチャオ餃子) 670엔, 푸리푸리 에비교자(プリプリ海老餃子) 550엔, 토리치즈교자(鶏チーズ餃子) 470엔 한큐 오사카우메다역(大阪梅田駅) 챠야마치 방향 출구에서 도보 5분, 지하철 미도스지선 우메다역(梅田駅) 1번 출구 방향 호텔 뉴한큐 Annex 방향으로 도보 7분 월~토 17:00~24:30(마지막 주문 24:00), 일 휴무 06-6372-0706 大阪市北区芝田1-11-6 34.707798, 258.373636

34

## 히모노야로 우메다 제4빌딩 본점 ひもの野郎 梅田第4ビル本店

생선구이와 니혼슈

맛있는 생선구이와 건어물을 곁들여 간단하게 한잔 할 수 있는 이자카야. 점심에는 생선구이 정식이 인기 있고 저녁에는 저렴하고 다양한 세트를 즐길 수 있다. 니혼슈 세트 종류가 많으니 마니아라면 꼭 가보자.

다이긴조노미쿠라베 반샤쿠 세트(大吟醸飲みくらべ晩酌セット) 2,690엔 지하철 타니마치선 히가시우메다역(東梅田駅) 8번 출구 직결 11:00~23:00 大阪市北区梅田1-11-4 大阪駅前第4ビル B2-71号72号 34.700142, 135.499527

35

## 루쥬에블랑 코하쿠 ルージュ・エ・ブラン コウハク

저렴하고 맛있는 와인과 안주

언제나 긴 줄이 늘어서는 인기 만점의 와인 전문 바. 300~800엔 사이의 가격에 다양한 맛과 향을 가진 20여 종의 와인을 즐길 수 있다. 안주는 프랑스 요리를 기본으로 하고 있으며 거기에 일본만의 맛과 색을 입힌 독특한 것들이 있다. 가격이 저렴하면서 가게 분위기도 좋고 와인과 음식의 맛도 좋아 남녀노소를 가리지 않고 현지인들에게 사랑받고 있다.

와인 380~900엔, 규람프니쿠노스테키(牛ランプ肉のステーキ) 1,012엔 지하철 타니마치선 히가시우메다역(東梅田駅) 1번 출구 직결. 화이티 우메다 노스 몰 2 방향 도보 3분 11:00~22:00, 셋째 목 휴무 大阪市北区角田町梅田地下街2-9 ホワイティ ノースモール2 B1F 34.702503, 135.499769

36

## 카메스시 총본점 亀すし 総本店

현지인이 사랑하는 스시

오하츠텐진도리 동쪽에 있는 유명 스시 전문점. 가격에 비해 회가 상당히 크고 두껍다. 세트나 모둠 메뉴는 없고 단품으로만 주문할 수 있다. 메뉴판에는 영어와 한국어는 물론 사진까지 있어 수월하게 주문할 수 있다.

¥ 3,000엔~ 지하철 타니마치선 히가시우메다역(東梅田駅) 화이티몰 동관 광장에서 M-14번 출구로 나와 직진 후 첫 번째 골목에서 우회전 화~금 15:00~22:30, 토 11:30~22:30, 일 & 공휴일 11:30~21:30, 월 & 둘째 화 휴무 050-5869-3144(예약 전용) 大阪市北区曽根崎2-14-2 kamesushi.jp 34.701141, 135.501559

37

## 도지마 스에히로 堂島スエヒロ

샤부샤부를 개발한 100년 노포

스에히로는 오사카 키타신치에 위치한 샤부샤부 전문점이다. 1910년에 서양 음식 레스토랑으로 창업한 후 스테이크를 주로 판매하는 육류 전문점으로 영업하다가, 1952년 샤부샤부를 고안했고 이제 샤부샤부는 전 세계적으로 사랑받는 음식이 되었다. 가격은 조금 비싸지만 질 좋은 고기와 스에히로만의 특제 참깨 소스가 만들어내는 원조 샤부샤부를 맛볼 수 있다. 도보 5분 거리에 있는 본점은 2024년 10월 현재 공사중이다.

국산규 런치(国産牛ランチ) M 3,520엔 지하철 요츠바시선 니시우메다역에서 도보 8분 11:30~14:00, 17:00~22:00, 일 & 공휴일 휴무 大阪市北区堂島浜1-3-22 4F www.e-suehiro.com/dojima 34.696104, 135.497540

REAL GUIDE

# 오사카에서 가장 특별한 카페를 찾는다면, **나카자키초 카페 거리**

우메다의 빌딩 숲에서 누차야마치 쇼핑센터 동쪽으로 대로를 건너 약 10분 정도 걷다 보면 언제 빌딩 숲이 있었느냐는 듯 나지막한 높이의 건물이 이어지는 거리가 나온다. 철도 고가 아래 길 벽면에는 아기자기한 그림이 그려져 있는데, 그곳이 오사카에서 가장 멋진 카페 거리로 불리는 나카자키초의 시작점이다. 그리 넓지 않은 지역 골목 골목에 약 100여 개의 개성 넘치는 카페들이 있는데, 대부분 브런치 카페로 운영되어 식사도 가능하다. 오래된 민가를 개조해 만든 카페들이 많고, 카페 주인의 개성이 강하게 드러나는 곳이 많아 독특한 카페를 좋아한다면 최고의 장소이다. 워낙 많은 카페들이 경쟁하고 있기 때문에 음식이나 음료의 맛과 질이 높아, 점심시간에는 브런치를 즐기기 위해 길게 줄이 늘어서 있는 카페도 많다. 카페들이 연이어 줄지어 있는 것이 아니라 나카자키초역 북쪽 골목길 여기저기에 숨어 있기 때문에 유심히 살피면서 가지 않으면 그냥 지나쳐버리기 쉽다.

## 나카자키초의 대표 카페들

고양이의 귀여움이 가득한 카페

### 티 룸 우리엘 Tea Room ウリエル

나카자키초 카페 거리에 있는 티 룸 우리엘은 고양이를 모티브로 한 카페다. 실제 고양이가 있지는 않지만 고양이 장식품, 식기, 음식까지 카페 모든 곳에 고양이가 있다. 고민가를 개조한 카페라 옛 느낌이 있으면서도 모던하고 귀여운 고양이 장식이 어우러져 실내 분위기가 아주 멋지다. 식사도 가능한데, 신선한 재료로 요리해 음식 맛도 뛰어나다.

게츠카와리메뉴 지카세야무챠세트(月替わりメニュー自家製ヤムチャセット) 1,320엔 지하철 타니마치선 나카자키초역에서 도보 3분 월~금 11:30~22:00, 토 12:00~22:00, 일 12:00~20:00 大阪市北区中崎西1-11-4 cafeuriel.com/tearoom 34.708173, 135.504534

두부 티라미수가 독특하고 맛있는 카페

### 카야 카페 Kaya Cafe

나무 용기에 담긴 두부 티라미수가 유명한 카페다. 보통 티라미수는 단맛이 많이 강한데, 카야 카페의 두부 티라미수는 재료가 두부이다 보니 단맛이 너무 강하지 않으면서도 부드럽고 고소한 맛이 난다. 음료는 홍차류와 잘 어울리고 다양한 티 메뉴도 준비되어 있다.

케이크세트 (ケーキセット) 1,000엔, 쿠키세트 (クッキーセット) 900엔 지하철 타니마치선 나카자키초역에서 도보 5분 월~금 11:00~19:00, 토~일 10:30~21:00 大阪市北区中崎西4-2-13 34.709257, 135.503493

그윽한 사이폰 커피 향이 좋은

### 킷사 아카리마치 喫茶 アカリマチ

사이폰 추출 방식은 추출도 까다롭고 시간도 오래 걸리는 편이라 쉽게 보기 어려운데, 나카자키초 외곽 조용한 카페에서 사이폰 커피를 맛볼 수 있다. 조용하고 정갈한 분위기에서 그윽히 퍼지는 향 좋은 커피를 마실 수 있고, 아침에는 맛있는 수재 잼과 토스트도 맛볼 수 있다.

아카리마치 블렌드(アカリマチブレンド) 500엔, 토스트 100엔(오전 11시까지) 지하철 타니마치선 나카자키초역 3번 출구에서 도보 2분 월 11:30~18:00, 화~수 09:00~17:00, 금 11:30~18:00, 일 13:00~17:00(목 & 토 휴무) 大阪市北区万歳町3-41 34.704983, 135.504741

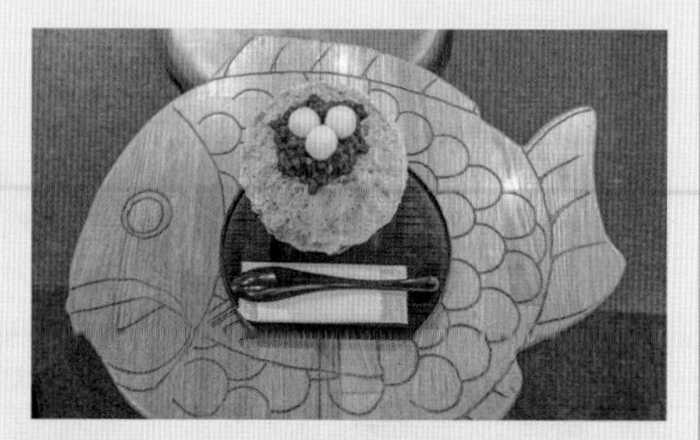

전통 타이야키와 계절 빙수가 일품

### 오사카 나니와야 大阪浪花家

나니와야는 오사카에 위치한 타이야키(일본식 붕어빵)와 빙수 가게로, 도쿄에서 유명한 나니와야총본점에서 오사카에 낸 지점이다. 1909년부터 지금까지 이어져 오는 타이야키는 껍질은 얇고 바삭하며 달지 않은 팥소가 가득찬 전통적인 맛이다. 또 계절마다 바뀌는 다양한 맛의 빙수도 별미.

타이야키 250엔, 빙수 600엔~ 지하철 타니마치선 나카자키초역 1번 출구에서 도보 2분 화~금 12:00~20:00, 토 11:00~20:00, 일 11:00~18:00 大阪市北区中崎1-9-21 34.707483, 135.507230

가정집 느낌의 치유되는 공간

### 이야시쿠칸테이 癒し空間邸

영화 촬영장으로 이용되던 오래된 민가를 개조한 카페다. 옛 일본 가정집의 방을 시대별로 재현해 놓았는데 방 하나하나가 개성있다. 커피와 티, 계절 음료와 디저트류의 메뉴가 있으며 계절에 따라 메뉴가 달라진다. 입구에 다른 카페가 있어서 혼동하기 쉬운데 1층 카페 왼쪽 문으로 들어가 안쪽 계단을 통해 2층으로 올라가야 한다.

커피 600엔~ 지하철 타니마치선 나카자키초역 4번 출구에서 도보 2분 14:00~18:00, 화 & 목 & 금 휴무 大阪市北区中崎西1-1-18 iyashikukantei.com 34.707066, 135.504174

옛날 커피숍 감성이 돋보이는 공간

### 태양의 탑 cafe 太陽ノ塔 本店

나카자키초의 이름을 널리 알린 대표 카페로 나카자키초에만 4개의 카페를 운영하고 있다. 본점 내부는 복고풍 인테리어가 돋보이면서도 강렬한 원색이 조합된 벽면이 대조를 이룬다. 오전 일찍부터 영업하기 때문에 호텔이 근처라면 조식 대신 모닝 메뉴를 맛보는 것도 추천.

런치 메뉴 1,268엔~, 케이크 693엔~ 09:00~22:00(모닝 09:00~11:00, 런치 11:00~15:00) 大阪市北区中崎2-3-12 taiyounotou.com/cafe/honten 34.708768, 135.505819

01

## 킷테 오사카 KITTE Osaka

전국 각지의 특산품과 맛집을 한곳에서

전국 각지의 특산품과 음식을 한곳에서 만날 수 있는 쇼핑몰 킷테가 오사카에 오픈했다. 다른 쇼핑몰이나 백화점과 달리 일본 전국의 특산품을 모두 구매하고 맛볼 수 있는 것이 특징. 특히 2층에 마련된 전국 특산품 코너에서는 특정 지역에 가지 않더라도 각지의 특산품과 지역 한정 제품들을 만나볼 수 있다. 4층과 5층에는 전국의 맛집들이 모여있고 지하 1층에는 다양한 안주와 함께 술을 즐길 수 있는 주점 거리가 있어 쇼핑과 식사, 음주까지 모두 가능하다.

JR 오사카역 우메키타구치 출구에서 바로 연결 지하 1층 주점 거리 07:00~23:00, 1~5층 매장 11:00~23:00, 6층 카페 09:00~ 23:00 大阪市北区梅田3-2-2 osaka.jp-kitte.jp 34.700577, 135.494184

02

## 요도바시 카메라 링크스 우메다 LINKS UMEDA ヨドバシカメラ

쇼핑, 식사, 숙박까지 모든 것이 다 되는 곳

우메다의 랜드마크 중 하나였던 요도바시 카메라가 종합 쇼핑몰과 고급 호텔을 겸비한 복합공간으로 다시 태어났다. 기존 건물 뒤에 더 넓고 큰 건물을 증축해 연결한 형태로, 지하 2층 지상 8층까지 대규모의 상가가 있다. 대형 수퍼마켓 Harves, 유니클로, 니토리, ABC 마트 등 100여 개의 상점과 40개의 새로운 음식점을 만나볼 수 있다. 지하 1층과 지상 1층에서는 라멘, 이자카야, 패스트푸드 등 가벼운 식사와 술을 즐길 수 있고, 2층의 스타벅스에서 커피를, 8층에서는 야키니쿠, 덴푸라, 스테이크부터 오코노미야키까지 푸짐한 식사를 즐길 수 있다. 9층부터 35층까지는 한큐 리스파이어 오사카 호텔이다.

지하철 미도스지선 우메다역 5번 출구 직결 大阪市北区大深町1-1 10:00~21:00 links-umeda.jp 34.704633, 135.496201

03

## 로프트 우메다 ロフト梅田

생활을 바꾸는 아이디어 상품이 가득한 곳

아기자기한 디자인과 아이디어가 돋보이는 생활용품을 판매하며 오사카에서 가장 규모가 크고 취급하는 상품도 다양하다. 침대부터 필기구, 주방용품 등 일상생활에 필요한 물건은 거의 모두 갖췄다. 밸런타인데이, 화이트데이, 할로윈데이, 크리스마스에 열리는 특별전도 놓치기 아쉬울 만큼 상품이 다양하다. 8층짜리 건물로 1~6층에는 로프트, 7층에는 빌리지 뱅가드와 프라모델, 피규어 등을 판매하는 매장이 들어서 있다.

한큐 오사카우메다역(大阪梅田駅) 차마야치 출구에서 누차야마치 방면으로 도보 5분
11:00~21:00(4층 면세 카운터 11:00~20:30) 大阪市北区茶屋町16-7
www.loft.co.jp 34.707960, 135.499633

04

## 꼼 데 가르송 コムデギャルソン

일본에서 탄생한 세계적 브랜드

꼼 데 가르송은 일본의 디자이너 레이 카와쿠보가 만든 브랜드로, 한국을 비롯한 세계 여러 나라에서 사랑받고 있다. 한큐 백화점 3층에 있는 꼼데가르송에서는 우리에게도 친숙한 하트 티셔츠가 있는 플레이 라인부터 드레스, 가방, 신발까지 다양한 상품들을 만나볼 수 있다.

지하철 미도스지선 우메다역에서 도보 3분
10:00~20:00 大阪市北区角田町8-7 3F
34.702522, 135.498590

05

## 프랑프랑 フランフラン

아기자기한 생활용품이 가득

디자인 생활용품 전문점으로, 오사카에 있는 지점 가운데 이곳 한큐삼번가 지점의 규모가 가장 크다. 특히 시선을 사로잡는 아기자기하고 귀여운 디자인 제품이 많다. 한국인 여행자에게도 인기 높은 곳으로, 특히 미키마우스 모양의 식판과 토끼 모양 주걱, 스푼 포크 세트가 유명하다. 가구, 주방용품, 문구류, 침구류, 여행용품 등 아주 다양한 테마 제품을 갖추고 있어 구경만 해도 즐거운 곳.

한큐 오사카우메다역(大阪梅田駅) 차야마치 출구에서 도보 2분/지하철 미도스지선 우메다역(梅田駅) 1번 출구 방향 화이티몰 북관 H-1 출구와 연결 10:00~21:00 大阪市北区芝田1-1-3, 阪急三番街北館1-2F francfranc.com 34.706513, 135.498349

06

## 화이티 우메다 Whity うめだ

우메다의 주요 역을 잇는 대형 지하상가

히가시우메다역을 중심으로 북쪽으로는 헵파이브가 있는 미도스지선 우메다역과 한큐 오사카우메다역으로 이어지고, 서쪽으로는 JR 오사카역과 오사카 에키마에 4번 빌딩으로 이어진다. 동쪽으로는 오기마치(扇町)와 연결되는 메인 도로를 따라 형성된 대규모 지하상가 화이티 우메다가 있다. 훌륭한 맛을 자랑하는 음식점과 이자카야도 많아 쇼핑 후 식사와 술 한잔 하기에도 좋다.

지하철 타니마치선 히가시우메다역(東梅田駅) 북동·북서 개찰구에서 1번 출구/미도스지선 우메다역(梅田駅) 11번 출구 방향 상점 10:00~21:00, 음식점 10:00~22:00 北区小松原町梅田地下街 whity.osaka-chikagai.jp 34.703195, 135.499498

07

## 헵나비오 HEP Navio

**남성에 의한, 남성을 위한 백화점**

거대한 배를 상기시키는 독특한 외관이 인상적인 백화점. 여성용품이 많은 일반적인 백화점과는 달리 이곳은 지하 1층부터 5층까지 모두 남성용 상품을 취급하는 매장으로 구성되어 있다. 명품 브랜드부터 캐주얼까지, 모든 연령대의 남성을 사로잡을 만한 다양하고 매력적인 제품을 갖추고 있다.

지하철 미도스지선 우메다역(梅田駅) 또는 JR 오사카역(JR大阪駅)에서 도보 5분 월~화 11:00~20:00, 수~금 11:00~21:00, 토 10:00~21:00, 일 10:00~20:00 大阪市北区角田町7-10 web.hh-online.jp/hankyu-mens/contents/osaka/ 34.703539, 135.4998

08

## 루쿠아 & 루쿠아 1100 Lucua & Lucua 1100 ルクア & ルクアイレ

**오사카의 최신 패션이 궁금하다면**

20대가 즐겨 찾는 이곳은 이세탄 백화점의 계열사로, JR 오사카역 오사카시티 노스 게이트 빌딩에 들어서 있다. 2~7층에는 남녀 쇼핑 브랜드가 입점해 있고, 10층 다이닝에는 쿠시카츠 다루마, 미미우, 마루후쿠 커피점, 카무쿠라 라멘 등 유명 음식점도 입점해 있다. 루쿠아 1100은 오사카의 패션을 선도하는 전문 편집 숍으로, 루쿠아에서 새롭게 선보인 곳이다.

JR 오사카역(JR大阪駅)에서 연결/지하철 미도스지선 우메다역(梅田駅) 3-A 출구 상점가 10:30~20:30, 음식점 11:00~23:00 大阪市北区梅田3-1-3 www.lucua.jp 34.703829, 135.49676

09

## 누차야마치 & 누차야마치 플러스 NU茶屋町 & NU茶屋町プラス

### 오사카의 젊은 패션과 문화를 선도하는 곳

패션과 트렌드를 선도하는 복합 쇼핑센터로, 우메다 동북쪽 차야마치에 있다. 리바이스나 리(Lee) 같은 데님 전문 브랜드나 스포츠 의류, 악기점, 타워 레코드, 포토 스튜디오까지 입점해 있어 다양한 브랜드를 한 곳에서 만날 수 있다. 누차야마치 플러스는 누차야마치의 별관이며, 3개 층에 걸쳐 1층은 의류, 2층은 인테리어 소품과 잡화, 문구류, 3층은 카페와 레스토랑으로 구성되어 있다.

한큐 오사카우메다역(大阪梅田駅) 챠야마치 출구에서 도보 3분/지하철 미도스지선 우메다역(梅田駅) 1번 출구에서 도보 4분/JR 오사카역(JR大阪駅) 미도스지 북쪽 출구에서 도보 7분 상점가 11:00~21:00, 타워 레코드 11:00~22:00, 음식점 및 카페 11:00~23:00 大阪市北区茶屋町10-12 & 大阪市北区茶屋町8番26号
nu-chayamachi.com 34.707146, 135.499160 & 34.707046, 135.499468

10

## 키디랜드 Kiddy Land

### 어린이도 어른도 신나는 캐릭터용품 천국

한큐삼번가 지하 1층과 지상 1층에 자리하고 있으며, 캐릭터별로 공간이 구분되어 있어 원하는 캐릭터 상품을 쉽게 찾을 수 있다. 지상 1층에는 리락쿠마, 스미코구라시와 각종 미용 제품이 있고 지하 1층에는 스누피타운, 헬로키티, 후나시랜드, 카피바라상, 네코마트 등 훨씬 다양한 캐릭터 상품이 입점해 있다.

한큐 오사카우메다역(大阪梅田駅) 차야마치 방면 출구에서 도보 3분/지하철 미도스지선 우메다역(梅田駅) 1번 출구에서 지상으로 올라와 좌측 유니클로 방면으로 직진하면 도보 5분
10:00~21:00
大阪市北区芝田1-1-3
www.kiddyland.co.jp/umeda
34.706025, 135.498389

11

## 동구리 공화국 루쿠아점 どんぐり共和国

**지브리 애니메이션 마니아의 성지**

지브리의 모든 것이 모여 있는 곳. 유명 애니메이션 감독 미야자키 하야오의 애니메이션에 나오는 캐릭터 관련 상품을 판매하는데, 루쿠아 8층에 있는 이 매장이 우메다에서 가장 규모가 크다. 우리에게도 익숙한 '이웃집 토토로', '센과 치히로의 행방불명'을 비롯해 인기 캐릭터 인형부터 문구류, 식기 등 다양한 상품을 갖췄고 공간이 넓어 여유 있게 둘러보기에 좋다. 지브리 애니메이션의 팬이라면 고민하지 말고 꼭 방문해보자.

JR 오사카역(JR大阪駅)에서 연결/지하철 미도스지선 우메다역(梅田駅) 3-A 출구(루쿠아 8층) 10:30~20:30 大阪市北区梅田3-1-3 ルクア8階 benelic.com/service/donguri.php 34.703162, 135.495218

12

## 한큐 맨즈 阪急メンズ大阪

**남성만을 위한 백화점**

고급 명품부터 캐주얼 의류까지 다양한 가격대와 브랜드의 상품을 취급하는, 남성만을 위한 백화점이다. 의류뿐 아니라 가방, 액세서리, 구두, 시계 등 남성에게 필요한 모든 패션 상품을 갖추고 있다. 6~7층에는 레스토랑이 있고, 8층에는 토호 시네마가 있다. 정통 신사복은 물론 안경, 향수, 이발소, 제모용품, 구두수선 공방까지, 상상도 할 수 없을 만큼 다양한 남성용 제품과 서비스를 한 자리에서 만나볼 수 있다. 패션에 관심 있는 남성이라면 꼭 들러보자.

한큐·한신·미도스지선 우메다역(梅田駅) 또는 JR 오사카역(JR大阪駅)에서 도보 5분(헵나비오 건물 내) 월~금 11:00~20:00, 토~일 & 공휴일 10:00~20:00 大阪市北区角田町7-10 hankyu-dept.co.jp/mens 34.703460, 135.500000

13

## 이시이 스포츠 石井スポーツ

등산, 캠핑, 스키용품의 천국

이시이 스포츠는 등산, 스키용품을 전문을 취급하며 등산학교를 운영하는 아웃도어 전문 브랜드다. 우메다 링크스 6층에 넓고 쾌적한 매장이 있는데, 초심자부터 고급자까지 레벨에 맞춘 큐레이션이 잘 되어 있어 원하는 제품을 빠르게 찾고 비교해볼 수 있다.

지하철 미도스지선 우메다역 4번 5번 출구 직결. 우메다 링크스 6층 10:00~21:00 大阪市北区大深町1-1 6F
www.ici-sports.com 34.704752, 135.496155

14

## 디즈니 스토어 루쿠아 오사카 Disney Store LUCUA Osaka

모던하고 심플하게 변신한 디즈니 스토어

이름만으로도 설레는 디즈니 스토어의 오사카 지점 중 한곳. 어린이뿐 아니라 성인 여성도 즐길 수 있는 우아한 콘셉트가 특징이다. 흰색을 바탕으로 디즈니 영화에 등장하는 프린세스의 성을 연상시키는 디스플레이와 꽃의 모티프가 곳곳에 장식되어있으며, 이러한 콘셉트는 간사이의 디즈니 스토어 중 유일해 인기가 높다.

JR 오사카역(JR大阪駅)에서 연결/지하철 미도스지선 우메다역(梅田駅) 3-A 출구 10:30~20:30 06-6341-0539
大阪市北区梅田3-1-3 ルクアイーレ5階
34.702481, 135.494892

15

## 점프 숍 JUMP SHOP

소년 점프의 유명 캐릭터 상품을 원한다면

드래곤볼, 슬램덩크, 원피스, 하이큐, 귀멸의 칼날 등 일본 애니메이션에 대해서 잘 모르는 사람들도 한 번 쯤은 들어봤을 유명 만화를 연재하는 소년 점프의 다양한 캐릭터 상품을 만날 수 있는 곳이다. 만화를 좋아하는 사람이라면 누구나 즐겁게 쇼핑할 수 있다.

지하철 미도스지선 우메다역 2번 출구에서 도보 7분. 햅파이브 6층 11:00~21:00 大阪市北区角田町5-15 HEP FIVE 6F www.shonenjump.com/j/jumpshop
34.703769, 135.499867

16

## 포켓몬 센터 Pokemon Center

### 포켓몬스터의 모든 것

디이마루 백화점 우메다점 13층에서 다양한 포켓몬 관련 상품을 만나볼 수 있다. 오사카에서 가장 큰 규모를 자랑하는 매장답게 캐릭터 인형은 물론 학용품과 잡화까지 없는 것이 없을 정도로 다양한 상품을 갖췄다. 성인, 어린이, 내외국인 할 것 없이 항상 북적이는 곳.

JR 오사카역(JR大阪駅) 사우스 게이트 빌딩과 연결/지하철 미도스지선 우메다역(梅田駅) 3-A 출구(다이마루 백화점 13층)
10:00~20:00 06-6346-6002 大阪市北区梅田3丁目1-1 大丸梅田店 13F www.pokemon.co.jp/shop/pokecen/osaka/ 34.701792, 135.496415

17

## 닌텐도 오사카 Nintendo OSAKA

### 닌텐도 상품의 천국

도쿄 시부야에 이은 닌텐도 직영 오프라인 매장. 닌텐도를 대표하는 게임인 슈퍼 마리오는 물론 동물의 숲, 젤다의 전설, 스플래툰 등의 게임과 굿즈를 다양하게 판매하며 닌텐도 오사카 한정 캡슐 토이도 구비하고 있다. 도쿄 매장의 약 2배의 크기를 자랑하며 판매 상품도 2천 점이 넘는 만큼, 인기가 높아 번호표를 받아야 입장할 수 있다.

JR 오사카역(JR大阪駅) 사우스 게이트 빌딩과 연결/지하철 미도스지선 우메다역(梅田駅) 3-A 출구(다이마루 백화점 13층/포켓몬 센터 옆) 10:00~20:00 0570-088-210 www.nintendo.co.jp/officialstore 34.70238, 135.496404

18

## 에스트 EST

### 20대 여성의 쇼핑 1번가

한큐 오사카우메다역 바로 옆에 위치한 복합 쇼핑타운으로, 트렌디한 패션 상품을 선보인다. 특히 20대 초중반 여성이 즐겨 찾는 곳으로, 107개 매장이 입점해 있으며 의류부터 액세서리까지 두루 구매할 수 있다. 가격이나 브랜드 면에서 헵파이브보다는 좀 더 고급스럽다. 최근 오픈한 EST 푸드홀에서는 맛있는 음식과 술도 즐길 수 있다.

지하철 미도스지선 우메다역(梅田駅) 1번 출구에서 도보 1분
월~토 11:00~21:00, 일 11:00~20:00 大阪市北区角田町3-25 www.est-sc.com 34.704605, 135.500354

19

## 다이마루 백화점 大丸百貨店

### 닌텐도 오사카와 포켓몬 센터가 있는 백화점

일본의 유명 백화점으로 핸즈, 닌텐도 오사카, 포켓몬 센터와 토미카 매장 등이 입점해 있다. 면세 수속을 할 수 있는 카운터(5층 서쪽)도 마련되어 있다. 16층에는 이치로쿠 구루메가 신설되어 다양한 음식을 맛볼 수 있다.

JR 오사카역(JR大阪駅) 사우스 게이트 빌딩과 연결/지하철 미도스지선 우메다역(梅田駅) 3-A 출구 10:00~20:00, 14층 레스토랑 11:00~23:00, 이치로쿠 구루메 11:00~22:00 大阪市北区梅田3丁目1-1 daimaru.co.jp/umedamise 34.701775, 135.496408

20

## 미키 악기 우메다점 三木楽器梅田店

### 오사카 최대 기타 전문점

1825년 문을 연 이후 악기 제작과 음악 문화를 선도하는 곳으로 자리 잡은 악기 전문점. 특히 이곳 우메다점에서는 기타를 전문적으로 취급하는데, 악기뿐 아니라 스트랩 같은 기타 관련 액세서리도 다양하게 갖췄다. 에스트 동관 맞은편에 있다.

지하철 미도스지선 우메다역(梅田駅) 동쪽 헵파이브와 에스트 사잇길 도보 2분 목~화 12:00~20:00, 수 휴무 大阪市北区角田町1-15 www.mikigakki.com/umeda 34.704615, 135.501230

21

## 만다라케 まんだらけ

### 중고 애니메이션 상품과 감성 여행

애니메이션 관련 중고 상품을 취급하는 전문점으로 우메다의 히가시도리 상점가에 있다. 품목이 아주 다양하고, 새 제품과 큰 차이가 없을 만큼 상태가 좋은 물건을 시중가의 절반 정도에 구매할 수 있다. 만화책 외에도 각종 피규어, 게임 CD, 코스프레 의상 등도 찾을 수 있다.

지하철 타니마치선 히가시우메다역(東梅田駅)에서 도보 5분(히가시도리 상점가 끝) 12:00~20:00 大阪市北区堂山町9-28 www.mandarake.co.jp 34.703237, 135.503872

22

## HMV

### 음악 CD와 DVD 천국

대규모 CD와 DVD 판매점이다. 일본에서는 여전히 음반과 영상 대부분이 CD와 DVD로 발매 및 판매되어 사랑받고 있으니 관심 있다면 가볼 만하다. 일본 활동 중인 우리나라 가수들의 앨범도 만나볼 수 있다.

JR 오사카역(JR大阪駅) 노스 게이트 빌딩과 연결(그랑 프런트 오사카 북관 5층) 11:00~21:00 大阪市北区大深町3番1号 34.705086, 135.494288

# 더 이상 헤매지 말자
# 우메다역 완전 정복

오사카 교통의 요충지인 우메다에는 역이 6개 있다. JR을 빼고는 이름이 모두 비슷비슷하다.
'헬메다'라 불리는 우메다에서 길을 잃지 않으려면 각 노선에 따른 우메다역의 특징을 알아두는 것이 중요하다.

## 이것만 기억하자! 우메다역

우메다에는 '오사카역'과 '우메다역', '히가시우메다역', '니시우메다역', '오사카우메다역(한큐·한신)'까지 6개 역이 몰려 있다. 오사카역과 히가시우메다역·니시우메다역의 경우 표기가 달라 구분이 가능하지만, 한큐전철과 한신전철의 '오사카우메다역'은 이름이 같아 헷갈리기 쉽다. 각 역은 서로 다른 쇼핑몰 지하와 연결되어 있어 가까운 쇼핑몰을 알고 있으면 길을 찾기 수월하다.

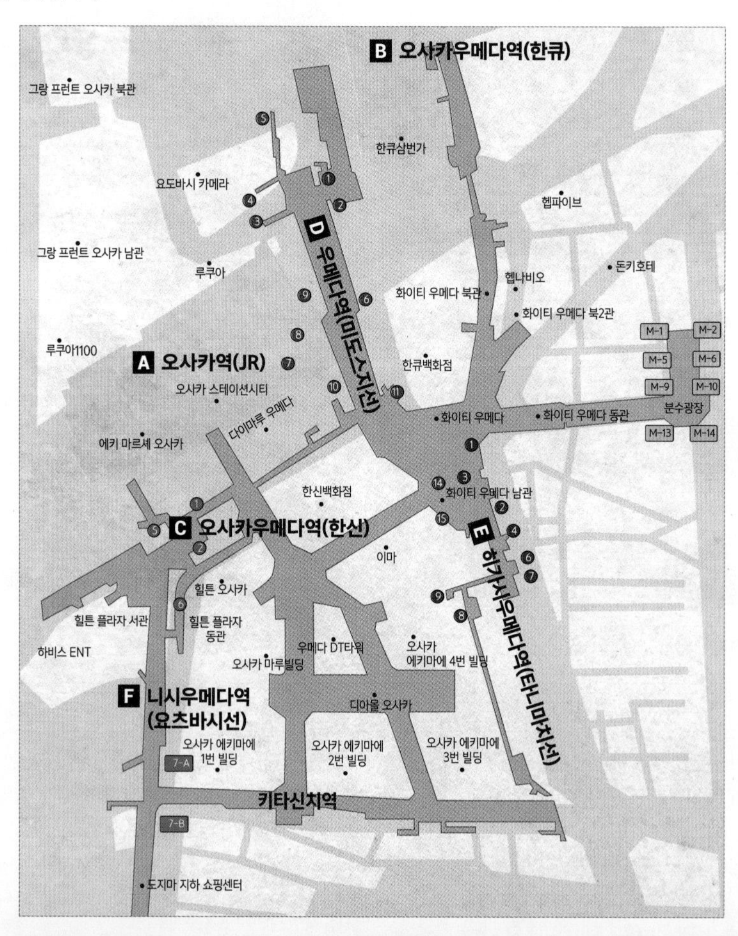

## A 오사카역(JR) 大阪駅(JR)

JR 서일본의 대표 터미널로 역명에 '오사카'를 붙였다. 신칸센을 제외한 간사이의 JR 노선 대부분이 지나는 역으로 JR 토카이도 본선(교토·고베·타카라즈카 선), 오사카칸조선(한와·야마토지·JR 유메사키 선)을 이용할 수 있다. 지하철 우메다역, 한신 오사카우메다역과 가깝다.

**가까운 쇼핑몰 및 호텔**
오사카 스테이션시티 시네마, 루쿠아(노스 게이트 빌딩), 다이마루 백화점(사우스 게이트 빌딩), 그랜드 오사카 호텔

**승강장별 노선**

- **1&2번**: 오사카칸조선과 나라행 열차, 간사이 공항행 열차(니시쿠조·벤텐초·텐노지·유니버설시티·츠루하시·간사이 국제공항·와카야마 역)
- **3~6번**: JR 고베·타카라즈카 선(산노미야·히메지·타카라즈카·산다 역)
- **7~10번**: JR 교토선(신오사카·타카츠키·교토 역/8·9번은 교토행 쾌속·신쾌속 탑승)

## B 오사카우메다역(한큐) 大阪梅田駅(阪急)

오사카에서 교토로 이동하는 여행자가 많이 이용하는 곳으로, 고베와 타카라즈카 노선도 있다. 승강장 전광판에는 특급·통근특급·쾌속급행·급행·통근급행·준급·보통열차의 시간표, 정차역과 최종역까지의 소요시간이 안내되므로 탑승 전 확인하자. 한큐 백화점과 도보 5분 정도 떨어진 거리에 있다.

**가까운 쇼핑몰 및 호텔**
한큐삼번가·요도바시 카메라, 신한큐 호텔

**승강장별 노선**

- **1~3번**: 교토 본선(한큐 아라시야마·교토카와라마치 역)
- **4~6번**: 타카라즈카 본선(타카라즈카역)
- **7~9번**: 고베 본선(한큐 고베산노미야역)

## C 오사카우메다역(한신) 大阪梅田駅(阪神)

한신 전철을 이용해 고베를 여행하거나 간사이 레일웨이 패스를 이용해서 히메지성, 타이코노유 한신 패키지로 아리마 온천에 갈 때 주로 이용한다. 후쿠시마·코시엔·산노미야·고속고베·산요아카시·산요히메지 역으로 가는 한신 본선이 정차한다.

**가까운 쇼핑몰** 한신 백화점

## D 우메다역(미도스지선) 梅田駅(御堂筋線)

지하철 미도스지선을 이용할 수 있는 곳으로, '우메다(梅田)'라고만 표기되어 있다. JR 오사카역 미도스지선 출구와 가깝다. 1번 승강장은 난바·텐노지·나카모즈 행, 2번은 신오사카·에사카 행 열차를 탈 수 있다.

**가까운 쇼핑몰**
요도바시 카메라 링크스 우메다, 한큐 백화점, 한큐삼번가

## E 히가시우메다역(타니마치선) 東梅田駅(谷町線)

지하철 타니마치선을 이용할 수 있는 곳으로, JR선과 사철 환승 시 북쪽 개찰구를 이용하는 것이 좋다. 1번 승강장에서는 텐마바시·텐노지 행, 2번 승강장에서는 텐진바시스지로쿠초메·미야코지마·다이니치 행 열차를 탈 수 있다.

**가까운 쇼핑몰**
화이티 우메다, 이마, 오사카 에키마에 4번 빌딩

## F 니시우메다역(요츠바시선) 西梅田(四つ橋線)

지하철 요츠바시선의 시종착역으로, JR오사카역, 한신 오사카우메다역과 가깝지만 한큐 오사카우메다역과는 도보 15분 정도 거리에 떨어져 있다. 1·2번 승강장에서 요츠바시·난바·다이고쿠초·스미노에코엔 행 열차를 탈 수 있다.

**가까운 호텔** 힐튼 오사카

TIP

**간접 환승 방식을 기억하자**

지하철 우메다·히가시우메다·니시우메다 역은 서로 연결되지 않아 환승을 하려면 개찰구 밖으로 나온 뒤 환승역으로 이동해 다시 개찰해야 한다. 이때 반드시 '乗継改札(노리츠기 카이사츠)'라고 써 있는 전용 개찰구를 이용해야 하며, 30분 이내에 환승해야 한다. 이코카 등의 IC카드나 지하철 무제한 패스(엔조이 에코·오사카 주유 패스·간사이 레일웨이 패스 등)를 이용하는 경우에도 동일하다. IC카드 이용 시 30분이 경과하면 추가 요금이 발생한다.

SECTION

# 텐진바시

TENJINBASHI 天神橋

**#주택박물관 #기모노체험 #가장긴아케이드**

우메다 동쪽에 위치한 텐진바시에는 일본에서 가장 긴 상점가, 기모노 체험을 할 수 있는 주택박물관, 1500년 역사의 민속 축제 텐진마츠리가 열리는 오사카텐만구가 자리한다. 오사카의 서민적인 모습을 볼 수 있는 텐진바시스지 상점가에는 라멘, 스시, 야키니쿠 등을 선보이는 맛집이 많아 밤이 되면 저렴하고 맛있는 이자카야를 찾는 이들로 북적인다. 눈과 입이 즐거운 텐진바시의 매력에 빠져보자.

## ACCESS

### 공항에서 가는 법

- **난카이 간사이쿠코역**
  - 난카이 공항급행 40분 ¥970엔
- **텐가차야역**
  - 사카이스지선 17분 ¥290엔
- **텐진바시스지로쿠초메역**

### 우메다에서 가는 법

- **히가시우메다역**
  - 타니마치선 4분 ¥190엔
- **텐진바시스지로쿠초메역**

### 난바에서 가는 법

- **닛폰바시역**
  - 사카이스지선 10분 ¥240엔
- **텐진바시스지로쿠초메역**

- **타니마치큐초메역**
  - 타니마치선 15분 ¥240엔
- **텐진바시스지로쿠초메역**

# B 텐진바시 상세 지도

SEE EAT 세븐일레븐 패밀리마트

텐진바시스지로쿠초메

02 텐진바시스지 상점가 01

주택박물관 07 군조

03 하루코마

우마이야 05

나카자키초

시치후쿠진 10

06 치구사

파티스리 라뷔루리에 04

한큐 오사카우메다

덴마

오기마치

히가시우메다

우나지로 09

오사카 텐만구

미나미모리마치

08 나니와 오키나

만료 02

오사카텐만구

N W E S

01

## 주택박물관 大阪くらしの今昔館

에도 시대의 오사카는 어떤 모습이었을까

에도 시대의 주택과 생활상을 엿볼 수 있도록 정교하게 꾸며놓은 박물관이다. 주택박물관에 들어가자마자 오른쪽에 위치한 목욕탕 내부에서는 주택박물관과 오사카 옛 마을에 대한 역사를 알려주는 작은 이야기 형식의 만화가 상영되는데, 오사카의 역사를 한 번에 간단하게 잘 설명해주니 꼭 시청하자. 기모노를 빌려 입고(유료 대여) 박물관을 돌아다니다 보면 마치 에도 시대로 시간 여행을 떠난 것 같은 기분이 든다. 단, 기모노 착용을 도와주는 직원의 수가 정해져 있어 관광객이 몰리면 시간이 많이 소요될 수 있다. 일정이 틀어지지 않도록 아침에 서둘러 방문하도록 하자. 현지에서 주택박물관의 위치를 물어보면 잘 모르는 사람이 많다. 부르는 명칭이 달라서 그런 것이니 정식 명칭인 '오오사카쿠라시노콘자쿠칸(大阪くらしの今昔館)'을 기억해 두면 좋다.

지하철 타니마치선·사카이스지선 텐지바시스지로쿠초메역(天神橋筋六丁目駅) 3번 출구/JR 오사카칸조선 텐마역(JR天満駅)에서 도보 7분 10:00~17:00, 화 휴무 ¥ 일반 600엔, 고등학생 & 대학생 300엔(특별전 요금 별도), 오사카 주유 패스 소지자 무료, 기모노 체험 1,000엔(현금만 가능) 大阪市北区天神橋6丁目4-20 konjyakukan.com/index.html
34.710639, 135.511546

02

## 텐진바시스지 상점가 天神橋筋商店街

친근한 매력을 품은 오사카 서민의 일상

텐진바시로쿠초메부터 오사카텐만구가 위치한 텐진바시잇초메까지 약 2.6km에 걸쳐 이어지는 상점가로, 일본에서 가장 긴 상점가다. 메인 거리를 중심으로 양옆 골목까지 크고 작은 상점이 즐비하고 골목 구석구석의 풍경도 이색적이다. 이곳은 저렴하고 맛있는 음식으로도 유명한데, '술을 마시고 싶으면 텐진으로 가라'는 말이 있을 정도로 야간 주점의 요리가 특히 훌륭하다. 미쉐린 가이드 별 1개에 빛나는 타카마, 하루코마혼텐, 군조, 나카무라야 크로켓 등 유명한 소바, 라멘, 초밥 전문점도 많다.

지하철 타니마치선·사카이스지선 텐진바시스지로쿠로초메역(天神橋筋六丁目駅)/사카이스지선 미나미모리마치역(南森町駅) 또는 오기마치역(荻町駅)/JR 오사카텐만구역(JR大阪天満宮駅) 3번 출구 11:00~02:00(상점마다 다름) 大阪市北区天神橋 1-6丁目 34.710555, 135.510760

03

## 나니와노유 온천 なにわの湯

미인탕으로 불리는 천연 온천

텐진바시스지로쿠초메에 있는 천연 온천이다. 규모가 큰 데다 시내 온천 중 가장 도심에 위치해 시내에서 온천을 체험해보고 싶다면 좋은 선택이 될 것이다. 주택박물관, 텐진바시스지 상점가 또는 우메다 스카이빌딩 공중정원, 헵파이브를 둘러보고 마지막 코스로 들러 피로를 풀기에 좋다. 탁 트인 도심 빌딩 옥상에서 즐기는 노천 온천과 암반욕의 매력을 느껴보자. 수건 대여비는 150엔이다.

지하철 사카이스지·타니마치선 텐진바시스지로쿠초메역(天神橋筋六丁目駅)에서 도보 8분 월~금 10:00~01:00, 토~일 08:00~01:00(마지막 입장 24:00) ¥ 성인 850엔(주말 950엔), 초등학생 400엔, 미취학 아동 150엔 大阪市北区長柄西1-7-31 06-6882 -4126 www.naniwanoyu.com 34.715102, 135.513567

04

## 오사카텐만구 大阪天満宮

오사카의 여름을 뜨겁게 달구는 축제의 현장

학문과 예술의 신인 스가와라 미치자네(菅原道眞, 845~903년)를 모시는 신사로, 입시철에는 발 디딜 틈 없을 정도로 많은 참배객이 몰린다. 스가와라 미치자네는 헤이안 시대에 활동한 학자이자 정치가, 시인으로 사후 '텐진(天神)'으로 추앙되고 신격화됐다. 1500년 역사를 가진 텐진마츠리가 시작되는 곳이기도 하며, 매년 7월 25일이 되면 축제를 보러 수많은 사람이 몰려든다. 경내에서는 소 그림이나 동상을 여럿 볼 수 있는데, 미치자네가 사망했을 때 시신을 운구하던 소가 주저앉아 울었다는 이야기 때문이라고 한다.

지하철 타니마치선·사카이스지선 미나미모리마치역(南森町駅) 4번 출구에서 도보 2분/JR 오사카텐만구역(JR大阪天満宮駅) 3번 출구에서 도보 2분 24시간 大阪市北区天神橋2丁目1番8号 tenjinsan.com 34.696318, 135.512574

TIP

### 오사카 3대 축제, 텐진마츠리

오사카의 3대 축제로 꼽히는 텐진마츠리(てんじんまつり)는 천 년 역사를 지닌 오사카텐만구에서 매년 7월 24~25일에 열리는 선상 민속 축제다. 각지에서 수십만 명의 관광객이 찾아와 다채롭게 장식한 배를 오카와강에 띄우고 불꽃을 쏘아올리며 축제를 만끽한다. 주요 행사는 가미보코(나무로 만든 창)를 오카와강에 띄워 보내는 호코나가시신지(鉾流神事, 7월 24일 오전), 승선장까지 미코시(신을 모신 가마)를 육로로 운반하는 리쿠토교(陸度御, 7월 25일), 신령을 배에 태워 이동하는 후나토교(船渡御, 7월 25일), 130만여 명이 몰려드는 불꽃놀이 하나비(花火) 등이 있다. 주요 행사 중 하나인 리쿠토교는 오사카텐만구에서 승선장까지 약 4km를 이동하는 행렬이다. 3,000여 명이 참가하는 이 행렬의 선두에는 도요토미 히데요시(豊臣秀吉)가 만든 큰 북이 서고, 그 뒤로 헤이안 시대의 귀족 복장을 한 남녀 무리가 따른다. 1백여 척의 배가 오카와강을 거슬러 올라가는 후나토교 역시 유명하다. 18세기 초 신사 이외에 마츠리를 운영하는 별도의 조직이 만들어지면서 오사카 번영의 상징으로 이름을 떨치던 텐진마츠리는 막부 말기의 정변과 세계대전으로 잠시 중단되었다가 1949년 다시 시작돼 오늘에 이르고 있다.

01

## 타카마 たかま

미쉐린 별 1개로는 모자란 오사카 최고의 소바 맛집

누구나 추천하는 '오사카에서 가장 맛있는' 소바집. 미쉐린 가이드 별 1개를 받았다. 깔끔하고 정갈한 공간과 친절한 서비스, 맛있는 음식까지 함께 체험할 수 있으며 메밀 100%로 만든 면이 특히 구수하고 향긋하다. 대표 메뉴는 카모지루 소바와 이나카 소바로, 카모지루는 국물에 레몬을 넣어 산뜻한 맛을 자랑한다. 사이드 메뉴인 텐푸라와 달걀말이도 유명한데 최상급 수준의 맛을 느낄 수 있다. 쯔유에 넣어 먹는 초피(산초)는 맛이 아주 강하니 일단 조금만 넣어보고 맛을 조절하자.

카모지루 소바(鴨汁そば) 1,900엔, 텐푸라 모리아와세(天ぷら盛り合わせ) 2,800엔 지하철 타니마치선·사카이스지선 텐진바시스지로쿠초메역(天神橋筋六丁目駅) 1번 출구에서 정면에 타마테와 한큐오아시스 사잇길로 도보 5분 수~월 11:30~14:30(재료 소진 시 영업 종료), 화 휴무 大阪市北区天神橋7-12-14 グレーシィ天神橋ビル1号館 34.71411, 135.51109

02

## 만료 미나미모리마치점 万両 南森町店

오사카 최고의 고기맛

오사카 최고의 고기맛을 자랑하는 야키니쿠 전문점으로, 예약 없이는 제때 맛보기 어려운 인기 맛집이다. 호텔에 부탁해 최소 1~2주 전에 예약을 해두자. 최근 홈페이지를 통해서 직접 예약도 가능해졌다. 특선 조로스, 바라, 시오로스를 특히 추천한다. 조로스는 간장 양념이고, 시오로스는 소금 및 후추 양념이다. 지방이 많고 마블링이 좋은 부위를 좋아한다면 특선 조로스, 살코기가 많은 부위를 좋아한다면 시오로스를 주문하자. 최근 한국어 메뉴판이 생겨 주문이 더욱 간편해졌다.

1인 예산 약 4,000엔~ 지하철 사카이스지선 미나미모리마치역(南森町駅)에서 도보 4분 화~일 16:00~24:00(마지막 주문 23:30), 월 휴무 大阪市北区南森町1-2-14 ロイヤルハイツ 1F yakiniku-manryo-minamimorimachi.com 34.69631, 135.50971

03

## 하루코마 본점 春駒本店

**텐진바시스지 상점가 최고의 인기 스시**

현지인에게 엄청난 사랑을 받고 있는 전문점. 접시당 110엔부터 시작하는 저렴한 가격에 비해 회가 신선하고 두툼하며 밥과 이루는 맛의 조화도 아주 훌륭하다. 본점의 줄이 길다면 도보 약 1분 거리에 있는, 보다 넓은 분점을 이용하는 것도 좋다.

¥ 예산 2,000엔~ 지하철 타니마치·사카이스지선 텐진바시스지로쿠초메역(天神橋筋六丁目駅) 12번 출구에서 도보 3분
11:00~21:30, 화 휴무
大阪市北区天神橋5-5-2
34.70776, 135.51158

04

## 파티스리 라뷔루리에 Patisserie Ravi e relier

**또 다른 파리에 온 것 같은**

텐진바시스지 상점가 근처에 자리 잡은 케이크 전문점. 외부에서 보이는 붉은색 벽과 고급스러운 내부가 인상적이다. 전체적으로 단맛이 과하지 않고 매우 부드러운 식감을 자랑하는 케이크를 선보이는데, 포장만 가능한 다른 케이크점과는 달리 입구에 2인 테이블(3개)도 갖췄다.

라팡(Lapin) 765엔 지하철 타니마치선 나카자키초역(中崎町駅) 1번 출구에서 도보 5분 월~토 11:00~19:00, 일 휴무
大阪市北区山崎町5-13
ravierelier.com
34.70571, 135.50768

05

## 우마이야 うまい屋

**바삭바삭한 식감이 독특한 타코야키**

텐진바시스지 상점가 서쪽 텐고나카자키도리 상점가에 있는 타코야키집이다. 8개 500엔이라는 저렴한 가격도 놀랍지만, 맛을 보고 나면 더 놀라게 된다. 보통 타코야키는 겉은 바삭하고 속은 반숙 상태로 말랑말랑 한 것이 보통인데 이곳의 타코야키는 겉과 속이 모두 바삭바삭하다. 마요네즈 없이 소스만 발라주는데 아무것도 없이 먹어도 아주 맛있다. 텐진바시스지 상점가를 방문했다면 꼭 먹어보자.

타코야키 8개(たこ焼 八個) 500엔 지하철 타니마치선/사카이스지선 텐진바시로쿠초메역 13번 출구에서 도보 3분 수~월 11:30~18:30, 화 휴무 大阪市北区浪花町4-21 34.707564, 135.510499

06

## 치구사 千草

**두툼한 등심이 들어 있는 오코노미야키**

텐진바시스지 상점가의 좁은 골목 안에 있는 오코노미야키 노포로 70년 넘는 세월 동안 한결같은 맛을 지키고 있는 곳이다. 이곳의 대표 메뉴는 치구사야키. 두툼한 등심을 반죽 사이에 넣고 천천히 구워내는데 다 구워지고 나면 소스와 마요네즈를 두르고 양귀비 열매를 뿌려서 완성한다. 반죽 사이에서 노릇노릇해진 등심이 양배추와 어우러져 고소하면서도 감칠맛이 살아있고 식감 또한 상당히 좋다.

명물 치구사야키(名物 千草焼き) 1,100엔 지하철 타니마치선·사카이스지선 텐진바시스지로쿠초메역(天神橋筋六丁目) 6번 출구에서 도보 5분/JR텐마역(天満駅)에서 도보 2분 수~월 11:00~21:30, 화 휴무 大阪市北区天神橋4-11-18 34.706266, 135.511592

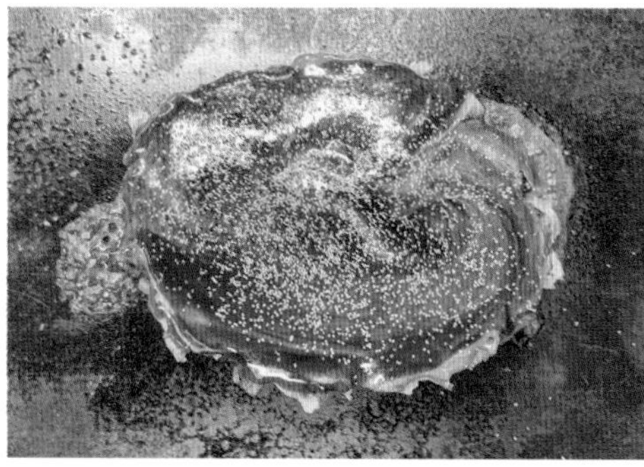

07

## 군조 群青

**천상의 해산물 육수의 맛**

주택박물관 부근 라멘 맛집으로 해산물 육수를 바탕으로 맛을 낸 쇼유 라멘을 선보인다. 주력 메뉴는 츠케멘인데 굵직한 면에 큼지막한 차슈를 올리고, 돈코츠 육수와 해산물 육수를 섞어 감칠맛까지 좋다. 부정기 휴무가 많으니 페이스북을 통해 미리 확인하자.

우루메니보시츠케소바(ウルメ煮干しつけそば) 1,000엔 지하철 타니마치선·사카이스지선 텐진바시로쿠초메역(天神橋筋六丁目駅) 1번 출구로 나와서 첫 번째로 보이는 골목으로 우회전, 좌측에 렝가 스트리트(れんがストリート) 간판이 보이는 곳으로 진입 일 & 화 & 목 11:00~14:30 & 17:30~21:00, 토 11:00~15:00, 월 & 수 & 금 휴무 大阪市北区天神橋6-3-26 @gunjyogunjyo 34.71004, 135.51259

08

## 나니와 오키나 なにわ翁

**미쉐린에 소개된 소바의 맛**

미쉐린 가이드 빕 구르망으로 선정된 소바 맛집. 주문 시 메밀 80%, 밀가루 20% 면과 메밀 100% 면 주와리 소바(1일 20그릇 한정 판매) 중 선택할 수 있다. 검증된 맛뿐 아니라 깔끔한 인테리어와 서비스까지 경험할 수 있으며, 한국어 메뉴판을 갖춰 주문도 쉽다. 가격은 다소 높은 편.

자루 소바(ざるそば) 1,100엔, 200엔 추가하면 주와리 소바(じゅうわりそば)로 변경 가능 지하철 타니마치선 미나미모리마치역(南森町駅)에서 도보 5분 화~토 11:30~20:00, 일~월 휴무 大阪市北区西天満4丁目1-18 naniwa-okina.co.jp 34.69623, 135.50591

09

## 우나지로 うな次郎

**저렴하고 맛있는 간사이식 장어 덮밥**

장어를 직화로 굽는 간사이식 장어 덮밥을 비교적 저렴하게 먹을 수 있는 곳. 관동식은 장어를 먼저 찐 후에 굽기 때문에 껍질과 살 모두가 부드럽지만, 간사이식 장어는 소스를 계속 덧바르면서 직화로 구워내 껍질은 바삭하고 속은 부드러운 두 가지 식감을 동시에 즐길 수 있는 것이 특징이다. 런치에는 파격적인 가격을 자랑하는 한정 세트가 있다.

우나쥬 나미(うな重 並) 2,650엔, 런치 세트(평일 한정) 2,200엔 지하철 타니마치선·사카이스지선 미나미모리마치역(南森町駅) 5번 출구에서 도보 3분 11:00~14:00, 17:00~21:00, 월 & 첫째 화 휴무 06-6356-2239 (예약 가능) 大阪市北区紅梅町3-14 ヤマツタビル 1F 34.699377, 135.512716

10

## 시치후쿠진 七福神

**다양한 쿠시카츠와 함께 시원한 맥주 한 잔**

텐진바시스지 상점가의 인기 쿠시카츠 노포다. 다른 쿠시카츠 가게들과 차이가 나는 부분은 재료의 종류인데, '이런 것도 있나'하는 생각이 들 정도로 다양한 재료의 쿠시카츠를 맛볼 수 있다. 가격도 저렴해서 100엔부터 시작하는 쿠시카츠와 300엔부터 시작하는 음료를 마음껏 먹고 마셔도 크게 부담되지 않는 가격대다.

쿠시카츠 110엔~, 음료 330엔~ 지하철 타니마치선·사카이스지선 텐진바시스지로쿠초메역(天神橋筋六丁目) 6번 출구에서 도보 5분/JR텐마역(天満駅)에서 도보 2분 화~금 12:00~22:30, 토·일 11:00~22:30, 월 휴무 大阪市北区天神橋5-7-29 34.706562, 135.511278

# SECTION

# C

# 나카노시마 & 혼마치

## NAKANOSHIMA 中之島 HONMACHI 本町

**#강변카페 #베이커리 #공원 #박물관 #미술관**

나카노시마에는 국립미술관, 시립과학관, 동양 도자기 미술관과 함께 대규모 공원도 있어 복잡한 도심에서 벗어나 휴식을 취하기에 좋다. 저녁에는 나카노시마 리버 크루즈를 타고 아름다운 일몰과 야경을 감상할 수 있다.
혼마치는 나카노시마를 둘러보고 걸어서 갈 수 있고, 오피스빌딩이 밀집해 있어 직장인이 즐겨 찾는 상점과 분위기 좋은 카페 및 레스토랑이 많다. 깔끔한 호텔도 많아 여행자가 많이 찾는 지역이니 여유롭게 둘러보자.

### ACCESS

**우메다에서 가는 법**

- **니시우메다역**
- 요츠바시선 2분 ¥190엔
- **히고바시역**
- 도보 5분
- **나카노시마**

**난바에서 가는 법**

- **난바역**
- 요츠바시선 5분 ¥190엔
- **히고바시역**
- 도보 5분
- **나카노시마**

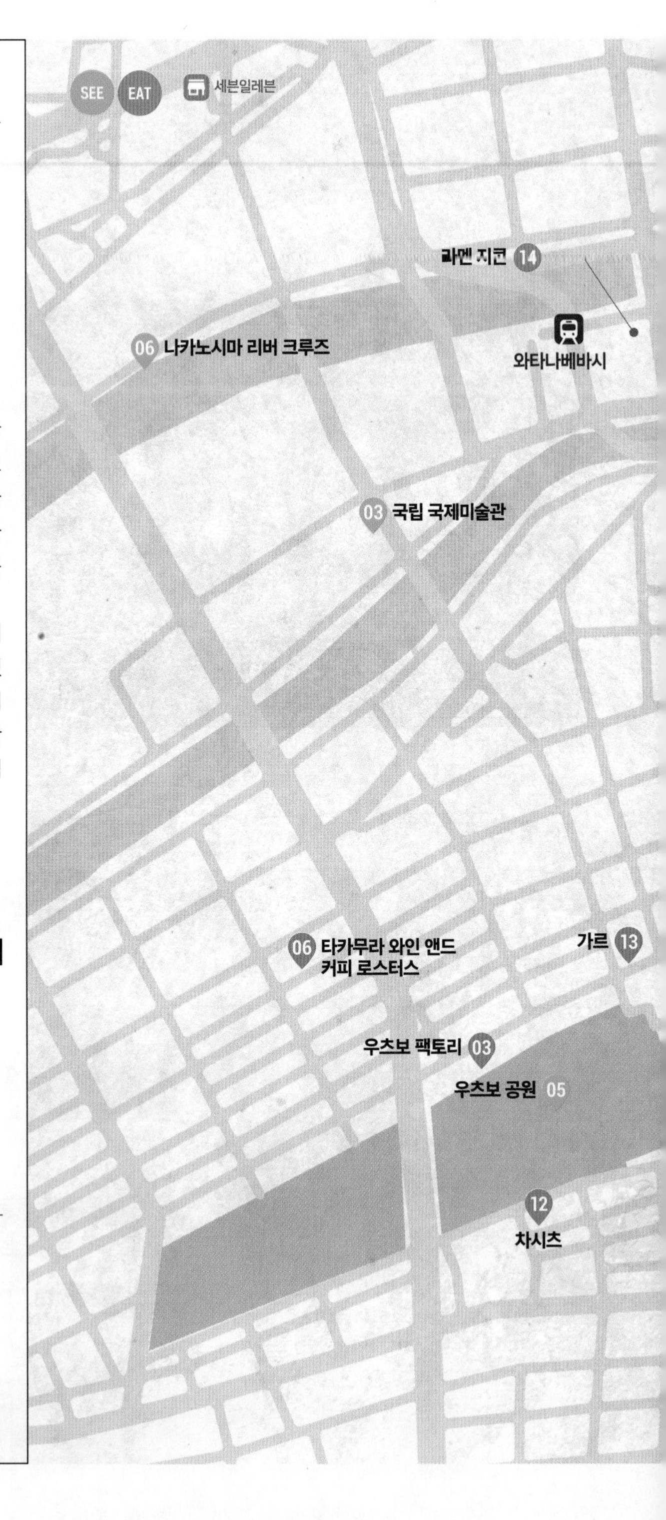

# Ⓒ 나카노시마 & 혼마치 상세 지도

01

## 나카노시마 공원 中之島公園

도심 속 오아시스

도지마강과 토사보리강 사이에 자리한 인공섬 나카노시마의 동쪽에 넓게 펼쳐진 공원이다. 1891년 시에서 최초로 조성한 이래 오늘날까지 도심 속 휴식처로 사랑받고 있다. 플리마켓이나 각종 이벤트가 자주 열리며 봄, 가을에는 피크닉을 나온 지역 주민으로 가득하다. 특히 봄에는 공원 북쪽에 만발하는 벚꽃을 보러 많은 사람이 모여든다. 주변에 오사카 시립 동양 도자기 미술관, 오사카 시 중앙공회당 건물 등이 있으며, 강 건너 남쪽에는 강변 카페가 많기로 유명한 키타하마가 있어서 커피를 마시며 여유로운 시간을 보내기에도 완벽하다. 최근 오사카에서 떠오른 카페 노스 쇼어와 그램의 지점도 이 주변에 문을 열었다.

지하철 사카이스지선 키타하마역(北浜駅)에서 도보 5분
大阪市北区中之島1丁目 34.6911, 135.4924

## 02 시립 동양 도자기 미술관 市立東洋陶磁美術館

낯선 도시에서 빛을 발하는 고려청자의 멋

한국, 일본, 중국의 도자기를 전시하며 한국의 이병창 박사가 기증한 희귀 도자기도 볼 수 있다. 전시관을 관람하다 보면 고려청자의 우수성을 느낄 수 있는데, 그만의 특유한 색감이 다른 나라의 도자기와 비교해 단연 돋보이고 빛나는 것이 느껴진다.

지하철 미도스지선 요도야바시역(淀屋橋駅) 1번 출구에서 도보 6분/사카이스지선 키타하마역(北浜駅) 26번 출구에서 도보 6분/케이한 나니와바시역(なにわ橋駅) 연결 09:30~17:00(마지막 입장 16:30), 월 휴무 ¥ 성인 1,600엔, 고등학생 및 대학생 800엔, 중학생 이하 무료(특별전 및 기획전 요금 별도)
大阪市北区中之島1-1-26
34.69349, 135.50542

## 03 국립 국제미술관 国立国際美術館

전후 일본 미술을 돌아보다

오사카 시립과학관 옆에 자리한 미술관으로 1945년 종전 이후의 일본 미술품을 전시한다. 주로 일본과 세계 미술의 연계를 보여주는 작품을 선보이며, 세계 미술의 경향을 읽을 수 있는 주제로 구성되어 있다. 지하 3층에서 지하 1층까지의 공간에 총 4개 관으로 구성되어 있다. 국립미술관이기 때문에 오사카 주유 패스를 이용할 때는 컬렉션전만 무료로 입장할 수 있다.

지하철 요츠바시선 히고바시역(肥後橋駅) 3번 출에서 10분/케이한 나카노시마선 와타나베바시역(渡辺橋駅)에서 도보 5분 09:30~17:00(마지막 입장 16:30), 월 휴관 ¥ 성인 430엔, 대학생 130엔, 18세 미만 및 65세 이상 무료(기획전 요금 별도) 大阪市北区中之島4-2-55 www.nmao.go.jp
34.69172, 135.49194

04

## 오사카시 중앙공회당 大阪市中央公会堂

**과거 오사카 문화와 예술의 중심**

오사카 시민회 이와모토 에이노스케(岩本栄之助)의 기부로 1913년에 착공해 1918년에 준공된 르네상스 양식 건물로, 2002년 국가 중요 문화재로 지정되었다. 일부 구역을 제외하고는 자유롭게 관람할 수 있고, 지하 1층에는 옛 물품 전시실이 있다. 특별 구역을 관람하려면 가이드 투어로만 가능하며 날짜와 시간이 지정되어 있어 미리 확인하고 가야 한다.

지하철 미도스지선 요도야바시역(淀屋橋駅) 1번 출구에서 도보 4분 09:30~21:30 大阪市北区中之島1丁目1
osaka-chuokokaido.jp 34.693534, 135.504024

05

## 우츠보 공원 靭公園

**도심 속 또 하나의 휴식처**

히고바시역과 혼마치역 사이에 자리한 도심 공원으로 나니와스지를 중심으로 동쪽과 서쪽 공원으로 나뉜다. 서쪽에는 국제 규격을 갖춘 테니스장이 있고, 동쪽에는 작은 전시장과 연못, 쉼터 등이 있다. 규모가 그리 큰 편은 아니지만 봄에는 벚꽃, 가을에는 단풍이 흐드러진 아름다운 풍경을 자랑한다. 부근에 분위기 좋은 카페와 맛집도 몰려 있다.

지하철 요츠바시선 히고바시역(肥後橋駅) 8번 출구에서 도보 5분
大阪市西区靭本町 osakapark.osgf.or.jp
34.684235, 135.490706

06

## 나카노시마 리버 크루즈 中之島リバークルーズ

**선상에서 감상하는 아름다운 석양**

두 강에 둘러싸여 3km 길이로 이어지는 나카노시마(나카노섬)를 둘러보는 차세대 크루즈. 강 위에서 일몰과 조명이 비추는 교량, 과거와 현대가 공존하는 건물의 그림 같은 풍경을 보며 감미로운 음악까지 감상할 수 있다. 시기별 운항 시간은 홈페이지에서 반드시 미리 확인해두자.

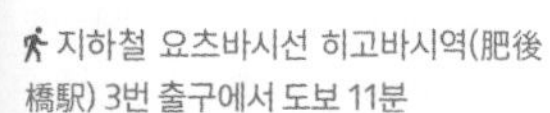

지하철 요츠바시선 히고바시역(肥後橋駅) 3번 출구에서 도보 11분
4/13~6/30 & 9/1~12/22 토~일, 공휴일 14:00~20:30(매시 정각 & 30분 출항 / 17:00, 17:30 운휴) ¥성인 1,500엔, 중학생 이상 1,000엔(성인 동반 초등학생 1인 무료, 1인 초과 시 500엔), 오사카 주유 패스 소지자 16:30 이전 탑승 무료(16:30 이후 탑승 500엔 할인)
福島区福島1-1 福島(ほたるまち)港
ipponmatsu.co.jp/cruise/nakanoshima-river.html
34.693514, 135.489367

01

## 노스 쇼어 Northshore Cafe & Dining

자연을 만끽하며 식사할 수 있는 곳

나카노시마를 눈앞에서 볼 수 있는 키타하마에 자리 잡은 카페. 신선하고 건강한 친환경 메뉴를 추구하는 곳이라 신선한 채소 위주 요리가 많고, 조미료를 거의 사용하지 않지만 맛이 상당히 좋다. 오전에는 긴 시간 기다리지 않아도 되지만 런치 타임에는 최소 1시간 정도 대기를 감안해야 한다. 너무 붐빈다면 포장해서 강 건너 나카노시마 공원에서 식사를 하는 것도 좋다. 현금 결제 불가 매장이기 때문에 이코카 등의 IC 카드나 해외 결제 가능 신용·체크 카드가 있어야 한다.

스프라우트 샌드위치(Sprout Sandwich) 1,210엔~ 지하철 사카이스지선 키타하마역(北浜駅) 26번 출구에서 도보 1분 07:00~18:00(런치 11:30~14:00) 大阪市中央区北浜 1-1-28 ビルマビル 2F northshore-hanafru.com 34.691912, 135.507169

02

## 팡듀스 Painduce

신선한 채소와 빵의 맛있는 만남

최근 오사카에서 가장 핫한 베이커리를 꼽을 때 빼놓을 수 없는 곳이다. 신선한 채소를 듬뿍 올린 빵은 좀 낯선 모양이지만 맛은 최고다. 현재 오사카 전역에 분점이 많이 생겼고, 각 지점마다 조금씩 다른 콘셉트로 운영하고 있지만 어느 지점에 가도 채소빵의 맛은 똑같이 훌륭하다. 빵을 좋아한다면 절대 놓치지 말자.

빵 270엔~ 지하철 미도스지선 혼마치역(本町駅) 2번 출구에서 도보 4분 월~화 & 목~금 08:00~ 19:00, 토 8:00~18:00, 수 & 일 휴무 06-6205-7720 大阪市中央区淡路町4-3-1 FOBOSビル1F 34.686740, 135.499201

03

## 우츠보 팩토리 UTSUBO FACTORY

### 크루아상과 커피가 맛있는 카페

우츠보 공원 끝자락에 있는 작은 베이커리 겸 카페. 하루 종일 손님이 끊이지 않는 곳으로 특히 크루아상과 식빵이 맛있기로 유명하다. 커피도 종류는 적지만 맛이 상당히 좋다. 가게 안쪽에는 우츠보 공원이 보이는 작은 실내공간이 있는데 좌석은 조금 불편할지라도 분위기가 아늑하고 좋다. 좌석이 적기 때문에 카페 안에서 먹기보다 포장을 해서 우츠보 공원에서 먹는 것을 추천한다.

크루아상 식빵(クロワッサン食パン) 420엔, 크루아상(クロワッサン) 430엔 지하철 요츠바시선 히고바시역(肥後橋駅) 7번 출구에서 남쪽으로 직진 후 요시노야를 지나 만나는 첫 번째 교차로에서 우회전 후 직진
08:00~18:00(런치 11:00~16:00), 부정기 휴무
大阪市西区京町堀1-14-27 bread-espresso.jp
34.686250, 135.493471

04

## 보타니카리 ボタニカリ-

### 맛도 분위기도 최고

혼마치역 근처에 있는 카레 전문점으로 천연 스파이스를 이용해 직접 만든 보타니카리가 주력 메뉴다. 기본 재료는 닭이지만 소고기도 선택할 수 있다. 치즈, 삶은 달걀 등 토핑을 추가할 수 있으며 매운맛도 4단계로 조절해 주문 가능하다. 기본 보타니카리 외에도 새우를 넣은 에비카리, 해산물카리도 있다. 12:00~13:30 외의 시간에는 보타니카리와 새우 또는 치킨 카리가 함께 나오는 아이가케(合がけ) 메뉴도 1,000엔에 맛볼 수 있으니 참고하자. 최근 여러 미디어에 소개된 후 손님이 급증해 오전 10시부터 정리권(번호표)을 배부하고 있는데, 모두 소진되면 들어갈 수 없으니 미리 가서 받아 두도록 하자. 우메다 한신 백화점에도 지점이 있다.

보타니카리(ボタニカリ-) 1,030엔 지하철 혼마치역(本町駅) 5번 출구로 나와 직진 후 코메다스 커피(コメダ珈琲)가 보이는 첫 번째 골목에서 우회전 후 3블록 직진 11:00~16:00(매진 시 영업 종료), 10:00부터 정리권 배부 大阪市中央区瓦町 4-5-3 日宝西本町ビル 1F twitter.com/BOTANICURRY1 34.686358, 135.498858

**05**

## 요시노스시 본점 吉野鯗

**175년 역사의 하코즈시 명가**

1841년에 문을 연 유서 깊은 스시 전문점. 일반적 형태의 니기리 스시가 아니라 상자에 밥과 생선을 넣고 눌러서 만드는 하코즈시를 판매한다. 하코즈시는 니기리 스시와는 달리 보존성이 좋고 초밥에 이미 간이 되어 있기 때문에 따로 간장을 찍어 먹지 않는 것이 특징이다. 점심에는 비교적 저렴한 가격에 오사카 스시 세트를 판매한다.

하코즈시 1인분(箱寿司1人前) 3,197엔 지하철 미도스지선·요츠바시선·주오선 혼마치역(本町駅) 1번 출구에서 15분 월~금 09:30~14:00(토~일 & 공휴일 휴무) 大阪市中央区淡路町 3-4-14 06-6231-7181 yoshino-sushi.co.jp 34.68713, 135.50184

**06**

## 타카무라 와인 앤드 커피 로스터스 Takamura Wine & Coffee Roasters

**와인 저장고에서 마시는 커피 한잔**

1992년에 창업해 와인, 위스키, 니혼슈 등을 취급하는 주류 전문점으로 성장한 후 2014년부터 커피 사업에 뛰어든 곳이다. 내부 한편에는 와인이 가득하고, 다른 한편에는 대형 커피 로스팅 기계가 있다. 대형 와인 저장고 같은 분위기에서 특별한 커피와 와인의 맛을 경험해보자.

핸드 드립 커피(ハンドドリップコーヒー) 500엔~ 지하철 요츠바시선 히고바시역(肥後橋駅) 8번 출구에서 도보 8분 11:00~19:30(수 휴무) 大阪市西区江戸堀2丁目2-18 takamuranet.com 34.687512, 135.491073

**07**

## 요시토라 吉寅

**오사카 최고의 장어**

오사카 최고의 관동식 장어 맛집으로, 일본식 정원을 내다보며 식사를 즐길 수 있다. 일본에서도 장어는 여름철 보양식으로 통하기 때문에 여름에 방문하려면 반드시 예약해야 한다. 점심시간에는 두툼한 장어 두 마리가 나오는 정식을 5,000엔에 맛볼 수 있지만, 제대로 즐기고 싶다면 다소 금액이 높더라도 9,000엔대 코스를 추천한다.

우나기테이쇼쿠(鰻定食) 5,940엔 지하철 사카이스지선 혼마치역(本町駅) 12번 출구에서 도보 5분 월~금 11:00~14:00 & 17:00~21:00, 토~일 & 공휴일 휴무 大阪市中央区備後町 1-6-6 34.68534, 135.50726

08

## 아도 팡듀스 アド パンデュース add:Painduce

**팡듀스의 빵과 브런치를 즐길 수 있는 곳**

프랑스어 le pain과 영어 produce의 합성어로 이루어진 상호에서 엿보이듯 맛있는 빵을 잘 만들어 제공하겠다는 철학을 실천하고 있다. 11:30~14:30은 점심 식사만 가능하고, 14:30~22:00는 카페와 디너 코스로 운영되니 참고하자.

런치 메뉴 950~1,600엔 지하철 미도스지선 요도야바시역(淀屋橋駅) 10번 출구에서 연결 월~금 런치 11:00~14:30 & 카페 및 디너 14:30~22:00, 토~일 런치 11:30~15:00 & 카페 및 디너 15:00~19:00 06-6223-0300(디너만 예약 가능) 大阪市中央区北浜 4-3-1 34.691387, 135.499951

09

## 푸드스케이프 Foodscape!

**조용하고 안락한 카페에서 즐기는 빵과 커피**

기타신치쪽에서 유명했던 베이커리, 푸드스케이프가 2021년 말 기타하마로 가게를 확장 이전했다. 신선하고 좋은 재료를 고집하고 맛이 좋기로 유명한 가게인 만큼 빵을 좋아한다면 필수 방문지다. 다양한 빵이 진열된 옆에는 먹고갈 수 있는 자리도 마련되어 있다. 오늘의 스프 메뉴도 있는데 이미 만들어져 있는 것을 판매하는 것이 아니고, 재료에 따라서 바로 조리해 제공하기도 한다.

빵 180엔~, 커피 398엔~ 지하철 사카이스지선 기타하마역 5번 출구에서 도보 3분 월 & 수~금 08:30~18:00, 토~일 08:30~17:00, 화 휴무 大阪市中央区平野町1-7-1 堺筋高橋ビル1F food-scape.com 34.6873369, 135.506716

10

## 고칸 키타하마본관 五感 北浜本館

**쌀로 만든 부드러운 롤케이크**

오사카에서 가장 사랑받는 케이크 전문점. 쌀을 재료로 해서 만든 부드럽고 섬세한 식감의 롤케이크가 유명하다. 멋진 외관과 실내 공간까지 갖춘 덕분에 케이크를 먹으며 시간을 보내려는 이들로 항상 붐빈다. 포장도 가능하다.

쌀 생지 롤케이크(お米の純生ルーロ) 1조각 411엔, 1롤 1,206엔 지하철 사카이스지선 키타하마역(北浜駅) 2번 출구에서 도보 2분 10:00~19:00(마지막 주문 18:00)
大阪市中央区今橋2-1-1 新井ビル
34.690741, 135.506385

11

## 키타하마 레트로 北浜レトロ

영국의 다실을 그대로 옮겨온 듯

나카노시마의 강변에 자리 잡은 멋진 티룸. 오사카에서 가장 오래된 티룸으로 유명하며, 오랜시간 현지인에게 큰 사랑을 받고 있다. 레트로 감성의 분위기에서 다양한 종류의 차와 다양한 디저트를 즐길 수 있다.

애프터눈 티(アフタヌーンティー) 3,400엔 지하철 사카이스지선 키타하마역(北浜駅) 26번 출구에서 도보 2분 월~금 11:00~19:00, 토~일 & 공휴일 10:30~19:00(연중 무휴) 06-6223-5858(예약 가능) 大阪市中央区北浜1-1-26 北浜レトロビルヂング 34.691715, 135.507480

12

## 차시츠 Chashitsu 茶室

전통 녹차와 커피가 만나다

호지아메리카노(호지차+아메리카노) 같은 독특한 음료를 선보이는 전통차 전문점. 교토의 유명 로스팅 전문 카페 우니르(Unir)에서 최고급 원두를 공급받아 만든 커피의 맛이 일품이다. 최근 홈페이지를 통한 예약제로 이용 방법이 변경되었으며 시간에 따라 30분 500엔, 1시간 1,000엔 코스가 있다. 당일 현장 예약도 가능.

60분 코스 1,000엔(차 1종, 과자 1종 선택), 테이크 아웃 음료 450엔~ 지하철 요츠바시선 혼마치역(本町駅) 19번 출구에서 도보 5분(우츠보 공원 7번 출구 앞) 11:00~18:00(마지막 주문 17:00) 大阪市西区靭本町1-16-14 HELLO life 1F chashitsu.jp 34.684598, 135.494220

13

## 가르 Ghar

매콤하고 진한 카레

혼마치 우츠보 공원 근처에 있는 인기 만점의 카레 전문점이다. 바 같은 실내 분위기로 인근 직장인에게 인기가 높으며, 점심에만 영업한다.

치키치키카레(チキチキカレー) 1,000엔 지하철 요츠바시선 히고바시역(肥後橋駅) 8번 출구에서 도보 5분 11:30~14:30 大阪市西区 京町堀 1-9-10-103 ghar-curry.com 34.687387, 135.495396

## 14 라멘 지콘 ラーメン而今

깔끔한 시오 라멘

오사카의 여러 시오 라멘집 중에서도 단연 최고로 인정받는 곳. 닭고기 육수의 고소함에 조개 육수를 섞어 끝맛이 아주 깔끔하다.

특제 아사리 시오(特製あさり塩) 1,080엔 지하철 요츠바시선 히고바시역(肥後橋駅)에서 도보 5분 11:30~15:00 & 17:00~21:00, 일 휴무 大阪市北区中之島3-2-4 中之島フェスティバルタワーウエストB1F 34.693457, 135.495750

## 15 뉴하마야 카와라마치점 ニューハマヤ瓦町店

푸짐한 점심 식사

혼마치에 있는 경양식집 겸 이자카야. 점심 때는 밥통이 통째로 나오는 푸짐한 런치 메뉴를 즐길 수 있고, 저녁에는 여러 가지 경양식 요리와 술을 판매한다. 가격이 저렴하면서도 양이 푸짐하고 맛도 좋은 곳.

다브다브(ダブダブ) 1,000엔 지하철 미도스지선 혼마치역(本町駅) 2번 출구에서 도보 2분 11:00~14:00, 토~일 & 공휴일 휴무 06-6231-8787 大阪市中央区瓦町4-3-10 34.685991, 135.499717

## 16 히라오카 커피점 平岡珈琲店

100년 역사의 오사카에서 가장 오래된 커피숍

100년이 넘은 오사카에서 가장 오래된 커피숍이다. 오랜 역사를 가지고 있지만 가게 내부는 수리를 해서 깔끔하다. 커피와 도넛은 창업 당시 방식 그대로 만들고 있으며 커피 맛은 부드럽고 이 카페의 명물인 튀김 도넛과 잘 어울린다. 실내 좌석이 많지 않고 오전에 손님이 많은 편이니 오후에 방문하는 것이 좋다.

백년커피(百年珈琲) 500엔, 아게도너츠(揚げドーナツ) 270엔 지하철 미도스지선 혼마치역(本町駅) 1번 출구에서 도보 3분 수~일 10:00~18:00, 월·화 휴무 090-6244-3708 大阪市中央区瓦町3-6-11 34.686042, 135.501531

17

## 우동 큐타로 Udon Kyutaro

서서 먹는 최상급 우동

우동 큐타로는 최근 혼마치에서 큰 인기몰이를 하고 있는 우동집이다. 두 사람이 나란히 선 것 보다 조금 넓은 가게는 입구도 찾기 어렵고 내부에서도 우동을 주문 후 서서 먹어야 해서 불편하지만, 우동 맛이 워낙 좋아서 가게를 찾는 손님이 끊임없이 들어온다. 추천 메뉴는 아부리(ABURI). 잘 구운 돼지고기와 와사비 소금이 같이 나오는데 우동면, 츠유, 고기, 와사비 소금의 조합이 아주 좋다. 우동을 주문하면 카케나 붓카케 중에 선택하라고 하는데 붓카케로 주문하자.

아부리 ABURI 900엔 지하철 미도스지선 혼마치역(本町駅) 11번 출구에서 도보 2분 07:00~10:00 & 11:00~15:00, 일 & 부정기 휴무 大阪市中央区久太郎町3-1-16 102南

18

## 그릴 키린테이 グリル樹林亭

겉바속촉의 맛있는 비후카츠와 햄버그

나카노시마 근처 지하에 있는 경양식집 그릴 키린테이. 가게 내부에 들어가면 탁 트인 주방이 보이는데 반짝반짝 빛이 날 정도로 청결하다. 대표 메뉴를 햄버그 정식 주문즉시 고기를 반죽해서 바로 구워낸다. 여유가 된다면 국산 헤레비후카츠를 먹어보자. 바삭한 튀김 안에 부드러운 등심살이 미디엄으로 익혀져 나오는 아주 맛있는 비후카츠를 맛볼 수 있다.

국산 헤레비후카츠(国産ヘレビフカツ) 2,100엔 지하철 미도스지선 요도야바시역 2번 출구에서 도보 4분 월~토 11:30~14:30 & 16:30~19:00, 일 & 공휴일 휴무 大阪市北区西天満2-5-3 B1F

# 키타 여행 정보
# FAQ

## 간사이 국제공항과 우메다 간 이동이 가능한가요?

키타의 중심인 우메다와 간사이 국제공항을 연결하는 노선은 JR 칸쿠쾌속과 하루카이다. JR 칸쿠쾌속은 20~30분 간격으로 운행하고 70분이 소요되며, 하루카는 30분 간격으로 운행하며 45분이 소요된다. 리무진 버스는 한큐 오사카우메다역과 근접한 신한큐 호텔에서 간사이 국제공항행을 탈 수 있다. 50분 소요되며 가격은 1,800엔이다.

## 여행에 도움을 받을 수 있는 관광안내소가 있나요?

**오사카관광안내소**
大阪観光案内所 Tourist Information Osaka
JR 오사카역 1F 중앙 콩코스 북쪽(철도·관광안내소 내)
07:00~22:00

• **대응 가능한 언어**: 영어, 중국어, 한국어

## 우메다에서 갈 수 있는 시외 지역은 어디인가요?

우메다는 시영 지하철, JR, 한큐, 한신 선 등 주요 전철이 정차하는 교통의 요충지로, 시외로 이동하는 여러 교통편을 잘 갖추고 있다.

| | | |
|---|---|---|
| **JR 오사카역** | JR | 교토, 아라시야마, 히메지, 고베, 나라, 와카야마 방면 |
| **한큐 오사카우메다역** | 한큐 교토선 | 니시야마텐노잔(산토리 맥주공장 무료 셔틀 승차지), 아라시야마, 카와라마치 방면 |
| | 한큐 센리선 | 스이타(아사히 맥주공장) 방면 |
| | 한큐 타카라즈카선 | 이케다(컵누들 뮤지엄), 타카라즈카 방면 |
| | 한큐 고베선 | 산노미야(키타노이진칸) 방면 |
| **한신 오사카우메다역** | 한신 본선 | 코시엔, 고베산노미야, 모토마치, 코소쿠고베 방면 |
| | 한신 산요전차 직통 특급 | 코시엔, 고베산노미야, 산요아카시(아카시대협), 산요히메지 방면 |

## 오사카 주유 패스를 알뜰하게 사용할 수 있는 일정을 알려주세요.

오전에는 오사카성과 주택박물관, 오후에는 도톤보리 리버 크루즈나 덴포잔 대관람차 또는 산타마리아 유람선, 저녁에는 우메다 공중정원, 헵파이브를 구경하자. 각종 시설과 음식점, 점포 등을 이용하면서 할인이나 선물을 받을 수 있는 혜택을 놓치지 말자.

**오사카 주유 패스로 무료입장이 가능한 시설의 운영 시간 및 요금**

| 시설 | 운영 시간 | 요금 |
|---|---|---|
| **우메다 스카이빌딩 공중정원 전망대** | 10:00~22:30(무료입장 마감 15:00) | 2,000엔(15:00 이후 20% 할인) |
| **헵파이브 관람차** | 11:00~23:00(마지막 입장 22:45) | 800엔 |
| **기누타니 고지 천공 미술관** | 10:00~18:00, 금~토 & 공휴일 전날 10:00~20:00(마지막 입장 30분 전까지) | 상설전 1,300엔 |
| **주택박물관** | 10:00~17:00 | 600엔 |
| **나카노시마 리버 크루즈** | 9/1~12/22 토, 일, 공휴일 14:00~20:30(매시 정각 & 30분 출항) / 17:00, 17:30 운휴 | 1,500엔(성인 동반 초등학생 1인 무료, 1인 초과 시 500엔)/ 16:30 이전 무료 탑승, 16:30 이후 500엔 할인 |

## 헵파이브와 우메다 공중정원 중 어디를 먼저 가야 하나요?

근사한 도심 야경을 즐길 수 있는 헵파이브와 우메다 공중정원은 대부분의 여행자가 같은 날 일정으로 둘러보는 명소다. 이 경우 마감 시간이 30분 이른 우메다 공중정원을 먼저 방문하는 것이 좋다. 이동 거리 면에서도 역에서 거리가 먼 공중정원을 우선 방문한 후 역과 인접한 헵파이브로 이동하는 것이 더 효율적이다. 단, 주유 패스 소지자는 우메다 공중정원의 무료입장 마감 시간(15시)을 꼭 기억하자.

## 헵파이브에서 우메다 스카이빌딩까지 이동하는 길을 알려주세요.

헵파이브 정문 우측, 에스트(EST) 쇼핑몰 방향으로 약 300m(5분)를 걸으면 우메다 유니클로·지유(GU) 건물이 보인다. 맞은편, 한큐삼번가 내 한큐 고속버스 터미널, 요도바시 카메라, 그랑 프런트 오사카 건물을 지나 약 900m(10분)를 걸으면 우메다 공중정원으로 향하는 지하 연결 통로가 나온다. 전체 20~25분 정도 소요된다.

## 우메다에서 나카자키초 카페 거리는 어떻게 가나요?

우메다역에서 나카자키초 카페 거리까지는 걸어서 약 2km(25분)이다. 한큐 오사카우메다역, 헵파이브, 헵나비오를 지나 약 700m(10분) 직진하면 나카자키초역이 나온다. 지하철 이용 시 히가시우메다역에서 타니마치선을 이용해 나카자키초역에서 내리면 된다.

잘 알려지지 않은 보석!

# 오사카 북부

오사카 북부에 왔다면
**이건 꼭!**

눈앞에서 해양 생물을
만날 수 있는 체험형 수족관
**니후레루**를 방문해보세요.

**엑스포시티**를 방문해
일본에서 가장 큰
투명 대관람차를 타고
시원한 전경을 감상해요.

★★★☆☆

**컵누들 뮤지엄**에서
세상에 하나밖에 없는
나만의 라면을 만들어보세요.

# 오사카 북부

NORTH OSAKA 北部 大阪

**#미노오온천 #단풍 #라멘박물관 #반파쿠기념공원 #엑스포시티 #니후레루수족관 #대관람차**

여행자에게는 잘 알려지지 않았지만 현지인이 즐겨 찾는 명소가 많은 구역이다. 특히 미노오 지역은 미노오 폭포와 단풍을 보기 위해 전국에서 인파가 몰려드는 가을 명소로 오사카 전경이 내려다보이는 온천도 있다. 주요 명소를 이미 둘러봤다면 조금은 특별한 오사카 북부로 떠나보자.

## ACCESS

### 우메다에서 가는 법

- **한큐 오사카우메다역**
  - 한큐교토선 준급행 ⏱17분 ¥280엔
- **미나미이바라키역**
  - 오사카모노레일 ⏱6분 ¥250엔
- **반파쿠 기념공원**

- **한큐 오사카우메다역**
  - 타카라즈카선 급행 ⏱18분 ¥280엔
- **이케다역 컵누들 뮤지엄**

### 난바에서 가는 법

- **난바역**
  - 미도스지선 ⏱30분 ¥430엔
- **센리추오역**
  - 오사카 모노레일 ⏱5분 ¥250엔
- **반파쿠 기념공원 & 엑스포시티**

- **난바역**
  - 미도스지선 ⏱9분 ¥240엔
- **우메다역**
  - 도보 이동
- **한큐 오사카우메다역**
  - 타카라즈카선 ⏱급행 18분 ¥280엔
- **이케다역 컵누들 뮤지엄**

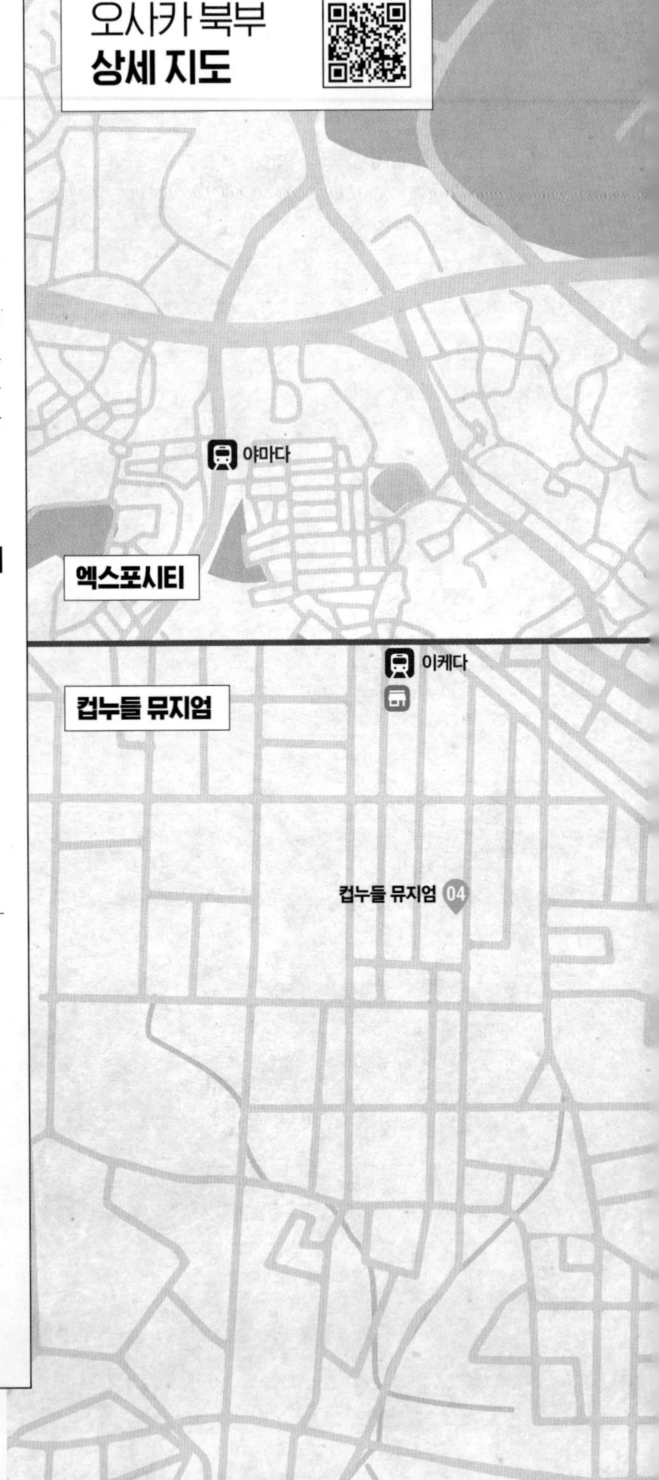

세븐일레븐
패밀리마트
SEE
EAT
SHOP
국립민족학박물관
태양의 탑
코엔히가시구치
03 반파쿠 기념공원
반파쿠키넨코엔
02 니후레루
엑스포시티 01
01 라라포트 엑스포시티
스이타 시립 축구 경기장
멘야 츠무구 01
아사히 맥주 스이타 공장
미노오 공원
코묘 공원
스이카츠 공원
02 구리구리
N
W
E
S

01

## 엑스포시티 Expo City

오사카의 새로운 명소

2015년 개장한 멀티플렉스 엔터테인먼트 타운으로 반파쿠 기념공원 유원지의 옛 영광을 되찾고자 야심차게 개발한 곳이다. 직경 123m로 일본에서 가장 큰 투명 대관람차 레드호스 오사카휠, 게임을 통해 재밌게 프로그래밍을 배울 수 있는 디지털 교육시설 REDEE, 동물 캐릭터들이 반겨주는 어린이 테마파크 ANIPO, 4D 멀티플렉스 영화관 109시네마스, 해양 생물을 눈앞에서 볼 수 있는 신개념 수족관 니후레루(Nifrel) 등을 방문하며 하루 종일 즐거운 체험으로 꽉 채울 수 있다.

오사카 모노레일 반파쿠키넨코엔역(万博記念公園駅)에서 도보 3분 10:00~20:00(시설마다 다름) ¥니후레루 2,200엔(초등학생 이상 1,100엔, 만 3세 이상 650엔), 레드호스 오사카휠 1,000엔(E패스 소지자 일반 곤돌라 무료, 3세 이하 무료), 그 외 시설마다 다름 吹田市千里万博公園 2-1 www.lalaport-expocity.com 34.805846, 135.533997

02

## 니후레루 ニフレル

눈앞에서 보고 느끼는 체험형 수족관

엑스포시티에 있는 체험형 수족관이다. 보통 수족관은 크고 두꺼운 유리로 막힌 대형 수조를 통해 바다 생물을 보는 방식이지만 이곳은 위가 뚫린 아주 작은 수조라 눈앞에서 해양 생물을 관찰할 수 있다. 주변 섬에 서식하는 동물이나 새도 볼 수 있고, 철창이나 망 같은 시설 없이 개방된 공간에 서식하고 있어 직접 만져볼 수도 있다.

오사카 모노레일 반파쿠키넨코엔역(万博記念公園駅)에서 도보 5분 월~금 10:00~18:00(마지막 입장 17:00), 토~일 09:30~19:00(때에 따라 20:00) ¥성인 2,200엔, 초·중학생 1,100엔, 3세 이상~초등학생 미만 650엔 06-6876-2216 吹田市千里万博公園 2-1 www.nifrel.jp 34.806440, 135.533624

03

## 반파쿠 기념공원 万博記念公園 Expo '70 Commemorative Park

태양의 탑이 서 있는 거대 공원

1972년 만국박람회 부지에 들어서 있던 건물을 허물고 조성한 대형 공원이다. 만국박람회의 상징물이자 랜드마크인 태양의 탑은 압도적 규모를 자랑하지만 독특한 외형에 대해서는 호불호가 갈린다. 봄에는 벚꽃, 가을에는 단풍이 아름답고, 플리마켓이나 오사카 라멘 경연대회 같은 행사가 끊임없이 열려 많은 사람이 즐겨찾는다. 공원에는 공예품을 전시한 일본 민예관, 다양한 정원을 재현한 일본 정원은 물론, 쇼핑센터와 원기 온천 오유바도 자리해 관광과 휴식을 동시에 즐길 수 있다.

키타오사카 급행선 센리추오역(千里中央駅), 한큐 타카라즈카선 호타루가이케역(蛍池駅)에서 모노레일로 환승 후 반파쿠키넨코엔역(万博記念公園駅)에서 하차 09:30~17:00(마지막 입장 16:30), 수 휴무 ¥ 일본 정원·자연문화원 260엔, 오사카 일본 민예관 710엔, 원기 온천 오유바 800엔(주말 900엔) 吹田市千里万博公園1-1 www.expo70-park.jp 34.809702, 135.532527

04

## 컵누들 뮤지엄 오사카이케다 カップヌードルミュージアム 大阪池田

세계 최초로 인스턴트 라멘이 탄생한 곳

인스턴트 라멘의 역사를 소개하는 흥미로운 박물관으로 세계 최초로 인스턴트 라멘이 탄생한 자리에 건립되었다. 홈페이지를 통해 미리 예약하면 나만의 컵라면이나 봉지라면을 만드는 체험을 할 수 있어 아이와 함께 방문해도 즐거운 시간을 보낼 수 있다. 오사카의 위성도시인 이케다시에 있지만 우메다역에서 한큐 전차 타카라즈카선 급행으로 20분이면 도착하는 거리니 부담 없이 들러보자.

한큐 타카라즈카선 이케다역(池田駅) 마스미초 방면 출구에서 도보 5분 ¥ 무료, 라면 만들기 체험 500엔 09:30~16:30(마지막 입장 15:30), 화 휴관 池田市満寿美町8-25 www.cupnoodles-museum.jp/ja/osaka_ikeda 34.818380, 135.426629

01

## 멘야 츠무구 麺や 紡

오사카 라멘의 끝판왕

한때 전국 라멘 맛집 1위로 꼽히던 곳. 닭과 해산물 육수를 섞어 맛을 낸 쇼유 라멘이 대표 메뉴다. 주인이 직접 면을 반죽하고, 천연 재료만으로 맛을 낸다. 닭발을 장시간 고아 국물이 걸쭉한 숙성 라멘과 닭 몸통으로 우려내 육수가 깔끔하고 맑은 담성 라멘 중 선택할 수 있다. 시내에서 조금 멀고 영업 2시간 전부터는 줄을 서서 기다려야 하지만 오사카 최고의 라멘을 맛볼 수 있다.

숙성 라멘(熟成らー麺) 750엔, 담성 라멘(淡成らー麺) 750엔
미도스지선(키타오사카 급행선) 센리추오역(千里中央駅)에서 오사카 모노레일로 환승, 우노베역(宇野駅)에서 하차 후 도보 10분 월~화 & 목~금 11:00~15:00, 수 & 토 & 일 휴무 茨木市宇野辺2-1-24
34.803588, 135.556372

02

## 구리 구리 Guli Guli グリ グリ

소박한 정원을 보며 즐기는 한끼

컵누들 뮤지엄이 있는 이케다역과 이시바시역 중간에 있는 분위기 좋은 카페다. 아라키 조경 설비 업체에서 홍보를 위해 직영으로 운영하는 갤러리 카페로, '구리 구리'란 이름은 'Green Green'이라는 뜻. 작지만 멋진 정원이 보이는 공간에서 식사를 할 수 있고, 제철 채소와 과일, 생선 등을 이용해 선보이는 요리의 수준도 가격에 비해 높은 편이다. 주말에는 전화로 예약하고 가는 것이 좋고, 런치는 11:00와 13:30에 2부제로 운영된다.

오니쿠노 런치(お肉のランチ) 3,200엔, 오사카나노 런치(お魚のランチ) 3,200엔
한큐 타카라즈카선 이시바시역(石橋駅)에서 도보 13분 목~월 11:00~18:00, 화~수 휴무 / 런치 11:00 , 13:30부터 2시간씩 2부제 진행 81-72-734-7603 池田市鉢塚2-10-11 guliguli.jp 34.813888, 135.438331

01

## 라라포트 엑스포시티 LaLaport Expocity

없는 것이 없는 종합 쇼핑몰

미츠이 그룹에서 운영하는 종합 쇼핑몰로 반파쿠 기념 공원 옆에 있다. 다양한 레스토랑과 푸드코트, 로프트와 같은 전문 잡화점 등이 입점해 있고, 오사카 북부의 복합 쇼핑, 엔터테인먼트 공간을 목표로 문을 연 곳답게 럭셔리 브랜드, 유명 편집 숍, 아웃도어, 뷰티, 유아 및 아동 등을 모두 아우르는 다양한 브랜드의 상점을 만날 수 있다.

오사카 모노레일 반파쿠키넨코엔역(万博記念公園駅)에서 도보 5분 쇼핑 매장 10:00~21:00, 레스토랑 11:00~22:00
03-5927-9321 吹田市千里万博公園2-1
34.804992, 135.535132

REAL GUIDE

# 미노오 공원 & 아사히 맥주 스이타 공장

현지인이 즐겨 찾는 단풍 명소

## 미노오 공원 箕面公園

미노오 공원은 단풍 명소로 현지인에게 큰 사랑을 받는 곳으로, 오사카 북부 미노오시에 위치한다. 단풍철이 되면 전국 각지에서 미노오의 단풍을 보기 위해 찾아온 방문객으로 인산인해를 이룬다. 미노오역에서 미노오 폭포까지 2km 거리를 오가며 산책을 즐기기 좋고, 여름에는 미노오 폭포에서 반딧불 축제가 열려 방문객의 눈길을 사로잡는다. 미노오 공원의 명물로 꼽히는 단풍잎튀김도 놓치지 말자. 미노오 공원 입구에는 미노오 관광호텔이 있는데, 이곳에서 숙박을 하면 온천을 무료로 이용할 수 있으며 밤에는 오사카 시내의 야경을 내려다보며 온천욕을 즐길 수 있다. 외국인 여행객에게는 잘 알려지지 않은 곳이다.

한큐 타카라즈카선(阪急寶塚線) 이시바시역(石橋駅)에서 미노오선으로 환승 후 미오노역(箕面駅)에서 도보 50분(미노오 관광호텔 방향) 箕面市箕面2丁目6-37
34.838272, 135.469800

맥주 공장 견학 후 마시는 시원한 맥주

## 아사히 맥주 스이타 공장 アサヒビール吹田工場

오사카 북부 스이타에 위치한 아사히 맥주 공장은 일본인이 가장 좋아하는 맥주 브랜드 중 하나인 아사히의 다양한 맥주를 직접 만나볼 수 있는 곳이다. 맥주 제조 과정을 둘러볼 수 있어 맥주 마니아는 물론 아이를 동반한 가족 단위 여행자에게도 좋다. 1~6인은 홈페이지에서 견학 신청이 가능하며 7인 이상은 전화로 예약해야 한다. 견학은 일본어로만 진행되며, 오디오 가이드(영어)를 사용할 수 있다. 오사카 근교를 여행하는 즐거움은 물론 견학 후 갓 뽑아낸 시원한 맥주까지 맛보는 특별한 경험을 해보자.

한큐 센리선 스이타역(吹田駅)에서 도보 5분 10:00~15:00 ¥ 1,000엔(초등학생~19세 미만 300엔)/한정판 맥주잔 증정 06-6388-1943 吹田市西の庄町1-45 www.asahibeer.co.jp/brewery/suita/
34.764188, 135.521508

SECTION A 난바
SECTION B 신사이바시 & 도톤보리
A
B

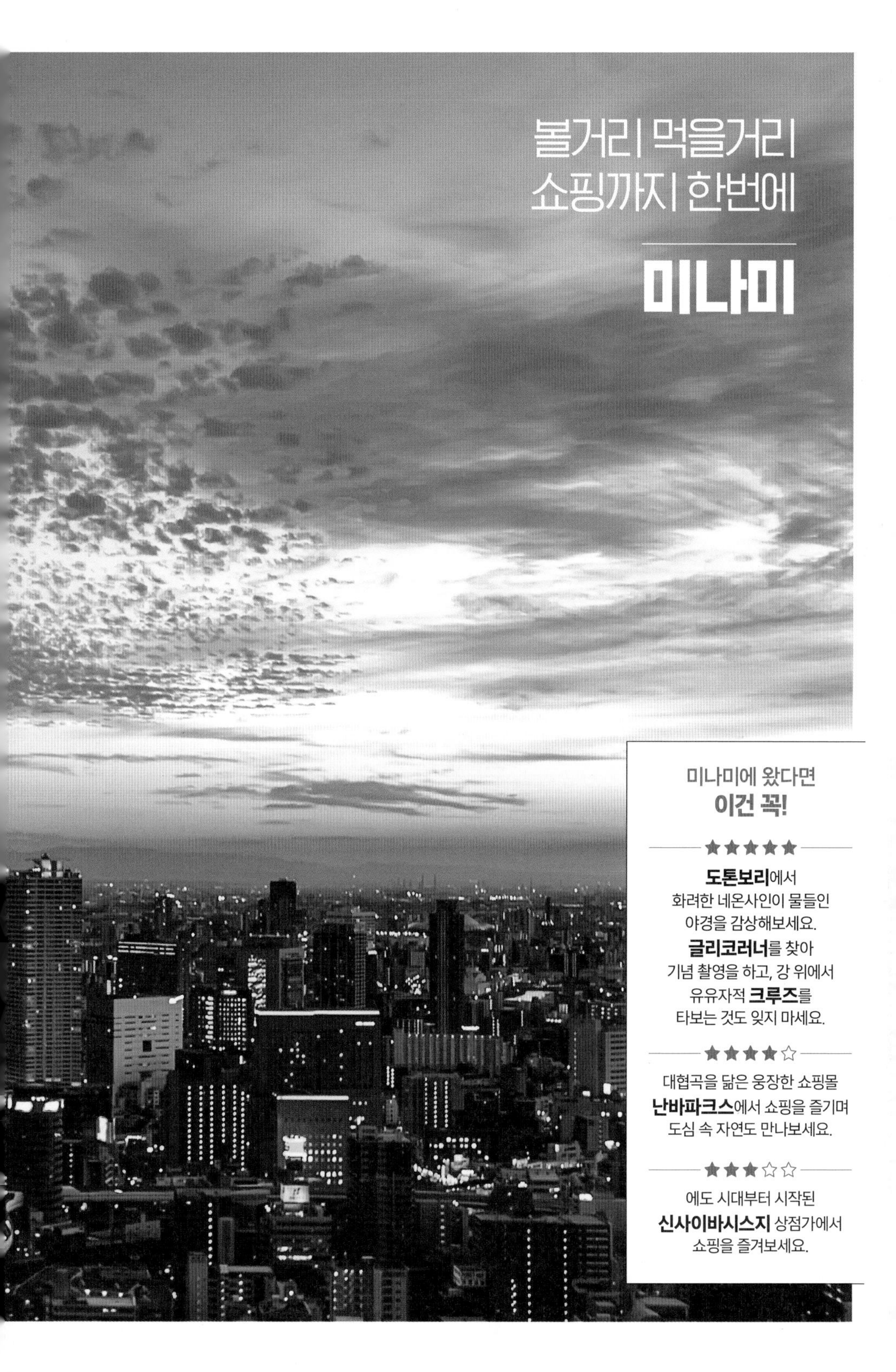

# 볼거리 먹을거리 쇼핑까지 한번에

# 미나미

미나미에 왔다면
**이건 꼭!**

★★★★★

**도톤보리**에서
화려한 네온사인이 물들인
야경을 감상해보세요.
**글리코러너**를 찾아
기념 촬영을 하고, 강 위에서
유유자적 **크루즈**를
타보는 것도 잊지 마세요.

★★★★☆

대협곡을 닮은 웅장한 쇼핑몰
**난바파크스**에서 쇼핑을 즐기며
도심 속 자연도 만나보세요.

★★★☆☆

에도 시대부터 시작된
**신사이바시스지** 상점가에서
쇼핑을 즐겨보세요.

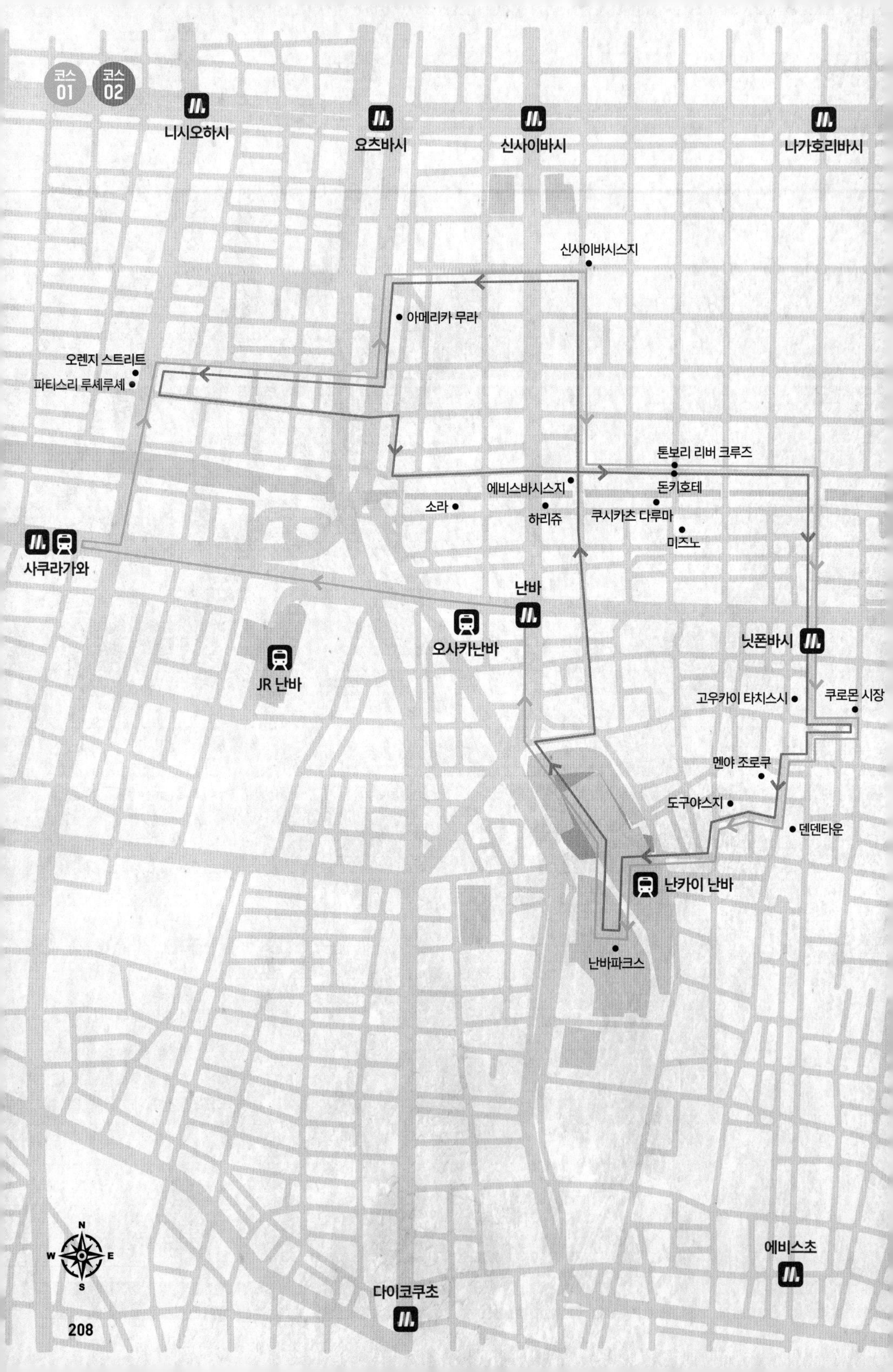
코스 01
코스 02
니시오하시
요츠바시
신사이바시
나가호리바시
신사이바시스지
아메리카 무라
오렌지 스트리트
파티스리 루셰루셰
톤보리 리버 크루즈
돈키호테
에비스바시스지
소라
하리쥬
쿠시카츠 다루마
미즈노
사쿠라가와
난바
오사카난바
JR 난바
닛폰바시
고우카이 타치스시
쿠로몬 시장
멘야 조로쿠
도구야스지
덴덴타운
난카이 난바
난바파크스
N
W
E
S
에비스초
다이코쿠초

## 01
# 핵심 1일 코스

닛폰바시역 **출발**

10:00 **덴덴타운** or **쿠로몬 시장**

도보 5분

12:00 **멘야 조로쿠** or **고우카이 타치스시**

14:00 **난바파크스**

난바역

사쿠라가와역

15:30 **파티스리 루셰루셰**

도보 20분

16:00 **오렌지 스트리트, 아메리카 무라**

도보 10분

17:00 **신사이바시스지, 에비스바시스지**

18:30 **하리쥬** or **소라** or **미즈노** or **쿠시카츠 다루마**

20:00 **톤보리 리버 크루즈**

20:40 **돈키호테**

닛폰바시역 **도착**

# 02 쇼핑 1일 코스

닛폰바시역 출발

10:00 덴덴타운 or 쿠루몬 시장

도보 10분

11:00 도구야스지

도보 5분

12:30 난바파크스

13:30 멘야 조로쿠 or 고우카이 타치스시

도보 10분

16:00 신사이바시스지, 에비스바시스지, 아메리카 무라

도보 15분

17:00 오렌지 스트리트

도보 10분

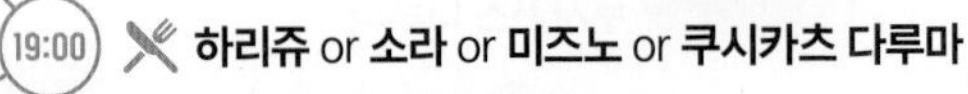

19:00 하리쥬 or 소라 or 미즈노 or 쿠시카츠 다루마

20:30 돈키호테

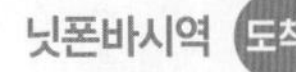

닛폰바시역 도착

SECTION

# 난바

## NAMBA 難波

**#쿠로몬시장 #오렌지스트리트**
**#난바파크스 #덴덴타운**

공항에서 열차를 타고 도착하면 가장 먼저 만나는 난바. 라피트가 정차하는 난카이 난바역이 있고, 미나미의 상징인 도톤보리 및 신사이바시스지와도 가까워 여행자는 대개 이 주변에 숙소를 잡는다. 전통 시장의 모습을 간직한 쿠로몬 시장, 최신 패션을 엿볼 수 있는 오렌지 스트리트, 대형 쇼핑몰 난바파크스, 오사카의 '아키하바라'로 불리는 덴덴타운 등 볼거리가 가득하고, 맛집까지 즐비한 난바 여행을 시작해보자.

### ACCESS

**공항에서 가는 법**

- **JR 간사이쿠코역**
  - JR 간사이 공항선 53분 ¥1,080엔
- **JR 텐노지역**
  - JR 야마토지선 7분
- **JR 난바역**

- **난카이 간사이쿠코역**
  - 라피트 39분 ¥1,490엔
  - or
  - 난카이 공항급행 45분 ¥970엔
- **난카이 난바역**

- **1층 리무진 버스정류장**
  - 난바 OCAT행 버스 50분 ¥1,300엔
- **난바 OCAT**

**우메다역에서 가는 법**

- **우메다역**
  - 미도스지선 8분 ¥240엔
- **난바역**

# Ⓐ 난바 상세 지도

## SEE

01 난바파크스
02 난바 야사카신사
03 우라난바
04 덴덴타운
05 쿠로몬 시장
06 난바시티
07 센니치마에

## EAT

01 카눌레 드 자폰
02 와나카
03 후쿠타로
04 멘야 조로쿠
05 사카나야 히데조우 타치노미텐
06 고우카이 타치스시
07 멘노요우지
08 키타로즈시
09 마루가메세이멘
10 토키스시
11 후츠우노쇼쿠도 이와마
12 닛폰바시 이치미젠
13 551 호라이
14 지유켄
15 타헤이
16 토리키조쿠
17 텐치진
18 리쿠로오지상 치즈케이크
19 기린시티 플러스
20 텐푸라 다이키치
21 요쇼쿠 아지트
22 미미우
23 요쇼쿠 레스토랑 히시메키야
24 야키니쿠노 와타미

## SHOP

01 빌리지 뱅가드
02 빅카메라
03 도구야스지
04 무인양품
05 타카시마야 백화점
06 난바 마루이
07 라비1

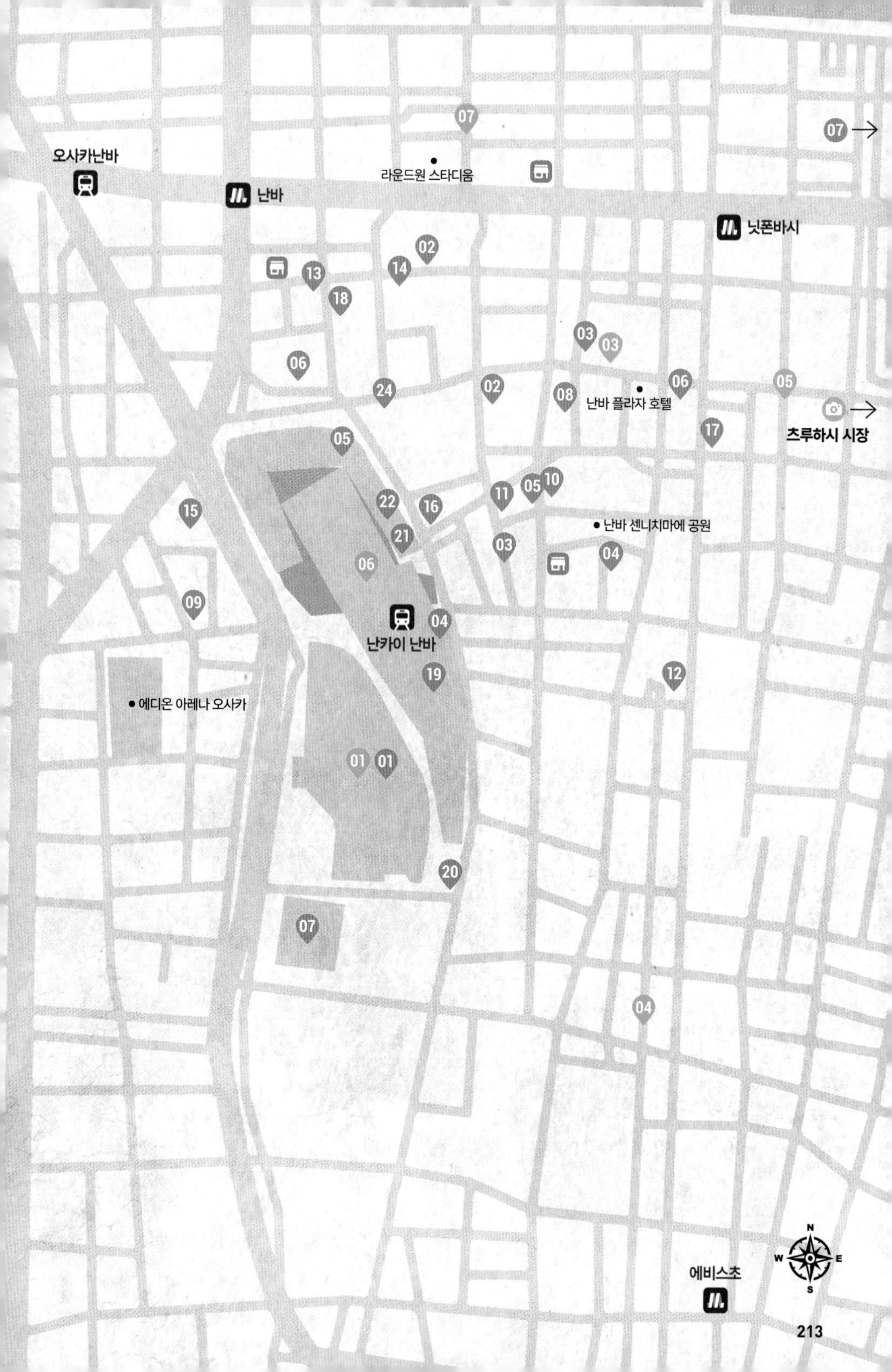

오사카난바
난바
라운드원 스타디움
닛폰바시
난바 플라자 호텔
츠루하시 시장
난바 센니치마에 공원
난카이 난바
에디온 아레나 오사카
에비스초

01

## 난바파크스 なんばパークス

### 도심 속에서 즐기는 꿀 같은 휴식

'자연과의 공존'을 전면에 내세우며 2007년 문을 연 대형 쇼핑몰. 과거 프로 야구팀 소프트뱅크 호크스의 전신인 난카이 호크스의 본구장이 있던 부지로, 팀 해체 이후 지금의 모습으로 태어났다. 건물은 캐널시티 하카타, 도쿄 롯폰기 힐스 등 인상적인 대형 쇼핑몰을 설계한 미국인 건축가 존 저드(Jon Jerde)의 작품이며, 대협곡을 닮은 웅장한 외관과 지층을 연상시키는 줄무늬를 통해 지구의 장대한 역사를 형상화했다고 한다. 1~5층은 패션, 뷰티, 인테리어 용품을 판매하는 숍, 6~8층은 유명 맛집이 즐비한 식당가, 8~9층은 극장 및 야외 예식장과 옥상 정원으로 구성되어 있다. '사람과 도시, 자연을 하나로'를 표방하는 파크스 가든(Parks Garden)에도 꼭 들러보자. '세계에서 가장 아름다운 공중정원 톱 10'에 선정된 쇼핑몰의 미래 모델로, 11,500m²의 거대한 면적에 나무 7만여 그루와 식물 300여 종이 서식하는 도심 속 휴식 공간이다.

난카이 난바역(難波駅) 중앙 개찰구 남쪽 출구와 연결/지하철 미도스지선 난바역(なんば駅) 남쪽 개찰구에서 도보 7분/요츠바시선 난바역(なんば駅) 남쪽 개찰구에서 도보 9분/센니치마에선 난바역(なんば駅)에서 도보 8분/한신 난바선·킨테츠선 오사카난바역(大阪難波駅)에서 도보 9분
상점가 11:00~21:00, 식당가 11:00~23:00, 파크스 가든 10:00~24:00 大阪市浪速区難波中2-10-70
06-6644-7100 nambaparks.com
34.661608, 135.502001

02

## 난바 야사카신사 難波 八坂神社

### 인증샷 핫 스폿으로 떠오른 명물 신사

난바에 위치한 규모가 작은 신사이지만, 높이 12미터에 달하는 사자머리 모양의 본당이 있어, 인증 사진 핫스폿으로 유명한 곳이다. 닌토쿠 일왕(313~399)의 재위 시기, 역병의 유행을 막기 위해 신사를 지은 것이 시초로 여겨지며, 1945년 소실되었지만 1974년 재건되었다. 난바 야사카신사의 상징인 사자전은 사자의 큰 입으로 나쁜 기운을 들이마시고 행운을 내뱉는다는 의미로, 전국 각지로부터 참배객이 몰리는 인기 스폿이다.

지하철 미도스지선·요츠바시선·센니치마에선 난바역(なんば駅) 32번 출구에서 도보 5분 06:00~17:00 大阪市浪速区元町2-9-19 06-6641-1149 nambayasaka.jp
34.661762141802946

## 03 우라난바 浦難波

미나미의 진짜 맛집은 모두 이곳에

난바 빅카메라 건물 뒤쪽부터 시작해서 그랜드 카게츠 극장, 도구야스지 등의 지역 주변을 일컫는 우라난바는 정식 행정 구역명이 아닌 통상적으로 부르는 이름이다. 특히 우라난바에는 이자카야와 맛있는 음식점이 많기로 유명해 미나미의 진짜 맛집은 이곳에 다 몰려 있다고 해도 과언이 아닐 정도다. 예로부터 오사카는 알뜰한 소비 성향이 배어 있던 상인 계층이 많이 거주하던 지역이었고, 그 덕분인지 저렴하고 맛있는 음식점이 특히 많았다고 한다. 진짜 오사카의 생생한 분위기와 현지인들의 활기찬 에너지를 느끼고 싶다면 우라난바로 가보자.

지하철 미도스지선 난바역(なんば駅)에서 1번 출구 방향 난난(なんなん) E5 출구에서 도보 2분 상점마다 다름
大阪市中央区千日前2丁目11-10
34.665465, 135.503280

## 04 덴덴타운 でんでんタウン

전자상가, 그 이상의 놀이터

닛폰바시를 따라 자리 잡은 전자 제품 할인 상점가로, 도쿄의 아키하바라와 흔히 비교된다. 전자 제품은 물론 게임, 애니메이션 등 취미 관련 제품도 많다. 원래는 중고 서적과 보세 의류를 판매하던 곳이었으나 2차 대전 이후 라디오, 부품, 공구 상점이 생기고 가전 소매 위주로 운영되던 매장이 대형화되면서 지금에 이르렀다. 만다라케, 애니메이트, 토라노아나, 멜론북스, 라신반(만화)은 물론 게이머즈(게임), 건담 숍(피규어), 보크스 오사카 쇼룸(정글, 철도)까지 입점해 가히 '마니아의 성지'라 불릴 만하다. 주말이면 코스프레를 하고 다니거나 메이드 복장을 하고 카페를 홍보하는 사람을 많이 볼 수 있다.

지하철 센니치마에선·사카이스지선·킨테츠선 닛폰바시역(日本橋駅) 5번 출구에서 도보 5분/사카이스지선 에비스초역(恵美須町駅) 북 A1·B1 출구 10:00~20:00(상점마다 다름)
大阪市浪速区日本橋3丁目8-22
denden-town.or.jp 34.662314, 135.504972

05

## 쿠로몬 시장 黒門市場

**현지인의 입맛을 책임지는 오사카의 부엌**

에도 시대 후기부터 오사카의 식탁을 책임져온 전통 시장으로, 820년대 닛폰바시 엔메이지(円明寺)의 검은 문 주변에 상인이 모여 생선을 팔던 자리에서 시작되었다. 지금도 많은 점포가 활어를 취급하는데, 특히 복어, 새우, 참치 전문점이 많다. 부담스럽지 않은 가격으로, 신선한 해산물로 만든 음식들을 즐길 수 있는 곳.

지하철 센니치마에선·사카이스지선·킨테츠선 닛폰바시역(日本橋駅) 10번 출구 07:00~22:00(상점마다 다름)
06-6631-0007 大阪市中央区日本橋2丁目4番1号
kuromon.com 34.665334, 135.507006

06

## 난바시티 なんば CITY

**교통이 편리한 대형 쇼핑센터**

미나미 최대 규모 쇼핑센터. 본관(지하 2층~지상 2층)과 남관(지하 1층~지상 2층)으로 구성되어 있으며, 3층은 공항으로 갈 수 있는 난카이 난바역과 연결되어 있다. 20~30대 여성 브랜드 및 유니클로, 무인양품, 100엔 숍 내추럴 키친을 비롯해 실용 아이템을 300엔에 구매할 수 있는 3코인즈도 인기 매장이다.

난카이 난바역(難波駅)과 연결/지하철 미도스지선·요츠바시선·센니치마에선 난바역(なんば駅)에서 도보 5분
상점 11:00~21:00, 식당가 11:00~22:00 大阪市中央区難波5-1-60 06-6644-2960 nambacity.com
34.663863, 135.501690

07

## 센니치마에 千日前通

**오사카의 오락과 예술과 미식이 모인 곳**

극장과 영화관이 밀집한 도톤보리 남동쪽 거리를 말한다. 이 부근의 유명 사찰인 호젠지에서 천일 동안 염불을 드렸다는 일화가 있어 '센니치지(千日寺)'라고도 불린다. 이 지역은 1885년 난바역이 개통되며 발전하다 1912년 미나미 대화재로 쇠락의 길을 걸었고, 이후 극장, 수족관, 전망대를 갖춘 라쿠텐지가 문을 열면서 활기를 되찾았다. 오사카 전역에서 유명한 맛집도 많이 모여 있다.

난카이 난바역(難波駅)에서 도보 5분/지하철 미도스지선·요츠바시선 난바역(なんば駅)에서 도보 5분 10:00~20:00(상점마다 다름) 大阪市中央区千日前1丁目
sennichimae.com 34.667988, 135.503160

01

## 카눌레 드 자폰 CANELÉ du JAPON

작은 카눌레에 계절과 맛을 담다

카눌레 드 자폰은 JR난바역 근처에 있는 아주 작은 카눌레 전문점이다. 취급하는 품목은 오직 카눌레 한 가지. 각 계절에 어울리는 제철 재료로 만들어 언제나 색다른 맛의 카눌레를 맛볼 수 있다. 가게에서는 포장만 가능하며 8개, 12개, 16개, 24개 단위로 구매가 가능하다. 겉은 바삭하고 속은 부드러우면서도 쫄깃한 식감인데, 여기에 계절감 가득한 맛까지 더해져 한층 고급스러운 맛으로 완성된다.

카눌레 150엔~ 8개 세트 1,280엔 지하철 사쿠라가와역(桜川駅)에서 도보 4분/JR난바역(JR難波駅)에서 도보 5분
목~화 10:00~19:00, 수 휴무 大阪市浪速区桜川1-6-24
34.666429977171106, 135.49157240893896

02

## 와나카 본점 わなか 本店

미쉐린 가이드 빕 구르망 타코야키

그랜드 카게츠 극장 왼편에 있는 타코야키 전문점. 도구야스지로 가는 길목인 데다 오리엔탈 호텔에서 가까워 여행자들이 특히 많이 찾는다. 1~2층 내부에는 테이블이 있는데, 타코야키 굽는 곳 우측 뒤편에 내부로 들어가는 입구가 있다. 실내는 약간 좁은 편이고, 티슈와 물 등이 준비되어 있다. 재료로 들어간 문어가 크고 구운 정도도 알맞아 현지인에게 인기가 높다. 다양한 메뉴가 있지만 그중에서도 기본 타코야키에 소스와 마요네즈를 뿌리고 파를 추가해서 먹어보자. 바삭한 전병 사이에 타코야키 두 개를 넣어주는 타코센도 인기 메뉴.

타코야키(たこ焼き) 650엔+네기(ねぎ, 파) 100엔, 타코센(たこせん) 300엔 지하철 미도스지선 난바역(なんば駅)에서 도보 5분
월~금 10:30~21:00, 토~일 09:30~21:00
大阪市中央区難波千日前11-19 1-2F
takoyaki-wanaka.com
34.665197, 135.503351

03

## 후쿠타로 福太郎

**오사카 최고로 꼽히는 오코노미야키**

오사카의 수많은 오코노미야키점 중에서도 가장 평가가 좋고 미쉐린 빕 구르망에도 오른 곳으로 언제나 손님들로 북적인다. '돼지고기와 파'라는 극강의 조합을 선보이는 부타네기야키가 가장 유명하지만 기본 오코노미야키도 맛있다. 도착하면 내부로 들어가서 명판에 이름과 인원을 적고 기다리자. 좌석은 'ㄴ'자 모양의 카운터석으로 되어 있고 주문하면 직원이 음식을 자리 앞 철판에 올려준다. 테이블석은 별관에 있다.

부타네기야키(豚ねぎ焼き) 1,080엔 지하철 미도스지선 난바역(なんば駅)에서 도보 5분 월~금 17:00~23:30, 토~일 12:00~23:00 06-6634-2951 大阪市中央区千日前2-3-17 2951.jp 34.665524, 135.504490

04

## 멘야 조로쿠 麺屋 丈六

**정통 중화 소바 맛의 진수**

난바에서 가장 인기 높은 라멘집으로, 맛집이 모여 있는 그랜드 카게츠 극장 주변에서는 조금 떨어져 있다. 대표 메뉴인 중화 소바는 맑은 닭 육수에 간장을 넣어 만든 쇼유 라멘으로, 조금 짜지만 감칠맛이 살아 있다. 쫄깃한 중면과 숙성시켰다가 얇게 잘라 올린 차슈의 맛이 잘 어우러진다. 와카야마식 돈코츠 쇼유 라멘인 와카야마 라멘도 한정 판매하며, 가을과 겨울에는 감잎을 이용한 와카야마 특산 초밥 하야즈시도 맛볼 수 있다.

중화 소바(中華そば) 900엔 지하철 미도스지선 난바역(なんば駅)에서 도보 8분 월~화 & 목~일 11:30~15:00 & 18:00~21:00, 수 휴무 大阪市中央区難波 千日前6-16 jouroku.blog.fc2.com 34.663697, 135.504855

05

## 사카나야 히데조우 타치노미텐 魚屋ひでぞう 立ち呑み店

**입식 이자카야에서 즐기는 술과 신선한 해산물**

최근 엄청난 핫스폿으로 떠오른 입식 이자카야. 신선한 해산물 안주를 곁들여 간단히 술을 즐길 수 있는 데다 맛이 훌륭하고 가격이 저렴해 현지인에게 큰 사랑을 받고 있다. 분주하고 떠들썩한 내부 공간에서는 그야말로 현지 분위기를 제대로 느낄 수 있다. 한글 메뉴가 없어 주문하기가 어렵다면 오스스메 메뉴(おすすめメニュー 추천 메뉴)를 물어보도록 하자.

예산 2,000엔~ 지하철 미도스지선 난바역(なんば駅) 직결, 난난(なんなん) E9번 출구에서 도보 3분 17:00~24:00(마지막 주문) 大阪市中央区難波千日前9-1 34.664349, 135.503982

## 06 고우카이 타치스시 豪快 立ち寿司

맛있는 초밥, 정겨운 분위기

소박한 분위기, 저렴한 가격, 최고의 초밥을 모두 갖춘 곳. 신선하고 두툼한 회를 올린 초밥 맛이 아주 훌륭하고, 점심시간에는 파격적인 가격(950엔)에 초밥 8개와 아카다시(생선 된장국)가 나오는 니기리 세트까지 선보인다. 모둠 코스도 1,800엔 정도로 저렴하고 맛도 괜찮으니 꼭 들러보자. 저녁에는 다양한 술과 함께 초밥과 회를 안주 메뉴로 선보이는 이자카야로 운영한다.

니기리모리(にぎり盛り) 950엔, 조니기리모리(上にぎり盛り) 1,800엔
지하철 센니치마에선 닛폰바시역(日本橋駅) 5번 출구에서 도보 2분
11:30-14:00 & 17:00-23:00, 부정기 휴무 大阪市中央区日本橋2丁目5-20 34.665306, 135.505759

## 07 멘노요우지 麺のようじ

진한 국물과 산뜻한 채소의 조화

닭 육수로 만든 라멘을 선보이는 곳. 식당 외부와 그릇에 귀여운 닭 캐릭터가 그려져 있다. 맑고 가벼운 국물이 약간 짠 듯하지만 푸짐한 채소 고명 덕분에 산뜻하고 깔끔한 맛을 즐길 수 있다. 조금 외진 곳에 자리 잡고 있지만 늘 손님으로 붐비므로 줄을 서야 한다. 국물을 낼 때 사용하는 육수 건조 가루를 따로 판매하고 있으니 이곳 라멘이 마음에 들었다면 구매해도 좋을 듯.

토리세츠고쿠 시오 라멘(鳥節極塩ラーメン) 900엔 지하철 사카이스지선·센니치마에선 닛폰바시역(日本橋駅)에서 도보 8분
11:30~14:30 & 18:00~21:00, 수 휴무 大阪市中央区高津 2-1-2 大越ビル 1F 34.668401, 135.511292

## 08 키타로즈시 喜多郎寿司

술을 부르는 회와 스시

기억에 남는 가게, 손님과 점원 모두가 행복한 가게를 꿈꾸며 영업 중인 키타로즈시는 추구하는 바에 맞게 밝고 즐거운 분위기 속에서 맛있는 스시와 술을 즐길 수 있는 곳이다. 오사카에만 11개의 점포가 있으며, 특이하게 태국 방콕에도 5개의 지점을 가지고 있다. 스시 2개에 280엔이라는 합리적인 가격 대비 꽤 훌륭한 맛을 즐길 수 있고, 안주 삼아 먹을 회와 각종 먹거리, 그와 어울리는 술도 다양하게 준비되어 있다. 오후부터 새벽까지 영업하기 때문에 늦은 시간에 느긋하게 즐기기에도 아주 좋다.

예산 3000엔~ 지하철 난바역(なんば駅) E9 출구에서 도보 3분
17:00~02:00 大阪市中央区難波千日前3-5
www.kitarou.jp 34.665047, 135.504423

## 09 마루가메세이멘 丸亀製麵

카가와현 우동의 대표 체인점

일본에서 가장 유명한 우동 중 하나인 카가와현의 사누키 우동. 그 맛을 일본 전역으로 널리 퍼트린 체인이 바로 마루가메세이멘이다. 사누키 우동의 맛을 가장 잘 구현한 체인점으로 인정받으며, 웬만한 전문점과 견줘도 전혀 밀리지 않는 맛을 자랑한다. 한 줄로 된 레일을 따라가며 주문하고 튀김 등의 토핑을 얹은 후 가장 마지막에 계산하는 방식이니 참고하자.

붓카케 우동 대(ぶっかけうどん 大) 550엔 지하철 미도스지선 난바역(なんば駅) 5번 출구에서 도보 3분 11:00~21:30 大阪市浪速区難波中1-16-8 國樹ビル 1F 34.663136, 135.499927

## 10 토키스시 ときすし

저렴하고 맛도 괜찮은 초밥 세트

최고의 가성비를 자랑하는 초밥 전문점. 특히 점심시간에는 초밥 12개와 아카다시(생선 된장국)까지 포함된 세트를 저렴한 가격에 선보인다. 테이블석과 카운터석을 고루 갖췄고, 피크타임에는 2층의 넓은 자리도 개방한다. 괜찮은 초밥을 저렴하게 맛보고 싶다면 망설이지 말고 이곳을 선택하자.

토키토키세토(ときときセット) 1,320엔 지하철 미도스지선 난바역(なんば駅)에서 도보 5분(그랜드 카게츠 극장과 도구야스지 근처) 11:00~22:00(런치 11:00~14:00 / 마지막 주문 21:30), 수 휴무 大阪市中央区難波千日前4-21 tokisushi.jp 34.664385, 135.504137

## 11 후츠우노쇼쿠도 이와마 普通の食堂いわま

입맛을 돋우는 집밥 한 그릇

건강한 집밥을 선보이는 곳. 특히 정식 세트(900엔)가 최고의 가성비를 자랑하는데, 메뉴는 날마다 달라진다. 이곳은 이곳은 푸짐한 양의 튀김을 올린 텐동으로도 유명하다.

히가와리 런치(日替わりランチ) 1,000엔, 토리노카라아게 정식(鶏のから揚げ定食) 860엔 지하철 미도스지선 난바역(なんば駅)에서 도보 5분 도구야스지 골목 안 11:00~15:30 & 18:00~22:00, 수 휴무 大阪市中央区難波千日前9-12 34.664245, 135.503515

12

## 닛폰바시 이치미젠 日本橋一味禅

텐동으로 전국 돈부리 그랑프리 대회에서 대상을 수상한 이치미젠의 자매점. 본점과는 달리 튀김 종류만 취급하며 저렴한 가격에 푸짐한 밥과 튀김, 된장국을 함께 맛볼 수 있다. 기본 메뉴인 에비텐동만 주문해도 피망, 옥수수, 새우 2마리, 김, 가지튀김까지 맛볼 수 있다.

에비텐동(海老天丼) 680엔, 에비아나고텐동(海老穴子天丼) 1,100엔 지하철 미도스지선 난바역(なんば駅)에서 도보 5분(덴덴타운) 11:00~16:00, 월 휴무 大阪市浪速区日本橋3丁目6-8 34.662249, 135.505751

13

## 551 호라이 본점 551 蓬莱 本店

'맛도 서비스도 이곳이 최고(ここが一番)'라는 뜻의 551 호라이는 난바에서 시작해 간사이 곳곳에 체인점을 낸 오사카 대표 교자 전문점이다. 대표 메뉴는 오사카 사람들의 솔푸드나 다름없는 돼지고기 왕만두(부타망)와 교자. 부타망은 피가 아주 두꺼운 편이라 겨자를 발라 먹어야만 참맛을 느낄 수 있다.

부타망(豚まん) 290엔 지하철 미도스지선 난바역(なんば駅) 11번 출구에서 도보 1분 가판 10:00~21:30, 레스토랑 11:00~21:30, 첫째 & 셋째 화 & 공휴일 휴무 大阪市中央区難波3丁目6-3 www.551horai.co.jp 34.666431, 135.501271

14

## 지유켄 自由軒

1910년 문을 연 오사카 최초 양식 전문점. 보온 밥솥이 없던 시절, 손님에게 따뜻한 밥을 대접하고 싶은 마음으로 고안한 명물 카레가 유명해지며 오늘날까지 이어지고 있다. 이곳의 카레라이스는 특이하게 밥과 카레를 완전히 섞은 다음, 위에 날달걀을 얹어 낸다. 꼭 달걀을 잘 섞은 다음에 소스를 뿌려 맛을 조절하자.

명물 카레(名物カレー) 900엔 지하철 미도스지선 난바역(なんば駅) 11번 출구에서 도보 2분 11:00~20:00, 월 휴무 大阪市中央区難波3-1-34 34.666327, 135.502398

15

## 타헤이 多平

**매콤달콤 야키니쿠의 한국적인 맛**

2대째 이어온 야키니쿠 전문점. 고춧가루 양념을 바른 하라미, 등심 조로스, 조카루비가 인기 메뉴이며 재일교포 3세가 운영하는 곳답게 한국인 입맛에도 잘 맞는다. 불판을 교체해주지 않으므로 눌어붙지 않게 구워 먹어야 한다는 점을 참고하자.

하라미(ハラミ, 안창살) 1,550엔, 조로스(上ロース, 등심) 1,800엔, 조카루비(上カルビ 갈비) 1,350엔 지하철 미도스지선 난바역(なんば駅) 5번 출구에서 도보 1분 11:30~14:00 & 17:00~22:00(마지막 주문 21:30), 둘째 & 셋째 수 휴무 大阪市浪速区難波中1丁目15-3 34.664073, 135.499923

16

## 토리키조쿠 난바점 鳥貴族ナンバ店

**청춘의 허기를 채워주는 저렴한 야키토리**

오사카는 물론 일본 전역에서 눈에 띄는 노란 간판. 야키토리를 저렴한 가격에 맛볼 수 있어 현지인이 즐겨 찾는 맛집이다. 야키토리 외에 샐러드나 튀김, 작은 면이나 밥 등 곁들여 먹을 안주도 다양하고, 디저트도 준비되어 있다. 특히 맥주나 하이볼 등 술까지 포함해 모든 메뉴가 균일가 370엔(꼬치는 2개 가격)이기 때문에 마음껏 먹고 마셔도 부담 없다. 금요일이나 주말에는 대기 시간이 2~3시간에 달할 정도로 붐비니 여유를 갖고 방문하자.

¥ 예산 2,000엔~ 지하철 미도스지선 난바역(なんば駅) 2번 출구에서 도보 1분 일~목 17:00~01:00, 금~토 17:00~03:00 大阪市中央区難波千日前13-10 B1 torikizoku.co.jp 34.664037, 135.502802

## 17 텐치진 닛폰바시점 天地人 日本橋店

부타동이 유명한 라멘집

마늘을 넣은 진한 돈코츠 라멘을 선보이는 전문점이지만 특이하게 부타동으로 더 유명하다. 굵은 면을 넣은 라멘은 호불호가 갈리는 반면, 두툼한 고기와 절묘한 소스로 맛을 낸 부타동은 누구나 좋아하는 메뉴다. 라멘과 부타동을 함께 먹을 수 있는 미니 부타동 세트도 있다. 식탁에 구비된 바삭바삭한 마늘 후레이크를 올려먹으면 더욱 맛있다.

부타동(豚丼) 980엔, 미니 부타동 세트(ミニ豚丼セット) 1,250엔 지하철 센니치마에선 닛폰바시역(日本橋駅)에서 도보 3분 11:00~03:00, 월 휴무 大阪市中央区日本橋2丁目4-10 日本橋UKビル1F 34.664637, 135.506166

## 18 리쿠로오지상 치즈케이크 본점 りくローおじさんの店

보들보들 매끄러운 치즈케이크

1956년 난바에서 처음 문을 열고 10개 지점까지 확장한 오사카 토종 치즈케이크 전문점. 부드럽고 매끄러운 독특한 식감이 최고인 케이크와 롤케이크, 푸딩, 애플파이, 도넛 등 다른 메뉴도 다양하다.

야키타테 치즈케이크(焼き立てチーズケーキ) 965엔 지하철 미도스지선 난바역(なんば駅) 11번 출구에서 도보 1분 1층 09:00~20:00, 2층 11:30~17:30(마지막 주문 16:30) 0120-57-2132 大阪市中央区難波3-2-28 rikuro.co.jp 34.666118, 135.501567

## 19 기린시티 플러스 난바시티점 キリンシティプラス なんばCITY店

편안한 분위기에서 맛있는 맥주 한잔

기린에서 직영하는 펍. 깔끔하고 넓은 공간에서 다양한 맥주를 맛볼 수 있고, 흑맥주와 일반 맥주를 블랜딩한 하프 & 하프 맥주도 있다. 푸짐한 안주와 함께 2시간 동안 맥주를 무제한으로 마실 수 있는 플랜 코스 메뉴도 선보인다.

장인의 소시지 세트(職人のソーセージ盛り合わせ) 4,200엔, 기린 이치방시보리 650엔, 타파스 모둠셋트(タパス盛り合わせ4種) 980엔 지하철 미도스지선 난바역(なんば駅) 직결, 난바시티 남관 1층 월~토 11:30~23:00, 일 & 공휴일 11:30~22:00 06-6644-2550 大阪市中央区難波5-1-60 なんばCITY南館1F 34.662446, 135.502765

## 20 텐푸라 다이키치 난바점 天ぷら 大吉 なんば店

### 현지인이 즐겨 찾는 이자카야

활기찬 분위기에서 튀김과 텐동, 술까지 즐길 수 있는 이자카야. 여행자의 발길이 드문 난바시티 끝쪽에 자리해 현지인이 주고객이다. 술도 다양하고 튀김도 상당히 훌륭하니 반주를 즐기고 싶다면 이곳을 방문해 보자. 바닥에 여기저기 흩어진 바지락 껍데기에 놀랄 수 있지만, 된장국에 들어있는 바지락 껍데기를 바닥에 던지고 밟아 스트레스 해소까지 제공하는 것이 가게의 콘셉트니 함께 즐겨 보자.

코요시모리 7품(小吉盛り 7品) 1,300엔, 볼륨텐동(ボリュウーム天丼) 1,290엔 지하철 미도스지선 난바역(なんば駅) 직결 화~금 11:30~15:00 & 17:00~23:00(마지막 주문 22:30), 토~일 & 공휴일 11:00~15:00 & 17:00~23:00(마지막 주문 22:30), 월 휴무 大阪市浪速区難波中2-10-25 なんばCITY なんばこめじるし1F 34.660456, 135.502966

## 21 요쇼쿠 아지트 洋食アジト

### 육즙 가득하고 씹을수록 맛있는 햄버그 정식

난바에서 가성비 좋고 맛있기로 유명한 다이닝 아지트의 분점이다. 타카시마야 다이닝 메종 8층에 있어 조용하고 깔끔한 분위기에서 여유롭게 식사할 수 있다. 본점이 고기덮밥이나 파스타, 카레에 집중하는 것과 달리 이곳은 경양식집 콘셉트로 햄버그스테이크, 그릴스테이크 위주로 판매한다. 대표 메뉴는 오사카산 나니와규를 사용한 햄버그. 일부러 힘줄 부위를 넣어 씹을수록 고소한 것이 특징이다.

고쿠아라비키함바그(極あら挽きハンバーグ) 2,480엔, 밥, 수프 추가 380엔 난카이선 난바역 직결(難波駅)/지하철 미도스지선 난바역(なんば駅) 4번 출구 직결 타카시마야 백화점 8층 다이닝메종 11:00~15:30 & 17:00~21:00(마지막 주문 20:15) 大阪市中央区難波5-1-18 なんばダイニングメゾン 8F 34.663726, 135.502340

## 22 미미우 타카시마야점 美々卯

우동스키를 고안한 200년 노포

미미우는 오사카에서 시작된 우동 가게다. 200년 이상의 오랜 역사를 가지고 있으며 우동과 관련된 여러 창작 요리를 만든 곳이기도 하다. 그중 스키야키라는 전통 요리에 우동을 접목시킨 우동스키라는 메뉴를 만들었고 현재는 오사카를 대표하는 명물 요리 중 하나가 되었다. 오사카의 여러 백화점 식당가에 지점이 있으며 우동스키, 샤브샤브, 각종 정식 메뉴 등 다양한 종류의 음식을 편안한 분위기에서 즐길 수 있다.

우동스키 4,300엔 난카이선 난바역 직결(難波駅) 타카시마야 백화점 7층 다이닝메종 11:00~22:00 (마지막 주문 20:30) 大阪市中央区難波5-1-18なんばダイニングメゾン7F 34.664087, 135.502144

## 23 요쇼쿠 레스토랑 히시메키야 洋食レストラン 犇屋

정육점에서 운영하는 양식 레스토랑

JR난바역과 리무진 버스 터미널이 있는 OCAT에 있는 경양식집. 정육점과 식당을 같이 하는 곳으로 함박스테이크와 커틀릿이 함께 나오는 점심세트가 주력 메뉴다. 수프와 커피가 무료고 자유롭게 마실 수 있다는 점이 특이하다. 안심으로 만든 비후카츠는 전통적인 방식으로 고기가 얇은 편인데 미디엄으로 튀겨내어 부드럽다.

A세트(멘치카츠+크로킷+밥+수프) 1,000엔 JR난바역(JR難波駅) 직결/지하철 요츠바시선 난바역(なんば駅) 30번 출구에서 도보 5분 11:00~20:00(마지막 주문 19:00) 大阪市浪速区湊町1丁目4-1 OCATモール 1F 34.667139, 135.495389

## 24 야키니쿠노 와타미 焼き肉の和民

저렴한 가격의 고기와 술을 마음껏 즐기자

서민들의 이자카야였던 와타미가 야키니쿠와 술을 즐길 수 있는 가게로 다시 태어났다. 개인석이 있어 혼자 편하게 갈 수 있고 테이블석도 있어 여럿이 함께 즐길 수도 있다. 런치 타임에는 저렴하게 밥과 고기를 먹을 수 있는 세트 메뉴가 있으며 저녁에는 서민 이자카야답게 90분간 음식과 술을 마음껏 먹을 수 있는 메뉴가 있어 저렴한 가격에 배부르게 먹고 마실 수 있다.

고기 메뉴 400엔~ 음료 메뉴 319엔~ 지하철 미도스지선 난바역(なんば駅) 11번 출구에서 도보 3분 11:00~24:00 大阪市中央区難波千日前 12-30 3F 34.665119, 135.502113

01

## 빌리지 뱅가드 ヴィレッジヴァンガード

시간을 잊어버리고 싶다면

서적, 문구는 물론 잡화, 수입 식품, 화장품, 인테리어 소품, 빈티지 제품까지, 광범위한 아이템을 취급하는 이색 서점으로 유명한 빌리지 뱅가드. 독특하고 재미있는 캐릭터 상품 및 아이디어 제품이 규칙적으로 훌륭하게 진열되어 있어 원하는 물건을 쉽게 찾을 수 있다. 구경만 해도 시간이 금방 흘러가고 쇼핑 자체를 즐기기에도 좋아 남녀노소 누구에게나 사랑받는 곳.

지하철 미도스지선 난바역 5번 출구에서 도보 7분
11:00~21:00 大阪市浪速区難波中2-10-70 なんばパークス 5F 06-6636-8258 village-v.co.jp
34.661518, 135.501483

02

## 빅카메라 ビックカメラ

미나미 최대의 전자 백화점

덴덴타운과 미나미를 통틀어 가장 큰 전자 제품 판매점. 우메다에 요도바시 카메라가 있다면, 난바에는 빅카메라가 있다. 제품 대부분을 시험 작동해볼 수 있으며, 7층에는 다양한 장난감과 게임 관련 상품이 한곳에 모여 있어 아이들과 함께 구경하기 좋다. 층과 종류에 상관없이 5,500엔 이상 구매하면 면세 혜택을 받을 수 있다.

난카이 난바역(難波駅) 북쪽 출구 도보 8분/지하철 미도스지선·센니치마에선 난바역(なんば駅) 난바워크 B17·B19·B21 출구에서 도보 5분 10:00~21:00 大阪市中央区千日前2-10-1
www.biccamera.com 34.666703, 135.502661

03

## 도구야스지 千日前道具屋筋商店街

주방용품의 모든 것

주방용품을 취급하는 약 150m 길이의 아케이드 상가로, 상점 50여 곳이 들어서 있다. 식도락 도시 오사카의 요리사들이 자주 찾는 구역으로 멋스러운 일본풍 도기나 식기, 전통 문양 젓가락, 도시락 통은 물론 칼, 가정용 야키토리 기구, 타코야키판, 기념품을 구매하기에 좋은 소품 매장까지 없는 것이 없다. 매년 10월 9일 '도구의 날(道具の日)'에는 여러 물품을 할인 판매하는 도구야스지 축제가 열려 성황을 이룬다.

난카이 난바역(難波駅), 지하철 미도스지·요츠바시선 난바역(なんば駅)에서 도보 5분/지하철 센니치마에선·킨테츠 닛폰바시역(日本橋駅)에서 도보 5분 10:00~18:00(매장마다 다름) 大阪市中央区難波千日前14-5 doguyasuji.or.jp
34.663796, 135.503563

04

## 무인양품 無印良品

### 단순하고 실용적인 생활용품의 메카

1980년 설립된 라이프스타일 전문 브랜드. 의류부터 가전제품, 인테리어, 식품까지 모든 제품이 심플하고 세련돼 두터운 고객층을 자랑한다. 의류, 패션 잡화, 문구류 등을 우리나라보다 저렴하게 쇼핑할 수 있으며, 5,500엔 이상 구매하면 면세 혜택도 받을 수 있다.

난카이 난바역(難波駅) 남쪽 출구에서 도보 3분 11:00~21:00 大阪市中央区難波5-1-60 なんばCITY南館2F www.muji.net 34.66270, 135.50291

05

## 타카시마야 백화점 미나미점 大阪 高島屋 タカシマヤ

### 미나미를 대표하는 전통 쇼핑 명소

1831년 교토에 문 연 타카시마야 포목점에서 출발해 미나미를 대표하는 백화점이 되었다. 쇼윈도와 냉난방 시설을 갖춘 일본 최초의 건물로도 유명하다. 7~9층의 난바 다이닝 메종 또한 백화점 식당가 중 최고로 꼽힌다. 당일 구매 금액 합산 5,500엔 이상이면 면세 혜택을 받을 수 있다.

지하철 미도스지선·요츠바시선·센니치마에선 난바역(なんば駅)과 연결 매장 10:00~20:00, 카페 & 식당가 & 일부 매장 07:00~22:30 大阪市中央区難波5丁目1-5 takashimaya.co.jp 34.664829, 135.501649

06

## 난바 마루이 なんばマルイ

### 최신 유행 아이템이 총망라된 만남의 장소

젊은층 타깃 중가 및 토종 브랜드 중심 백화점. 브랜드 손수건과 스타킹 같은 인기 기념품을 지하 1층에서 구매할 수 있고, 5,500엔 이상 구매 시 1층 면세 카운터에서 면세 혜택을 받을 수 있다(11:00~19:45).

난카이 난바역(難波駅) 북쪽 출구에서 도보 5분/미도스지선 난바역(なんば駅) 1번 출구에서 도보 1분/센니치마에선 난바역(なんば駅) 20번 출구에서 도보 3분 11:00~20:00, 7층 식당가 11:00~22:00 大阪市中央区難波3-8-9 www.0101.co.jp/085/ 34.665613, 135.501036

07

## 라비1 LABI1

### 전국 규모 가전제품 체인점

오사카 최대 규모를 자랑하며 빅카메라나 요도바시 카메라와 비교해도 손색없는 다양한 상품을 갖춘 매장이다. 7개 층에 걸쳐 색깔별로 제품을 진열해 관심 아이템을 찾기에도 수월하다. 특히 초특가 세일 기간에는 덴덴타운이나 빅카메라보다 훨씬 저렴하게 구매할 수 있다.

난카이 난바역(難波駅) 중앙 개찰구에서 도보 3분/지하철 미도스지선·요츠바시선·센니치마에선 난바역(なんば駅)에서 도보 6분 10:00~21:00 大阪市浪速区難波中2丁目11番35号 yamadalabi.com/ 34.659918, 135.501382

REAL GUIDE

# 코리아타운과 함께 츠루하시 시장

## 츠루하시 시장 鶴橋市場

**1,500여 개 점포가 자리한 대형 한인 시장**

츠루하시는 해방 전부터 제주도 출신 한인들이 많이 모여 살던 지역으로, 1930년대 말에 조선인 시장이 형성되었고 제2차 세계대전 이후 암시장이 생겨나며 시장터로 자리 잡았다. 1988년 서울올림픽 이후 츠루하시 외 오사카 전역에 한국인들이 유입되며, 츠루하시의 재일교포 2·3세를 중심으로 지금의 코리아타운이 형성되었다. 미로 같은 골목 곳곳에는 김치, 한복 등을 판매하는 상점이 즐비해 한국 음식과 문화를 경험하려는 현지인으로 북적인다. 찌개, 국, 탕, 전, 떡볶이까지 웬만한 한국 음식은 모두 이곳에서 맛볼 수 있다. 츠루하시 시장에 왔다면 이곳에서 출발해 유명해진 음식점 두 곳에도 꼭 들러보자. 전국 체인망을 자랑하는 츠루하시 후게츠와 김치 오코노미야키를 선보이는 오모니가 그 주인공이다. 음식의 종류는 특이하게도 모두 오코노미야키다.

JR 오사카칸조선·킨테츠선·센니치마에선 츠루하시역(鶴橋駅)
10:00~20:00(상점마다 다름) 大阪市生野区鶴橋1-2丁目
turuhasi-ichiba.com 34.666213, 135.530514

TIP

### 츠루하시의 코리아타운

츠루하시 시장의 메인 골목을 지나 남쪽으로 내려가면 코리아타운으로 불리는 미유키도오리(御幸通り) 상점가가 나온다. 동서로 500m 길이로 뻗은 거리에 150여 개 상점이 모여 있는 곳으로, 김치 전문점, 한국 식품점 및 곱창, 족발 전문점까지 입점해 있다. 과거 제주도에서 이주해 온 이들도 많아 해녀, 할망 같은 제주의 흔적도 곳곳에서 엿볼 수 있다.

## 오모니 オモニ

어머니가 만들어준 오코노미야키

김치 오코노미야키로 인기를 끌고 있는 오코노미야키 전문점으로, '오모니'는 한국어 '어머니'의 일본식 발음이다. 일본인은 물론 한국에서 방문한 여러 유명인의 사진이 벽에 잔뜩 걸려 있어 분위기가 친근하다. 한국어 메뉴판이 있어 편리하게 주문할 수 있다. 최근 점포 확장에 나서는 등 인기가 점점 높아지고 있다.

오모니야키(オモニ焼き) 1,200엔 JR 오사카칸조선 츠루하시역(鶴橋駅) 상점가 방면 출구에서 도보 11분/지하철 센니치마에선 츠루하시역(鶴橋駅) 5번 출구에서 도보 11분 11:30~22:00, 월 & 화 휴무 06-6717-0094 大阪市生野区桃谷3-3-2 34.66198, 135.53592

## 후게츠 시장점 風月 市場店

전국 오코노미야키 체인점 츠루하시 후게츠의 진짜 본점은 시장 안에 있는 이 작은 가게다. 이곳이 입소문을 타고 유명해지자 대형 자본이 레시피를 사들여 체인 매장을 열며 전국적 인기를 이끌었다. 원조 후게츠 매장은 아직도 시장에서 그대로 영업하고 있다. 외관은 허름하지만 오랜 경험을 바탕으로 변함없는 맛을 유지해 찾는 이가 많다.

믹스타마(ミックス玉) 1,600엔, 야키 소바 소(焼そば 小) 850엔 JR 오사카칸조선 츠루하시역(鶴橋駅) 상점가 방면 출구에서 도보 5분/지하철 센니치마에선 츠루하시역(鶴橋駅) 5번 출구에서 도보 4분 11:30~15:00 & 17:00~20:00, 목 휴무 06-6716-5646 大阪市生野区鶴橋2-5-24 34.66486, 135.53313

## 소라 츠루하시 본점 空 鶴橋本店

하라미(안창살)가 맛있기로 유명한 야키니쿠 전문점. 1인용 화로가 마련되어 있어 혼자 방문하기에도 좋다. 가격 대비 고기 품질이 좋아 인기가 높으며, 한정 판매인 만큼 예약하고 가는 것이 좋다. 보통은 예산 3,000엔이면 충분하지만, 고급 고기를 먹으면 조금 더 추가될 수 있다. 츠루하시의 매장답게 제대로 만든 된장찌개와 김치찌개도 맛볼 수 있다. 난바의 분점도 인기 최고.

조하라미(上ハラミ) 2,300엔, 조로스(上ロ-ス) 2,300엔, 시오탕(塩タン) 1,300엔 센니치마에선 츠루하시역에서 도보 2분 수~월 11:00~22:00, 화 휴무 06-6773-1300 大阪市天王寺区下味原町1-10 yakinikusora.jp 34.665630, 135.529358

## 다 같은 난바역이 아니다
# 난바역 완전 정복

우메다와 더불어 오사카 교통의 요충지인 난바에는 JR 난바(JR難波), 오사카난바(大阪難波), 난바(難波), 난바(なんば)까지 4개의 난바역이 있다. 다양한 노선을 이용할 수 있어 편리하지만 노선에 따라 역이 서로 다르기 때문에 복잡하다. 표기법에 따라 쉽게 구별해보자.

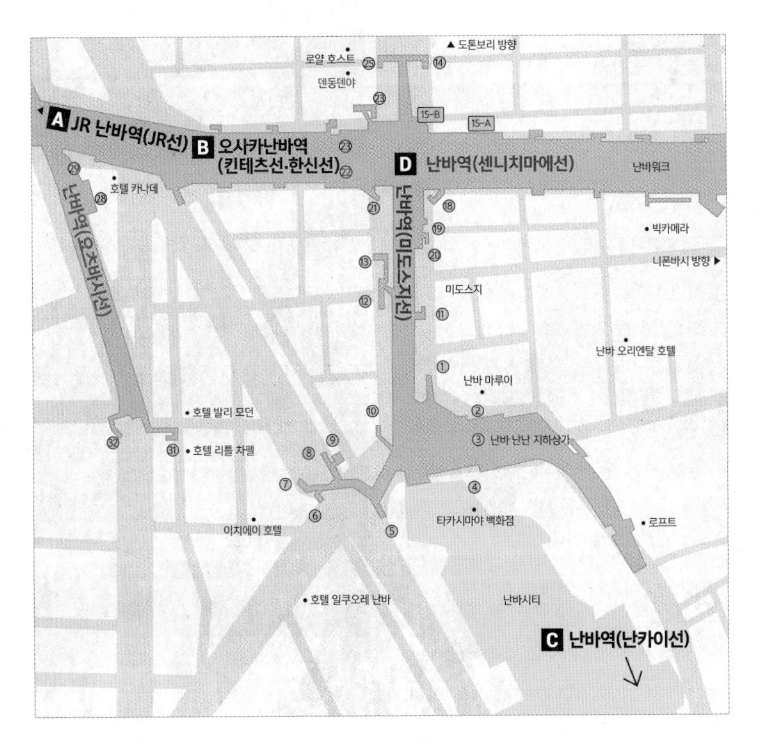


### A JR 난바역(JR선) JR難波駅

역 2층에 공항 리무진이 정차하는 OCAT(오사카 시티 에어 터미널)가 있어 리무진 버스 이용 시 편리하다. 숙소가 난바에 위치한 JR 계열 패스 이용자가 출발역으로 주로 이용한다.

### B 오사카난바역(킨테츠선, 한신선) 大阪難波駅

킨테츠 난바역과 한신 난바역이 통합된 역. 난바에서 킨테츠 나라역(1&2번 승강장)과 니시쿠조역, 한신 고베산노미야역(3번 승강장)으로 이동할 때 가장 편리하다.

### C 난바역(난카이선) 難波駅

공항급행과 라피트가 정차하는 역. 표기는 '난카이 난바역(南海難波駅/南海なんば駅)'으로 되어 있다. 공항과 시내를 연결하는 대표 역이며, 공항급행과 라피트를 탑승할 때에는 5, 6, 9번 승강장을 이용한다.

### D 난바역(지하철) なんば駅

흔히 지하철 난바역으로 불리며, 우메다, 텐노지, 신오사카 등으로 가는 미도스지선을 이용할 수 있는 역. 요츠바시선과 센니치마에선도 정차한다.

SECTION

B

# 신사이바시 & 도톤보리

SHINSAIBASHI & DOTONBORI
心斎橋 & 道頓堀

**#신사이바시상점가 #도톤보리 #글리코러너 #아메리카무라**

미나미의 대표 쇼핑가 신사이바시에는 최신 유행 의류부터 전통 의상, 화장품, 액세서리, 악기까지 없는 물건이 없다. 글리코러너가 있는 에비스바시 남쪽부터 동서로 이어진 도톤보리에서 눈길을 사로잡는 형형색색의 간판도 흥미롭다. 전통색 강한 신사이바시에서 서쪽으로 불과 7분 거리인 아메리카 무라에서 미국의 골목길에 온 듯한 분위기를 느껴보자.

## 주요 이용 패스

난카이 라피트 왕복권, 오사카 주유 패스, 엔조이 에코 카드

## ACCESS

### 공항에서 가는 법

- **1층 리무진 버스정류장**
  - 난바 OCAT행 버스 ⓒ50분 ¥1,300엔
- **난바 OCAT**

- **JR 간사이쿠코역**
  - JR 간사이 공항선 ⓒ50분 ¥1,080엔
- **텐노지역 환승**
  - 야마토지선 ⓒ7분
- **JR 난바역**

- **난카이 간사이쿠코역**
  - 라피트 ⓒ39분 ¥1,490엔
- **난카이 난바역**

### 우메다역에서 가는 법

- **우메다역**
  - 미도스지선 ⓒ7분 ¥240엔
- **신사이바시역**

## B 신사이바시 & 도톤보리 상세 지도

### SEE

01 도톤보리 02 신사이바시스지 03 글리코러너
04 에비스바시스지 05 톤보리 리버 크루즈
06 아메리카 무라 07 미도스지 08 호젠지요코초
09 오렌지 스트리트 10 크리스타 나가호리
11 국립 분라쿠 극장

### EAT

01 돈카츠 다이키 02 몬디알 카페 328 03 다이코쿠
04 소라 05 사카마치노 텐동 06 파티스리 루셰루셰
07 마루후쿠 커피점 08 테우치 소바 아카리 09 간코
10 텟판진자 11 카이텐즈시 초지로 12 메이지켄
13 코가류 14 쿠시카츠 다루마 15 이마이 16 카츠동
17 이키나리 스테키 18 아지노야 19 미즈노
20 10엔빵 & 쵸코추로스 21 르 크루아상 22 준킷사 아메리칸
23 앤드류 에그타르트 24 우지엔 25 바 래러티 26 하리쥬
27 카니도라쿠 28 도톤보리 코나몬 뮤지엄 29 킨구에몬
30 카무쿠라 31 킨류 라멘 32 이치란 33 북극성
34 다이키수산 회전초밥 35 자마이카 5 36 야키니쿠 라이크
37 카오스 스파이스 다이너 38 살롱 드 테 알시온
39 크레프리 알시온 40 아라비아 커피

### SHOP

01 돈키호테 02 마츠모토키요시 03 산리오 기프트게이트
04 핸즈 05 유니클로 06 지유 07 H&M
08 스포타카 신사이바시 09 러쉬 10 산큐 마트
11 애플 스토어 12 다이소 13 3코인즈
14 다이마루 백화점 & 파르코 15 한나리 & 펫 파라다이스
16 야마하 뮤직

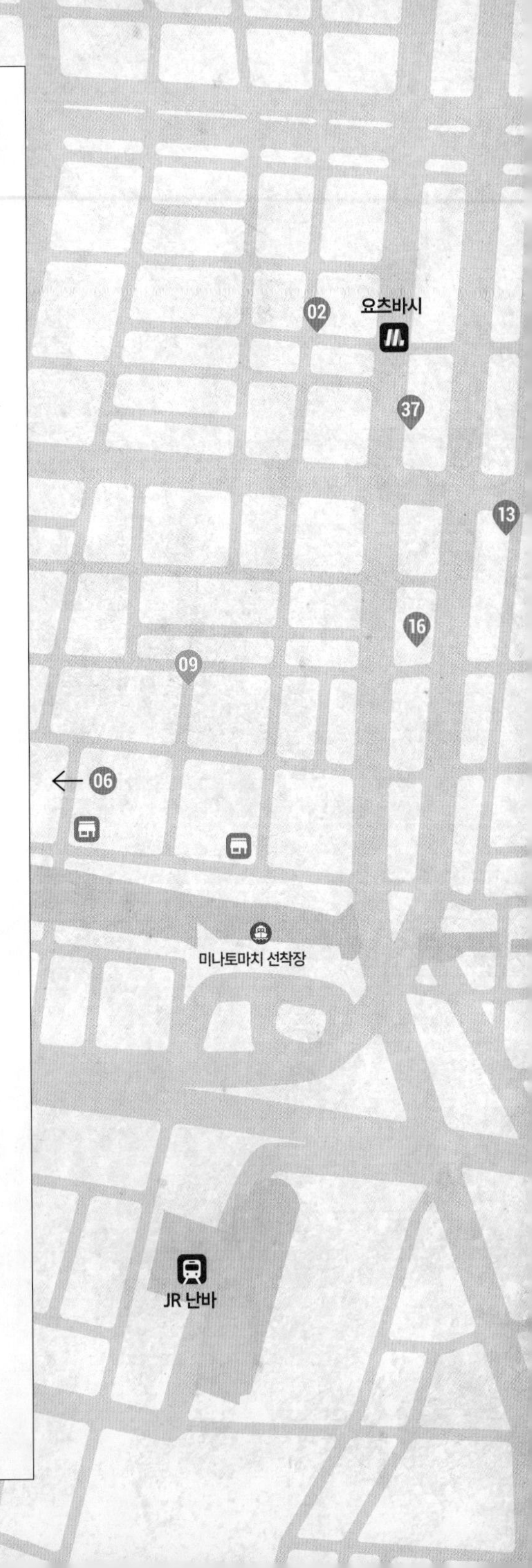

세븐일레븐
패밀리마트
SEE
EAT
SHOP
신사이바시
나가호리바시
호텔 닛코 오사카
돈키호테 도톤보리
미도스지점
오사카난바
난바
닛폰바시
N
W
E
S

01

## 도톤보리 道頓堀

화려한 네온사인으로 오사카의 밤을 물들이는 최고의 명소. 1612년 오사카 성주 야스이 도톤(安井道頓)이 동 호리카와와 서 호리카와를 잇는 물류 수송용 수로로 건설하기 시작했으며, 그가 오사카 전투에서 전사한 후 동생 야스이 도후쿠(安井道卜)가 1615년 완성했다. 처음에는 신보리, 미나미호리카와 등으로 불리다 공사에 사재를 투입한 야스이 도톤을 기리며 '도톤보리'로 명명되었다. 이후 미나미 센바의 연극거리가 도톤보리로 이전하면서 1600년대부터 가부키와 인형극이 성행했고, 강의 남쪽에는 극장, 북쪽에는 찻집이 들어섰다. 한때 주변 공장에서 흘러나오는 폐수로 심각한 위기를 맞기도 했지만 지속적인 정비 사업으로 현재는 도심 속 휴식처가 되었다. 1980년대 일본 최고의 경제 호황기 당시 오사카의 중심지였으며 거대하고 재미있는 간판, 일본 최초의 네온사인 간판 등 화려했던 일본의 모습을 그대로 간직한 거리다.

난카이 난바역(難波駅), 지하철 미도스지선·요츠바시선·센니치마에선 난바역(なんば駅)에서 도보 5분 大阪市中央区道頓堀1丁目10 34.669051, 135.501282

02

## 신사이바시스지 心斎橋筋

에도 시대부터 이어진 일본 최대 아케이드

나가호리도리부터 소에몬초까지 580m 가까이 이어진 미나미 최고의 아케이드 상점가. '미나미 2대 백화점'으로 꼽히는 타카시마야 다이마루 신사이바시점을 포함해 H&M, 유니클로, 자라, 지유(GU), 러쉬(LUSH) 등 최신 트렌드를 이끄는 패션, 뷰티 브랜드 180여 개가 들어서 있다. 에도 시대부터 칠기점, 서점, 중고 도구점, 표구사, 샤미센(현악기)점 등이 자리한 상업 지역이었던 이곳은 다이마루백화점의 전신인 '신사이바시스지 포목점 마츠야'가 들어서면서 당대 최고의 번화가로 자리매김했다. 메이지 시대에 이르러 외래품을 취급하는 소매점과 시계점, 포목점, 백화점 등의 서양식 점포가 자리를 잡았고, 오늘날에는 쇼핑을 즐기는 젊은이를 일컫는 일명 '신브라족(心ブラ族)'의 쇼핑 명소로 사랑받고 있다. 신사이바시역~나가호리바시역 구간 북쪽에는 20대 취향의 세련된 거리 미나미센바가 있으니 함께 둘러봐도 좋다. 오사카 출신의 디자이너 숍이나 개성 넘치는 인테리어 숍, 감성적인 레스토랑이 모여 있는 곳이다.

지하철 미도스지선·나가호리츠루미료쿠치선 신사이바시역(心斎橋駅) 5번 또는 6번 출구
10:00~21:00 大阪市中央区心斎橋筋2-2-22 shinsaibashi.or.jp
34.672957, 135.501355

03

## 글리코러너 グリコランナー

명실상부한 오사카의 얼굴

제과업체 글리코의 대형 옥외 광고판으로 오사카 여행자라면 누구나 사진으로 남기는 도톤보리의필수 방문지다. 1935년부터 2014년까지 5대에 걸쳐 네온으로 불을 밝히다 현재는 2014년 리뉴얼을 통해 설치된 14만 3,976개의 LED 조명이 거리를 밝히고 있다. 2분 7초 주기로 배경이 변하며 15분에 한 번씩 특별 영상이 1분간 상영된다. 총 5개의 테마가 있으며 오사카에서 도쿄, 로마에서 런던, 남아프리카에서 이집트, 이스터섬에서 미국 온타리오 호수, 호주에서 중국까지 글리코러너가 달리면서 주요 랜드마크 건물이 등장한다.

난카이 난바역(難波駅), 지하철 미도스지선·요츠바시선·센니치마에선 난바역(なんば駅) 14번 출구에서 도보 5분
18:30~24:00 大阪市 中央区道頓堀1-10-4
34.668922, 135.501133

REAL GUIDE

## 도톤보리의 재미있는 간판

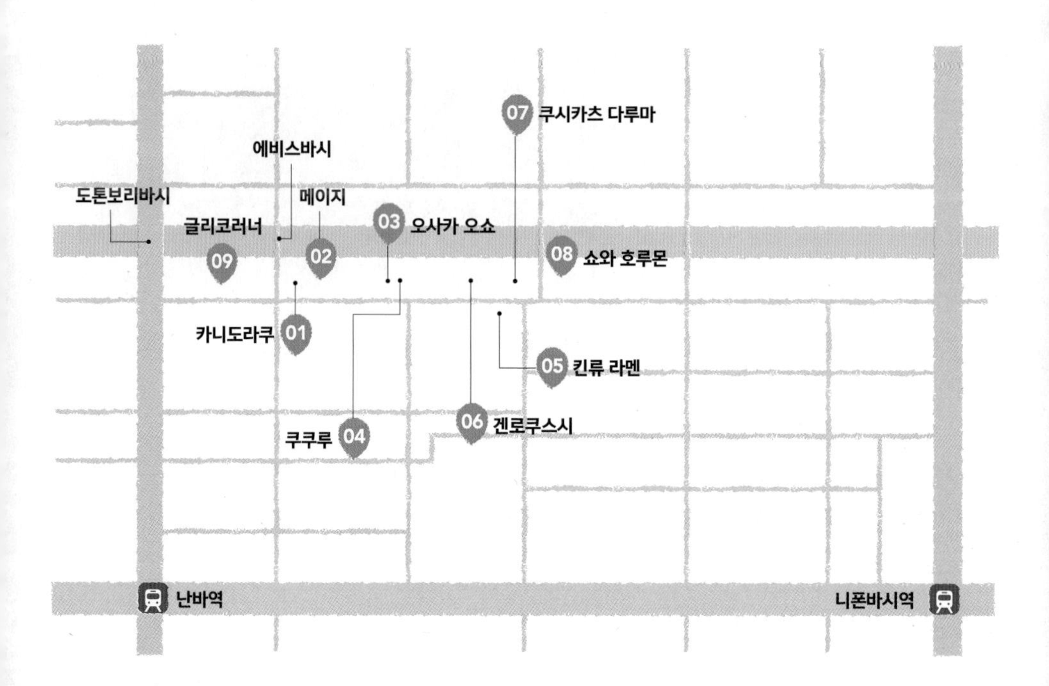


### ⓿❶ 카니도라쿠 かに道楽

게 요리 전문점 카니도라쿠의 간판. 엄청난 크기로 시선을 사로잡는다. 도톤보리 입구에서 찾아보자.

### ⓿❷ 메이지 Meiji

일본의 우유, 아이스크림, 초콜릿 등을 생산하는 유제품 생산 업체 메이지의 광고 간판. 대형 화면에 도톤보리 보행자의 모습을 실시간으로 보여준다.

### ⓿❸ 오사카 오쇼 大阪王将

오사카의 대표적인 중화요리 전문점 오사카 오쇼의 대형 교자 간판.

### ⓿❹ 쿠쿠루 くくる

오사카 길거리 음식의 대명사인 타코야키 전문점 쿠쿠루의 대형 문어 간판.

### ⓿❺ 킨류 라멘 金龍ラーメン

도톤보리의 해장 라멘으로 유명한 킨류 라멘의 대형 용 간판.

### ⓿❻ 겐로쿠스시 元禄寿司

회전 초밥의 원조이자 100엔대의 가성비 좋은 초밥을 즐길 수 있는 겐로쿠스시의 대형 초밥 간판.

### ⓿❼ 쿠시카츠 다루마 串かつ だるま

오사카의 명물인 쿠시카츠 다루마의 대형 간판. 쿠시카츠 다루마의 사장을 캐릭터화한 간판으로 으스스하면서도 재미있다.

### ⓿❽ 쇼와 호루몬 昭和 ホルモン

온 가족이 즐거울 것 같은 분위기의 야키니쿠 전문점 간판.

### ⓿❾ 글리코러너 グリコらんなー

일본 제과 회사 글리코의 명물 간판 글리코러너. 도톤보리의 간판 중 단연 최고의 인기를 누리는 존재.

01
かに道楽
02
meiji
カール
大阪名物
道頓堀
ぼてぢゅう
BOTEJYU
Since 1946
2F
03
大阪王
04
TAKO YAKI
05
06
07
だるま
ソースの二度付け ご遠慮下さい
牡蠣 あります
08
昭和大衆ホルモン
09
グリコ

04

## 에비스바시스지 戎橋筋

하루 20만 명이 찾는 도톤보리의 핫스폿

신사이바시와 도톤보리, 난바를 연결하는 다리로 미나미의 번화가 중심에 있다. 평일 평균 20만 명, 휴일 평균 35만 명이 오가는 이 다리 위에서 바라보는 화려한 도톤보리강 야경이 무척 근사하다. '에비스바시'라는 이름은 다리의 일부가 이마미야 에비스 신사의 참배로와 겹쳐 붙은 것이다. 1925년 준공 당시에는 철근 콘크리트 아치교였으나 2007년 톤보리 리버워크가 만들어지면서 도톤보리강 양옆에 나무 데크와 선착장이 생겼고, 다리 위는 원형 광장으로 바뀌었다. 다리 위에서 마음에 드는 이에게 말을 거는 일이 빈번한 장소로도 유명해 일명 '난파 다리'라고도 불린다. 오사카 여행 인증샷을 찍는 대표적인 장소.

지하철 미도스지선·요츠바시선·센니치마에선 난바역(なんば駅) 14번 출구에서 도보 5분
大阪市中央区道頓堀1丁目6 34.669051, 135.501282

05

## 톤보리 리버 크루즈 とんぼりリバークルーズ

화려한 도톤보리를 유유자적 즐기는 법

도톤보리 돈키호테 에비스 타워 앞에서 출발해 다자에몬바시, 아이아우바시, 니혼바시, 에비스바시, 도톤보리바시, 신에비스바시, 다이코쿠바시, 후카리바시, 우키니와바시 등 총 9개의 다리를 통과하는 관광용 크루즈다. 아름다운 강변 풍경에 승무원의 재미있는 설명이 더해져 탑승 시간 20분이 후딱 지나간다. 네온사인을 아름답게 수놓은 도톤보리강의 저녁 풍경을 보고 싶다면 에비스 타워 앞 선착장에서 미리 예매하는 것이 좋다. 단, 승무원의 해설은 일어로 진행되며 예매는 당일 티켓만 가능하다.

난카이 난바역(難波駅), 지하철 미도스지선·요츠바시선·센니치마에선 난바역(なんば駅)에서 도보 5분 11:00~21:00(매시 정각 & 30분 출항) ¥성인 1,500엔, 학생 1,000엔, 초등학생 500엔 / 성인 1인당 미취학 아동 1인 무료(2인 이상 500엔), 오사카 주유 패스 소지자 무료
大阪市中央区宗右衛門町
06-6441-0532
www.ipponmatsu.co.jp/cruise/tombori.html
34.669105, 135.502703

## 06 아메리카 무라 アメリカ村

최신 유행을 선도하는 '서쪽의 하라주쿠'

패션, 음악, 예술, 쇼핑이 한데 어우러진 개성 만점 거리로 '아메 무라', '서쪽의 하라주쿠' 또는 '서쪽의 시부야'로도 불린다. 옛 창고를 개조해 미국에서 들여온 중고 레코드, 청바지, 티셔츠 같은 구제 제품을 벼룩시장 형식으로 판매하면서 '아메리카 무라'라는 이름이 붙었다. 골목 곳곳에 특색 있는 상점이 많고, 젊은 예술가와 젊은 개그맨들의 공연이 매일 열리는 일본 청년 문화의 산지, 삼각공원을 중심으로 둘러보는 재미가 크다.

지하철 미도스지선·나가호리츠루미료쿠치선 신사이바시역(心斎橋駅)에서 7번 출구에서 도보 3분/요츠바시선 요츠바시역(四ツ橋駅)에서 도보 3분 大阪市中央区西心斎橋1丁目~2丁目付近 americamura.jp 34.671963, 135.498262

## 07 미도스지 御堂筋

명품보다 빛나는 은행나무 길

난바와 우메다를 남북으로 가로지르는 4km 길이의 국도로, 미도스지라는 이름은 불교 정토진종의 두 종파의 불당인 '키타미도(北御堂)'와 '미나미미도(南御堂)'가 나란히 이어져 '미도가 나란히 있는 길'이라는 뜻이다. 큰 볼거리는 도로 양쪽에 서 있는 970여 그루의 은행나무로, 11월이면 길 전체가 노랗게 물든다. 미도스지선의 종착점인 신사이바시역 주변에 모여 있는 샤넬, 루이비통, 티파니 등 명품 숍의 네온사인이 거리를 더욱 화려하게 수놓는다.

지하철 미도스지선·나가호리츠루미료쿠치선 신사이바시역(心斎橋駅) 4-A, 4-B 출구 앞 大阪市中央区心斎橋筋1丁目 34.67163, 135.50022

## 08 호젠지요코초 法善寺横丁

오사카의 옛 정취가 남아 있는 호젓한 골목

'호젠지 옆길'이라는 뜻을 지닌 소박하고 예스런 분위기를 느낄 수 있는 골목이다. 오랜 역사만큼이나 맛집이 많기로도 유명한데, 특히 소설가 오다 사쿠노스케(織田作之助)의 작품명과 상호가 같은 '메오토젠자이(夫婦善哉)'라는 100년 역사를 간직한 단팥죽 가게가 유명하다.

난카이 난바역(難波駅), 지하철 미도스지선·요츠바시선·센니치마에선 난바역(なんば駅)에서 도보 5분 大阪市中央区難波1丁目1-16 34.668183, 135.502344

09

## 오렌지 스트리트 堀江 オレンジストリート

세련되고 고급스러운 부티크 거리

아메리카 무라 삼각 공원에서 남서쪽으로 가다 보면 오렌지스트리트로 유명한 다치바나도리(立花通り)가 나온다. 세련미 넘치는 800m 길이 거리에 카페와 부티크, 잡화, 아이디어 소품점, 빈티지 가구점이 이어진다. 개성 있고 톡특한 상점이 많으니 여유롭게 둘러보자.

지하철 요츠바시선 요츠바시역(四ツ橋駅)에서 도보 4분 11:00~20:00(상점마다 다름) 大阪市西区南堀江通り界隈 7 34.671004, 135.496061

10

## 크리스타 나가호리 クリスタ長堀

일본 최대 지하상가에서 즐기는 쇼핑

지하철 나가호리바시역, 신사이바시역, 요츠바시역을 잇는 길이 730m, 면적 81,765m$^2$ 규모 일본 최대 단독 지하 상점가. 옛 나가호리강을 매립하고 나가호리츠루미료쿠치선을 개설하면서 주차장, 지하철역과 함께 건립되었다. 교통이 편리하고 접근성이 뛰어나 쇼핑을 즐기기에 그만인 곳.

지하철 미도스지선 신사이바시역(心斎橋駅) 2번 출구/나가호리츠루미료쿠치선 신사이바시역(心斎橋駅), 요츠바시선·사카이스지선 나가호리바시역(長堀橋駅)과 연결 11:00~21:00(일 20:30까지), 레스토랑 11:00~22:00 大阪市中央区南船場4丁目長堀地下街8号 crystaweb.jp 34.675031, 135.502203

11

## 국립 분라쿠 극장 国立文楽劇場

세계 무형 문화재를 관람할 수 있는 기회

에도 시대에 시작된 분라쿠는 대사를 전달하는 인형과 노래하는 타유(太夫), 음악을 연주하는 샤미센히키(三味線引き)의 공동 작업으로 이루어지는 인형극이다. 건축의 거장 쿠라가와 키쇼(黒川紀章)가 설계한 이곳은 2009년 세계 무형 유산으로 지정된 분라쿠를 계승하기 위해 1984년 개관한 일본의 네 번째 국립극장이다.

지하철 센니치마에선·사카이스지선 닛폰바시역(日本橋駅) 7번 출구에서 도보 1분 분라쿠 자료 전시실 10:00~12:00 & 13:00~17:00, 토~일 & 공휴일 휴무 大阪市中央区日本橋1-12-10 www.ntj.jac.go.jp/bunraku 34.667454, 135.508729

01

## 돈카츠 다이키 とんかつ大喜

지금 미나미에서 가장 핫한 돈카츠

최근 인기가 급상승하고 있는 돈카츠 전문점으로, 요즘 일본에서 유행하는 두껍게 썬 고기를 저온에서 튀겨낸 육즙 가득하고 부드러운 돈카츠를 맛볼 수 있다. 특히 안심 부위로 만든 히레카츠가 아주 부드러운데, 만제나 에페에도 전혀 뒤지지 않는 훌륭한 맛을 선보인다. 등심 부위를 찾는다면 특선 로스 아츠기리를 맛보자. 등심 메뉴 중 가장 두껍고 비싼 메뉴는 지방이 너무 많은 편이니 참고할 것. 또 아동 동반 식사는 불가하며, 현금 결제만 가능하다.

로스 정식(脂身の少ないロース定食) 1,770엔, 히레 정식(脂身の無いヒレ定食) 1,650엔 지하철 사카이스지선 나가호리바시역(長堀橋駅) 7번 출구에서 도보 2분/미도스지선 신사이바시역(心斎橋駅) 북쪽 개찰구 미나미 3번 출구(南3)로 나간 다음 첫 번째 골목에서 우회전. 도보 약 10분 11:00~14:30 & 17:30~21:30, 일 & 부정기 휴무 大阪市中央区東心斎橋1-6-2 34.672599, 135.505242

02

## 몬디알 카페 328 Mondial Kaffee 328 モンディアルカフェ328

오사카 최고의 라테

애틀랜타 바리스타 대회에서 카페라테 부문 3위를 수상한 실력자가 운영하는 카페. 오사카에 총 4개 지점이 있다. 대표 메뉴는 당연히 카페라테. 진한 커피와 부드럽고 풍부한 거품의 조화가 아주 훌륭하다. 원두 로스팅도 직접 하기 때문에 이곳만의 맛을 자랑하는 커피 원두도 구매할 수 있다. 아침과 점심 메뉴를 갖춰 커피뿐 아니라 간단한 식사도 가능하다.

카페라테 600엔, 모닝 메뉴 900엔~, 런치 메뉴 1,300엔~ 지하철 요츠바시선 요츠바시역(四ツ橋駅) 4번 출구에서 도보 1분 08:30~21:00(마지막 주문 20:30) 大阪市西区 北堀江1-6-16 フォレステージュ北堀江 1F mondial-kaffee328.com 34.674213, 135.496037

03

## 다이코쿠 大黒

오사카식 가정식이란?

100년 넘게 변치 않는 맛으로 사랑받는 오사카 가정식 전문점. 간장 양념과 가다랑어포 육수를 넣고 지은 오사카식 가야쿠 밥을 비롯해 다섯 가지 채소와 훌륭한 생선조림을 함께 맛볼 수 있다. 여러 가지 나물 요리와 함께 나오는 하얀 된장국에서는 단맛과 고소한 맛을 동시에 느낄 수 있다. 한식에 가까운 맛이라 부모님과 함께 여행하는 사람이나 담백한 맛이 그리운 여행자에게 안성맞춤이다. 한국어 메뉴판이 있어 더욱 편리하다.

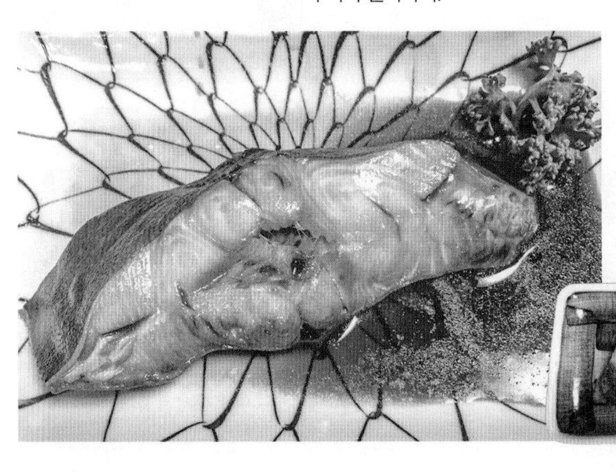

카야쿠고항 中(かやくご飯, 카야쿠 밥) 500엔, 니사카나 카레이(煮魚 鰈, 생선조림) 680엔, 하마구리미소시루(蛤白味噌汁, 조개 된장국) 350엔
지하철 미도스지선 난바역(なんば駅) 25번 출구에서 도보 1분 화~토 11:30~15:00, 일~월 휴무 大阪市中央区道頓堀2丁目2-7
34.668256, 135.499986

04

## 소라 도톤보리점 空 道頓堀店

츠루하시의 유명 야키니쿠가 도톤보리에

오사카의 한인 타운으로 불리는 츠루하시에 본점을 둔 야키니쿠 전문점으로 도톤보리에도 지점이 있다. 맛있는 고기와 비법 양념장 등으로 유명하며 가격도 저렴해 항상 인기가 많다. 다양한 특수 부위 중 가장 유명한 것은 고급 안창살(上ハラミ)인데 전화로 미리 예약을 해야 한다. 메뉴를 초급, 중급, 상급으로 나눠 놓은 것도 독특한데, 상급으로 갈수록 내장 같은 특수 부위가 많아진다. 한인 타운에서 시작된 음식점답게 얼큰한 김치찌개와 된장찌개도 맛볼 수 있다. 3,000엔이면 배부르게 먹을 수 있고, 1인용 화로를 갖춘 카운터석이 있으니 일행이 없어도 부담 없이 방문해보자.

안창살(ハラミ) 650엔, 등심(ロース) 650엔, 갈비(カルビ) 1,400엔, 총 예산 3,000엔~
지하철 미도스지선 난바역(なんば駅) 25번 출구에서 도보 3분 수~월 16:00~23:00, 화 휴무 06-6213-9929 大阪市中央区道頓堀2-4-6 三光ビル1F yakinikusora.jp
34.668765, 135.498857

## 05 사카마치노 텐동 坂町の天丼

메뉴는 오직 텐동뿐

호젠지요코초 입구 맞은편에 있는 텐동 전문점으로, 메뉴는 텐동과 아카다시(된장국) 단 두 가지뿐이다. 텐동에는 밥과 큼지막한 새우튀김 두 개, 김튀김 하나 올리는 것이 전부다. 단출한 것 같아도 800엔이라는 가격을 생각하면 괜찮은 구성이다. 새우튀김 하나에서도 싱싱함과 요리사의 장인 정신을 고스란히 느낄 수 있다. 한정 메뉴로 카키아게동을 판매하는 시기도 있다.

텐동(天丼) 800엔, 아카다시(赤だし) 50엔 지하철 미도스지선 난바역(なんば駅) 14번 출구에서 도보 3분 10:00~19:00 (재료 소진 시 종료), 수~목 휴무 大阪市中央区千日前1丁目 8-16 34.667903, 135.503286

## 06 파티스리 루셰루셰 パティスリー ルシェルシェ

오사카에서 맛보는 프랑스 케이크

오렌지 스트리트 끝 주택 단지에 있는 작고 예쁜 케이크 가게. 쿠키가 진열된 창가, 예쁜 케이크를 놓아둔 진열장이 고급스러운 분위기를 자아낸다. 초콜릿 케이크인 레미 마틴, 상큼한 오렌지를 넣은 패스트리 상토노레 만다리누, 생크림과 바나나와 커스터드 크림을 넣고 캐러멜을 뿌린 빵 피에스, 아름다운 기하학 모양을 가진 피카소가 가장 유명하다. 포장 시 1시간짜리 보냉재를 넣어주기는 하지만 가능하면 구매 후 바로 먹는 것이 가장 좋다.

상토노레 (サットノ-レ) 720엔, 피에스(Piece) 580엔 지하철 센니치마에선 니시나가호리역(西長堀駅) 7번 출구에서 도보 6분 11:00~19:00, 화 휴무 大阪市西区南堀江4-5 B101 rechercher 34.jugem.jp 34.670768, 135.485782

07

## 마루후쿠 커피점 센니치마에 본점 丸福珈琲店 千日前本店

오사카를 대표하는 커피

일본에는 고유의 맛과 분위기를 지키는 유서 깊은 커피 전문점이 많다. 마루후쿠 역시 지난 80년 동안 맛과 전통을 고수해 온 오사카 토종 커피 전문점이다. 아사히에서 제휴해서 고급 캔커피 라인을 출시할 정도로 일본 커피 업계에 영향력이 큰 곳이다. 독자적으로 원두를 로스팅하고 추출기도 개발해서 커피를 내리는데 맛이 매우 진하고 깊으면서 뒷맛이 깔끔하다. 다양한 세트 메뉴 가운데 최근에는 핫케이크 세트가 인기를 끌고 있다. 외관은 물론 실내 공간에서 선사하는 고풍스러운 분위기 덕분에 과거로 시간여행을 떠난 기분을 느낄 수 있을 것이다. 오전 11시까지 음료 가격만으로 토스트까지 제공하는 모닝 서비스도 인기가 높다.

케이크 플레이트(ケーキプレート) 1,520엔, 핫케이크(ホットケーキ) 860엔 지하철 미도스지선 난바역(なんば駅) 난바워크 B26번 출구에서 도보 1분 08:00~23:00(1월 1일 제외 연중무휴) 大阪市中央区千日前1丁目9-1 34.667659, 135.504061

08

## 테우치 소바 아카리 手打ちそば 星

오사카에서 맛보는 후쿠이현의 명물

도톤보리 오른쪽 끝 건물에 들어서 있는 소바 전문점으로, 직접 만든 오로시 소바를 맛볼 수 있다. 후쿠이현의 오로시 소바는 무를 갈아 넣은 츠유에 뜨거운 물로 반죽한 메밀 면을 찍어 먹는 음식이다. 이곳의 면은 후쿠이현 메밀을 사용해 툭툭 끊어지는 일반 메밀 면과는 달리 식감이 쫀득하다. 카운터석과 테이블석으로 나뉘어 있는데, 전석 흡연이 가능해 비흡연자는 불편할 수 있다. 건물 안쪽에 자리해 찾기 어려울 수 있으니 건물 밖의 소바 모형이 담긴 쇼케이스를 찾아보자.

나메코오로시 소바(なめこおろしそば) 1,300엔, 카모자루 소바(鴨ざるそば) 1,700엔 지하철 미도스지선 난바역(なんば駅) 14번 출구에서 도보 6분 월~금 12:00~14:30 & 18:00~20:30, 토~일 11:30~15:30 & 18:00~20:30 大阪市中央区道頓堀1丁目1-9 豊栄ビル 1F 34.668850, 135.505221

09

## 간코 도톤보리점 がんこ 道頓堀店

고집스럽게 성장해온 초밥 전문점

1963년 문을 연 지 2년만에 오사카에서 가장 큰 106석 규모 식당으로 성장해 화제가 되었고, 지금은 전국에 95개 점포를 거느린 대형 체인으로 거듭났다. 돈카츠, 우동, 소바 같은 메뉴도 있지만 추천하는 것은 역시 초밥이다. 카운터에서 하나씩 주문해 먹을 수도 있고, 여러 가지 초밥을 모아 놓은 모리아와세를 주문해 골고루 맛볼 수도 있다. 회 세트나 초밥, 회, 튀김이 함께 나오는 메뉴도 추천.

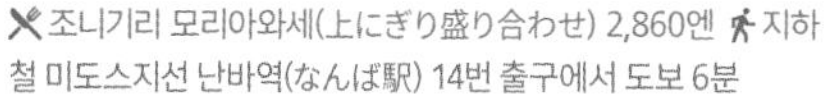

조니기리 모리아와세(上にぎり盛り合わせ) 2,860엔 지하철 미도스지선 난바역(なんば駅) 14번 출구에서 도보 6분
월~금 11:30~15:00 & 17:00~22:00, 토~일 11:30~22:00
大阪市中央区道頓堀1-8-24 34.668514, 135.501923

10

## 텟판진자 도톤보리점 鉄板神社 道頓堀店

맛있는 창작 꼬치 이자카야

50가지 이상의 다양하고 맛있는 꼬치구이를 주력으로 선보이는 창작 꼬치 요리 이자카야. 카운터석과 테이블석을 모두 갖췄고 도톤보리강 쪽에 야외 테이블석도 있어 날씨가 좋을 때에는 야경을 감상하며 술을 마실 수 있다. 메뉴가 너무 많아 무엇을 먹어야 할지 모르겠다면 오마카세 코스를 주문해도 되지만, 모든 메뉴가 맛있으니 이왕이면 여러 가지 요리에 도전해보자. 한국어 메뉴판이 있어 편리하다.

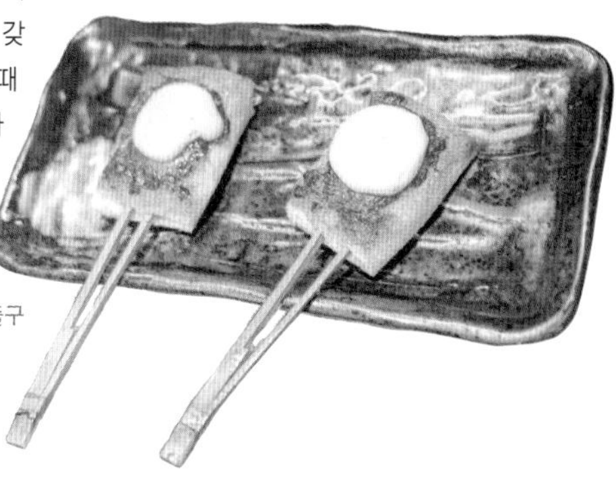

예산 3,000엔~ 지하철 미도스지선 난바역(なんば駅) 14번 출구에서 도보 4분 11:00~03:00 050-5868-1977(예약 가능)
大阪市中央区道頓堀1-6-4 道頓堀エリカビル B1F
34.668848, 135.503072

11

## 카이텐즈시 초지로 호젠지점 廻転寿司CHOJIRO 法善寺店

도심에서 즐기는 가성비 좋은 스시

도톤보리의 숨은 골목 호젠지 요코초에 있는 초지로는 교토에 본점을 두고 있는 회전초밥집으로 가성비가 뛰어나고 이용 편의성이 돋보이는 곳이다. 좌석에 비치된 태블릿으로 원하는 메뉴를 주문해 먹을 수 있으며 한국어도 지원되어 매우 편리하게 이용할 수 있다. 스시도 상당히 맛있는 편이고 가격도 저렴한 편이라서 만족도가 높다.

예산 3,000엔~ 지하철 미도스지선·센니치마에선 난바역(なんば駅) 14번 출구에서 도보 3분 월~금 11:00~15:00(마지막 주문 14:30), 17:00~22:30(마지막 주문 22:00), 토~일 11:00~22:30(마지막 주문 22:00) 大阪市中央区難波1-2-10 chojiro.jp/shop/detail?id=62 34.667820, 135.502377

12

## 메이지켄 明治軒

**오사카스러운 메뉴가 가득한 경양식집**

신사이바시에 있는 메이지켄은 오사카스러운 메뉴가 가득한 경양식집이다. 오무라이스를 주력으로 하는 곳이지만 쿠시카츠크로켓 정식, 오무라이스쿠시카츠 정식 같이 오사카를 대표하는 메뉴와 조합한 세트가 많이 있다. 오래된 경양식집답게 비후카츠 메뉴도 있는데 비후카츠는 조금 얇은 편이긴 하지만 바삭하면서도 촉촉하게 잘 튀겨져 나온다.

쿠시카츠 3본 세트(串カツ3本セット) 1,130엔, 특상규비후카츠(特上牛ビフカツ) 2,300엔 월 11:00~15:00, 목~일 & 화 11:00~15:00 & 17:00~20:30, 수 휴무 大阪市中央区心斎橋筋1-5-32 savorjapan.com/0003015681

13

## 코가류 甲賀流

**값싸고 맛있는 전통 타코야키**

이미 기본 공식이 되어버린 타코야키 소스와 마요네즈의 조합을 처음 선보인 곳. 아메리카 무라의 삼각 공원 옆에 있으며, 언제나 긴 줄이 늘어서 있다. 다른 타코야키에 비해 크기가 절반 정도로 작고 들어가는 문어도 작은 편이지만 맛은 절대 뒤지지 않는다. 특히 소스와 타코야키의 조화가 뛰어나다. 파를 얹고 폰즈 소스를 뿌려먹는 네기폰도 맛있다. 2층 좌석이나 바로 옆 공원에서 먹을 수도 있으니 참고하자.

소스마요(ソースマヨ) 10개 550엔, 네기폰(ネギポン) 10개 650엔 지하철 요츠바시선 요츠바시역(四ツ橋駅) 5번 출구에서 도보 2분 월~금 & 일 10:30~20:30, 토 & 공휴일 10:30~21:30 大阪市中央区西心斎橋 2-18-4 甲賀流ビル 1F kougaryu.jp 34.672282, 135.497749

14

## 쿠시카츠 다루마 도톤보리점 串かつ だるま 道頓堀店

**맥주를 부르는 오사카의 명물**

오사카의 대표 먹거리 중 하나인 쿠시카츠는 원래 신세카이에서 일하던 노동자를 위해 만들었던 음식으로, 우리의 '치맥'에 비교할 수 있을 만큼 맥주와 잘 어울린다. 특히 이곳은 원조집으로, 오사카에 널리 퍼져 있긴 하지만 기왕이면 대표로 꼽히는 도톤보리점에 가보자. 소스는 처음에만 찍고 함께 나오는 양배추에 덜어서 먹자. 한 번 입을 댄 쿠시카츠를 소스에 다시 찍지 않도록 주의해야 한다.

도톤보리 세트(道頓堀セット) 1,650엔, 호젠지 세트(法善寺セット) 2,090엔, 신세카이 세트(新世界セット) 2,530엔 지하철 미도스지선 난바역(なんば駅) 14번 출구에서 도보 4분 11:00~22:30 大阪市中央区道頓堀1-6-8 kushikatu-daruma.com 34.668862, 135.502642

## 15 이마이 본점 道頓堀 今井 本店

가장 오사카다운 우동

우동을 아주 좋아하는 오사카 사람들은 면의 식감을 중요하게 여기는 다른 지역과는 달리 국물 맛을 중시한다. 이마이는 오사카 최고의 우동 국물로 인정받는 곳으로, 다시마와 멸치 등 해산물로 우려낸 맑은 육수를 사용한다. 대표 메뉴는 오사카 우동의 기본이라 할 수 있는 키츠네 우동이다. 깊은 맛의 국물과 달콤하고 고소한 유부의 조화가 일품인 데다 면도 국물이 잘 스며들도록 가늘고 부드러운 면을 사용한다.

키츠네 우동(きつねうどん) 930엔 지하철 미도스지선 난바역(なんば駅) 14번 출구에서 도보 3분 목~화 11:30~21:00, 수 휴무 050-5570-5507(예약), 06-6211-0319(문의) 大阪市中央区道頓堀1-7-22 d-imai.com 34.66864, 135.50271

## 16 카츠동 호젠지요코초점 喝鈍 法善寺横丁店

맛있는 돈카츠 덮밥

카츠동의, 카츠동에 의한, 카츠동을 위한 곳. 점심시간이면 이 곳 때문에 좁은 호젠지요코초가 북적댈 만큼 인기가 높다. 메뉴는 모두 카츠동으로 구성되어 있다. 소스 카츠동과 카레 카츠동을 제외한 모든 메뉴는 밥과 돈카츠가 따로 나와 담백한 맛을 즐길 수 있다. 좁은 내부 공간에는 카운터 좌석이 전부이고, 주문 자판기는 따로 없다. 선불제이니 참고할 것.

돈카츠 정식(トンカツ定食) 1,100엔, 소스 카츠동(ソースカツどん) 950엔 지하철 미도스지선 난바역(なんば駅) 14번 출구에서 도보 3분(호젠지요코초 내) 11:00~19:00, 월 휴무 大阪市中央区難波1-1-18 法善寺横丁内 34.668112, 135.502672

## 17 이키나리 스테키 호젠지점 いきなりステーキ 法善寺店

저렴한 가격으로 최고급 스테이크를

도쿄에서 출발한 스테이크 전문점. 합리적인 가격으로 고품질 스테이크를 즐길 수 있어 늘 북적거리지만, 테이블 회전이 무척 빨라 오래 기다리진 않는다. 고기를 고르고 나서 무게를 정하면 점원이 눈앞에서 고기를 잘라주고 굽기 정도를 정하면 그 자리에서 구워준다. 저렴한 런치 메뉴도 있지만, 전반적으로 아주 비싼 편은 아니므로 1그램당 9~10엔 정도 하는 와규를 고르는 것이 좋다.

서로인 스테이크(本格熟成国産牛 サーロインステーキ) 1g당 12엔, 예산 2,000엔~ 지하철 미도스지선 난바역(なんば駅) 14번 출구에서 도보 2분 11:00~22:00 大阪市中央区難波1丁目5-23 法善寺タウンビル 1F 34.667734, 135.502082

18

## 아지노야 味乃家

입에서 살살 녹는 오코노미야키와 야키 소바

미쉐린 가이드 빕 구르망에 선정된 오코노미야키 전문점. 양도 푸짐하고 해산물 속재료도 알차다. 소스가 조금 짜고 달아 주문 시 소스 양을 줄여달라고 부탁해도 좋다. 야키 소바는 상대적으로 간이 적당한 편. A 세트는 4인 이상, B 세트는 2~3인이 먹기에 적당하지만, 양이 꽤 많은 편이니 배가 많이 고프지 않다면 단품으로 주문하는 것이 낫다. 한국어 메뉴판도 있다.

아지노야 특선 B세트(味乃家特選Bセット) 4,200엔, 아지노야 믹스 오코노미야키(味乃家ミックスお好み焼) 1,480엔 지하철 미도스지선 난바역(なんば駅) 14번 출구에서 도보 1분 화~목 & 일 & 공휴일 11:00~22:00, 금~토 11:00~22:30, 월 휴무 大阪市中央区難波1-7-16 ajinoya-okonomiyaki.com 34.668039, 135.500940

19

## 미즈노 美津の

도톤보리 최고 인기 오코노미야키

점심시간에는 2시간 이상 대기가 필수인 인기 만점 오코노미야키점. 현지인은 물론 우리나라와 중국 관광객에게도 널리 알려진 곳인 데다 최근 미쉐린 가이드에도 소개되어 엄청난 유명세를 치르고 있다. 주력 메뉴는 참마를 갈아 넣은 야마이모야키로, 다른 곳에서는 맛볼수 없는 부드러운 식감을 자랑한다. 추가 주문은 받지 않으니 기억해 두자.

야마이모야키(山芋焼き) 1,780엔, 미즈노야키(美津の焼き) 1,580엔
지하철 미도스지선 난바역(なんば駅) 14번 출구에서 도보 3분
11:00~22:00 大阪市中央区道頓堀1丁目4-15
mizuno-osaka.com 34.668357, 135.503260

20

## 10엔빵 & 쵸코추로스 10円パン&チョコチュロス

SNS 화제! 도톤보리의 핫한 디저트

2023년 도톤보리 SNS 필수 인증으로 부상한 신상 먹거리. 일본 동전 '10엔'의 모양을 한 부드러운 빵 안에 고소한 치즈 혹은 달콤한 커스터드 크림이 가득 들어가 있다. 요즘 인기가 많아 줄은 길지만, 회전율이 빨라 10분 정도만 기다리면 따끈따끈, 나도 모르게 사진 찍고싶어지는 비주얼의 빵을 받을 수 있다. 키오스크로 주문하며, 같이 판매하는 쵸코추로스와 아이스크림의 조합도 인기가 높다.

오오치즈쥬엔팡(大王チーズ10円パン) 500엔, 쵸코추로스(チョコチュロス) 650엔 지하철 미도스지선 난바역(なんば駅) 14번 출구에서 도보 1분 10:00~22:30 大阪市中央区道頓堀1丁目10-6
34.668828385434146

21

## 르 크루아상 Le Croissant

저렴하고 맛있는 크루아상 체인점

난바에서 신사이바시로 가다가 다이마루 백화점을 지날 때 고소한 빵 냄새가 난다면 이곳이다. 오사카 곳곳에서 볼 수 있는 크루아상 전문점으로, 초코칩, 아몬드 등 다양한 재료로 맛을 낸 크루아상을 판매한다. 인기 메뉴는 버터 향이 일품인 프티 크루아상(プチクロ)이며, 1개 50엔으로 가격도 저렴하다. 소금으로만 간을 한 시오 빵도 인기가 많다.

프티 크루아상(プチクロ) 1개 50엔 지하철 미도스지선 신사이바시역(心斎橋駅) 6번 출구에서 도보 4분 11:00~21:00 大阪市中央区心斎橋筋2-7-25 1F www.le-cro.com/shinsaibashi 34.670999, 135.500954

22

## 준킷사 아메리칸 純喫茶 アメリカン

1900년대 미국의 카페에 온 듯한

유명 라멘점이 몰려 있는 센니치마에에 위치한 카페. 1층은 예약 없이, 2층은 예약을 통해서만 입장할 수 있다. 다른 일본의 전통 카페처럼 이곳도 오리지널 브랜드 커피와 케이크 세트를 판매하며, 점심시간에는 다양한 런치 메뉴도 선보인다. 진한 커피와 테디 베어 모양 케이크를 곁들여 먹다 보면 수십 년 전 미국의 어느 카페에 온 듯한 기분이 들지도 모른다.

케이크 세트(ケーキセット) 1,300엔 미도스지선 난바역(なんば駅) 14번 출구에서 도보 3분 10:00~22:00, 둘째 셋째 목 & 12/31 휴무 06-6211-2100 大阪市中央区道頓堀1丁目7-4 株式会社アメリカンビル 34.668399, 135.502925

23

## 앤드류 에그타르트 도톤보리점 アンドリューのエッグタルト

난바에서 맛보는 마카오의 에그타르트

1989년 마카오에서 출발해 세계 곳곳에 매장을 낸 앤드류 에그타르트의 도톤보리 지점. 바삭한 파이와 부드러운 커스터드 크림의 조화가 환상적인데, 입안 가득 고소하고 달콤한 풍미를 남긴다. 사과와 계피를 섞은 애플 시나몬 티 타르트, 초콜릿 타르트, 카라멜 타르트, 일본인의 취향에 맞춘 말차 아즈키(말차+팥소) 등 다양한 메뉴를 맛볼 수 있다.

에그타르트(エッグタルト) 320엔 지하철 미도스지선 난바역(なんば駅) 14번 출구에서 도보 1분 11:00~21:00 大阪市中央区道頓堀1-10-6 eggtart.jp 34.668779, 135.500781

24

## 우지엔 신사이바시 본점 宇治園 心斎橋本店

**150년 전통의 녹차 전문점**

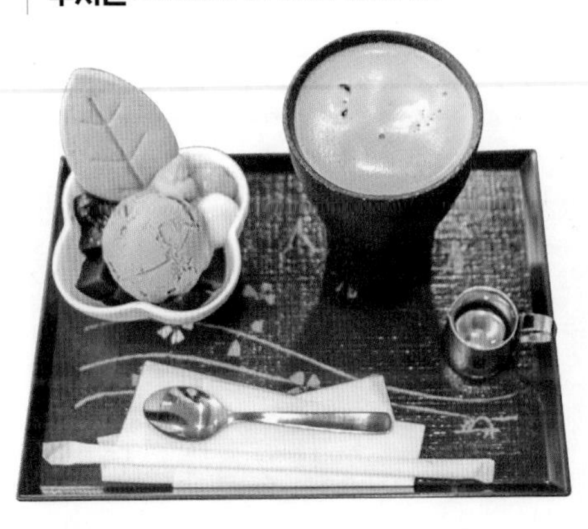

150년 이상의 역사를 지닌 녹차 전문점으로, 교토 산조에 본점을 두고 오사카에도 여러 곳에 지점을 운영하고 있다. 이곳 신사이바시점은 녹차 관련 제품을 판매하는 1층과 카페로 운영하는 2층으로 구성되어 있다. 복잡한 도심 한복판이라는 것이 믿기지 않을 정도로 조용하고 차분한 분위기에서 음료, 아이스크림, 쿠키, 파르페, 떡 등을 즐길 수 있다.

초콧토 말차 파르페 세트(ちょこっと抹茶パフェセット) 1,210엔 지하철 미도스지선 신사이바시역(心斎橋駅) 6번 출구에서 도보 1분 10:30~20:30 06-6252-7800 大阪市中央区心斎橋筋1丁目4-20 宇治園ビル 1-2F uji-en.co.jp 34.673138, 135.501523

25

## 바 래러티 Bar Rarity

**분위기 좋은 바에서 보내는 한적한 시간**

정통 스타일의 조용하고 분위기 있는 바. 갖가지 술이 진열된 내부 공간은 카운터석과 대형 테이블로 꾸며 놓았다. 노련한 바텐더에게 취향에 맞는 술을 추천받아도 좋다. 매달 계절에 맞춰 추천 칵테일도 판매하고 있다. 자릿세와 봉사료가 따로 부과된다는 점을 참고하자.

주류 900엔~, 야마자키 위스키 1잔 1,300엔, 오늘의 추천 메뉴(今日のおすすめ) 1,500엔 지하철 미도스지선 신사이바시역(心斎橋駅) 3번 출구에서 도보 5분/요츠바시선 요츠바시역(四ツ橋駅) 1번 출구 방향 직결. 크리스타나가호리 북12번 출구에서 도보 4분 월~목 18:00~01:00, 금~토 18:00~02:00, 일 휴무 06-6241-5238 (예약 가능) 大阪市中央区博労町4-6-17 第三丸米ビル B1F 34.677813, 135.498910

26

## 하리쥬 도톤보리 본점 はり重 道頓堀本店

**오사카 대표 스키야키 전문점**

1919년에 설립된 오사카 대표 스키야키 전문점. 1층은 정육점, 2층은 스키야키와 샤브샤브를 판매하는 음식점이며, 본점 바로 옆에서 돈카츠 전문점도 운영한다. 정육점을 함께 운영하는 만큼 고기의 질과 맛이 좋아 오랫동안 현지인의 사랑을 받아왔다. 60년 이상 된 내부의 다다미에 앉아 운치 가득한 분위기에서 식사를 즐겨보자. 런치 코스는 비교적 저렴하다. 전화로 예약하고 방문하는 것이 좋다.

스키야키 코스 유키(すき焼きコース雪) 8,400엔 지하철 미도스지선 난바역(なんば駅) 14번 출구에서 도보 1분 11:30~21:00(마지막 주문 20:00), 화 휴무 06-6211-7777 大阪市中央区道頓堀1丁目9-17 harijyu.co.jp 34.668579, 135.500655

27

## 카니도라쿠 본점 かに道樂

**오사카를 대표하는 게 요리 전문점**

도톤보리에 들어서면 슬쩍슬쩍 움직이는 커다란 게가 눈길을 사로잡는데 바로 게 요리 전문점 카니도라쿠의 간판이다. 스키야키에서 착안해 게를 넣은 '카니스키'를 선보이며 유명해졌고, 현재는 전국에 체인점이 있다. 사시사철 다양한 게 요리를 맛볼 수 있으며 가게 앞에서는 구운 게를 간식용으로도 판매한다. 런치 타임에는 비교적 저렴한 메뉴를 선보인다.

하나이로(花色) 코스 5,940엔, 런치 코스 3,520엔~
지하철 미도스지선 난바역(なんば駅) 14번 출구에서 도보 3분
11:00~22:00 大阪市中央区道頓堀1-6-18
douraku.co.jp 34.668848, 135.501516

28

## 도톤보리 코나몬 뮤지엄 道頓堀 コナモン ミュージアム

**타코야키에 대한 모든 것**

도톤보리 한복판에 거대한 문어 간판이 있는 건물을 찾아보자. 지하 1층은 타코야키를 직접 구워 먹을 수 있는 곳, 1층은 타코야키 쿠쿠루의 매장, 2층은 밀가루 음식의 역사를 알려주는 박물관 겸 식당, 3층은 모형 타코야키를 만들 수 있는 체험장으로 운영되고 있다. 베이컨 치즈볼 타코야키의 새로운 맛을 경험해보자.

타코야키(たこ焼) 10개 1,220엔 지하철 미도스지선 난바역(なんば駅) 14번 출구에서 도보 3분 월~금 11:00~21:00, 토~일 & 공휴일 10:00~21:00(마지막 주문 20:30) 大阪市中央区道頓堀1-6-12
www.shirohato.com/konamon-m/ 34.668801, 135.502179

29

## 킨구에몬 도톤보리점 金久右衛門 道頓堀店

**현지인이 좋아하는 라멘집**

오사카 쇼유 라멘 전문점 킨구에몬의 분점. 킨구에몬은 일본 맛집 사이트에서 2009~2011년 라멘 부문 오사카 랭킹 1위를 차지했던 인기 맛집으로, 카무쿠라, 킨류, 이치란까지 모여 있는 도톤보리에서도 유독 현지인이 많이 몰리는 곳이다. 굵은 면과 가는 면 중에 선택할 수 있고, 대표 메뉴는 닭 육수 베이스에 해산물 육수를 섞어 맛을 낸 쇼유 라멘이다.

오사카 블랙(大阪ブラック) 1,000엔, 나니와 블랙(なにわブラック) 1,050엔 지하철 미도스지선 난바역(なんば駅)에서 도보 6분 11:00~다음날 08:00, 금~토 24시간 大阪市中央区道頓堀1丁目4-17 34.668556, 135.503233

30

## 카무쿠라 센니치마에점 神座 千日前店

일본 전역으로 퍼져 나가는 오사카 라멘 체인

일본에서는 지역에서 유명했던 라멘이 전국 체인으로 성장하는 경우가 있는데, 카무쿠라도 그중 하나다. 1986년 도톤보리에서 1호점을 시작해 현재 오사카 중부, 간토 지방에 분점을 두고 있다. 기본 닭 육수에 배추를 많이 넣어 맛을 낸 국물이 깔끔하고 시원하다. 대표 메뉴는 간장으로 맛을 내 감칠맛을 더한 오이시이 라멘이다. 전반적으로 짠맛이 센 편이니 주문할 때 간 조절을 요청해도 좋다.

오이시이 라멘(おいしいラーメン) 770엔 지하철 미도스지선 난바역(なんば駅)에서 도보 6분 월~목 10:00~07:30, 금 10:00~08:30, 토 09:00~08:30, 일 09:00~07:30 大阪市中央区道頓堀1-7-3 kamukura.co.jp 34.668441, 135.503023

31

## 킨류 라멘 金龍ラーメン

현지인의 해장 라멘

도톤보리의 개성 넘치는 간판 중에서도 특히 눈길을 사로잡는 익살스러운 표정의 커다란 용을 찾아보자. 이 간판을 발견했다면 도톤보리의 명물 라멘집에 도착했다는 뜻이다. 원래는 소에몬초에서 술을 마신 이들이 해장하러 찾던 라멘집으로, 돼지와 닭 뼈 육수를 섞은 국물이 특히 부드러워 민감해진 위를 잘 달래준다. 부추와 마늘, 김치, 밥이 무제한으로 제공된다는 점도 매력적이다.

라멘(ラーメン) 800엔, 차슈멘(チャーシューメン) 1,100엔 지하철 미도스지선 난바역(なんば駅)에서 도보 5분 24시간 大阪市中央区道頓堀1-7-26 34.668673, 135.503053

32

## 이치란 도톤보리점 一蘭 道頓堀店

후쿠오카 하카타 라멘의 맛 그대로

후쿠오카 하카타 지역의 인기를 기반으로 전국으로 퍼져 나간 인기 라멘집. 돼지 뼈를 푹 고아 우려낸 뽀얀 국물이 일품인 돈코츠 라멘을 선보인다. 보통 일본의 라멘은 간장, 소금, 된장으로 맛을 내기 때문에 얼큰하지 않은데, 이곳은 매콤한 비법 소스를 넣어 우리 입맛에도 잘 맞는다. 국물 농도, 지방의 양, 면의 삶기 정도, 매콤한 소스의 양을 취향에 맞춰 고를 수 있고, 비법 소스는 한번 더 무료로 추가할 수 있다. 본관은 밤 10시에 영업을 종료하지만, 강 건너편 별관은 24시간 운영한다.

라멘+반숙달걀(ラーメン+半熟塩ゆでたまご) 1,120엔 지하철 미도스지선 난바역(なんば駅) 14번 출구에서 도보 5분 10:00~22:00 大阪市中央区宗右衛門町7-18 1F ichiran.co.jp 34.669204, 135.503038

## 33 북극성 北極星

일본 최초의 오무라이스 가게

일본에서 오무라이스를 처음 만든 가게. 고풍스러운 옛 건물에서 다양한 재료의 오무라이스를 맛볼 수 있다. 오무라이스를 처음 만든 가게답게 북극성에만 있는 오리지널 메뉴와 다른 곳에서는 보기 힘든 다양한 종류의 오무라이스가 있다. 오래된 민가를 개조해서 만들며 다다미방을 그대로 쓰기 때문에 실내에 들어가면 신발을 벗어야 하고, 모든 자리가 좌식으로 되어 있어 다소 불편할 수 있다.

오무라이스 1,080엔~ 지하철 미도스지선 난바역(なんば駅) 25번 출구에서 도보 5분 11:30~21:30 大阪市中央区西心斎橋2-7-27 www.hokkyokusei.online/shinsaibashi 34.669874, 135.498745

## 34 다이키수산 회전초밥 大起水産 回転寿司

저렴하면서도 맛있는 회전초밥

오사카에는 회전초밥의 원조인 겐로쿠시스를 시작으로 초대형 체인점인 쿠라스시, 스시로 등의 회전초밥집이 있지만 최고의 가성비와 맛을 내는 집은 다이키수산이다. 원래 생선을 전문적으로 유통하는 회사인 다이키 수산은 '신선도가 진수성찬이다'라는 모토로 성장해온 회사이며 2005년부터 회전초밥 체인 운영을 시작했다. 회사의 모토대로 신선도 높고 잘 숙성된 생선으로 만들어진 초밥은 여타 회전초밥 체인에 비해 맛이 좋다.

예산 4,000엔~ 지하철 미도스지선 난바역(なんば駅) 14번 출구에서 도보 5분 11:00~23:00 大阪市中央区道頓堀1-7-24 www.daiki-suisan.co.jp 34.668612, 135.502880

## 35 자마이카 5 ジャマイカファイブ

매일 먹어도 질리지 않는 돈카츠 카레

가게가 2층에 있고 입구가 아주 작아 찾기 어렵지만 가게 안으로 들어가면 앤티크한 분위기의 실내가 나온다. 좌석은 나무로 된 카운터석만 있으며 주방에는 다양한 카레 원료들이 진열되어 있다. 이곳의 명물은 돈카츠 카레. 익숙한 맛의 카레와 돈카츠지만 적당히 매콤하면서 달콤한 맛이 매일 먹어도 질리지 않을 만큼 일품이다. 주인 할아버지가 연로해 조리나 서빙이 조금 느리다는 점만 빼면 아주 좋다.

돈카츠 카레(トンカツカレー) 1,090엔 지하철 사카이스지선·나가호리츠루미료쿠치선 나가호리바시역(長堀橋駅) 1번 출구에서 도보 5분 월~토 11:30~15:00, 일 휴무 大阪市中央区南船場1-12 34.676641, 135.507878

36
## 야키니쿠 라이크 焼肉ライク

가성비 좋고 맛있는 1인 야키니쿠

2019년에 영업을 시작해 전국으로 지점을 확장한 가게다. 지렴한 가격에 질 좋은 고기를 맛볼 수 있어 인기가 높다. 혼자서도 가족과 함께 와도 편하게 먹을 수 있도록 카운터석과 테이블석이 잘 마련되어 있다. 주문은 각자 좌석에 마련된 태블릿을 이용해서 할 수 있고 사진 메뉴가 있어 일본어를 잘 몰라도 어렵지 않게 주문이 가능하다.

바라카루비세트(バラカルビセット) 1,090엔 지하철 미도스지선 난바역(なんば駅) 25번 출구 앞 10:00~23:00 大阪市中央区難波2-1-31 34.667950, 135.500054

37
## 카오스 스파이스 다이너 カオス スパイス ダイナー

매주 새로운 맛의 3종 카레

요츠바시역 근처에 본점을 두고 있는 인기 카레집. 매주 바뀌는 3종류의 카레를 단독으로 혹은 섞어서 맛볼 수 있다. 맛을 인정받아 후쿠시마역과 교토에도 지점이 생겼으며 각각 다른 카레를 만들기 때문에 각 지점을 돌아보며 맛을 비교해 볼 수도 있다. 보통과 스몰 사이즈가 있어 적게 먹는 사람에게도 좋다. 카레 소진 시 가게 문을 일찍 닫을 수 있으니 가급적 오픈 시간에 맞춰 찾아가자.

산슈루이아이가케(3種類あいがけ) 1,280엔 월~금 11:30~15:30 & 17:00~22:00, 토 11:30~22:00, 일, 공휴일 11:30~21:00(2층은 19:30 종료), 부정기 휴무 大阪市西区北堀江1-2-17 khaos-spicediner.com 34.672867, 135.496794

38
## 살롱 드 테 알시온 サロン・ド・テ アルション

매혹적인 홍차 카페

호젠지 요코초 입구 근처 골목에 있는 살롱 드 테 알시온은 프랑스 디저트와 티 살롱이다. 1층은 맛있는 프랑스 케이크와 쿠키, 마카롱, 그리고 '조르주 캐논'사의 홍차 등을 구입할 수 있다. 2층에는 깔끔하고 멋진 티 룸이 마련되어 있는데, 화려한 접시에 담긴 디저트와 홍차, 중국차, 오리지널 블렌드 허브티 등의 차를 조합하여 애프터눈 티 세트를 여유롭게 즐길 수 있다.

애프터눈 티 세트(アフタヌーンティーセット) 2,480엔 월~금 11:30~20:00, 토~일 & 공휴일 11:00~20:00 大阪市中央区難波1-6-20 www.anjou.co.jp/shop/saronhouzenji 34.668233, 135.501901

39

## 크레프리 알시온 クレープリー・アルション

앤티크한 공간에서 맛보는 맛있는 크레페와 디저트

케이크로 유명한 카페 알시온의 자매점으로 크레페를 전문으로 하는 카페다. 부드러운 크레페 위에 아이스크림, 버터 등의 토핑을 올려 같이 먹으면 고소하면서도 달콤한 디저트가 된다. 커피는 크레페의 달달한 토핑과 잘 어울리게 진한 것이 특징. 전체적인 맛의 조화가 아주 훌륭하다.

크레이프세트(クレープセット) 1,350엔~
월~금 11:30~22:00, 토~일 11:00~22:00 大阪市中央区難波1-4-18 www.anjou.co.jp/shop/crepe
34.667630, 135.502288

40

## 아라비야 커피 アラビヤコーヒー

매일 볶은 신선한 원두로 내린 맛있는 커피 한잔

1951년에 개업해 지금까지 많은 사랑을 받고 있는 커피숍이다. 자체 로스팅 공장이 있어 아침마다 볶은 신선한 원두를 사용해 커피를 내린다. 대표 메뉴인 브랜드 커피는 쓴맛과 산미가 적은 고소하고 부드러운 맛이지만, 온도차에 따른 맛의 변화까지 고려해 아이스로 주문하면 산미가 강한 맛으로 내려준다. 1층은 카운터석과 테이블석이 혼합된 형태이고 역사가 담긴 가게 2층에는 4개의 테이블석이 있다.

브랜드커피(ブレンドコーヒー) 550엔, 아이스커피(アイスコーヒー) 660엔 월~금 11:00~18:00, 토~일 10:00~19:00, 수 부정기 휴무 大阪市中央区難波1-6-7 arabiyacoffee.com
34.668097, 135.501863

01

## 돈키호테 ドンキホーテ

**도톤보리의 필수 쇼핑 스폿**

애견용품부터 명품에 이르기까지 다양한 물품을 저렴한 가격에 구매할 수 있는 만물 잡화 할인점이다. 도톤보리강의 랜드마크 돈키호테 에비스 타워에 있다. 여행자가 즐겨 찾는 생활용품, 화장품, 식품, 과자, 주류 등을 모두 갖췄고, 유행 아이템은 가장 잘 보이는 곳에 진열되어 있어 일본어를 몰라도 제품을 쉽게 찾을 수 있다. 구매 금액 5,500엔(세금 포함)부터 면세 혜택을 받을 수 있는데, 10,000엔 이상 구입 시에는 면세 외 5% 추가 할인도 받을 수 있으므로 돈키호테 홈페이지에서 쿠폰을 미리 다운받고 쇼핑하자. 도톤보리점은 면세 대기줄이 늘 길기 때문에 미도스지점이나 센니치마에점도 같이 살펴보는 것이 좋다.

지하철 미도스지선·요츠바시선·센니치마에선 난바역(なんば駅) 14번 출구에서 도보 5분 09:00~04:00 大阪市中央区宗右衛門町7-13 06-470-1411 donki.com 34.669272, 135.502678

02

## 마츠모토키요시 신사이바시 미나미점 マツモトキヨシ

**일본 최대 드럭스토어**

화장품, 식품, 뷰티 용품, 의약품이 총망라된 일본 최대 규모의 드럭스토어 체인. 특이하게 창업자의 이름 마츠모토키요시(松本清)를 사명으로 사용하고 있다. 카베진, 사카무케아, 퍼펙트휩, 동전파스 등 필수 쇼핑 아이템을 잘 갖추고 있어 우리나라 여행자도 많이 찾는 곳이다. 5,500엔(세금 포함) 이상 구매하면 면세 혜택도 받을 수 있다. 단 일부 항목은 다른 곳에 비해 비쌀 수 있으니 몇 군데를 돌아보면서 가격을 비교해보는 것이 좋다.

난카이 난바역(難波駅)·미도스지선·요츠바시선·센니치마에선 난바역(なんば駅) 14번 출구에서 도보 7분 10:00~22:30 大阪市中央区心斎橋筋2丁目5-5 06-6120-9198 matsukiyo.co.jp 34.669575, 135.501013

## 03 산리오 기프트게이트 Sanrio Gift Gate

산리오 캐릭터 쇼핑의 결정판

헬로키티로 대표되는 산리오 캐릭터로 만들어진 제품을 구입할 수 있는 곳이다. 인형부터 학용품, 액세서리까지 모든 연령대를 아우르는 다양한 캐릭터 잡화가 구비되어 있다. 일본풍 의상이나 간사이의 명물과 어우러진 각종 캐릭터 상품은 선물용으로도 좋다.

지하철 미도스지선·센니치마에선 난바역(なんば駅) B12 출구에서 도보 1분
11:30~20:00 大阪市中央区難波1-8-3 06-6484-7133
stores.sanrio.co.jp/8278100 34.667731, 135.501231

## 04 핸즈 신사이바시점 ハンズ心斎橋店

### 내 손으로 만드는 생활용품

모든 생활용품이 총망라된 잡화 및 DIY 백화점 도큐 핸즈의 신사이바시 지점이다. 최근 신사이바시 파르코 빌딩 9~11층으로 점포를 이전하여 접근성이 더 좋아졌다. 9층은 생활용품, 10층은 건강·목욕용품, 11층은 문구, 주방용품, DIY 코너로 구성되어 있다. 편의성, 디자인 면에서 독특한 아이디어가 돋보이는 상품들로 가득하고, DIY를 위한 편리한 도구도 많이 있으니 '손으로 만드는 기쁨'을 즐긴다면 꼭 찾아보자.

미도스지선·나가호리츠루미료쿠치선 신사이바시역(心斎橋駅) 5번 출구에서 도보 1분 10:00~20:00
大阪市中央区心斎橋筋1-8-3 心斎橋パルコ 9~11階
06-6243-3111 shinsaibashi.hands.net
34.673888, 135.500959

05

## 유니클로 신사이바시점 ユニクロ

**조금 더 개성 있게 조금 더 다양하게**

고품질 저가 브랜드를 표방하는 유니클로의 신사이바시 지점이다. 제품 라인업은 우리나라와 거의 비슷하지만 사이즈와 디자인 측면에서 좀 더 다양한 편. 특히 유티(UT)에는 국내에 출시되지 않은 개성 만점 아이템이 많아 선물용으로도 좋다. 세일 이벤트도 자주 열리고 5,500엔 이상 구매 시 면세 혜택도 받을 수 있다.

지하철 미도스지선·나가호리츠루미료쿠치선 신사이바시역(心斎橋駅) 5번 출구에서 도보 2분 11:00~21:00 大阪市中央区心斎橋筋1-2-17 050-3355-7797 www.uniqlo.com/jp 34.674678, 135.501596

06

## 지유 GU ジーユー

**유니클로가 만든 SPA 브랜드**

'자유(自由)롭게 입는다'라는 콘셉트의 유니클로 SPA 브랜드. 유니클로의 스타일은 유지하면서도 가격이 더 저렴해 인기가 높다. 신사이바시점은 유니클로와 같은 건물 3~4층에 입점해 있는데, 구매 금액이 5,500엔 이상이라면 유니클로와 마찬가지로 2층 면세카운터에서 면세 혜택을 받을 수 있다. 지유 앱을 다운받으면 일부 제품은 추가 할인을 받을 수 있다.

지하철 미도스지선·나가호리츠루미료쿠치선 신사이바시역(心斎橋駅) 6번 출구에서 도보 5분 11:00~21:00
大阪市中央区心斎橋筋2-1-17 06-6484-3304
www.gu-japan.com 34.671240, 135.501629

07

## H&M 신사이바시점

**실용적인 가격으로 만나는 유럽의 감성 디자인**

세계적인 SPA 브랜드 H&M의 신사이바시 지점은 신사이바시스지 입구에 위치해 최상의 입지를 자랑한다. 지하 1층부터 4층까지 다양한 패션 아이템이 빼곡히 들어차 있다. 특히 세계 유명 디자이너나 스타와의 협업 작품이 출시될 때에는 많은 사람이 몰린다.

지하철 미도스지선·나가호리츠루미료쿠치선 신사이바시역(心斎橋駅) 10번 출구에서 도보 1분 10:00~22:00
大阪市中央区心斎橋筋一丁目9番1号
0120-866-201 34.674583, 135.501169

## 08 스포타카 신사이바시 スポタカ心斎橋

**스포츠 용품의 모든 것**

야구용품에서 축구, 농구, 테니스 등 구기 종목은 물론 스키, 스노보드, 서핑, 스케이트보드까지 다양한 용품을 취급한다. 본관과 가까운 웨스트(West)점 지하 1층에서 스케이트보드를 체험할 수 있는 스케이드보드 파크, 농구와 풋살을 연습할 수 있는 S.B.B.C와 풋살파크도 운영한다.

지하철 미도스지선 신사이바시역(心斎橋駅) 7번 출구에서 도보 3분/요츠바시선 요츠바시역(四ツ橋駅) 5번 출구에서 도보 3분 11:00~20:00 大阪市中央区西心斎橋 1-6-14 BIGSTEP B1F 06-6484-7164 spotaka.com 34.672484, 135.498874

## 09 러쉬 신사이바시점 LUSH 心斎橋店

**천연 재료로 만드는 화장품**

동물실험을 하지 않고, 자연에서 얻은 천연재료를 사용하여 만드는 영국의 핸드메이드 화장품 브랜드. 보디, 페이스, 헤어 제품, 입욕제, 향수 등 다양한 제품들을 선보이며 한국에서도 인기가 높다. 일본에서 직접 생산되기 때문에 한국에 비해 최대 30% 저렴하게 구매 가능하며, 일본에서만 선보이는 한정 상품도 있으니 러쉬 제품을 좋아하는 사람이라면 일본 여행에서 꼭 방문할 것을 추천한다.

지하철 미도스지선 신사이바시역(心斎 橋駅) 6번 출구에서 도보 5분 11:00~21:00 大阪市中央区心斎橋筋2-3-20 www.lush.com/jp 34.669776, 135.501444

## 10 산큐 마트 아메리카무라점 サンキューマート アメリカ村店

**개성 넘치는 가성비 잡화점**

특이하지만 톡톡 튀는 화려한 디자인의 소품을 구경하고 싶다면 놓치면 안 되는 개성 있는 잡화점이다. 가게 이름의 산큐는 'Thank you'의 일본식 발음이기도 하지만, 대부분의 상품을 390엔에 판매해 산(3) 큐(9) 마트라 불린다. 디즈니를 비롯한 다양한 애니메이션의 캐릭터 디자인의 신발, 지갑, 가방, 양말, 파우치, 휴대폰 케이스 등 다양한 상품이 총망라되어있으며, 개성 있는 디자인의 구제 의류도 폭넓게 선보인다.

지하철 미도스지선 신사이바시역(心斎橋駅) 7번 출구에서 도보 3분/요츠바시선 요츠바시역(四ツ橋駅) 5번 출구에서 도보 3분
11:00~20:00 大阪市中央区西心斎橋1-6-14 BIGSTEP B1F
thankyoumart.jp 34.672484,135.498874

11

## 애플 스토어 アップル-ストア

**애플 마니아의 필수 코스**

애플사의 최신 제품을 직접 사용해볼 수 있는 것은 물론, 우리나라에서는 단종되거나 수입되지 않은 액세서리와 기기도 구할 수 있다. 외국인 관광객 면세 혜택은 이제 받을 수 없지만, 인터넷 예약을 통해 물건을 직접 수령할 수도 있기 때문에 관광객도 많이 찾는다.

지하철 미도스지선·나가호리츠루미료쿠치선 신사이바시역(心斎橋駅) 7, 8번 출구에서 도보 3분 10:00~ 21:00
大阪市中央区西心斎橋1丁目5-5 アーバンBLD心斎橋
06-4963-4500 apple.com/jp/retail/shinsaibashi
34.672110, 135.500031

12

## 다이소 난바 에비스바시점 ダイソー なんば戎橋店

**일본 현지에서 즐기는 100엔 쇼핑**

100엔 동전 하나로 물건을 구매한다는 콘셉트로 돌풍을 일으킨 100엔 숍의 대표 브랜드. 주방, 욕실, 거실 등 생활용품을 취급하며 100엔이라는 가격이 믿기지 않을 정도로 품질이 좋고 디자인도 다양하다. 계산대 앞에는 인기 제품과 신제품, 지역 한정품 등이 있으니 눈여겨 보자. 다른 지점보다 늦게까지 운영하므로 밤늦게 구경하기 좋다.

난카이 난바역(難波駅) 북쪽 출구에서 도보 5분/미도스지선 난바역(なんば駅) 1번 출구에서 도보 5분/센니치마에선 난바역(なんば駅) 20번 출구에서 도보 8분 10:00~23:00 大阪市中央区難波11-5-16大阪B&Vビル 1F 06-6214-3611 www.daiso-sangyo.co.jp 34.667518, 135.501643

13

## 3코인즈 3Coins

**동전 3개로 즐기는 쇼핑의 즐거움**

100엔 숍의 물건은 저렴하지만 내구성이 좋지 않아 오래 사용하지 못하는 경우가 많다. 하지만 저렴하고 질도 좋은 곳을 찾는다면 3코인즈를 추천한다. 300엔대 가방, 의류, 생활용품 등 물품이 다양하게 구비되어 있어 선택의 폭도 넓다. 최근에는 300엔대의 제품과 더불어 3,000엔대의 스마트 워치, 500~1,000엔대의 손잡이 부착 가능 냄비 등 보다 다양한 가격대에 합리적인 제품 선택의 폭을 넓히며 성장하고 있다.

지하철 신사이바시역 2번 출구방향 크리스타 나가호리 지하상가 도보 2분 11:00~21:00 大阪市中央区南船場3 長堀地下街4-74 34.674999, 135.501637

14

## 다이마루 백화점 & 파르코 大丸 & PARCO

쇼핑과 여행 정보가 한곳에

신사이바시역과 연결된 본관과 면세 카운터가 있는 남관, 최신 트렌드 상품이 모인 파르코로 구성되어 있다. 특히 파르코에는 무인양품, 핸즈, 팝컬처 스토어, 시어터 신사이바시 등 트렌디한 샵이 모여 있으며 그중에서도 네온사인의 인테리어가 돋보이는 '네온 식당가'가 인기가 높다. 본관 1층 안내데스크에서 외국인 전용 스페셜 쿠폰(5% 할인)을 받을 수 있다.

지하철 미도스지선 신사이바시역(心斎橋駅) 남북·남남 개찰구에서 연결 상점 10:00~20:00, 레스토랑 11:00~21:00 大阪市中央区心斎橋筋1-7-1 daimaru.co.jp/shinsaibashi 34.673321, 135.501023

15

## 한나리 & 펫 파라다이스 ハンナリ アンド ペットパラダイス

깜찍한 반려동물용품 전문점

디즈니, 공룡, 기모노 등을 콘셉트로 제작한 반려동물 코스튬 및 장난감, 침대 등을 판매한다. 30여 종이 넘는 간식을 무료로 시식할 수 있는 프리 푸드 바도 있다. 2층에는 반려동물의 이름과 사진을 넣어 그릇, 의류, 가방을 만들 수 있는 한나리(Hannari) 코너가 있다.

지하철 미도스지선·나가호리츠루미료쿠치선 신사이바시역(心斎橋駅) 6번, 남쪽 10번 또는 11번 출구에서 도보 5분 11:00~20:00 大阪市中央区心斎橋筋2-3-28 ロンドンビル 1F·2F 06-6121-2860 34.670327, 135.501524

16

## 야마하 뮤직 오사카난바점 ヤマハミュージック 大阪なんば店

음악 애호가의 성지

야마하 뮤직에서 운영하는 악기 백화점. 1층에는 중고부터 신품에 이르는 건반 악기를 비롯해 마틴(Martin), 깁슨(Gibson), 테일러(Taylor) 같은 유명 기타 브랜드의 어쿠스틱 및 클래식 기타, 우쿨렐레 등 170점의 악기가 전시되어 있다. 2층에서는 관악기를 직접 연주해볼 수 있다.

지하철 요츠바시선 요츠바시역(四ツ橋駅) 5번 출구에서 도보 3분 수~월 11:00~18:30, 화 휴무 大阪市西区南堀江1-2-13 06-6531-8203 www.yamahamusic.jp/shop/osaka-namba.html 34.671374, 135.496799

# 미나미 여행 정보
# FAQ

## 간사이 국제공항과 미나미 간 이동이 가능한가요?

간사이 국제공항에서 미나미의 난바는 난카이 전철로 연결된다. 난카이 본선 공항급행(970엔)으로는 약 45분, 라피트 특급(1,490엔)으로는 약 40분 정도 소요된다. 난바까지 환승 없이 한 번에 갈 수 있는 이동 수단이며 가격도 저렴해 여행자들이 가장 많이 이용하는 노선이다. 난카이선 역시 간사이 레일웨이 패스로 이용 가능해 여행 첫날부터 간사이 레일웨이 패스를 이용할 예정이라면 공항 급행을 무료로 이용할 수 있다(라피트 제외).

## 가까운 관광안내소는 어디인가요?

| 구분 | 난바 관광 안내소<br>難波観光案内所 | 피봇 베이스 트레블 카페 앳 도톤보리<br>Pivot BASE Travel Café @ Tonbori |
|---|---|---|
| 위치 | 난카이난바역 1층 북쪽 출구 앞 | 도톤보리 주자쿠이다오레 빌딩 1층(겐로쿠스시 맞은편) |
| 시간 | 09:00~20:00 | 월~금 11:30~24:00,<br>토~일 & 공휴일 11:00~24:00, 무휴 |
| 제공 서비스 | 한글, 영문 팸플릿 제공 | • 간단한 식사, 음료<br>• 음료 주문 시 외부 음식 반입 가능<br>• AR및 영상을 활용한 관광 정보 제공 |

## 오사카 주유 패스를 알뜰하게 쓸 수 있는 일정을 알려주세요.

톤보리 리버 크루즈, 라이브 재즈 공연을 즐기며 도톤보리강을 유람할 수 있는 톤보리 리버 재즈 보트, 에도 시대의 모습을 재현해놓은 가키마타 우키요에칸 등에서 오사카 주유 패스를 사용할 수 있다. 오사카 주유 패스 구매 시 제공되는 토쿠토쿠(Tokutoku) 쿠폰을 사용할 수 있거나 주유 패스 제시 시 할인받을 수 있는 상점과 음식점도 많다. 또한 톤보리 리버 크루즈와 함께 주택박물관, 우메다 공중정원, 오사카성 천수각을 둘러보면 오사카 주유 패스를 더욱 알뜰하게 사용할 수 있다.

**무료 입장이 가능한 시설의 운영 시간 및 요금**

| | | |
|---|---|---|
| **톤보리 리버 크루즈** | 11:00~21:00<br>(매시 정각 & 30분 출항) | 1,500엔 |
| **카미가타 우키요에칸** | 11:00~18:00 | 700엔 |

## 도보로 둘러볼 수 있는 곳을 알려주세요.

난바역에서 난바시티 혹은 빅카메라를 지나 애니메이션 및 게임의 성지인 덴덴타운까지 10분 정도 걸어가면 도착한다. 덴덴타운을 지나 츠텐카쿠가 있는 신세카이까지는 도보로 20분 정도 소요된다. 신사이바시역 7번 출구에서 15분 정도 걸어가면 아메리카 무라를 거쳐 오렌지 스트리트까지 갈 수 있다.

## 급한 환전이나 출금이 가능한 곳이 있나요?

❶ 편의점, 우체국 등에서 'International Cash' 스티커가 붙어 있는 ATM기에서 신용카드로 출금이 가능하다. 단, 신용카드 회사에 미리 전화나 인터넷을 통해 해외 현금 인출이 가능하도록 설정해 놔야 한다. 보통 1회 5만 엔으로 인출액이 제한되어 있는데, 세븐 은행의 경우 10만 엔 이상도 가능하다.

❷ 최근 기념품 판매점, 돈키호테, 드럭스토어, 백화점, 관광안내소 등에 다국어 지원 환전기가 많이 설치되어 있으므로 편하게 환전이 가능하다.

| | | |
|---|---|---|
| **이케다센슈 은행 자동 환전기** | 난카이 난바역 9번 홈 | 06:30~22:00(연중무휴) |
| **미츠비시 UFJ 은행** | 난바시티 본관 1층 | 09:00~16:00 |
| **츠타야 에비스바시점 자동환전기** | 도톤보리 츠타야 내부 | 08:00~04:00 |
| **스기약국 도톤보리히가시점 자동환전기** | 도톤보리 스기약국 내부 | 07:00~23:00 |
| **이온 은행 ATM** | 킨테츠 오사카난바역 B2층 서쪽 개찰구 에스컬레이터 옆 | 04:45~24:45 |
| **세븐 은행 ATM** | 세븐일레븐 편의점 내 | 24시간 연중무휴 |
| | 난바 시티 본관 지하 2층 면세카운터 내 | 10:30~21:30 |

이곳엔 꼭 가야죠

# 오사카성

오사카성에 왔다면
**이건 꼭!**

★★★★★

**천수각** 앞에서 사진을 찍고
내부 박물관에서
황금 다실을 찾아보세요.

★★★★☆

**니시노마루 정원**에서
봄에는 아름다운 벚꽃,
가을에는 단풍에 둘러싸인
오사카성을 감상하면서
피크닉을 즐겨보세요.

★★★☆☆

**아시드라시니스**에서
오사카 최고의 케이크를 산 다음
오사카성 공원에서
여유롭게 즐겨보세요.

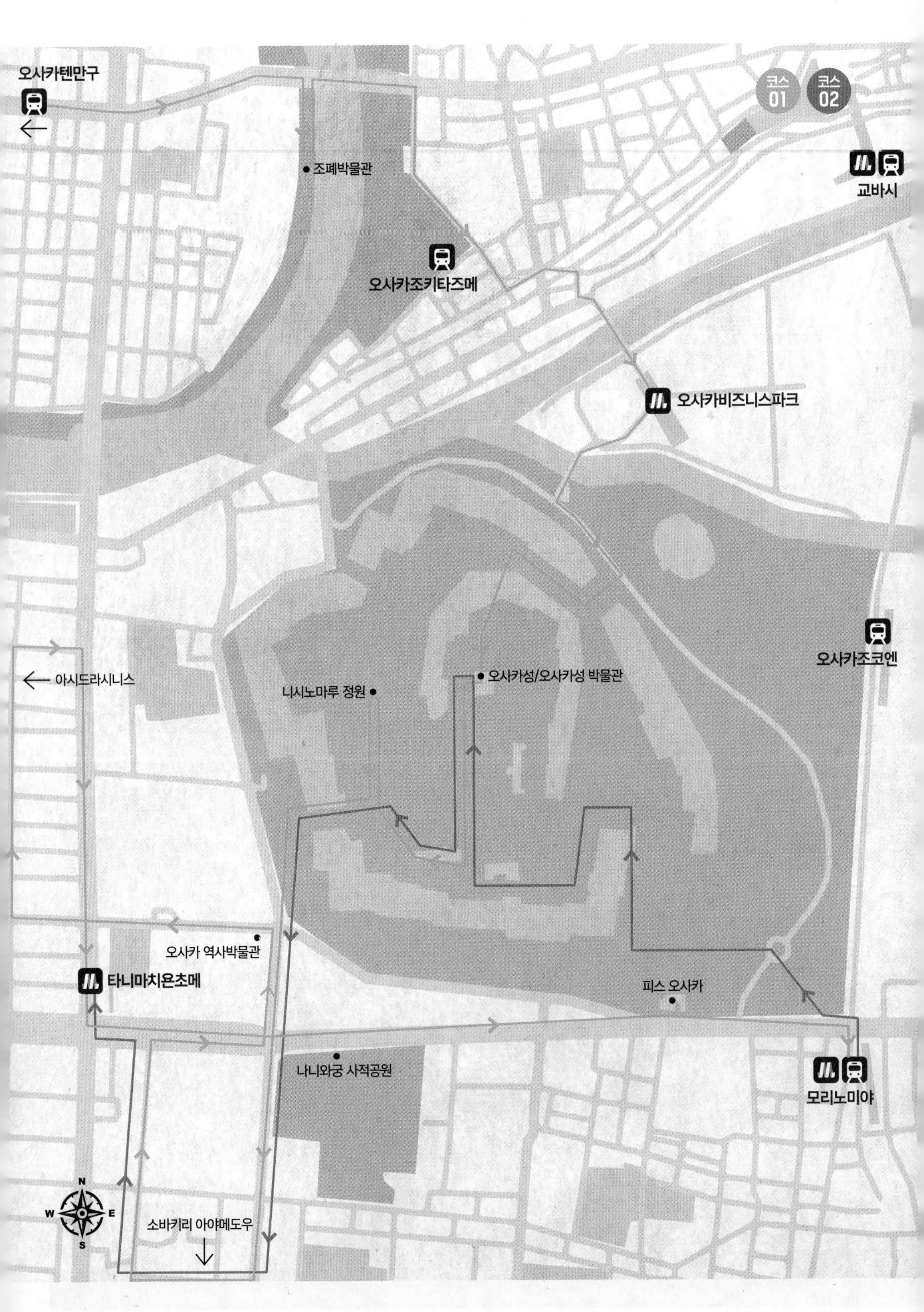

오사카텐만구
코스 01
코스 02
조폐박물관
교바시
오사카조키타즈메
오사카비즈니스파크
오사카조코엔
아시드라시니스
니시노마루 정원
오사카성/오사카성 박물관
오사카 역사박물관
타니마치욘초메
피스 오사카
나니와궁 사적공원
모리노미야
소바키리 아야메도우
N
W
E
S

## 01 핵심 1일 코스

출발 오사카텐만구역

도보 10분

09:30 조폐박물관

도보 20분

11:30 오사카성

도보 5분

12:30 니시노마루 정원

도보 25분

13:00 소바키리 아야메도우

도보 15분

14:30 오사카 역사박물관

도보 5분

16:00 아시드라시니스

도보 15분

17:00 나니와궁 사적공원

도보 20분

도착 모리노미야역

## 02 핵심 한나절 코스

출발 모리노미야역

도보 15분

10:00 오사카성

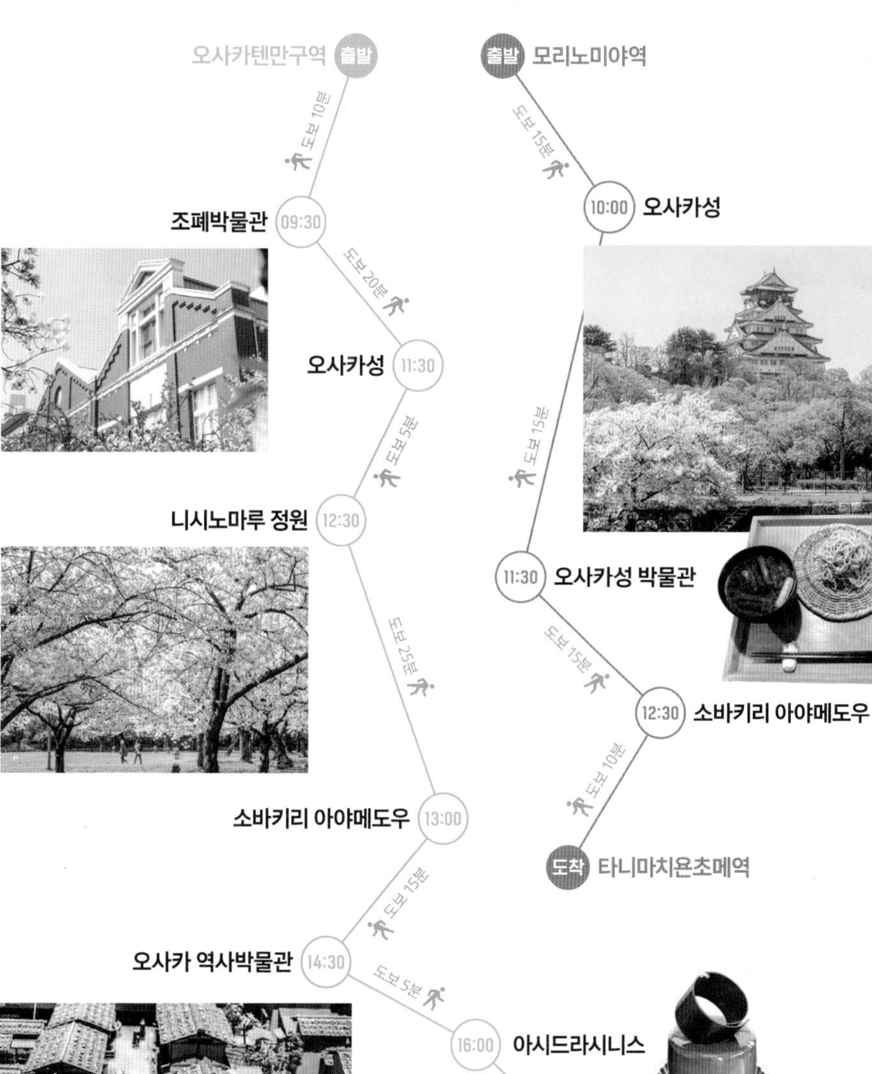

도보 15분

11:30 오사카성 박물관

도보 15분

12:30 소바키리 아야메도우

도보 10분

도착 타니마치욘초메역

# 오사카성

OSAKA CASTLE 大阪城

**#오사카성 #오사카성벚꽃 #오사카성단풍 #오사카역사박물관 #조폐박물관**

웅장한 규모와 특유의 풍경이 마음을 단숨에 사로잡는 오사카성은 일본 전국 시대를 통일한 도요토미 히데요시가 자신의 막강한 힘을 이용해 건설한 건축물로, 오사카는 물론 일본 역사 전체를 상징한다. 잔디밭과 벚나무 길이 어우러진 입구 공원은 벚꽃과 단풍 명소로도 사랑받는다. 강을 사이에 두고 오사카성과 나란히 자리한 조폐박물관 역시 봄철 벚꽃 명소로 유명하다. 겹벚꽃이 흐드러지게 핀 길이 더없이 낭만적이지만 개화 시기에만 일반에 공개되니 참고하자.

## ACCESS

### 공항에서 가는 법

- **JR 간사이쿠코역**
  - JR 간사이 공항선 50분 ￥1,210엔
- **텐노지역**
  - JR 오사카칸조선 9분
- **모리노미야역**

- **난카이 간사이쿠코역**
  - 난카이 특급 41분 ￥970엔
- **신이마미야역**
  - JR 오사카칸조선 14분 ￥170엔
- **모리노미야역**

- **1층 리무진 버스정류장**
  - 공항 리무진 58분 ￥1,800엔
- **히가시우메다역**
  - 타니마치선 7분 ￥240엔
- **타니마치욘초메역**

### 우메다역에서 가는 법

- **히가시우메다역**
  - 타니마치선 7분 ￥240엔
- **타니마치욘초메역**

- **오사카역**
  - JR 오사카칸조선 11분 ￥170엔
- **모리노미야역**

### 난바역에서 가는 법

- **닛폰바시역**
  - 사카이스지선 3분 ￥240엔
- **사카이스지혼마치역**
  - 추오선 3분
- **모리노미야역**

- **난바역**
  - 미도스지선 3분 ￥240엔
- **혼마치역**
  - 추오선 3분
- **타니마치욘초메역**

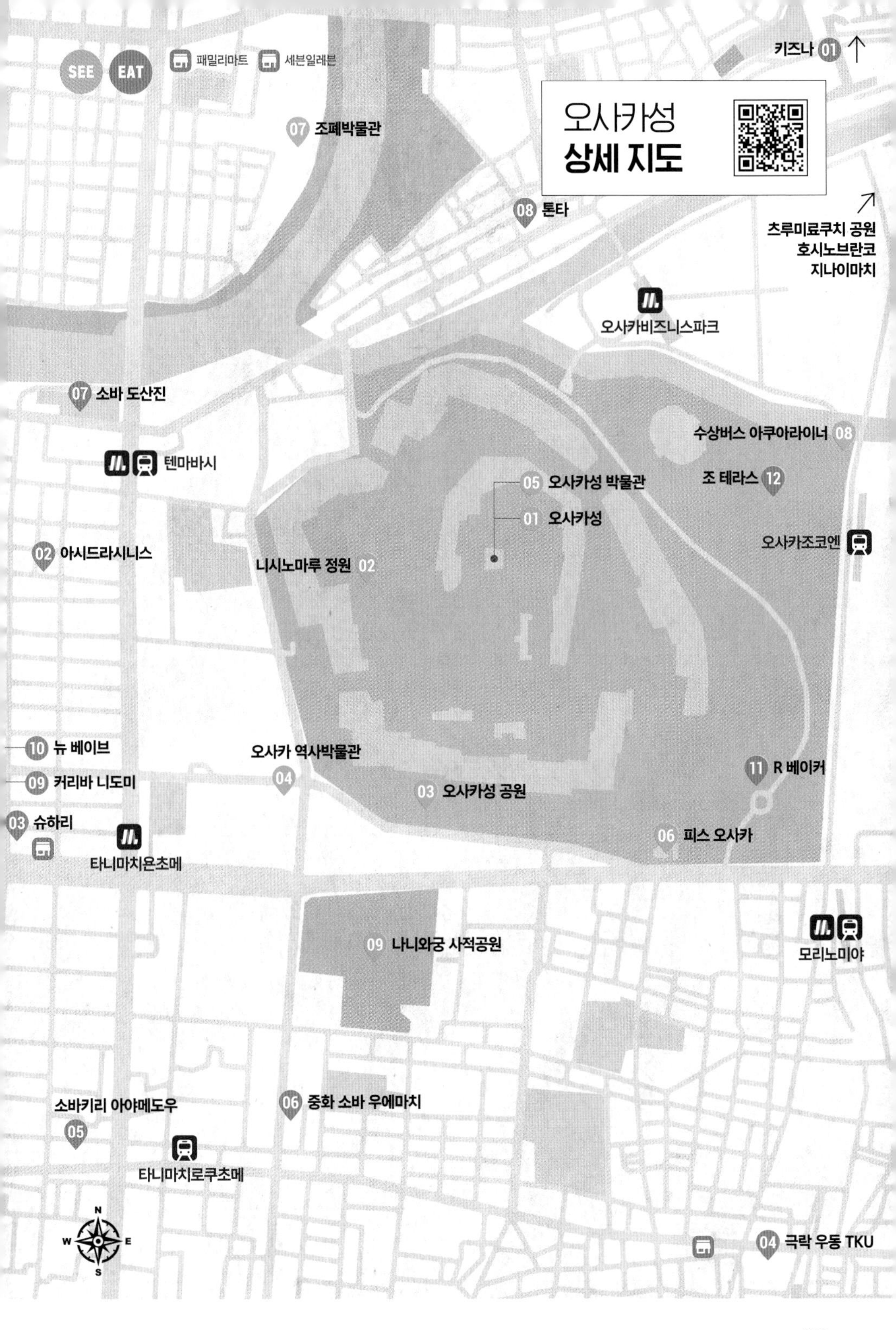
SEE
EAT
패밀리마트
세븐일레븐
오사카성
상세 지도
키즈나 01
07 조폐박물관
08 톤타
츠루미료쿠치 공원
호시노브란코
지나이마치
오사카비즈니스파크
07 소바 도산진
텐마바시
수상버스 아쿠아라이너 08
05 오사카성 박물관
01 오사카성
조 테라스 12
02 아시드라시니스
니시노마루 정원 02
오사카조코엔
10 뉴 베이브
09 커리바 니도미
03 슈하리
오사카 역사박물관
04
03 오사카성 공원
11 R 베이커
06 피스 오사카
타니마치욘초메
09 나니와궁 사적공원
모리노미야
소바키리 아야메도우
05
06 중화 소바 우에마치
타니마치로쿠초메
N
W
E
S
04 극락 우동 TKU

01

## 오사카성 大阪城

### 일본 전국 시대, 그 화려한 흥망성쇠의 기억

일본 전국을 통일한 도요토미 히데요시(豐臣秀吉)가 막강한 권력과 재력을 자랑하고 수도인 교토를 견제하기 위해 세운 성이다. 건설 당시 다이묘(大名, 지방 영주)들은 도요토미 히데요시에게 자신들의 문장을 새긴 거석을 바치며 충성을 맹세했고, 지금도 성벽 곳곳에서 그 흔적을 쉽게 찾아볼 수 있다. 11m가 넘는 크기의 거석도 볼 수 있는데, 그 거대한 돌을 어떻게 운반하고 쌓아올렸는지는 오늘날까지 미스터리로 남아 있다.

여러 번의 화재로 소실과 재건을 반복해온 천수각은 현재 콘크리트 구조물로 복원되어 있다. 대부분 금으로 덮여 있던 원래의 모습은 역사에만 남아 있지만, 일본의 최고 권력자가 기거하던 곳답게 화려하고 웅장하다. 일본의 성은 철저히 공격과 방어를 염두에 두고 짓는다. 점령하려는 입장이라고 상상하고 성을 바라보면 성의 구조를 더욱 흥미롭게 감상할 수 있을 것이다.

지하철 타니마치선 타니마치욘초메역(谷町四丁目駅) 1-B번 출구에서 도보 5분
09:00~17:00(마지막 입장 16:30, 12월 28일~다음 해 1월 1일 휴관) 大阪城中央区大阪市 1-1 ¥ 공원 지역 무료, 천수각 성인 600엔, 중학생 이하 무료, 주유 패스 소지자 무료
osakacastle.net 34.687394, 135.525963

02

## 니시노마루 정원 大阪城西の丸庭園

아름다운 벚꽃 사이로 보이는 천수각

1965년 오사카성 초입에 약 64,000㎡ 면적으로 조성된 잔디 정원이다. 왕벚나무를 비롯한 벚나무 300여 그루에서 꽃이 만개하는 봄철에는 벚꽃 라이트업, 천수각 조명쇼 등의 행사가 열려 아름다운 야경을 즐길 수 있다. 가을에도 아름다운 단풍과 멋지게 어우러진 천수각을 볼 수 있어 가을에 방문하기에도 좋다. 천수각이 가장 잘 보이는 곳이기도 해 우리나라 여행자가 포토 존으로 특히 많이 찾는 포인트드다. 정원 끝자락에 위치한 전통다실 '호쇼안(豊松庵)'에서는 소박한 분위기를 한껏 느낄 수 있다.

JR 오사카칸조선 오사카조코엔역(大阪城公園駅)에서 도보 5분/지하철 타니마치선 타니마치 욘초메역(谷町四丁目駅)에서 도보 10분 3~10월 09:00~17:00, 11~2월 09:00~16:30(벚꽃 개화기 20:00까지), 월 & 12/28~1/4 휴무 ¥200엔, 오사카 주유 패스 소지자 무료
34.68682, 135.52339

03

## 오사카성 공원 大阪城公園

과거와 현재의 다정한 앙상블

근사한 천수각 풍경을 배경으로 자리한 오사카 시민의 쉼터로, 성곽을 둘러싼 해자 바깥쪽으로 드넓게 펼쳐져 있다. 소풍을 즐기는 가족, 조깅하는 사람들, 그늘에서 바람을 즐기는 관광객 등 오사카의 역사와 시민의 일상이 교차하는 모습을 볼 수 있다. 특히 벚꽃철이 되면 인파가 몰려 돗자리를 펴고 밤늦게까지 술과 음식을 즐기며 꽃놀이를 한다. 사시사철 거리 공연도 많이 열리는 데다 일본에서는 쉽게 찾을 수 없는 거리 음식 노점과 포장마차도 있어 색다른 경험을 해보기에도 좋다.

JR 오사카칸조선 모리노미야역(森ノ宮駅)에서 도보 5분 大阪市中央区大阪城3-11
06-6755-4146 osakacastlepark.jp 34.682366, 135.530457

## 일본 역사의 중심
# 오사카성 둘러보기

벚꽃과 단풍이 아름답기로 유명한 오사카성은 역사적으로도 깊은 의미를 간직하고 있다.
그 속에 담긴 이야기를 알고 나면 비석 하나도 다르게 보일 것이다.

### ❶ 오테몬 大手門

1628년 건립한 오사카성의 정문. '코라이몬(고려문)'으로도 불리는데, 고려 시대에 일본으로 전해진 건축 양식으로 지었기 때문이다. 이를 통해 한일 교류의 오랜 역사를 짐작해볼 수 있다.

### ❷ 타코이시 蛸石

사쿠라몬(벚꽃 문) 안쪽에 있는 거대한 돌이다. 오사카성에는 현대에도 운반하기 어려운 거석이 여럿 있는데, 타코이시가 그중 가장 크다. 가로 11.7m, 세로 5.5m에 무게가 130톤에 이르는 이 돌의 산지는 오카야마의 테시마섬 또는 마에시마섬으로 추정된다. 이동 거리만 해도 약 170~180km로 추정되는데, 오늘날까지도 이 큰 돌을 어떻게 옮겨와 건축 자재로 사용했는지 미스터리로 남아 있다. '타코이시(문어 돌)'라는 이름은 돌 표면 좌측에 산화제이철에 의해 생긴 문어 머리 모양 자국 때문에 붙었다고 한다.

### ❸ 센간야구라 千貫櫓

1620년 지어올린 망루로, 니시노마루 정원 서남쪽에 있다. 정원 북쪽에 자리한 이누이야구라와 함께 오사카성에서 가장 오래된 건물로 꼽힌다. 옛날 화폐였던 간(貫)을 천 개 주고서라도 사고 싶은 망루라는 뜻에서 이러한 이름이 붙었다고 한다.

### ❹ 각인석 광장 刻印と刻印広場

돌담에 새겨진 다양한 문양이나 기호를 가리켜 '각인'이라고 한다. 이곳 돌담의 각인에는 다이묘 가문의 문장을 새

긴 것, 돌의 산지를 나타낸 것, 다이묘의 성명을 기재한 것 등 여러 종류가 있는데, 이에 대한 연구도 다방면으로 진행되고 있다. 오사카성 혼마루(本丸) 북쪽에는 다양한 각인이 새겨진 출토석이 모여 있는 각인석 광장이 있다.

### ❺ 도요토미 히데요리, 요도의 자결터
豊臣秀頼淀殿ら自刃の地

천수각 북쪽에는 도요토미 히데요시의 부인 요도와 그의 아들 도요토미 히데요리가 도쿠가와 이에야스에게 패하면서 자결한 장소를 가리키는 작은 비석이 있다. 천민 출신으로 오다 노부나가의 시종이었던 도요토미 히데요시는 전국 시대를 통일하고 난공불락의 오사카성을 지으며 일본 열도를 호령했지만, 조선 침략에 실패하는 등 많은 적이 생겼고 결국 아들 대에서 멸문지화를 당했다.

### ❻ 고쿠라쿠바시 極楽橋

천수각 북쪽에 있는 다리로, 오사카 홀 방면에 있는 공원과 이어져 있다. 다리와 어우러진 풍경이 아름다워 사진 찍기 좋은 장소로 꼽힌다. 원래 나무 다리였으나 화재로 소실되었다. 현재는 1965년 콘크리트와 석재, 나무로 재건한 다리를 볼 수 있다.

### ❼ 카이요도 피규어 뮤지엄 미라이자 오사카조
海洋堂フィギュアミュージアム ミライザ大阪城

일본을 대표하는 피규어 제작사 카이요도가 일본에서 두 번째로 오픈한 피규어 뮤지엄. 10개 구역에 엄선된 3천여 점의 피규어가 전시되어 있다. 입장객 전원에게 피규어 인형 또는 배지를 증정한다.

# 오사카성의 두 주인
# 도요토미 히데요시 vs 도쿠가와 이에야스

일본 역사에서 가장 중요한 인물로 꼽히는 도요토미 히데요시와 도쿠가와 이에야스.
오사카성을 지은 도요토미 히데요시와 성을 점령하고 도요토미 가문을 멸망시킨
도쿠가와 이에야스는 전국 시대를 통일했다는 공통점에 반해 매우 상반된 면모를 지니고 있다.
달라도 너무 다른 오사카성의 두 주인에 대해 알아보자.

도요토미 히데요시

## 재주 좋은 원숭이,
## **도요토미 히데요시 豐臣秀吉**

천민 출신인 도요토미 히데요시는 오다 노부나가의 말을 관리하는 하인이었다. 외모가 추해서 '사루(猿, 원숭이)'라 불리기도 했던 그는 어느 추운 겨울에 오다 노부나가의 신발을 따뜻하게 품은 일로 신뢰를 얻었고, 가신으로 신분이 급상승한다. 전국 시대 통일을 눈앞에 두고 부하에게 배신당한 오다 노부나가는 자결했고 먼 곳에서 싸우다 이 소식을 들은 도요토미 히데요시는 밤낮을 달려와 가장 먼저 배신자를 처단했다. 이후 그는 화려한 화술과 협상 기술, 넓은 아량으로 다이묘들을 하나둘 포섭해 전국 시대를 통일한다.

도요토미 히데요시는 수완이 좋아 안 되는 것도 되게 하는 사람이었고, 목적 달성을 위해서라면 상상할 수 없는 방법까지 이용해 주위를 놀라게 했다. 오다와라성 정벌 당시 적에게 보이지 않는 위치에 성을 몰래 지은 후 성을 가리고 있던 나무를 모두 베어내 하룻밤만에 성을 지은 것처럼 보이게 하여 적의 사기를 꺾고 성을 손에 넣은 일화 역시 유명하다. 물론 하루는 아니었지만 불과 80일 만에 성을 지었으니 그야말로 원숭이의 놀라운 재주라 할 만하다.

도쿠가와 이에야스

## 교활한 너구리,
## **도쿠가와 이에야스 德川家康**

도쿠가와 이에야스는 어릴 적 다른 나라에 인질로 강송되어 성인이 될 때까지 본국에 돌아오지 못했다. 생사가 불확실한 상황 속에서 주변의 눈치를 살피다 보니 조심성이 많고 끈기 있게 기회를 노리는 성격을 가지게 되었고, 이에 따라 그는 물밑 작업을 통해 세력을 서서히 확장해나갔다. 도요토미 히데요시가 전국을 통일했을 때는 정략 결혼을 통해 반란의 의심을 잠재운 후 간토 지방에서 계속 세력을 다져나갔다.

도요토미 히데요시가 죽으면서 어린 아들 도요토미 히데요리를 잘 돌봐줄 것을 유언으로 남기자, 야망을 철저히 감추고 있

던 도쿠가와 이에야스는 도요토미 히데요시에게 불만을 품었던 세력을 규합해 세키가하라에서 도요토미 가문과 정면 대결을 펼쳐 대승을 거두고 쇼군의 자리에 오른다. 이후에도 그는 도요토미 가문을 완전히 멸망시키기 위해 도요토미 가문의 재산을 탕진하려는 계략을 꾸미거나 싸움의 구실을 만들어 전쟁을 일으켰으며, 결국 1615년 5월 8일 오사카성을 점령한다. 이에 도요토미 히데요리와 그의 모친 요도가 자결했고, 그는 도요토미 가문을 몰살하려는 목적을 이루었다. 참고 또 참으면서 물밑 작업을 펼치는 치밀한 성격 덕에 그는 '간토의 너구리'로 불렸다.

## 사치를 즐기던 도요토미 히데요시 VS 짠돌이 도쿠가와 이에야스

도요토미 히데요시는 천민 출신으로 천하를 통일해 일본에서 가장 높은 위치까지 올라간, 일본 역사상 전무후무한 인물이다. 그는 자신이 이룬 업적이나 재물을 다른 이에게 자랑하는 것을 즐겼는데, 그 대표적인 예가 황금으로 만든 다실이다. 일본의 차 문화는 검소함과 단출함을 기본으로 한다. 서너 명이 앉기에도 벅찬 좁은 공간에서 차를 마시며 정치를 논하는 것이 일반적이었는데, 그는 이런 전통을 무시하고 다실을 황금으로 만들어 자신의 재력을 자랑하는 수단으로 삼았다. 황금 다실은 오사카성 박물관에 실물 크기로 복원되어 있다.

반면 도쿠가와 이에야스는 검소함을 넘어 짠돌이로 유명하다. 가장 대표적인 예가 바로 속옷이다. 그는 노란색 속옷을 즐겨 입었는데, 때가 찌들어도 흰색보다 티가 덜 나기 때문이었다고 한다. 먹을거리에 대해서도 일화가 많다. 그는 다이묘이면서도 여름에 쌀밥이 아닌 보리밥을 먹었는데, 식량이 부족한 여름철 굶주리는 백성과 함께하기 위해서였다. 이렇게 검소했던 그도 중요한 일에는 아낌없이 돈을 썼다고 하는데, 이 역시 인내심을 발휘하며 기회를 엿보는 너구리다운 행동이라 할 수 있다.

'울지 않는 새를 어떻게 울게 할 것인가'를 두고 오다 노부나가는 울지 않는 새는 죽이고, 도요토미 히데요시는 어떻게든 울게 만들며, 도쿠가와 이에야스는 울 때까지 기다린다고 한 말에서 알 수 있듯, 일본의 역사를 뒤흔든 두 인물은 서로 너무나 달랐지만 일본을 자신의 것으로 만들고자 했던 목표만큼은 같았다.

황금 다실

04

## 오사카 역사박물관 大阪歴史博物館

흥미로운 전시물에 담긴 오사카의 역사

나니와 궁터에 건설한 박물관으로 2001년 개관했다. 실제 관람할 수 있는 층은 6~10층으로, 꼭대기 층부터 내려오면서 구경하면 고대부터 근대까지 오사카의 역사를 시대순으로 감상할 수 있다. 각 층의 테마는 모두 다르다. 10층은 '나니와노미야 시대', 9층은 '천하 상업 중심의 시대'와 '오사카 혼간지의 시대', 8층은 '역사를 발굴하다'와 '대오사카의 시대', 7층은 '대오사카의 시대' 등 다양한 시대를 다룬다. 오사카 주유 패스 소지자는 무료로 입장할 수 있지만 패스가 없다면 오사카성 박물관(상설 전시관)과 천수각을 함께 볼 수 있는 통합권(1,000엔)을 구매하는 것이 좋다.

지하철 타니마치선·추오선 타니마치욘초메역(谷町四丁目駅) 2, 9번 출구에서 연결 09:30~17:00(마지막 입장 16:30), 화 & 12월 28일~1월 4일 휴관 ¥ 성인 600엔, 대학생 및 고등학생 400엔, 중학생 이하 및 오사카 주유 패스 소지자 무료 06-6946-5728 大阪市中央区大手前4丁目1-32 www.mus-his.city.osaka.jp 34.682533, 135.520838

05

## 오사카성 박물관 大阪城博物館

일본 전국 시대를 한눈에

천수각 내부에 자리한 박물관으로, 오사카성이 완공되기까지 전국 시대의 역사, 도쿠가와 가문이 일본을 지배하고 에도 막부를 탄생시킨 세키가하라 전투, 오사카성에서 도쿠가와 이에야스가 결정적인 승리를 거둔 여름 전쟁에 대한 내용이 홀로그램으로 소개되어 있다. 관련 유물과 모형도 살펴볼 수 있으며, 금을 좋아하던 도요토미 히데요시가 만든 황금 다실도 재현되어 있다. 복잡한 내용을 다루고 있는 만큼, 일본 전국 시대 역사에 대해 조금이라도 익히고 방문하면 더욱 흥미롭게 관람할 수 있다.

지하철 타니마치선 타니마치욘초메역(谷町四丁目駅) 2번 출구에서 도보 25분
09:00~17:00(12/28~1/1 휴관)
¥ 천수각 성인 600엔, 대학생·고등학생 200엔, 중학생 이하 및 오사카 주유 패스 소지자 무료 06-6946-5728
大阪市中央区大手前4丁目1-32
34.68259, 135.52095

## 06 피스 오사카 ピースおおさか

2차 대전의 아픈 역사

2차 대전 당시 50여 차례에 걸친 공습으로 목숨을 잃은 희생자를 추모하고, 전쟁의 비참함과 평화의 소중함을 기억하고자 1991년에 지은 평화 박물관. 1층에서는 사진, 실물 자료, 체험자의 증언으로 꾸민 오사카 공습 당시의 모습을, 2층에서는 세계대전의 발발 배경과 당시 오사카 시민의 처참한 일상을, 3층에서는 전후부터 현대에 이르기까지 복원되는 오사카의 모습을 전시한다. 원래 이곳은 일본의 가해자 입장을 전시한 박물관이었는데, 2015년 전시 내용을 바꾸며 피해자로서의 모습만 남은 박물관이 되었다.

지하철 추오선 모리노미야역(森ノ宮駅) 1번 출구에서 도보 3분/JR 모리노미야역(森ノ宮駅)에서 도보 6분 09:30~17:00(마지막 입장 16:30) 월 & 12~8월의 공휴일 다음날 & 관내 정리일 & 12/28~1/4 휴무 ¥ 성인 250엔, 고등학생 150엔, 초·중학생 및 오사카 주유 패스 소지자 무료 06-6947-7208 大阪市中央区大阪城2番1号 peace-osaka.or.jp 34.681807, 135.529764

## 07 조폐박물관 造幣博物館

돈보다 꽃이 더 눈길을 끄는 곳

일본 화폐의 역사가 총망라된 곳으로, 화폐와 관련된 역사 문서와 고대 금화 등 4,000여 점에 달하는 소장품을 자랑한다. 동전과 화폐 생산 공정에 관한 전시물을 볼 수 있는 가이드 투어도 운영하며 일정은 홈페이지에서 확인할 수 있다. 겹벚꽃이 아름다운 터널을 이루는 4월 중순에는 1주 동안 조폐국을 개방해 상춘객을 맞이한다. 이때에는 경찰이 교통을 통제할 정도로 엄청난 인파가 몰리고, 주변에 들어선 노점에서 다양한 길거리 음식도 맛볼 수 있다. 개방 일정은 홈페이지를 참고하자.

지하철 타니마치선 텐마바시역(天満橋駅) 2번 출구에서 도보 15분/JR 오사카칸조선 사쿠라노미야역(桜ノ宮駅)에서 도보 15분 09:00~16:45(마지막 입장 16:00), 연말연시 & 셋째 수 & 12/17, 12/18, 1/7~1/9 휴무 06-6351-5361
大阪市北区天満1-1-79
www.mint.go.jp
34.695890, 135.521755

08

## 수상버스 아쿠아라이너 水上バス アクアライナー

물 위에서 돌아보는 오사카의 어제와 오늘

천장 전면을 유리로 만든 유람선으로, 케이한에서 운영하고 있다. 오사카성에서 나카노시마까지 오사카의 주요 명소를 약 55분간 동안 돌아보는 프로그램을 진행하는데, 벚꽃 명소로 유명한 조폐국 벚꽃길, 나카노시마 장미공원, 오사카 공원도 코스에 포함되어 있다.

지하철 나가호리츠루미료쿠치선 오사카비즈니스파크역(大阪ビジネスパーク駅) 1번 출구에서 도보 5분, 오사카성 항구에서 출발 10:15~16:15, 45분 간격 출항 ¥ 아쿠아라이너 주유 코스(アクアライナー周遊コース, 55분 소요) 2,000엔, 어린이 1,000엔 / 편도 코스(25분 소요) 1,000엔, 어린이 750엔(오사카 주유 패스 소지자 무료) 06-6942-5511 大阪市中央区大阪城2番地先(大阪城港) 34.689628, 135.532980

09

## 나니와궁 사적공원 難波宮跡公園

오사카의 새로운 역사를 알려주는 흔적

교토와 나라가 일본의 수도가 되기 전, 오사카가 행정 수도로서 기능했음을 알려주는 곳이다. '거친 파도'라는 뜻의 '나니와'는 오사카의 옛 이름으로, 바다와 맞닿은 곳에 위치한 오사카의 지형이 그대로 반영되어 있다. 넓은 터에 건물 밑부분만 남아 있는 상태이긴 하지만 당시 궁의 규모가 얼마나 거대했는지 짐작할 수 있다. 공원에 가기 전 오사카역사박물관에 들러 궁의 모습을 재현한 모형을 확인해보는 것도 좋다.

타니마치선 타니마치욘초메역(谷町四丁目駅), JR 오사카칸조선 모리노미야역(森ノ宮駅)에서 도보 5분 24시간 06-6469-5184 大阪市中央区法円坂 34.679839, 135.523019

TIP

### 1년 내내 아름다운 꽃을 볼 수 있는 곳 츠루미료쿠치 공원 花博記念公園鶴見緑地

1990년에 열린 국제 꽃 박람회의 부지에 들어선 기념공원으로 일년 내내 꽃이 피어 있도록 설계되었다. 100만㎡의 넓은 대지 중앙에 큰 연못이 있고, 사계절 내내 꽃은 물론 약 100여 종의 조류까지 관찰할 수 있다. 장미 약 2,600여 송이가 펼쳐진 장미 정원, 다실을 갖춘 일본식 정원 그리고 세계 각지의 다양한 토양을 사용한 국제 정원과 더불어 운동장, 캠핑장, 바베큐장, 승마장, 사계절 수영장, 스포츠 센터, 대형 온천도 있어 가족 단위로 하루를 보내기에 완벽한 곳이다.

나가호리츠루미료쿠치선 츠루미료쿠치역(鶴見緑地駅) 직결 24시간(시설에 따라 다름) 大阪市鶴見区緑地公園2-163(시설에 따라 다름) www.tsurumi-ryokuchi.jp 34.710965, 135.578994

01

## 키즈나 きずな

가성비가 뛰어난 최상급 초밥 전문점

오사카에 있는 최상급 초밥 전문점 중 한 곳으로, 맛은 물론 다른 초밥 전문점에 비해 가성비도 꽤 좋다. 완전 예약제로 1일 2회, 2시간 30분 코스로만 운영한다. 오사카 초밥 전문점답게 첫 번째 메뉴는 오사카 전통 초밥인 하코즈시, 그중에서도 고등어 초밥으로 시작한다. 상식을 뒤엎는 코스로 2시간 30분 동안 지루할 틈 없이 알차게 구성되며 당일 코스 요리에 잘 맞는 술도 다양하게 준비되어 있다. 보통 1개월 정도 전부터 이미 예약이 차 있으므로 방문 의사가 있다면 미리 예약하자.

¥ 13,000~15,000엔 JR 교바시역(京橋駅) 동쪽 출구에서 도보 8분 화~토 18:00~23:00 & 일 17:00~23:00, 월 & 셋째 화 휴무 06-6922-5533(예약 필수) 大阪市都島区都島南通2丁目4-9 34.701053, 135.533629

02

## 아시드라시니스 Acidracines アシッドラシーヌ

단연코! 오사카에서 가장 맛있는 케이크

오사카 케이크 맛집으로 항상 높은 순위에 꼽히는 곳. 물리지 않는 단맛과 부드러운 식감을 자랑하는 다양한 케이크를 선보인다. 대표 메뉴는 초콜릿 케이크 라쿠테로 가운데에 상큼한 체리 초콜릿이 숨어 있어 느끼하지 않고 맛있다. 은은하고 풍성한 레드 와인 향을 자랑하는 '구리오토 피스타슈'도 꼭 맛봐야 하는 케이크이니 기억해두자. 케이크 외 쿠키 종류도 다양하며, 실내에는 좌석이 없으므로 포장 구매만 할 수 있다.

라쿠테(ラクテ) 692엔 지하철 타니마치선 텐마바시역(天満橋駅) 5번 출구에서 도보 4분 11:00~18:00, 수~목 휴무 大阪市中央区内平野町1-4-6 www.acidracines.com 34.68713, 135.51538

03

## 슈하리 타니마치욘초메점 守破離 谷町四丁目店

자가제면 소바 전문점

모던한 분위기의 넓은 실내 공간에서 훌륭한 맛을 자랑하는 소바를 즐겨보자. 가격도 맛에 비하면 저렴한 편이다. 보통 자가제면을 하는 수타 소바 전문점에서는 메밀 100% 주와리 소바의 가격이 비싼 편인데 이곳은 일반 메뉴에서 150엔만 추가하면 된다. 소바를 제외한 다른 일품 요리도 교토의 교요리 레스토랑의 자문을 받아 만들기 때문에 맛의 수준이 높다.

텐모리 소바(天盛りそば) 1,830엔, 주와리 소바(十割そば)는 170엔 추가 지하철 타니마치선 타니마치욘초메역(谷町四丁目駅)에서 도보 2분 11:30~15:00 & 17:30~22:00(재료 소진 시 영업 종료) 大阪市中央区常盤町 1-3-20安藤ビル 1F shuhari.main.jp 34.682169, 135.514657

04

## 극락 우동 TKU 極楽うどんTKU

카레 우동은 오사카 최고

오사카에서도 손꼽히는 우동 맛집으로, 카레 우동과 치쿠타마붓카케 우동이 주력 메뉴다. 특히 카레 우동은 오사카 최고로 인정받는다. 뜨거운 카레 때문에 면이 금방 퍼지는 일반 카레 우동과 비교해보면 이곳의 면은 쉽게 풀어지지 않고 더욱 쫄깃하고 맛있는 데다 양도 푸짐하다.

극락 카레 우동(極楽カレーうどん) 1,430엔 오사카성 공원에서 남쪽으로 도보 12분/JR 오사카칸조선 타마츠쿠리역(玉造駅) 동쪽 출구에서 도보 1분/나가호리츠루미료쿠치선 타마츠쿠리역(玉造駅) 4번 출구에서 도보 2분 11:00~15:00 & 18:00~22:00(재료 소진 시 영업 종료) 大阪市東成区東小橋1-1-4 34.67419, 135.53363

05

## 소바키리 아야메도우 そば切り文目堂

미쉐린이 인정한 소바집

오사카성 근처에 있는 미쉐린 1스타 소바집이다. 점심시간에는 줄이 길지만 다른 시간에는 공간이 넓고 좌석 수도 많아 여러 명이 가도 자리를 잡기에 수월한 편이다. 메뉴는 메밀껍질이 함유되어 거친 아라비키(粗挽き) 소바와 껍질을 제거하고 만든 호소기리(細切り) 소바 등 면에 따라 두 종류로 나뉘며, 가격은 동일하다.

자루 소바(ざるそば) 1,000엔, 카모지루 소바(鴨汁そば) 1,600엔 타니마치선 타니마치로쿠초메역(谷町六丁目駅) 5번 출구에서 도보 1분 11:30~14:30 & 17:30~20:30, 일 & 셋째 월 휴무 大阪市中央区安堂寺町2-2-26 34.67638, 135.51602

## 06

## 중화 소바 우에마치 中華そば うえまち

오사카답게 깔끔한 츠케멘

중화 소바 전문점으로, 츠케멘이 가장 유명하다. 국물 맛이 깔끔하면서 감칠맛이 따라오는 조화가 일품이다. 국물도 훌륭하지만, 반질반질한 윤기를 잔뜩 머금은 탱탱하고 쫄깃한 면이  오사카 최고라는 평을 듣는 곳이다. 츠케멘을 먹을 때는 국물에 3초 정도 담갔다가 먹으면 최고의 맛이 난다.

츠케멘(つけ麺) 1,450엔, 쿠로부타미소고항(黒豚味噌ご飯) 500엔 지하철 타니마치선 타니마치로쿠초메역(谷町六丁目駅) 7번 출구에서 도보 4분
11:00~14:30 & 18:00~21:00, 월 휴무
大阪市, 中央区上町A−2 2
34.676876, 135.521055

## 07

## 소바 도산진 텐마바시점 蕎麦 土山人 天満橋店

맛있는 소바와 니혼슈의 조화

간사이 최고의 부촌인 아시야시(芦屋市)에서 시작된 소바 전문점으로, 낮에는 소바점으로, 저녁에는 이자카야로 인기를 끈다. 특히 별미인 것은 여름 한정 메뉴인 히야카케스다치. 평소에는 메밀 함량이 높은 이나카 소바와 호소비키 세이로가 주력 메뉴다.

히야카케스다치(冷やかけすだち) 1,850엔, 아라비키 이나카(粗挽き田舎) 1,350엔, 호소비키 주와리 세이로(細引十割せいろ蕎麦) 1,300엔 지하철 타니마치선 텐마바시역(天満橋駅) 2번 출구에서 케이한 시티몰까지 도보 5분(8층) 11:00~15:00 & 17:00~22:00, 재료 소진 시 영업 종료 050-5570-2448(예약 가능) 大阪市中央区天満橋京町1-1 京阪シティモール 8F
34.690028, 135.516527

## 08

## 톤타 とん太

로컬 분위기 물씬! 소박한 돈카츠집

오사카성 북쪽에 자리한 돈카츠 전문점. 전통 스타일의 돈카츠를 선보이는데 가성비와 맛이 훌륭하다. 점심시간에는 도시락도 판매하고, 특히 벚꽃철에는 특별 도시락을 판매한다. 현지인 맛집과 노포 특유의 분위기를 느껴보고 싶다면 추천한다.

야마가타 로스 다이카츠 정식(山形ロース大かつ定食) 1,550엔
지하철 나가호리츠루미료쿠치선 오사카비즈니스파크역(大阪ビジネスパーク駅) 2번 출구에서 도보 6분/JR 오사카칸조선 교바시역(京橋駅)에서 도보 5분 11:00~21:00(마지막 주문 20:30)
06-6357-9614 大阪市都島区片町1-9-28
34.693500, 135.526538

09

## 커리바 니도미 Curry bar Nidomi

**낮에는 식당 저녁에는 바가 되는 스파이스 카레집**

커리바 니도미는 이름 그대로 낮에는 카레 전문점 밤에는 바가 되는 식당이다. 여러 잡지에도 소개될 만큼 맛있는 커리로 유명한 곳이다. 메뉴는 오늘의 카레 A, B, C 가 있는데 C의 특제 유럽풍 쇠고기카레만 고정이고 A, B 카레는 매일 바뀐다. 새로운 것을 시도하고 싶다면 오늘의 카레로만 나오는 니도미카레 스탠더드를, 안전하게 익숙한 맛을 원한다면 쇠고기 카레를 포함해 고를 수 있는 니도미카레 아이가케를 주문하자. 비정기 휴무도 자주 있으니 페이스북 공지사항을 꼭 확인하고 방문하자.

니도미카레 아이가케(nidomiカレー あいがけ) 1,300엔 지하철 타니마치선 타니마치욘초메역(谷町四丁目駅)에서 도보 6분
월~토 12:00~15:00 & 18:00~21:00, 부정기 휴무
大阪市中央区常盤町2-4-9 2F www.facebook.com/currybar.nidomi 34.682632, 135.512159

10

## 뉴 베이브 New Babe

**주문 즉시 만들어주는 맛있는 돈카츠**

뉴 베이브는 치바현산 모리SPF 돼지고기와 다른 지역의 유명 브랜드 돼지고기를 이용한 돈카츠를 같이 제공하는 이색적인 돈카츠 전문 식당이다. 치바현산 고기를 제외한 나머지는 수급 상황에 따라서 그날그날 바뀐다. 가장 유명한 메뉴는 헤레가츠. 주문 즉시 부드러운 안심을 냉장고에서 꺼내 바로 튀김옷을 입히고 튀겨준다. 밥과 톤지루(된장국)는 무한 리필 가능하고 다양한 소스도 함께 나와 배부르고 맛있게 먹을 수 있다.

SPF 포크 헤레(SPFポーク ヘレ 180g) 3,000엔 지하철 타니마치선 타니마치욘초메역(谷町四丁目駅)에서 도보 8분
11:00~14:30 & 17:00~19:30
大阪市中央区内本町2-3-8
34.683390, 135.512191

## 11 R 베이커 R Baker

자연주의 베이커리 카페

R 베이커는 자연효모와 쌀을 섞어 만드는 빵으로 유명한 베이커리 카페다. 도쿄에 본사가 있는 전국 체인으로 오사카에는 오사카성 공원에 있다. 가게 중앙의 테이블에 다양한 종류의 빵이 진열되어 있으며 매장 내부뿐만 아니라 외부 테라스에도 테이블과 의자가 있어 자연과 함께 빵과 커피를 즐길 수 있다.

독일소시지빵(ジャーマンソーセージ) 360엔, 커피 350엔~
지하철 주오선·나가호리츠루미료쿠치선/JR오사카순환선 모리노미야역(森ノ宮駅)에서 도보 5분 월·화·금 07:00~17:00, 수·목·토·일 07:00~18:00 大阪市中央区大阪城3-9 34.683195, 135.532205

## 12 조 테라스 JO-TERRACE OSAKA

취향대로 고르는 식당가

조 테라스는 오사카성 공원에서 JR오사카조코엔역(大阪城公園駅)으로 이어지는 길목에 조성된 식당가다. 라멘, 우동, 돈카츠, 가정식 등 일본 음식 뿐만 아니라 수제 햄버거, 이탈리안 등 다양한 메뉴의 식당들이 모여있어 취향대로 고를 수 있다. 비교적 최근에 조성되었기 때문에 매우 깨끗하고 쾌적한 환경을 갖추고 있다.

지JR오사카조코엔역(大阪城公園駅)에서 도보 1분 09:00~17:00(매장마다 다름)
大阪市中央区大阪城3-1 34.688910, 135.532945

# 오사카성 여행 정보
# FAQ

### 오사카성에서 간사이 국제공항으로 가는 방법을 알려주세요.

오사카성에서 간사이 국제공항으로 바로 가려면 JR선 모리노미야역(森ノ宮駅) 혹은 오사카조코엔역(大阪城公園駅)에서 공항쾌속(関空快速, 1시간20분 1,210엔)을 타면 된다. 난카이 전철을 이용한다면 타니마치선 타니마치욘초메역(谷町四丁目駅)이나 나가호리츠루미료쿠치선 모리노미야역(森ノ宮駅)에서 추오선 탑승 후 혼마치역에서 미도스지선으로 환승, 난바역에서 난카이 공항 급행이나 라피트를 이용하면 된다.

### 오사카성으로 갈 때 이용할 수 있는 노선을 가르쳐주세요.

오사카성 주변에는 다양한 노선의 역이 있어 편한 노선이 정차하는 역을 알아두면 좋다. 우메다와 텐노지에서 출발할 경우 JR 오사카칸조선 또는 타니마치선을, 난바역에서 출발할 경우 미도스지선을 이용해 혼마치역으로 이동한 다음, 추오선으로 환승해 타니마치욘초메역에서 하차하면 된다. 또는 난바역이나 닛폰바시역에서 센니치마에선을 타고 타니마치큐초메역에서 내려 타니마치선으로 환승해 타니마치욘초메역으로 가도 된다. 두 방법 모두 소요 시간은 비슷하지만 센니치마에선이 좀 더 한산한 편.

### 오사카성 관람 소요시간은 얼마나 되나요?

천수각 내부에 입장할 경우 2~3시간, 천수각을 보지 않으면 1시간 30분쯤 소요된다. 하지만 천수각은 오사카성의 핵심이고, 문화재와 영상 자료 같은 볼거리가 가득하며 성 주변 풍경까지 감상할 수 있으니 되도록이면 방문하는 것이 좋다. 역사박물관, 피스 오사카까지 관람할 생각이라면 넉넉하게 오전 시간을 투자하는 것이 좋다.

## 오사카성 구경 후 방문할 수 있는 여행지를 추천해주세요.

오사카성은 오전 9시부터 개방하기 때문에 아침 일찍 성을 둘러보고 오후에는 오사카 시내를 둘러보는 것이 좋다. 베이 에어리어, 우메다, 텐노지는 오사카성 근처에서 지하철이나 JR로 환승 없이 바로 갈 수 있는 명소다.

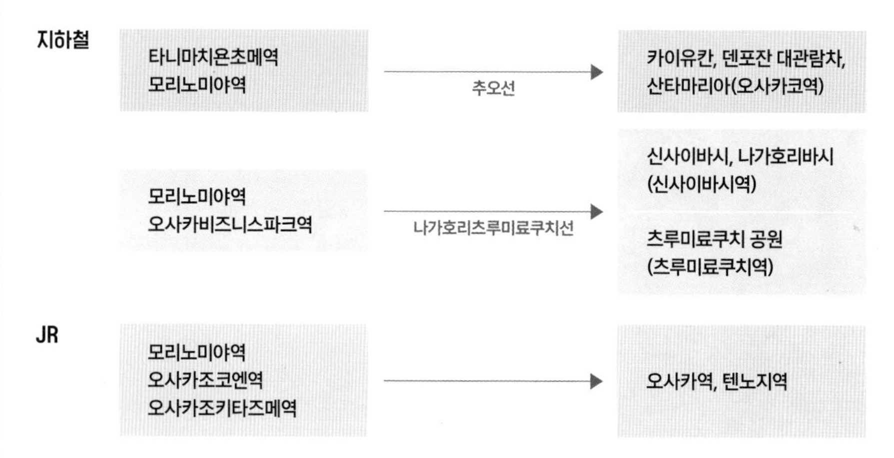


## 오사카 주유 패스를 알뜰하게 사용할 수 있는 일정을 알려주세요.

오사카성만 꼼꼼히 둘러봐도 오사카 주유 패스를 제대로 활용할 수 있다. 상시 입장 시설(최대 4,150엔)과 시즌 한정 입장 시설(최대 2,800엔)을 이용하면 주유 패스 1일권(3,300엔) 이상의 혜택을 누릴 수 있다.

### 무료 입장 시설의 운영시간 및 요금

| 시설 | 운영시간 | 요금 |
|---|---|---|
| 오사카성 천수각 | 09:00~17:00 | 600엔 |
| 오사카성 니시노마루 정원 | 09:00~17:00 | 200엔 |
| 오사카 역사박물관 | 09:30~17:00 | 600엔 |
| 피스 오사카 | 09:30~17:00 | 250엔 |
| 오사카성 고자부네 놀잇배 | 10:00~16:30 | 1,500엔 |
| 카이요도 피규어 뮤지엄 미라이자 오사카조<br>(오사카성 천수각 옆 미라이자 1층) | 09:30~17:30(마지막 입장 17:00) | 1,000엔<br>(기념품 포함) |
| **시즌 한정 이용 시설** | | |
| 오사카성의 중요 문화재 망루 야구라 특별 공개 | 10:00~16:30(마지막 접수 15:30)<br>※ 7~11월의 토~일 & 공휴일 | 800엔 |
| 오사카 수상버스 아쿠아라이너 | 10:00~16:00(3/25~4/10 제외) | 2,000엔 |
| 오카와 사쿠라 크루즈 | 4/1~10 10:00~18:00 | 1,200엔 |
| 요리미치 선셋 크루즈 | 9~10월 금~토 17:30, 18:00 | 1,600엔 |

# 호시노브란코

오사카의 숨은 단풍 명소

## 호시노브란코 星のブランコ

'별의 그네'라는 뜻을 지닌 호시노브란코는 오사카부에 위치한 9개의 부민 숲 중 호시다원지 내에 위치한 현수교로 높이 약 50m, 총 길이는 280m다. 산과 산을 연결한 현수교로서 일본 내 최대 길이를 자랑하며, 다른 현수교와는 달리 측면까지 와이어로 잘 고정되어 있어서 바람이 강하게 불어도 흔들림이 적다. 덕분에 평소 현수교에 대해 두려움이 있는 사람들도 안심하고 쉽게 건널 수 있다. 현수교 중간에서 바라보는 주변 풍경이 아름다운데 특히 가을에 단풍이 절정일 때는 온 세상이 알록달록하게 물든 풍경을 감상할 수 있다. 현수교 근처까지는 입장의 제한이 없으나 현수교를 건널 수 있는 시간은 09:30~16:30까지로 제한된다. 키사이치역에서 호시노브란코를 보고 다시 역으로 돌아오는 시간은 넉넉하게 잡아도 3시간 정도로, 반나절 일정으로 오사카의 자연을 즐기기에 부담 없다. 주변에 식사를 할 수 있는 시설이 거의 없기 때문에 간단한 먹을거리를 준비해 가는 것이 좋다. 키사이치역에서 호시노브란코까지는 도보로 이동해야 하며, 중간중간 산길이기 때문에 편한 신발을 신고 가는 것이 좋다.

케이한 카타노선 키사이치역에서 도보 30분 ¥ 무료 공원 24시간, 호시노브란코 09:30~16:30 交野市大字星田5019-1 34.752849, 135.685359

TIP

### 호시노브란코 가는 방법

미도스지선 우메다역/난바역 → 2분, 190엔/6분, 190엔 → 요도야바시역 하차 후 케이한 본선 요도야바시역으로 도보 이동 → 케이한 특급 탑승 → 22분 → 히라카타역에서 케이한 카타노선 환승 → 13분, 390엔 → 키사이치역 하차 → 도보 30분

오사카 최고의 우동

## 라쿠라쿠 手造りうどん 楽々

5년 연속 타베로그 전국 우동 랭킹 1위 자리를 지켰던 맛집이다. 주변에는 가정집과 도로, 논밭이 전부인 외딴 곳이지만 최고의 우동을 만들 수 있는 조건을 갖춘 곳이라고 한다. 주력 메뉴는 와규니쿠 붓카케 우동으로 면은 두꺼운 편이 아니지만 면발의 탄력은 다른 우동집의 면과 비교가 불가능하다. 쫄깃한 면 외에 츠유와 달짝지근하게 익힌 쇠고기, 토핑된 각종 재료들의 조화가 최고다. 기본 면이 뛰어나 어떤 우동을 주문해도 좋지만 이가 약한 편이라면 따뜻한 우동을 주문하는 것이 좋다. 영업 시간이 11:00~15:00이기 때문에 오전 일찍 호시노브란코를 먼저 여유롭게 둘러보고 이곳에서 식사를 해도 좋다. 문을 일찍 닫는다는 점을 참고해서 일정을 조율하자.

쿠로케와규니쿠붓카케(黒毛和牛肉ぶっかけ) 1,408엔, 쿠로케와규니쿠토지(黒毛和牛肉とじ) 1,408엔 케이한 카타노선 코즈역에서 도보 10분 수~일 11:00~15:00, 월 & 화 휴무 交野市幾野6-6-1 34.801583, 135.675013

계절에 따라 즐기는 다양한 소바

## 테우치 소바 노다 手打そば 乃田

라쿠라쿠 우동과 함께 호시노브란코를 방문하는 이들이라면 빼놓지 말아야 할 오사카 최고의 소바집이다. 내부는 원목을 사용하여 따뜻한 분위기로 꾸몄고 카운터석 4개와 테이블석으로 이루어져 있다. 이곳은 최상의 소바를 만들기 위해서 계절에 따라 다양한 곳에서 식재료를 구해온다. 모든 소바가 메밀 100%의 주와리 소바로 원산지를 꼼꼼히 공개한다. 모리 소바와 카모지루 소바가 주력 메뉴이며, 다른 곳에서는 쉽게 먹기 어려운 토로로 소바, 카모난반 등 다양한 메뉴가 있다. 국물도 훌륭하지만, 반질반질한 윤기를 잔뜩 머금은 탱탱하고 쫄깃한 면이  오사카 최고라는 평을 듣는 곳이다.

모리 소바(もりそば) 950엔, 카모지루 소바(鴨汁そば) 1,380엔 케이한 카타노선 코즈역에서 도보 1분 수~월 11:30~14:30 & 17:30~20:00, 월요일은 런치만 영업, 화 휴무 交野市松塚14-5 34.793666, 135.668869

REAL GUIDE

# 지나이마치

에도 시대 오사카로의 시간 여행

## 지나이마치 寺内町

지나이마치는 1550년대 말 고쇼지(興正寺)의 승려 쇼슈가 '톤다의 잔디'라고 불리던 땅을 구매하여 고쇼지의 별원과 마을을 건설한 것이 기원이다. 초기에는 마을 네 곳에 문을 설치하여 종교 자치 마을로서 독립적인 지위를 가지고 있었는데 이후 상공업과 유통의 중심지로서 번성했다. 지나이마치에는 총 600채의 상가주택이 있으며, 그중 250채가 전통 상가주택으로 에도 시대부터 메이지, 다이쇼 시대까지의 건물을 한 번에 볼 수 있다. 입장이 가능한 건물은 구 스기야마가 주택(杉山家)과 구 타나카가 주택 총 2곳이다. 그중 국가 중요문화재로 지정된 구 스기야마가 주택은 4층 지붕과 굴뚝을 갖춘 곳으로 지나이마치에서 가장 크고 오래된 건물이다. 주택 내부에 있는 〈오토코노마〉라는 그림으로도 유명하다. 복잡한 오사카 도심에서 벗어나 조용하게 옛 거리를 산책하고 싶다면 '일본 옛길 100선'에 선정된 지나이마치를 한 번 방문해보자. 톤다바시역에서 지나이마치로 가는 입구의 인포메이션 센터에서 한국어로 된 안내 책자를 얻을 수 있다. 먼저 마을의 역사에 대해 읽고 돌아보는 것이 좋다.

킨테츠 나가노선 톤다바야시역에서 도보 7분 ¥ 구 타나카가 주택 무료/구 스기야마가 주택 성인 400엔, 중학생 이하 200엔 구 스기야마가 주택 10:00~17:00, 월 휴관 富田林市富田林町9-29 34.501525, 135.602014

TIP

### 지나이마치 가는 방법

미도스지선 우메다역/난바역 → 15분, 290엔/7분, 240엔 → 텐노지역 하차 후 도보 5분 → 킨테츠선 오사카아베노바시역 도착 → 3번 플랫폼 킨테츠 나가노선 준급행 카와치나가노행 탑승 → 27분, 530엔 → 톤다바야시역 하차 → 도보 30분

커피와 함께 떠나는 시간 여행

## 코히마메노쿠라 헤이조 珈琲豆の蔵 平蔵

코히마메노쿠라 헤이조는 지나이마치에 있는 커피 전문점으로 커피 생두와 로스팅한 커피콩 혹은 직접 핸드드립으로 내려서 마실 수 있는 드립 커피 백을 제조해서 판매한다. 커피콩 판매를 위주로 하지만 카페도 함께 운영하고 있다. 좌석은 야외 정원석과 복층으로 되어 있는 실내 두 곳으로, 복층에는 다다미가 깔려 있어 일본 전통가옥에서 커피를 마시는 특별한 경험을 할 수 있다. 자체 블렌드 커피나 한 가지 원두만 사용한 스트레이트 커피 등 여러 가지 커피를 즐길 수 있으며, 간단한 디저트 종류도 준비되어 있다.

지나이마치 블렌드(寺内町グランド) 400엔, 혼지츠노스토레토코히(本日のストレートコーヒー) 450엔 킨테츠 나가노선 톤다바야시역에서 도보 7분 10:00~18:00, 화~수 휴무 富田林市富田林町23-39 34.501162, 135.603116

에도 시대 건물에서 즐기는 이탈리안 요리

## 오아지 Oasi

오아지는 지나이마치 남쪽 끝 부분에 자리한 이탈리아 요리 전문점이다. 이곳의 건물은 에도 시대의 건물을 개축한 것으로 정원이 바라다 보이는 옛스러운 실내에서 맛있는 이탈리아 요리를 즐길 수 있다. 모든 요리는 셰프의 오마카세로, 모든 재료를 직접 밭에서 수확하거나 인근 산지에서 생산된 것만 사용한다. 제철 식재료로 만든 음식을 맛볼 수 있는데 완전예약제로 런치 12:00, 디너 18:30만 운영한다.

프란조(Pranzo) 런치 코스 6,000엔(세금 불포함), 체나(Cena) 디너 코스 8,000엔(세금 불포함) 킨테츠 나가노선 톤다바야시역에서 도보 10분 런치 12:00~15:00, 디너 18:30~22:00, 월 휴무 0721-21-3078 oasi-la-vecchia-casa.wixsite.com/oasi-/reservations 富田林市 富田林町3-13 34.498945, 135.601657

# 오사카의 과거와 현재를 만나다

# 텐노지

텐노지에 왔다면
이건 꼭!
★★★★★
아베노 하루카스
전망대에서 오사카 최고의 야경을 감상해보세요.
★★★★☆
한때 아시아에서 가장 높은 건물이었던 츠텐카쿠에서 오사카의 역사를 알아보고 풍경도 감상해요.
★★★☆☆
쿠시카츠를 최초로 선보인 쿠시카츠 다루마 신세카이 총본점에서 원조를 맛보세요.

## 01
# 핵심 1일 코스

출발 텐노지역

도보 3분

10:00 아베노 하루카스

도보 15분

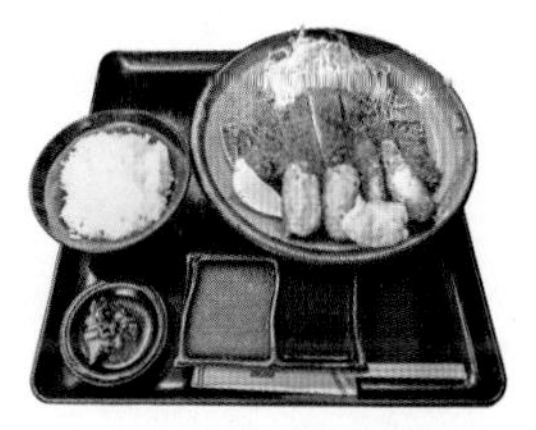

12:00 톤테이

도보 10분

13:30 시텐노지

도보 10분

15:00 케이타쿠엔

도보 10분

17:30 츠텐카쿠, 신세카이

도보 5분

19:00 쿠시카츠 다루마

도보 7분

20:30 메가 돈키호테

도보 5분

도착 도부츠엔마에역

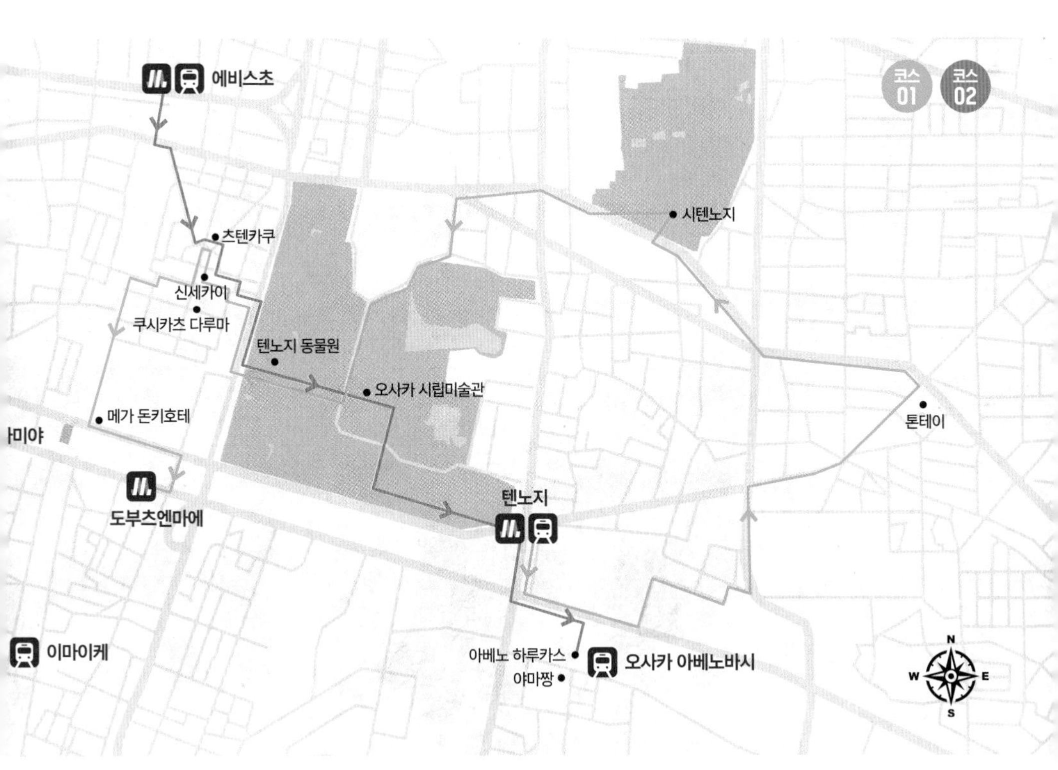
에비스초
코스 01
코스 02
시텐노지
츠텐카쿠
신세카이
쿠시카츠 다루마
텐노지 동물원
오사카 시립미술관
메가 돈키호테
톤테이
ㅏ미야
도부츠엔마에
텐노지
이마이케
아베노 하루카스
야마짱
오사카 아베노바시
N
W
E
S

## 02 오후 한나절 코스

출발 에비스초역
도보 10분
14:00 츠텐카쿠, 신세카이
도보 5분
16:00 케이타쿠엔 or 텐노지 동물원
도보 15분
17:30 아베노 하루카스
도보 5분
20:00 야마짱
도보 3분
도착 텐노지역

# 텐노지 **상세 지도**

세븐일레븐
패밀리마트
SEE
EAT
SHOP
06 한카이 전차
08 그릴 본
02 츠텐카쿠
03 신세카이
01 쿠시카츠 다루마
10 신세카이 칸칸
07 야에카츠
01 메가 돈키호테
도부츠엔마에
오사카 시립미술관
05 케이타쿠엔
텐노지
아루니아라무 09
아베노 하루카스
센타로 킨테츠 06 01
아베노 큐즈 몰 03
야마짱 02
오사카 아베노바시
후프 다이닝 코트 11
후프 02

# 텐노지

TENNOJI 天王寺

**#야경 #아베노하루카스 #츠텐카쿠 #츠루하시**

신세카이는 과거의 화려한 모습을 고스란히 간직하고 있는 텐노지의 랜드마크다. 최근 아베노 하루카스가 들어서면서 일대가 빠르게 발전하며, 과거의 영광을 되찾아가고 있다. 쿠시카츠는 텐노지에서 탄생한 음식으로 오늘날 오사카의 대표 먹거리 중 하나다.

## 주요 이용 패스

오사카 주유 패스, 엔조이 에코 카드

## ACCESS

### 공항에서 가는 법

- **JR 간사이쿠코역**
- 칸쿠쾌속 50분 ¥1,080엔
- **JR 텐노지 역**

### 우메다역에서 가는 법

- **우메다역**
- 미도스지선 15분 ¥290엔
- **텐노지역**

- **히가시우메다역**
- 타니마치선 13분 ¥290엔
- **텐노지역**

### 난바역에서 가는 법

- **난바역**
- 미도스지선 7분 ¥240엔
- **텐노지역**

01

## 아베노 하루카스 あべのハルカス

### 일본에서 가장 높은 빌딩

60층, 300m 높이로 빌딩으로는 일본에서 가장 높고, 건축물로는 도쿄 스카이트리, 도쿄 타워에 이어 세 번째로 높다. 지하 2층~지상 14층에는 일본 최대 규모를 자랑하는 킨테츠 백화점의 본점, 16층에는 국보와 중요 문화재 등 다채로운 전시가 열리는 도시형 미술관인 아베노 하루카스 미술관, 38층~55층에는 360객실 규모의 오사카 메리어트 미야코 호텔이 자리한다. 건물 가장 꼭대기인 58~60층에는 최고 높이의 전망대인 하루카스 300이 있다. 360도 조망이 가능하며, 맑은 날에는 롯코 산과 아카시 대교까지 볼 수 있다.

킨테츠선 오사카아베노바시역(大阪阿部野橋駅) 아베노 출구에서 연결/미도스지선·타니마치선 텐노지역(天王寺駅) 9번 출구에서 연결
킨테츠 백화점 10:00~20:00, 아베노 하루카스 미술관 10:00~17:00, 하루카스 300 전망대 09:00~22:00(16층 매표소 08:50~21:30)
¥ 하루카스 300 전망대 성인 2,000엔, 중 고등학생 1,200엔, 초등학생 700엔, 유아 500엔, 3세 이하 무료 06-6624-1111
大阪市阿倍野区阿倍野筋1-1-43 www.abenoharukas-300.jp
34.645846, 135.514087

02

## 츠텐카쿠 通天閣

### 에펠탑을 본뜬 신세카이의 랜드마크

'하늘과 통하는 높은 건물'이라는 뜻의 철골 구조물로, 신세카이의 랜드마크이자 국가 지정 유형문화재다. 1912년 일본 최초로 엘리베이터가 설치된 전망대로 지어졌으며 제2차 세계대전의 화재로 해체되었다가 1956년 재건되었다. 높이 103m, 4~5층의 전망대에서는 시내와 바다가 한눈에 보이고, 5층에는 행운의 신 빌리켄 신전이 있다. 밤마다 다음 날 날씨를 알려주는 건물 꼭대기의 직경 5.5m 글자판과 함께 무게 25kg에 길이 3.2m의 긴 바늘로 이루어진 일본 제일의 대형 시계가 츠텐카쿠의 상징물이다. 츠텐카쿠 외부 전망대인 '팁 더 츠텐카쿠'는 추가금(300엔)을 내면 야외에서 바람을 맞으며 조망할 수 있다. 3층(지상 22m)에서 지하 1층(-4.5m)까지 단 10초 만에 미끄러져 내려올 수 있는 길이 60m의 타워 슬라이더와 츠텐카쿠 건물 외곽을 한 바퀴 걸어서 탐험할 수 있는 다이브 & 워크도 최근에 설치되어 한 층 더 즐거워졌다.

지하철 사카이스지선 에비스초역(恵美須町駅) 3번 출구에서 도보 5분/미도스지선 도부츠엔마에역(動物園前駅) 1번 출구에서 도보 7분
일반 전망대 & 타워 슬라이더 10:00~20:00(마지막 입장 19:30), 특별 옥외 전망대 10:00~19:50(마지막 입장 19:30) ¥ 일반 전망대 1,000엔, 팁 더 츠텐카쿠 300엔, 타워 슬라이더 1,000엔, 다이브 & 워크 3,000엔 / 주유 패스 소지자 무료(타워 슬라이더 평일 한정) 大阪市浪速区恵美須東1-18-6 tsutenkaku.co.jp 34.652499, 135.506335

03

## 신세카이 新世界

소박하고 정겨운 서민 유흥가

오사카의 대표적인 서민 유흥가로, 오사카로 편입되기 이전인 메이지 시대에는 황무지였다. 1903년 내국권업박람회(内国勧業博覧会)가 개최되면서 발전하기 시작했는데 그 모습이 '신세계가 열리는 듯하다'고 해 이런 이름이 붙었다. 제2차 세계대전으로 인한 화재로 침체기에 들어선 후 근처 아이린 지구 노동자들의 거리로 전락하고 폭동까지 일어나면서 한때 '오사카의 슬럼'으로 불리기도 했다. 현재는 중장년층 대상의 서민 명소로 일본 전역에 알려지게 되었다. 발바닥을 만지면 행운이 온다는 '빌리켄상(ビリケン)'과 오사카의 명물인 쿠시카츠의 본고장으로도 유명하다.

지하철 사카이스지선 에비스초역(恵美須町駅) 3번 출구에서 도보 5분/미도스지선 도부츠엔마에역(動物園前駅) 1번 출구에서 도보 7분 大阪市浪速区恵美須 shinsekai.net
34.652410, 135.506131

TIP

### 신세카이에서 만나는 행복의 신 빌리켄

신세카이 등 텐노지의 주요 명소에서 빌리켄(ビリケン, Billiken) 동상을 종종 볼 수 있다. 오사카의 요괴라고 오해하는 경우도 있지만 사실 예로부터 서민과 함께하던 행복의 신이다. 빌리켄은 1908년 미국의 여류 예술가 플로렌스 프레츠(Florence Pretz)가 꿈에서 본 신비한 인물의 모습을 형상화한 것을 시카고 기업 빌리켄 컴퍼니(ビリケンカンパニー)가 제작 및 판매해 전 세계에 알려졌다. 1911년 오사카 섬유 업체 칸다 야타무라 상점에서 빌리켄을 상표 등록한 후 판촉 캐릭터 상품으로 판매했으며, 1912년 츠텐카쿠에 병설된 놀이공원 루나파크에 빌리켄 동상이 만들어지면서 신세카이의 명물이 되었다. 1923년 루나파크가 폐쇄되면서 초대 빌리켄 동상은 사라졌지만 행복의 신의 복귀를 염원하는 시민의 바람으로 1979년 2대 빌리켄 동상이 츠텐카쿠 전망대에 등장했다. 얼굴은 아시아인, 발을 내밀고 앉은 모습은 아프리카인을 형상화해 만들었고, 빌리켄의 왼쪽 발바닥을 긁고 웃으면 소원이 이루어진다고 알려져 있다.

04

## 시텐노지 四天王寺

**일본에서 가장 오래된 불교 총본산**

593년 일본 불교의 창시자인 쇼토쿠태자(聖徳太子)가 건립한 7대 시찰 중 한 곳. 중심가람의 금당은 구세관세음보살을 본존으로 모시며, 그 앞에 위치한 높이 39.2m 오층탑은 593년에 세워졌으나 소실되어 1959년 복원한 것이다. 시텐노지 동쪽에 있는 본방 정원은 일본식 전통 정원의 모습을 간직한 곳으로 다실에서 차를 마시며 정원을 감상할 수 있다(유료).

지하철 타니마치선 시텐노지마에유히가오카역(四天王寺前夕陽ヶ丘駅) 4번 출구에서 도보 5분 본당, 중심가람, 정원 4~9월 08:30~16:30, 10~3월 08:30~16:00, 경내 24시간 ¥ 중심가람(中心伽藍) 성인 500엔, 혼보정원(本坊庭園) 성인 300엔, 오사카 주유 패스 소지자 무료 06-6771-0066 大阪市天王寺区四天王寺1丁目11番18号 shitennoji.or.jp 34.655690, 135.517359

05

## 케이타쿠엔 慶沢園

케이타쿠엔은 스미토모 집안(住友家)이 1926년 소유지를 오사카시에 기증하면서 공원이 된 곳이다. 근대 일본식 정원 스타일을 확립했다고 불리는 오가와 집안의 7대손, 오가와 지헤이(小川治兵衛)가 설계했다. 케이타쿠엔의 정원은 중앙의 큰 연못을 중심으로 약동하는 물의 흐름이 잘 느껴지는 것이 특징이다. 정원도 아름답지만 일본 최대의 건물인 아베노 하루카스를 가장 멋진 구도로 볼 수 있는 장소이기도 하다.

◆ 리뉴얼 공사로 인해 2025년 봄 오픈 예정

지하철 미도스지선·타니마치선 텐노지역(天王寺駅) 15·16번 출구에서 도보 7분 화~일 09:30~17:00(입장 마감 16:30), 월 휴무 ¥ 성인 150엔, 중학생 이하 80엔 大阪市天王寺区茶臼山町1内天王寺公園 34.649682, 135.511580

06

## 한카이 전차 阪堺電車

**노면전차의 낭만**

향수를 불러일으키는 한 량짜리 노면전차로, 에비스초에서 아비코미치를 오가는 한카이(阪堺)와 텐노지에서 하마데라에키마에를 오가는 우에마치(上町) 두 노선이 운행 중이다. 오사카의 유일한 노면전차이지만 노후화 문제로 정차역 몇 곳은 폐지될 예정이다. 한카이 노선을 이용하면 오사카의 유명 사찰과 역사 명소에 갈 수 있어 오사카의 과거로 여행하고 싶다면 추천한다.

지하철 사카이스지선 에비스초역(恵美須町駅) 4번 출구 05:30~22:30(요일과 노선에 따라 다름) ¥ 성인 230엔, 아동 120엔 06-6671-5170 大阪市住吉区清水丘三丁目14番72号 hankai.co.jp 34.599048, 135.488819

## 01 쿠시카츠 다루마 신세카이 총본점 串かつだるま 新世界総本店

맥주 도둑 쿠시카츠의 원조

2차 대전이 끝난 후 일본 경제가 엄청나게 빠른 속도로 회복되던 시절 바쁘게 일하던 노동자가 빠르고 간단하게 먹을 수 있도록 만들었던 음식이 쿠시카츠이며, 원조가 이곳 쿠시카츠 다루마다. 고기와 채소 같은 재료를 꼬치에 꽂아 기름에 튀긴 인기 간식이자 안주인 쿠시카츠는 맥주와 환상 궁합을 자랑한다. 한국어 메뉴판도 준비되어 있다.

총본점 세트(総本店セット, 15개) 2,695엔, 도부츠엔마에세트(動物園前セット, 12개) 2,200엔, 신세카이세트(新世界セット, 9개) 1,760엔 지하철 미도스지선 도부츠엔마에역(動物園前駅) 1번 출구에서 도보 5분 11:00~22:30 大阪市浪速区恵美須東 2-3-9 34.651604, 135.506195

## 02 야마짱 본점 やまちゃん本店

오사카 최고의 타코야키 명가

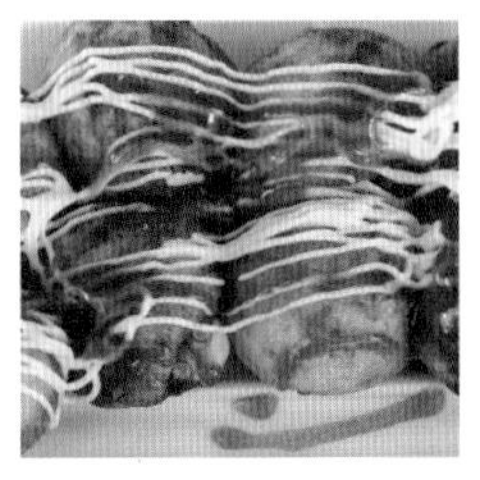

텐노지 후프(Hoop) 근처에 있는 야마짱 본점은 오사카의 타코야키 전문점 중에서도 최고로 평가받는다. 기본에 충실한 곳이라 소스 없이 먹어도 충분히 맛있다. 반죽에 과일과 닭뼈 육수를 섞어서 구워내기 때문에 소스를 바르지 않아도 맛이 훌륭하다. 잘 구운 타코야키는 겉은 바삭하고 속은 반숙으로 익힌 것이 정석인데, 이곳에서 바로 그 식감을 경험할 수 있다. 가격도 정말 저렴해 예산이 빠듯한 여행자도 부담 없이 즐길 수 있다.

베스트(ベスト) 8개 720엔 지하철 미도스지선 텐노지역(天王寺駅) 8번 출구 왼편 월~토 11:00~23:00, 일 11:00~22:00, 셋째 목 휴무 06-6622-5307(포장 예약 가능) 大阪市阿倍野区阿倍野筋 1-2-34 34.645349, 135.514149

03

## 톤테이 とん亭

**즉석 조리 돈카츠와 크로켓이 별미**

가격 대비 푸짐한 양과 맛으로 인기가 높은 돈카츠 전문점. 이곳의 명물인 로스믹스 정식은 밥과 된장국, 돈카츠를 기본으로 게살, 새우, 오징어 크로켓 중 1개를 선택할 수 있으며 계절에 따라 굴튀김이 나온다. 어느 메뉴를 주문해도 후회 없는 맛과 양을 보장하는 집으로 일본 최고의 돈가츠집 민제와 비교해도 손색이 없다.

로스믹스 정식(ロースミックス定食) 1,600엔 JR 오사카칸조선 테라다초역(寺田町駅)에서 도보 2분/지하철 미도스지선 텐노지역(天王寺駅)에서 도보 12분 화~일 11:30~15:30 & 17:30~20:30, 월 & 둘째·셋째 화 휴무 大阪市天王寺区大道4丁目1-2 34.649948, 135.522103

04

## 타와라 たわら

**인심도 맛도 푸짐한 돈카츠 맛집**

가격 대비 양과 맛이 아주 좋은 돈카츠 맛집이다. 전통적인 경양식 스타일의 바싹 익힌 돈카츠로 고기가 두툼하고 튀김 옷도 바삭하다. 다른 돈카츠 집에 비해 약 1.5배 정도 큰 돈카츠 외에도 샐러드 및 반찬, 한 공기를 가득 채운 밥이 함께 나와 양이 푸짐하다. 점심에는 대기하는 사람이 많아 서두르는 것이 좋으며, 저녁 시간은 상대적으로 한가하지만 영업시간이 짧으니 기억해 두자.

토쿠센로스카츠테이쇼쿠(特選ロスかつ定食) 1,800엔 타니마치선 타니마치큐초메역(谷町九丁目駅)에서 도보 15분 월~토 11:00~14:00, 17:00~18:00, 일 휴무 大阪市天王寺区 細工谷 1-6-15 34.662413, 135.524278

05

## 극락우동 아-멘 極楽うどん Ah-麺

**탄력 있는 면발을 자랑하는 카레 우동**

카레 우동으로 유명한 극락 우동 TKU의 자매점으로, 사누키 우동 특유의 굵고 탄력 있는 면으로 텐노지에서 최고의 인기를 누리는 곳이다. 인기 메뉴는 역시 카레 우동으로, TKU와 똑같이 면 500g이 무료로 추가된다. 또 다른 메뉴는 닭튀김과 어묵튀김, 반숙 달걀을 올린 타케토리타마붓카케 우동으로 역시나 최고의 면발을 경험할 수 있는 메뉴다.

토리텐카레 우동(鶏天カレーうどん) 1,050엔, 타케토리타마붓카케 우동(竹鶏玉ぶっかけうどん) 930엔 JR 오사카칸조선 테라다초역(寺田町駅)에서 도보 2분/미도스지선 텐노지역(天王寺駅)에서 도보 15분 11:00~15:00 & 18:00~22:00, 재료 소진 시 영업 종료, 부정기 휴무 大阪市生野区生野西2丁目1-29 宇野ビル 1F 34.648144, 135.524771

## 06 센타로 킨테츠 아베노점 仙太郎 近鉄阿倍野店

신토불이와 맛을 중시하는 화과자점

교토에 본사를 두고 있는 화과자 체인점이다. 총 18개의 점포를 운영하며 도쿄와 오사카는 물론 고베와 요코하마에도 진출해 있다. 신토불이를 모토로 일본 국내산 재료만 사용하며, 모양보다는 맛있는 화과자를 만드는 것에 목표를 두고 기본 맛에 충실한 화과자를 선보인다. 특히 고존지모나카는 고급스러운 단맛이 나는 팥앙금이 가득 차 있는 최고 인기 메뉴다.

고존지모나카(ご存じ最中) 1개 303엔 지하철 미도스지선·타니마치선 텐노지역(天王寺駅)과 연결(아베노 하루카스 지하 1층) 10:00~20:30 大阪市阿倍野区阿倍野筋1-1-43 近鉄百貨店阿倍野本店 B1F sentaro.co.jp 34.645966, 135.513503

## 07 야에카츠 八重勝

원조와는 또 다른 매력의 쿠시카츠 맛집

쟌쟌요코초에 자리한 쿠시카츠 맛집으로, 원조 쿠시카츠 다루마처럼 줄을 서서 먹는 집 중 하나다. 다루마에 비해 가격은 저렴하지만 맛만큼은 결코 뒤지지 않는다. 튀김옷에 참마를 넣는 등 차별화를 꾀했기 때문에 취향에 따라서는 야에카츠를 더 좋아하는 사람도 많다. 세트 메뉴는 없고 단품으로 주문해야 한다.

¥ 1,500엔~ 미도스지선 도부츠엔마에역(動物前駅) 1번 출구에서 도보 3분 10:30~20:30, 목 휴무 大阪市浪速区恵美須東3-4-13 34.649963, 135.505980

## 08 그릴 본 グリル梵

60년 전통의 경양식집

1961년에 창업해 3대째 가게를 이어오고 있는 그릴 본은 신세카이 경양식집의 터줏대감으로 옛 맛을 잘 보존하며 지금도 성업 중인 가게다. 대표 메뉴는 두툼한 비후카츠가 들어간 비후카츠샌드위치로 도쿄 긴자에도 진출했을 정도로 유명하다. 하지만 기왕 본점에 방문했으니 샌드위치보다 안심비후카츠나 카레안심비후카츠를 먹어보자.

헤레카츠카레니코미(ヘレカツカレー煮込み) 2,200엔, 헤레비후카츠레츠(ヘレビフカツレツ) 2,200엔 지하철 사카이스지선 에비스초역(恵美須町駅) 3번 출구에서 도보 3분 12:00~14:30(마지막 주문 14:00), 17:00~19:30(마지막 주문 19:00), 매월 6, 16, 26일 휴무 大阪市浪速区恵美須東1-17-17 34.653558, 135.506369

09

## 아루니아라무 あるにあらむ

**370년 오사카 최고 초밥집의 변신**

아루니아라무는 오사카에서 가장 오래된 초밥집 스시만(すし萬)이 운영하는 곳으로 아베노하루카스 9층에 있다. 특이한 점은 카페 콘셉트로 만들어져 오래된 전통 초밥 전문점의 분위기를 벗었다는 것. 모던하고 깔끔한 분위기의 실내에서는 오사카 전통 초밥인 상자초밥을 맛볼 수 있으며, 달콤한 디저트와 함께 카페만 이용하는 것도 가능하다.

명물 오사카 초밥 세트(名物 大阪すしセット) 2,200엔 지하철 미도스지선·타니마치선 텐노지역(天王寺駅) 10번 출구 직결. 아베노하루카스 9층 10:00~20:00 大阪市阿倍野区阿倍野筋1-1-43 9F 34.646366, 135.513382

10

## 신세카이 칸칸 新世界 かんかん

**싸고 푸짐하고 맛도 좋은 타코야키**

신세카이에서 싸고 맛있기로 유명한 타코야키집이다. 잘 구운 타코야키 8개에 소스와 마요네즈를 뿌리고 가다랑어포를 듬뿍 얹어서 주는데 가격은 450엔이다. 다진 파 같은 추가 옵션이 없어 주문이 쉽고 빨리 나온다. 맛도 상당히 좋아서 인기 만점인 곳.

타코야키 8개(一盛) 450엔 지하철 미도스지선·사카이스지선 도부츠엔마에역(動物園前駅) 1번 출구에서 도보 5분 수~일 10:00~19:30, 월~화 휴무 大阪市浪速区恵美須東3-5-16 34.651190, 135.505937

11

## 후프 다이닝 코트 フープ ダイニングトコート

**쾌적한 분위기의 푸드홀에서 맛있는 음식을!**

젊은 세대의 감성에 맞춘 쇼핑몰, 후프 지하 1층에 푸드홀 후프 다이닝 코트가 새롭게 문을 열었다. 텐동, 스파이스 카레, 라멘, 경양식, 버블티 등 젊은이들의 취향에 맞춘 가게들이 대거 입점해 있는데, 그중 가장 눈에 띄는 가게는 나라현의 최고 인기 라멘집 미츠바(みつ葉). 나라까지 찾아갈 시간이 없다면 여기서 맛봐도 좋다.

지하철 미도스지선·타니마치선 텐노지역(天王寺駅) 10번 출구에서 도보 5분 11:00~23:00 大阪市阿倍野区阿倍野筋12-30 B1 34.645249, 135.513767

**01**

## 메가 돈키호테 신세카이점 MEGA ドン·キホーテ

돈키호테 이상의 돈키호테

돈키호테 그룹에서 만든 대형 쇼핑몰로 일반 돈키호테보다 규모가 더 크고, 취급하는 품목도 더 다양하다. 특히 눈에 띄는 차이점은 일반 돈키호테와는 달리 도시락, 닭튀김 등 조리 음식도 취급한다는 것. 도톤보리 돈키호테의 경우 좁은 건물에 물건이 빼곡하게 진열되어 있지만 이곳은 부지 자체가 넓기 때문에 한결 여유롭게 쇼핑할 수 있다.

JR 오사카칸조선 신이마미야역(新今宮駅)에서 도보 1분/미도스지선 도부츠엔마에역(動物前駅) 5번 출구에서 도보 1분 09:00~05:00, 의약품 코너 09:00~03:00 06-6630-9511 大阪市浪速区恵美須東3-4-36 www.donki.com 34.649820, 135.504582

**02**

## 후프 Hoop

젊은 세대를 위한 쇼핑몰

젊은 세대를 타깃으로 한 쇼핑몰로 GAP, 리복, 아디다스, 닥터 마틴, 디젤 등 여러 패션 브랜드들이 모여있다. 최근 지하에 개장한 다이닝 코트는 젊은 세대를 타깃으로 한 만큼 요즘 오사카에서 인기 있는 가게들이 입점해 있다. 6층에는 매월 여러 애니메이션과 컬래버레이션해 컨셉트 카페를 개최하는 '오사카 바이 스위츠 파라다이스'가 위치한다.

지하철 미도스지선·타니마치선 텐노지역(天王寺駅) 10번 출구에서 도보 5분 11:00~21:00 大阪市阿倍野区阿倍野筋1-2-30 www.d-kintetsu.co.jp/hoop/ 34.645162, 135.513780

**03**

## 아베노 큐즈 몰 あべのキューズモール

**잡화, 캐릭터 상품, 전자제품까지 모두 있는 곳**

아베노 큐즈 몰은 오사카 최대 규모의 매장 면적을 자랑하는 초대형 쇼핑몰이다. 10대와 20대에게 인기 있는 브랜드를 모아 놓은 쇼핑몰인 '시부야 109 아베노'부터 핸즈, 빅카메라, 유니클로, ABC마트, 다이소, 빌리지 뱅가드, 디즈니 스토어, 스누피 타운 등 유명 브랜드의 옷, 잡화, 전자제품 등 수많은 상점이 입점해 없는 것을 찾는 것이 더 쉬울 정도다. 음식점 역시 60여 개나 들어와 있어 메뉴 선택의 폭이 넓다.

지하철 미도스지선·타니마치선 텐노지역(天王寺駅) 12번 출구 직결 10:00~21:00 大阪市阿倍野区阿倍野筋1-6-1 34.645412, 135.511668

# 텐노지 여행 정보
# FAQ

## 간사이 국제공항과 텐노지 간 이동이 가능한가요?

텐노지역과 간사이 국제공항은 JR 칸쿠쾌속(1,080엔, 50분)과 JR 하루카(1,840엔, 30분)로 연결된다. 국내 여행사에서 하루카 할인권을 미리 구매하거나, JR 서일본 홈페이지에서 미리 예약하고 역에서 수령하면(여권 제시 필요) 1,840엔짜리 텐노지행 하루카 티켓을 1,300엔에 구매할 수 있으며 시간을 20분 단축할 수 있다.

**JR 서일본 하루카 온라인 예약**
🏠 www.westjr.co.jp/global/kr/ticket/pass/one_way/haruka/

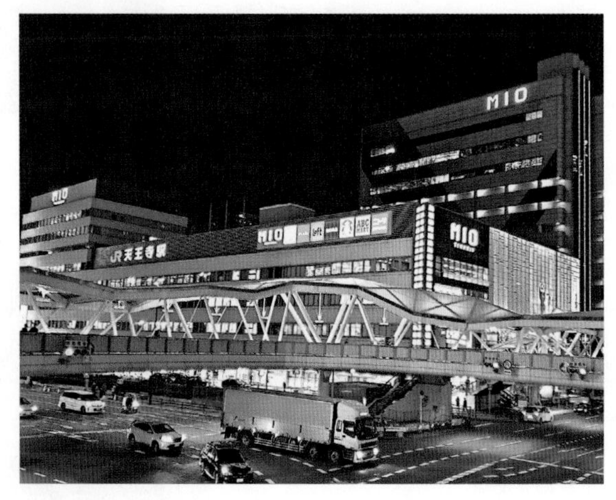


## 텐노지역에서 이용할 수 있는 철도 노선을 알려주세요.

JR 텐노지역은 JR 한와·구로시오·칸조·야마토지 선을 비롯해 간사이 국제공항과 교토를 연결하는 JR 하루카가 정차하는 곳이다. JR 외에도 지하철 미도스지·타니마치 선이 정차해 시내로 이동이 편리하다.

| | | |
|---|---|---|
| **지하철** | 미도스지선 | 난바, 신사이바시, 우메다, 신오사카 방면 |
| | 타니마치선 | 타니마치욘초메(오사카성), 텐진바시스지로쿠초메(주택박물관, 텐진바시스지 상점가) 방면 |
| **JR선** | 한와선 | 쿠마토리 & 오토리 방면(간사이 국제공항 이동 시), 와카야마 방면 |
| | | **★ 유용한 열차**<br>① 간사이 국제공항 이동 시: 칸쿠쾌속, 하루카 특급<br>② 와카야마, 시라하마 이동 시: 와카야마 쾌속, 쿠로시오 특급 |
| | 오사카칸조선 | 오사카역, 후쿠시마역, 니시쿠조역, 츠루하시역, 오사카조코엔역 |
| | 야마토지선 | 나라역, JR 난바역 방면 |
| | | **★ 호류지, 토다이지, 나라 공원 이동 시 유용한 열차**<br>야마토지 쾌속 |

## 오사카 주유 패스를 알뜰하게 사용할 수 있는 일정을 알려주세요.

텐노지와 신세카이는 한나절 일정으로 둘러보기에 좋다. 오전에 문을 여는 츠텐카쿠 전망대를 시작으로 텐노지 동물원과 텐노지 공원, 케이타쿠엔을 둘러본 후 타니마치선을 이용해 시텐노지와 본방 정원(本坊庭園)으로 이동하는 것이 좋다.

| | | |
|---|---|---|
| **츠텐카쿠** | 10:00~20:00 | 1,000엔 |
| **타워 슬라이더(평일 한정)** | 10:00~20:00 | 1,000엔 |
| **츠텐카쿠 다이브 & 워크** | 10:00~20:00 | 3,000엔 |
| **텐노지 동물원** | 09:30~17:00 | 500엔 |
| **시텐노지** | 08:30~16:00(계절별로 다름) | 800엔(중심가람 500엔, 정원 300엔) |

## 도보로 둘러볼 수 있는 곳을 알려주세요.

텐노지역에서 텐노지 공원을 지나 신세카이와 츠텐카쿠까지는 도보로 약 20분 소요된다. 츠텐카쿠에서 에비스초역을 지나 덴덴타운까지 도보로 약 15분 걸리며(약 1.2km), 덴덴타운에서 난바까지는 5분 정도 소요된다.

## 급한 환전이나 은행 출금이 가능한 곳이 있나요?

① 편의점, 우체국 등에서 'International Cash' 스티커가 붙어 있는 ATM기에서 신용카드로 출금이 가능하며, 킨테츠 세븐일레븐 편의점 내 ATM에서 연중무휴 24시간 출금 가능하다. 단, 신용카드 회사에 미리 전화나 인터넷을 통해 해외 현금 인출이 가능하도록 설정해 놔야 한다. 보통 1회 5만 엔으로 인출액이 제한되어 있는데, 세븐 은행의 경우 10만 엔 이상도 가능하다.

② 최근 기념품 판매점, 돈키호테, 드럭스토어, 백화점, 관광안내소 등에 다국어 지원 환전기가 많이 설치되어 있으므로 편하게 환전이 가능하다.

## 텐노지의 맛집은 어디에 많이 있나요?

텐노지 주변의 맛집은 신세카이와 잔잔요코초 골목, 텐노지에서 도보로 10분 정도 떨어진 테라다초에 있다. 신세카이는 오사카 명물 쿠시카츠가 탄생한 곳인 만큼 쿠시카츠 집들이 많고, 저렴한 초밥집이 몰려 있다. 테라다초는 맛집 격전지로 좁은 길 사이로 맛집이 밀집해 있는데 역 출구부터 대표 맛집이 즐비하다.

## 텐노지 근처에 저렴한 호텔이 많은 이유가 있나요?

텐노지 근처 니시나리 구는 일본에서 가장 낙후된 지역으로 범죄율이 가장 높은 곳이기도 하다. 일용직 노동자나 노숙자가 많기 때문에 물가가 낮고 주변 호텔 요금도 매우 저렴하다. 최근 초대형 리조트 호텔을 유치하고 재개발을 진행하고는 있지만 아직까지는 치안이 불안정하기 때문에 숙소 예약 시 참고하자. 텐노지역과 메가 돈키호테 등 대형 쇼핑상가 근처 호텔은 상대적으로 안전하다.

오사카의 옛모습을 찾아서

# 오사카 남부

오사카 남부에 왔다면
**이건 꼭!**

★★★★★

**만제**에 들러
일본 최고의 돈카츠 맛을
확인해요.

★★★★☆

오사카의 역사를 느낄 수 있는
한카이 전차를 타고
**스미요시타이샤**를 방문해요.

★★★☆☆

1년 내내
아름다운 꽃을 만날 수 있는
**나가이 식물원**에서는
아무것도 하지 않아도
행복해질 거예요.

# 오사카 남부

## SOUTH OSAKA 南部 大阪

**#나가이식물원 #자연사박물관 #스미요시타이샤**

오사카의 옛모습을 간직한 남부 지역에는 의외로 좋은 곳이 많다. 오사카에서 가장 유명하고 일본에서 가장 오래된 건축 양식으로 지어진 사원 스미요시타이샤, 넓은 부지에 오사카의 식물이 펼쳐진 나가이 식물원, 오사카의 생태를 체계적으로 전시한 자연사박물관이 대표 명소다.

### ACCESS

#### 우메다에서 가는 법

- **우메다역**
  - 미도스지선 ⓒ23분 ¥290엔
- **나가이역**
  - 도보 10분
- **오사카 시립 자연사박물관 & 나가이 식물원**

- **우메다역**
  - 미도스지선 ⓒ16분 ¥290엔
- **텐노지역**
  - 도보 3분
- **텐노지에키마에역**
  - 한카이 전차 우에마치선 ⓒ16분 ¥230엔
- **스미요시토리이마에역**
  - 도보 1분
- **스미요시타이샤**

#### 난바역에서 가는 법

- **난바역**
  - 미도스지선 ⓒ14분 ¥290엔
- **나가이역**
  - 도보 10분
- **오사카 시립 자연사박물관 & 나가이 식물원**

- **난카이 난바역**
  - 난카이 본선 보통 ⓒ9분 ¥240엔
- **스미요시타이샤역**
  - 도보 3분
- **스미요시타이샤**

카타바타케(한카이)

미나미타나베(한와)

히메마츠(한카이)

만제 01 →

니시타나베

츠루가오카(한와)

나가이 식물원 02

오사카 시립 자연사박물관 01

나가이(한와)

나가이

01

## 오사카 시립 자연사박물관 大阪市立自然史博物館

작은 공간에 담긴 방대한 지구의 역사

자연의 구조와 역사를 비롯해 인간과 자연의 관계를 다양한 전시물을 통해 체계적으로 소개하는 박물관이다. '가까운 자연', '지구와 생명의 역사', '생명의 진화', '생물의 생활', '생물들의 삶' 등 주제별로 구성된 전시실에는 오사카 내에서 출토된 동물, 식물, 곤충 표본과 암석 화석류 1만여 점이 전시되어 있고, 긴수염고래의 골격 표본, 공룡 및 나우만코끼리를 실제 크기로 복원한 모형도 볼 수 있다. 바로 옆 나가이 식물원과 함께 관람하는 것을 추천!

지하철 미도스지선 나가이역(長居駅) 3번 출구에서 도보 10분 3~10월 9:30~17:00 & 11~2월 9:30~16:30, 마지막 입장 폐관 30분 전까지, 월요일 & 12월 28일~1월 4일 휴관 ¥ 성인 300엔, 고등학생 & 대학생 200엔, 중학생 이하 & 주유 패스 소지자 무료 06-6697-6221 大阪市東住吉区長居公園1-23 www.mus-nh.city.osaka.jp 34.610284, 135.521649

02

## 나가이 식물원 長居植物園

6만 1천여 점의 식물로 구성된 도심 속 오아시스

오사카의 원시림을 재현한 식물원으로, 242,000㎡에 1천여 종, 6만 1천여 점의 식물이 서식하고 있다. 봄에는 튤립, 작약, 모란, 장미, 여름에는 수국, 붓꽃, 연꽃, 수련, 가을에는 코스모스, 싸리, 겨울에는 매화, 동백 등 계절에 따라 아름다운 꽃을 만날 수 있다. '살아 있는 화석'이라 불리는 메타세쿼이아, 신생대의 세쿼이아, 스테고돈 코끼리가 살던 시절의 아카시 식물군, 오사카 원생림과 조엽수림 등 시대별 대표 수목을 재현한 수목림과 동백원, 장미원과 허브원까지 총 11개로 구성되어 있다. 여름이면 정문 근처의 오오이케 연못을 가득 채운 연꽃이 장관을 이룬다.

지하철 미도스지선 나가이역(長居駅) 3번 출구에서 도보 10분 3~10월 09:30~17:00 & 11~2월 09:30~16:30, 마지막 입장 폐원 30분 전까지, 월요일 & 12월 28일~1월 4일 휴원
¥ 고등학생 이상 300엔, 중학생 이하 & 65세 이상 & 주유 패스 소지자 무료 06-6696-7117
大阪市東住吉区長居公園1-23 nagai-park.jp/n-syoku 34.611595, 135.521538

03

## 스미요시타이샤 住吉大社

매년 200만 명의 참배객이 찾는 신사

211년 셋츠국(摂津国, 현재의 오사카시와 고베시 일부를 포함한 고대 국가)의 옛 궁터에 지은 사원으로, '바다의 신'인 스미요시산진(住吉三神)을 모시고 있다. 전국 2,300여 개 스미요시 신사의 총본산으로, 설날에는 약 200만 명의 참배객이 찾는다. 4동으로 구성된 본전은 국보로, 스미요시행궁(住吉行宮)은 국가 사적으로 지정되어 있으며 이외에도 다수의 국가 지정 문화재가 있다. 소리하시(反橋)는 물에 비치는 형상이 원을 이루는 주황빛 아치형 다리로, '아름다운 간사이 야경 100선'에 올라 있다. 인간 세계와 신의 세계를 잇는 무지개에 곧잘 비유되는데, 이 다리를 건너면 신에 가까워져 죄와 허물 등이 정화된다는 믿음이 있어 많은 방문객이 몰린다.

난카이 본선 스미요시타이샤역(住吉大社駅)에서 동쪽 방향으로 도보 3분 한카이 전차 스미요시토리이마에역(住吉鳥居前駅)에서 연결
4~9월 06:00~17:00 & 10~3월 06:30~17:00 06-6672-0753 大阪市住吉区住吉2丁目 9-89 sumiyoshitaisha.net
34.612935, 135.492939

01

## 만제 マンジェ

**일본 최고의 돈카츠**

만제는 방송, 잡지에서 최고의 돈카츠 맛집으로 여러 번 소개된 곳으로 일본 각지에서 손님이 찾아오는 곳이다. 우리나라 예능 프로그램에 등장하기도 했다. 이곳은 브랜드 돼지고기만 이용해 미디엄 레어로 튀기기 때문에 육즙이 풍부하고 맛이 아주 고소하다. 특히 별미는 토요일에 한정 판매하는 도쿄엑스 돈카츠. 다른 돈카츠와 확연한 맛의 차이를 느낄 수 있는데, 소금과 소스를 선택할 때 꼭 트러플 소금과 오리지널 소스로 주문하자. 트러플 소금과의 조화를 경험하면 만제가 일본 최고의 돈카츠 전문점인 이유를 바로 알게 될 것이다.

도쿄-X 정식 4,170엔 JR 야마토지선 야오역(八尾駅) 북쪽 출구에서 도보 5분 11:00~14:00 & 17:00~ 20:00, 월~화 휴무, 휴무일이 공휴일인 경우 영업 八尾市陽光園 2-3-22 072-996-0175(예약 불가) tonkatsumanger.com 34.620060, 135.598359

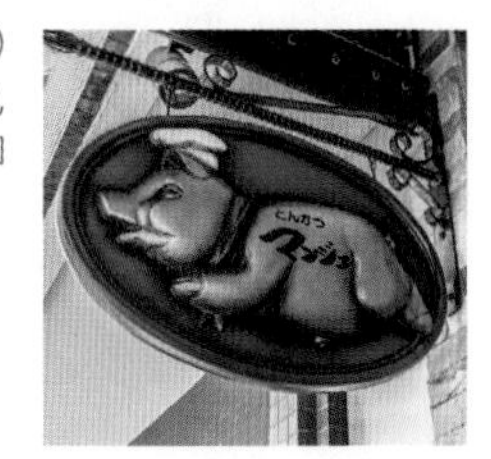

02

## 겐지 genji

**쿡가대표 셰프가 운영하는 레스토랑**

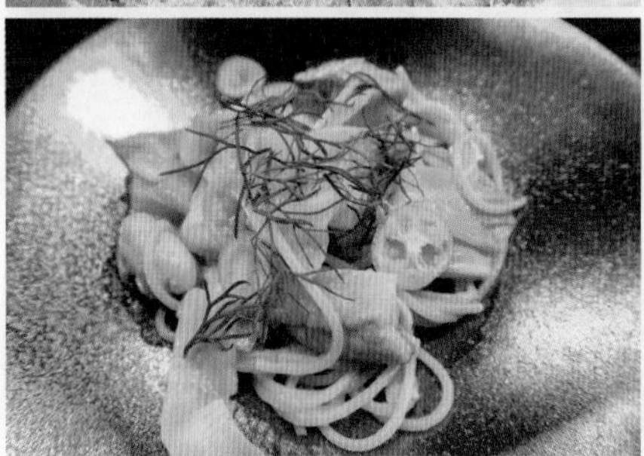

우리나라 음식 예능 프로그램 〈쿡가대표〉와 〈냉장고를 부탁해〉에 출연한 재일교포 3세 모토가와 셰프가 운영하는 레스토랑. 방송 이후 식당을 찾는 여행자가 더 많아져 한국인 여행자에게만 특별히 방송에서 만들었던 음식을 선보이기도 한다. 훌륭한 음식 맛은 물론 최상의 서비스 그리고 타 고급 레스토랑에 비해 저렴한 가격까지 모든 면에서 만족스러운 식사가 가능하다. 특히 디너 코스의 무한 스시 타임은 웬만한 대식가도 다 먹기 힘들 정도로 푸짐하다. 휴무일이 부정기적이고 1주일에 2~3일을 쉬는 경우도 있으므로 반드시 공식 홈페이지에서 영업일을 확인하고 방문하자.

런치 코스(ランチコース) 4,000엔, 디너 스페셜 코스(ディナースペシャルコース) 12,000엔 지하철 요츠바시선 타마데역(玉出駅) 2번 출구에서 도보 7분, 한카이 전차 츠카니시역(塚西駅)에서 도보 1분 런치 11:30~14:30(마지막 주문 13:30, 토~일, 휴일은 13:00), 디너 17:00~22:00(마지막 주문 20:30),월~화 휴무 大阪市西成区玉出東2-14-4 www.genji-1994.com 34.623821, 135.494558

REAL GUIDE

# 린쿠 프리미엄 아웃렛

간편한 아웃렛 쇼핑

## 린쿠 프리미엄 아웃렛 りんくうプレミアム アウトレット

미국의 유서 깊은 항구 도시 찰스턴을 모델로 만든 프리미엄 아웃렛으로 2000년에 문을 열었다. 세계적으로 유명한 브랜드는 물론 우리에게는 다소 낯선 일본 고유 브랜드까지 폭넓게 입점해 있어 쇼핑하는 재미가 쏠쏠하다. 1층 인포메이션에서 지도를 받아 효율적인 동선을 계획한 후 쇼핑을 시작하는 것이 좋다. 인포메이션에 여권을 제시하면 기존 할인율에 추가 할인이나 특전을 받을 수 있는 게스트 쿠폰을 받을 수 있으며, 짐도 보관해준다(유료). 일정 금액 이상 물품을 구매하면 면세 및 게스트 쿠폰 혜택을 함께 누릴 수 있으며, 기본 할인율 20~60%에 추가 할인이 적용되는 세일 기간을 노려보는 것도 좋다. 아웃렛에서 운영하는 '스카이 셔틀(편도 300엔)'을 이용하면 간사이 국제공항에서 20분 만에 갈 수 있기 때문에 공항을 이용하는 여행 첫날이나 마지막 날 방문하기 좋다.

난카이 본선·라피트 특급·JR 칸쿠쾌속 린쿠타운역(りんくうタウン駅)에서 도보 6분
10:00~20:00, 2월 셋째 목 휴무 072-458-4600 泉佐野市りんくう往来南 3-28 www.premiumoutlets.co.jp 34.407892, 135.294809

오사카에서
떠나는 휴양지

# 베이 에어리어

베이 에어리어에 왔다면
**이건 꼭!**

★★★★★

일본 최대 수족관 **카이유칸**에서
귀엽게 웃어주는
바다표범을 만나보세요.

★★★★☆

아이와 함께 **레고랜드**에 방문해
동심의 세계로 돌아가보세요.
성인 단독 입장 시간은
부정기적으로 운영해요.

★★★☆☆

1년 내내
**사키시마 청사 전망대**에서
오사카항의 아름다운 일몰과
야경을 즐겨요.

# 베이 에어리어

BAY AREA ベイエリア

**#카이유칸 #덴포잔관람차
#산타마리아호 #사키시마청사전망대
#레고랜드 #스파스미노에온천
#전통시장**

베이 에어리어는 오사카의 서쪽, 오사카항 일대를 가리킨다. 일본 최대 규모의 수족관 카이유칸, 한때 세계 최고 규모였던 덴포잔 관람차, 레고랜드 디스커버리, 콜럼버스의 범선을 모티브로 만든 산타마리아 유람선 등 즐길 거리가 많다. 코스모타워역 근처에 있는 WTC 코스모 타워는 아베노 하루카스가 건립되기 전까지 '오사카에서 가장 높은 빌딩'이라는 타이틀을 가지고 있던 곳으로, 멋진 야경을 즐길 수 있다.

## ACCESS

### 우메다에서 가는 법

- **우메다역**
  - 미도스지선 4분 ¥290엔
- **혼마치역**
  - 추오선 11분
- **오사카코역**

- **니시우메다역**
  - 요츠바시선 3분 ¥290엔
- **혼마치역**
  - 추오선 11분
- **오사카코역**

### 난바역에서 가는 법

- **난바역**
  - 미도스지선 4분 ¥290엔
- **혼마치역**
  - 추오선 11분
- **오사카코역**

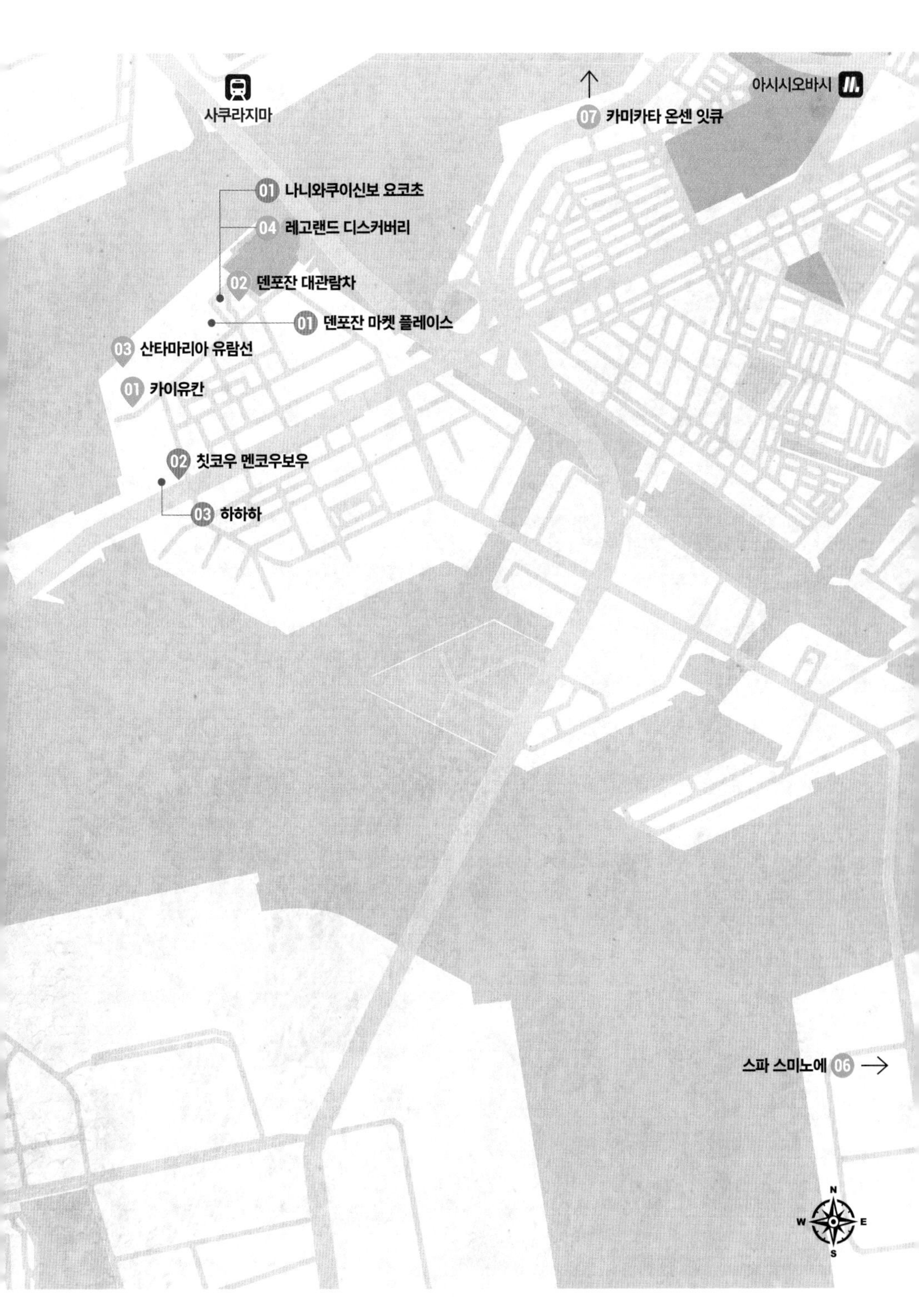
사쿠라지마
07 카미카타 온센 잇큐
아시시오바시
01 나니와쿠이신보 요코초
04 레고랜드 디스커버리
02 덴포잔 대관람차
01 덴포잔 마켓 플레이스
03 산타마리아 유람선
01 카이유칸
02 칫코우 멘코우보우
03 하하하
스파 스미노에 06
N
W
E
S

01

## 카이유칸 海遊館

태평양 바닷속을 그대로

세계 여러 수족관 중에서도 전시 방법이 매우 독특하기로 유명한 곳이다. 환태평양 수중 생태계를 테마로 각 지역 해저를 최대한 원형에 가깝게 재현해 관람객의 감탄을 자아낸다. 일반적으로 여러 개의 수조로 나뉘어 있는 다른 수족관과 다르게 8층부터 4층까지 한 개의 거대한 수조로 이루어져 있고 나선형 통로를 따라 내려가는 구조로 되어 있는데, 지상에서 심해로 내려가며 바닷속으로 들어가는 듯한 느낌을 끌어낸 것이 재미있다. 수족관 내부에는 펭귄이나 물범의 생활상을 볼 수 있도록 북극 환경을 재현한 곳과 직접 물고기를 만질 수 있는 체험 공간도 마련되어 있다. 특히 물범이 잠수했을 때 웃고 있는 듯 귀여운 표정을 볼 수 있는 공간이 따로 마련되어 있으니 꼭 가보자.

지하철 추오선 오사카코역(大阪港駅) 1번 출구에서 도보 11분 월~금 10:30~20:00, 토~일 & 공휴일 09:30~20:00 ¥ 성인 2,700엔, 7~15세 1,400엔, 3~6세 700엔, 2세 이하 무료(7~8월, 12~1월 특별 요금 기간 2,900~3,500엔으로 요금 인상) 大阪市港区海岸通1丁目1-10 kaiyukan.com 34.654491, 135.428914

02

## 덴포잔 대관람차 天保山大観覧車

직경 100m의 초대형 관람차

직경 100m, 높이 112.5m에 달하는 초대형 관람차로, 세계 최대 규모를 자랑한다. 덴포잔 대관람차에는 몇 가지 특별한 점이 있는데, 그중 하나가 투명하게 제작되어 공중에 떠 있는 듯한 느낌을 받을 수 있는 시스루(see-through) 관람차가 있다는 것이다. 용기도 필요하지만 워낙 인기가 좋아 따로 줄을 서서 탑승해야 하는 수고로움도 필요하다. 또 한 가지는 밤에만 볼 수 있는 야간 조명이다. 덴포잔 대관람차는 원래 다음 날 날씨에 따라서 조명 색이 바뀌는 것으로 유명한데 해, 구름, 눈, 우산 모양의 그래픽이 인상적이다. 최근에는 'Welcome' 같은 문자를 형상화하는 등 더욱 다양한 그래픽 조명을 선보이고 있다.

지하철 추오선 오사카코역(大阪港駅) 1번 출구에서 도보 7분
평일 10:00~21:00, 주말 10:00~22:00 ¥ 3세 이상 900엔, 오사카 주유 패스 소지자 무료 06-6576-6222
大阪市港区築港3丁目11-8 senyo.co.jp/tempozan
34.656191, 135.430957

## 03 산타마리아 유람선 帆船型観光船サンタマリア

오사카항에서 만나는 유럽형 범선

콜럼버스가 아메리카 대륙을 발견했을 때 탑승했던 범선인 산타마리아호를 모티브로 건조한 유람선이다. 낮에는 45분 일정으로 오사카항에서 출발해 주요 장소를 도는 프로그램을 운영하며, 일몰 시간에 맞춰 타면 붉은 노을과 함께 수평선 아래로 지는 일몰, 붉게 반짝이는 오사카항의 모습을 감상할 수 있다. 일몰 크루즈는 4~10월 주말에 예약제로만 운영되므로 미리 전화로 예약해야 한다. 오사카 주유 패스 이용자는 산타마리아, 일몰 크루즈 둘 중 하나만 무료로 이용할 수 있다.

◆ 2025년 1/14~2/7 임시 운행 중단

지하철 추오선 오사카코역(大阪港駅)에서 도보 10분
11:00~16:00(1시간 간격) ¥ 유람선 성인 1,800엔, 초등학생 이하 900엔, 일몰 크루즈 성인 2,300엔, 초등학생 이하 1,150엔, 오사카 주유 패스 소지자 무료
06-6942-5511 大阪市港区海岸通1-1-10
suijo-bus.osaka/korean/santamaria
34.655007, 135.428883

## 04 레고랜드 디스커버리 レゴランド・ディスカバリー・センター大阪

레고의 모든 것

레고에 대한 모든 것을 경험할 수 있는 곳으로, 특히 레고 마니아라면 꼭 방문해야 한다. 어린이를 위한 작품이 많지만 동심에 빠져드는 데는 어른 아이 구분이 없다. 오사카의 명소를 레고로 만든 '미니랜드'의 인기가 높고, 아이들이 즐길 수 있는 어트랙션도 여러 개 있다. 실내로 입장하지 않더라도 외부의 레고 판매점을 이용할 수 있기 때문에 쇼핑이 목적이라면 판매점만 방문해도 좋다. 반드시 어린이를 동반해야 성인 입장이 가능한데, 왕복 교통비와 레고랜드 입장료만으로도 주유 패스 1일권 가격 이상이므로 어린이 동반 가족 여행자라면 주유 패스를 구매하는 것이 좋다. 단, 주유 패스 홈페이지에 명시된 날짜에만 무료 입장이 가능하며, 홈페이지에서 사전 예약해야 한다.

지하철 추오선 오사카코역(大阪港駅)에서 도보 9분(덴포잔 마켓 플레이스 3층) 월~금 10:00~18:00(마지막 입장 16:00), 토~일 & 공휴일 10:00~19:00(마지막 입장 17:00) ¥ 2,800~3,200엔, 주유 패스 소지자 무료(정해진 날에만 무료 입장, 홈페이지 사전 예약 필수 / 무료 입장 날짜 외의 날 500엔 할인) 大阪市港区海岸通1-1-10 osaka.legolanddiscoverycenter.jp
34.656150, 135.430384

05

## 사키시마 코스모타워 전망대 さきしまコスモタワー展望台

360도 파노라마 전망대에서 즐기는 야경

베이 에어리어 지역에서 가장 높은 건물인 WTC 코스모 타워(WTC Cosmo Tower) 맨꼭대기에 위치한 전망대. 아베노 하루카스가 완공되기 전까지 오사카에서 가장 높았던 빌딩이며, 우측으로는 덴포잔을 비롯한 오사카 시내 야경, 좌측으로는 고베의 야경을 볼 수 있다. 내부에 작은 카페도 있어 차도 함께 즐길 수 있다. 전망대로 가는 길에서는 엘리베이터를 이용한 후 긴 에스컬레이터로 갈아타는데, 경사가 급해 고소공포증이 있다면 다소 불편할 수 있다. 이런 경우가 아니라면 조용한 분위기에서 오사카항의 일몰을 감상하기에는 최고의 장소이므로 고민하지 말자.

뉴트램 난코포트타운선 트레이드센터마에역(トレードセンター前駅)에서 도보 8분 11:00~22:00(마지막 입장 21:30), 월 휴무 ¥ 성인 1,000엔, 중학생 이하 600엔, 70세 이상 900엔, 오사카 주유 패스 소지자 무료 06-6615-6055 大阪市住之江区南港北1-14-16 sakishima-observatory.com 34.638261, 135.414908

06

## 스파 스미노에 スパスミノエ

베이 에어리어에서 즐기는

베이 에어리어 근처에 위치한 온천 시설로, 덴포잔이나 코스모스퀘어 지역을 여행하고 호텔로 가는 길에 들러 피로를 풀기에 좋다. 대형 수상보트 경기장을 비롯한 각종 스포츠 센터와 함께 있어 헤맬 수 있으니 안내판을 잘 찾아야 한다. 내부에는 실내탕과 노천탕이 마련되어 있으며 남탕과 여탕이 주기적으로 바뀐다. 신발장과 옷장을 이용할 때 각 100엔씩 필요하며 나중에 회수 가능하다. 수건은 기본적으로 개인 지참이며 대여할 경우 200엔을 추가 지불하면 된다. 식당이 있어서 온천을 마치고 나서 식사도 가능하다.

지하철 요츠바시선 스미노에코엔역(住之江公園駅)에서 도보 5분 10:00~02:00 ¥ 중학생 이상 750엔(주말 850엔), 초등학생 370엔(주말 420엔), 초등학생 이하 180엔(주말 210엔) 06-6685-1126 大阪市住之江区泉1-1-82 www.spasuminoe.jp 34.610739, 135.468801

07

## 카미카타 온센 잇큐 上方温泉 一休

간사이 최대급 천연 온천

유니버설 시티 근처에 자리한 간사이 최대급 온천. 일본 방송국 MBS가 뽑은 간사이 온천 랭킹 1위로 선정되었던 곳으로 시설, 규모, 서비스 등 모든 것이 훌륭하다. 온천은 크게 나무로 꾸민 키노유(木のゆ), 돌로 꾸민 이시노유(石のゆ)로 나뉜다. 보통 짝수일은 키노유가 남탕, 이시노유가 여탕으로 운영되며 홀수일에는 남탕과 여탕이 바뀐다. 온천 시설 외 휴게실, 바디 케어 및 헤어 숍, 레스토랑 등도 마련되어 있다. 니시쿠조역까지 가는 셔틀버스를 늦게까지 운행하기 때문에 다른 여행 일정에 크게 구애받지 않고 이용할 수 있어 좋다.

한신 니시쿠조역(西九条駅) 1번 출구, JR 오사카칸조선 니시쿠조역(西九条駅) 2번 출구 맞은편 음식점 스키야(すきや) 옆에서 송영버스 탑승 후 12분 10:00~24:00(마지막 입장 23:00), 셋째 화 휴무
¥ 중학생 이상 월~금 750엔, 토~일 850엔, 초등학생 이상 월~금 400엔, 토~일 450엔 06-6467-1519
大阪市此花区西島5丁目9-31
www.onsen19.com
34.681458, 135.434274

01

## 나니와쿠이신보 요코초 なにわ食いしんぼ横丁

쇼와 시대 거리를 재현한 먹자골목

덴포잔 마켓 플레이스에 위치한 먹자 골목으로, 오사카의 1900년대 옛 거리 모습을 재현해 과거의 오사카 거리를 걷는 듯한 느낌이 든다. 흔하지 않은 사진을 건질 수 있는 포토 스폿으로도 손색이 없고, 좁은 골목 안쪽 여기저기 아기자기하면서도 재미있는 장식들을 찾는 재미도 쏠쏠하다. 작은 규모의 음식점이 오밀조밀하게 모여있으며 오코노미야키, 타코야키, 쿠시카츠는 물론 이카야키, 스키야키, 카레, 오므라이스 등 오사카와 그 일대를 대표하는 음식을 다양하게 맛볼 수 있다. 공식 홈페이지에서 웹 한정 쿠폰도 받을 수 있다.

지유켄(自由軒) 명물카레(名物カレ) 950엔, 홋쿄쿠세이(北極星) 시금치 베이컨 치즈 오무라이스(ほうれん草とベーコンのチーズオムライス) 1,480엔 지하철 추오선 오사카코역(大阪港駅) 1번 출구에서 도보 7분 11:00~20:00 大阪市港区海岸通1-1-10 www.kaiyukan.com/thv/marketplace/kuishinbo
34.655859, 135.430258

02

## 칫코우 멘코우보우 築港麵工房

**쫄깃한 면발과 푸짐한 닭튀김 우동**

덴포잔에 위치한 사누키 우동 전문점으로, 이름은 '항구를 만드는 면 공방'이라는 뜻이다. 매우 두껍고 쫀득한 면의 식감이 일품이며 튀김도 맛있다. 쇼와 시대 건물에 들어서 있어 분위기 자체도 무척 고즈넉하다. 토리텐 우동이 인기 메뉴이며 명태알 크림 우동, 두유 카르보나라 우동 같은 서양식 메뉴도 있다. 매일 바뀌는 우동 정식 메뉴는 저렴한 가격에 비해 양이 푸짐해서 좋다.

토리텐붓카케 우동 산(鶏天ぶっかけうどん三) 850엔 지하철 추오선 오사카코역(大阪港駅) 1번 출구에서 도보 6분 월~금 11:00~16:00(마지막 주문 15:30), 토~일 휴무 大阪市港区海岸通1-5-25 築港ビル 1F 34.65261, 135.43036

03

## 하하하 ハハハ

**오래된 건물 속 예쁜 카페**

1935년에 지어져 지금까지 보존되며 역사적 가치를 인정받아 시에서 직접 관리하는 텐만야 2층에 있는 카페 겸 레스토랑. 100년 가까운 세월이 지난 건물 외관은 낡았지만 카페 안쪽으로 들어가면 따뜻하면서 아기자기한 원목 인테리어의 깔끔하고 예쁜 실내가 나온다. 대표 메뉴는 오무라이스와 하야시라이스이며, 디저트와 음료도 다양하게 갖추고 있다.

오무하야시 음료셋트(オムハヤシドリンク) 1,500엔 지하철 주오선 오사카코역(大阪港駅) 3번 출구에서 도보 5분 월 & 목~금 11:00~15:00, 토~일 11:00~16:00, 화~수 휴무 大阪市港区海岸通1-5-28 2F 35.000344, 135.766678

01

## 덴포잔 마켓 플레이스 天保山マーケットプレース

**80개 이상의 재미있는 상점이 모여 있는 곳**

쇼핑은 물론 즐길 거리, 먹거리까지 다양하게 갖춘 복합 상업 시설이다. 옷부터 액세서리, 잡화, 수입상품, 문구류까지 다양한 제품이 구비되어 있다. 헬로키티로 대표되는 산리오 숍, 캐릭터, 피규어, 프라모델 등에 취미를 가진 이를 위한 하비랜드 아즈, 닌자 용품을 판매하는 시노비야, 수입 상품점 노엘, 일본 전통 부채나 일본풍 티셔츠 등을 구매할 수 있는 이마와무카시, 오사카의 기념품 등을 구매할 수 있는 캔디키스(Candy Kiss) 등 재미있는 상점이 많다.

지하철 추오선 오사카코역(大阪港駅) 1번 출구에서 도보 7분 11:00~20:00 大阪市港区海岸通1-1-10 kaiyukan.com/thv/marketplace 34.655859, 135.430258

# 베이 에어리어 여행 정보
# FAQ

### 헵파이브와 덴포잔 대관람차 중 어느 곳을 선택할까요?

우메다에 위치한 헵파이브에서는 화려한 도심 야경, 베이 에어리어에 위치한 덴포잔 대관람차에서는 탁 트인 해양 전망을 감상할 수 있다. 덴포잔 대관람차는 높이 112.5m로 세계 최대 규모를 자랑하며 시스루 관람차가 있어 헵파이브보다 더욱 짜릿하다.

### 어린이와 같이 식사하기 좋은 음식점이 있나요?

덴포잔 마켓 플레이스에 있는 나니와쿠이신보 요코초에서는 오사카의 옛 거리 풍경을 즐길 수 있다. 명물 카레로 유명한 지유켄, 100년 전통의 오므라이스 전문점 북극성을 비롯한 오코노미야키, 타코야키 등 아이가 좋아할 만한 메뉴가 다양하게 마련되어 있어 선택의 폭이 넓다.

### 오사카 주유 패스를 알뜰하게 쓸 수 있는 일정을 알려주세요.

베이 에어리어 지역에서는 산타마리아 유람선과 덴포잔 대관람차만 이용해도 오사카 주유 패스를 알뜰하게 사용할 수 있다. 또한 오사카 주유 패스 소지 시 유니버설 스튜디오 재팬으로 이동하는 캡틴라인이 무료이므로 오전에는 유니버설 스튜디오 재팬, 오후에는 덴포잔 지역을 둘러보는 일정도 추천한다. 덴포잔 관람차를 이용하지 않아도 괜찮다면 주유 패스 2일권(5,500엔)보다 훨씬 저렴한 오사카 E패스 2일권(3,000엔)으로 하루는 주요 관광지를 둘러보고, 하루는 유니버설 스튜디오 재팬과 베이 에어리어 지역의 관광 시설을 이용하는 것도 좋다(단, 오사카 E패스는 덴포잔 관람차 탑승 불가 / 그밖의 시설은 주유 패스와 동일).

**무료 입장 시설의 운영 시간 및 요금**

| 시설 | 운영 시간 | 요금 |
|---|---|---|
| **덴포잔 대관람차** | 10:00~21:00(마지막 탑승 20:30) | 900엔 |
| **산타마리아 데이 크루즈** | 11:00~16:00(계절별로 마감 시간 변경) | 1,800엔 |
| **산타마리아 일몰 크루즈** | 4~10월(6월 제외) 토~월 1일 1회 운항 | 2,300엔 |
| **캡틴라인(카이유칸↔유니버설 스튜디오)** | 09:30~20:00 | 편도 900엔, 왕복 1,700엔 |
| **레고랜드 디스커버리(홈페이지에 명시된 날짜 한정/사전 예약 필수)** | 10:00~18:00(마지막 입장 16:30) | 2,800~3,200엔 (사전 예약 필수) |
| **사카시마 코스모타워 전망대** | 11:00~22:00(마지막 입장 21:30) | 1,000엔 |

REAL GUIDE

# 할리우드 영화 속으로
# 유니버설 스튜디오 재팬
## ユニバーサルスタジオジャパン

할리우드 영화 제작사 유니버설 스튜디오에서 일본 현지 기업과 손잡고 2001년 전 세계에서 세 번째로 문을 연 테마파크다. 볼거리, 즐길거리, 먹거리까지 할리우드에 온 기분을 만끽할 수 있도록 구성되어 있어 어른과 아이 모두 신나는 하루를 보낼 수 있다. 세계적인 영화감독 스티븐 스필버그가 총감독을 맡았으며 전체 유니버설 스튜디오 중 입장객 수 1위, 전 세계 테마파크 중 입장객 수 5위 등 '아시아 최고의 테마파크'로서의 명성과 인기를 자랑한다.

총 10개 테마로 조성된 각 구역에는 스릴과 즐거움이 가득하다. 최근 가장 인기가 높은 구역은 위저딩 월드 오브 해리포터(The Wizarding World of Harry Potter)다. 울창한 숲에 덩그러니 놓여 있는 론의 자동차, 하얀 수증기를 내뿜는 호그와트행 특급열차, 지붕마다 새하얀 눈이 쌓인 호그스미드 마을을 비롯해 강물에 비친 호그와트의 성까지 호그와트 마법 세계를 그대로 재현했다. 해리포터의 팬이라면 이곳에만 머물러도 전혀 아쉽지 않을 것이다.

2020년에 개장한 슈퍼 닌텐도 월드 에어리어는 마치 슈퍼 마리오 게임 속에 빨려 들어가는 듯 완벽하게 게임 속 세상을 재현했으며, 37.8m 높이에서 360도 회전하며 짜릿한 스릴을 선사하는 더 플라잉 다이너소어(The Flying DINOSAUR), 거대한 돔 스크린 위에서 펼쳐지는 영상과 리얼함에 최고의 흥분을 경험할 수 있는 미니언 메이헴(Minion Mayhem) 등 다채로운 어트랙션을 매해 새롭게 선보인다.

오사카 시내에서
# 유니버설 스튜디오 재팬으로 가는 방법

유니버설 스튜디오 재팬으로 갈 때에는 오사카 주유 패스나 사철 패스를 사용할 수 없고, 반드시 JR선으로 이동해야 한다. 출발지에 따라 이동 방법이 다르니 숙소 근처에 있는 역을 미리 알아두고 다음에 소개하는 방법을 확인하자.

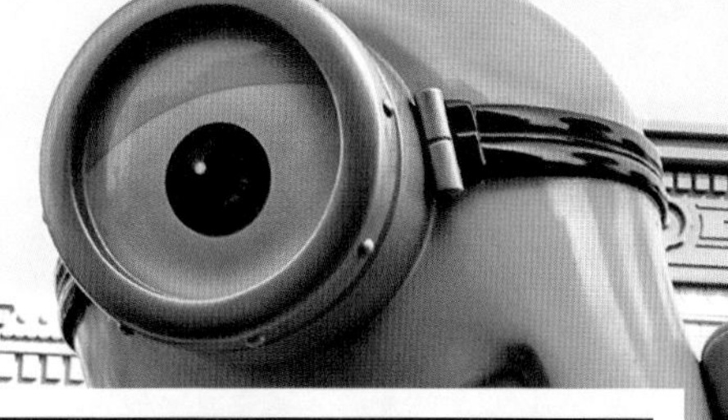

## 오사카역

**A JR 오사카역** / 출발 190엔, 환승 1회 또는 직통

**직행** 요일에 따라 08:00~08:30부터 JR 오사카역에서 유니버설시티역까지 직행하는 사쿠라지마행 JR 오사카칸조선 사쿠라지마행 탑승

**환승** JR 오사카칸조선 니시쿠조·벤텐초행 탑승 → JR 니시쿠조역에서 하차 → 개찰구 내에서 JR 유메사키선 사쿠라지마행 환승

## 난바역

**A JR 난바역 출발** / 190엔, 환승 2회

JR 난바역에서 190엔 티켓 구매 → JR 야마토지선으로 이마미야역 또는 신이마미야역에서 하차 → 개찰구를 나가지 말고 JR 오사카칸조선 탑승 → JR 니시쿠조역 하차 → 개찰구 나가지 말고 JR 유메사키선 사쿠라지마행 환승

**B 오사카난바역 출발** / 390엔, 환승 1회

오사카난바역에서 220엔 티켓 구매 → 한신 난바 보통 또는 한신 난바 쾌속급행 탑승 → 한신 니시쿠조역에서 개찰구를 나가 JR 니시쿠조역으로 이동 → JR 니시쿠조역에서 170엔 티켓 구매 → JR 유메사키선 사쿠라지마행 탑승

## 에비스초역 또는 도부츠엔마에역

**A JR 신이마미야역 출발** / 190엔, 환승 1회

JR 신이마미야역에서 190엔 티켓 구매 → JR 오사카칸조선(오사카행) 또는 JR 직통쾌속(교바시행) 탑승 → 니시쿠조역에서 하차 → 개찰구 내에서 JR 유메사키선 사쿠라지마행 탑승

## 닛폰바시역

**A 킨테츠 닛폰바시역 출발** / 570엔, 환승 1회

킨테츠 닛폰바시역에서 한신선(Hanshin Line) 버튼부터 먼저 누른 다음 400엔 티켓 구매 → 킨테츠선 탑승 → 니시쿠조역 하차 후 개찰구를 나가 JR 니시쿠조역 이동 → JR 니시쿠조역에서 170엔 티켓 구매해 JR선 탑승

**B 오사카난바역 출발** / 390엔, 환승 1회

닛폰바시역에서 오사카난바역으로 도보 이동하여 한신 니시쿠조 220엔 티켓 구매 → 한신선 탑승 → 니시쿠조역에서 유니버설시티행 170엔 티켓 구매해 JR선 탑승

## 텐노지역

**A JR 텐노지역 출발** / 210엔, 환승 1회

JR 텐노지역에서 210엔 티켓 구매해 JR 오사카칸조선 니시쿠조·벤텐초행 탑승 → JR 니시쿠조역에서 하차 → 개찰구 내에서 JR 유메사키선(사쿠라지마행) 탑승

## 벤텐초역

**A JR 벤텐초역 출발** / 170엔, 환승 1회

**환승** JR 벤텐초역에서 170엔 티켓 구매 → JR 니시쿠조역에서 JR 오사카칸조선 사쿠라지마행 환승

# 유니버설 스튜디오
# 스마트하게 이용하기 TIP

주말 평일 할 것 없이 언제나 붐비는 유니버설 스튜디오. 특히 인기 어트랙션의 대기 시간은 어마어마하게 길다.
시간을 절약하고 싶다면 실시간으로 각 어트랙션 대기 시간을 체크하고 정리권을 받을 수 있는
USJ 공식 애플리케이션을 실시해 탑승 순서를 계획해보는 것도 좋은 방법이다.

## USJ에서 제공하는 'e정리권' 앱으로 미리 정리권을 입수하자!

익스프레스 패스를 구하지 못했다면 개장 1~2시간 전에 도착해 입장을 기다리자. 'e정리권' 앱을 이용하면 시설 정보와 어트랙션별 대기 시간을 실시간으로 검색하고, 어트랙션 탑승용 및 에이리어 입장용 정리권(번호표)을 받을 수 있다. 예약 탑승 시간을 미리 확인하여 대기 시간을 줄이는 것이 좋다. 특히 에이리어 입장에만도 꽤 대기가 긴 슈퍼 닌텐도 월드는 반드시 미리 입장용 번호표를 확보하도록 하자.

**앱 설치 주소**
www.usj.co.jp/web/ko/kr/enjoy/numbered-ticket

## 혼자 왔다면 '싱글라이더'

싱글라이더를 이용하는것도 대기 시간을 줄이는 좋은 방법이다. '싱글라이더'란 일행이 나란히 어트랙션을 타지 않고 빈 좌석에 각자 승차하는 것이다. 입장 시 일반 대기줄과 싱글라이더 대기줄로 나뉘어 있다. 단 모든 어트랙션에서 시행하지 않고 이용 시간에 따라서 시행하지 않을 수도 있으니 현장의 안내를 잘 따르도록 하자.

**싱글라이더 이용 가능 어트랙션**

마리오카트 쿠파의 도전장, 해리포터 앤드 더 포비든 저니, 미니언 라이드, 엘모의 고고 스케이트 보드, 헐리웃 드림 더 라이드, 스페이스 판타지 더 라이드, 더 플라잉 다이너소어, 쥬라기 공원 더 라이드, 죠스

## 가족 여행자라면 '차일드 스위치'

차일드 스위치는 신장이나 연령 등으로 탑승 제한이 있는 아이를 동반한 가족이 한 번만 대기를 해도 보호자가 교대로 어트랙션을 이용할 수 있는 시스템이다. 아이를 보면서 어트랙션도 즐기고 대기 시간도 줄일 수 있어 더욱 좋다. 직원에게 문의하자.

## 1.5일권을 활용하자

유니버설 스튜디오를 방문하는 것이 오사카 여행의 가장 큰 이유였다면 1.5일 입장권을 사용하는것이 좋다. 1일 차 15시부터 입장, 2일 차 전일 입장이 가능하므로 오사카에 도착한 첫날이거나 오전에 다른 일정을 보낸 후 나머지 1.5일을 효율적으로 즐길 수 있어 장점이 크다.

¥ 1.5일권 성인 13,100엔~ / 만 4~11세 어린이 8,600엔~

## 익스프레스 티켓을 구하지 못했다면 '스페셜 엔트리 티켓'

유니버설 스튜디오 성수기에는 익스프레스 티켓의 가격이 천정부지로 오른다. 비싼 가격과 티켓 매진 등의 이유로 익스프레스 티켓을 구매하지 못했다면, 이보다 2,000엔가량 비싸지만 한정된 인원에게 조기 입장 혜택을 주는 '스페셜 엔트리 티켓'을 사는 것도 방법이다. 이 티켓을 구매하면 이용 3일 전에 입장 시간을 미리 알 수 있고, 일반 입장객보다 15분 먼저 입장 가능해 인기 어트랙션을 선점할 수 있다. 스페셜 엔트리 티켓은 매일 250장만 선착순 판매하기 때문에 빠르게 구매하는 것이 중요하다. 선택한 날짜에 반드시 입장해야 하며, 집합 시간에 늦으면 신속한 입장이 어려우니 늦지 않도록 유의하자.

TIP

### 생일을 위한 특별 티켓

유니버설 스튜디오 재팬 홈페이지 회원이라면 생일인 달과 다음 달까지 특별가로 할인받을 수 있는 버스데이 패스(バースデー・パス)를 구매하는 것을 추천한다(홈페이지에서 구매). 본인뿐 아니라 가입 시 등록한 가족까지 함께 혜택을 받을 수 있다.

**버스데이 패스**

· 1일권 성인 8,100엔, 만 4~11세 어린이 5,300엔
· 2일권 성인 15,300엔, 만 4~11세 어린이 10,000엔

# 유니버설 스튜디오 재팬 **입장하기**

**유니버설 스튜디오 재팬에 입장하기 위해서는 반드시 모든 어트랙션을 자유롭게 이용할 수 있는 입장권인 스튜디오 패스가 필요하다. 인기 어트랙션에서 대기 시간을 줄이고 싶다면 유니버설 익스프레스 패스를 추가로 구매하자.**

## 스튜디오 패스 종류 및 가격

| 구분 | **1 DAY 스튜디오 패스**(세금 포함) | **2 DAY 스튜디오 패스**(세금 포함) |
|---|---|---|
| 성인 | 8,600엔~ | 16,300엔~ |
| 어린이(만4~11세) | 5,600엔~ | 10,600엔~ |

## 유니버설 익스프레스 패스 ユニバーサル・エクスプレス™・パス

### 대기 시간을 줄이고 싶다면?

인기 어트랙션을 선택해 빠르고 편리하게 즐길 수 있는 유니버설 익스프레스 4, 7(시기에 따라 3, 6이 출시되기도 함) 티켓도 판매한다. 탑승 시간이 정해져 있는 어트랙션과 원하는 시간에 탑승할 수 있는 어트랙션으로 나뉘며, 전용 입구를 통해 바로 탑승할 수 있다. 단 이 티켓은 입장권이 있어야 추가로 구매할 수 있으며, 1일 판매 수량이 정해져 있기 때문에 홈페이지 혹은 여행사를 통해 서둘러 사두는 것이 좋다. 이용일자에 따라 요금이 달라 혼잡도가 높은 주말에는 금액이 높아지며, 1인당 1매만 구매 가능하다는 것도 참고하자. 다소 부담스러운 가격이지만 대기 시간을 아껴주는 것만으로도 괜찮은 선택이 될 것이다.

### 유니버설 익스프레스 패스의 종류와 가격

| **패스 종류** | **가격** | **비고**(시기에 따라 변경) |
|---|---|---|
| 유니버설 익스프레스 패스 프리미엄<br>ユニバーサル·エクスプレス·パス ~プレミアム | 40,200~<br>54,600엔 | 12개의 어트랙션을<br>대기시간 없이 즐길 수 있다. |
| 유니버설 익스프레스 패스7<br>ユニバーサル·エクスプレス·パス7 | 10,800~<br>29,800엔 | 리미티드 & 버라이어티<br>그외 기간 한정 익스프레스 패스7 |
| 유니버설 익스프레스 패스4<br>ユニバーサル·エクスプレス·パス4 | 6,800~<br>24,800엔 | 펀 버라이어티<br>백드롭<br>버라이어티 펀<br>버라이어티 스릴<br>어드벤쳐 죠스 |

# 유니버설 스튜디오 재팬 미리 보기

문을 열지 않은 시간인데도 입구 앞에는 긴 대기 줄이 늘어선다. 익스프레스 티켓을 구매하지 않았다면 개장 예정 시간보다 최소 1시간 전까지는 먼저 가서 기다릴 것을 권한다. 가장 인기 있는 어트랙션은 해리 포터 앤드 더 포비든 저니(위저딩 월드 오브 해리포터 구역), 미니언 메이헴(미니언 파크 구역), 마리오카트: 쿠퍼의 도전장(슈퍼 닌텐도 월드)이다. 이 어트랙션을 이용할 계획이 있다면 문이 열리는 순간 가장 먼저 가는 것이 좋다.

## 인기 어트랙션 BEST 5

### 1 마리오 카트: 쿠퍼의 도전장™

**マリオカート～クッパの挑戦状～™**

슈퍼 마리오의 주인공들과 신나는 레이스 경기를 펼쳐 보자. 등껍질을 던져 적을 물리치는 것이 묘미. 익스프레스 티켓이 없다면 가장 먼저 오픈 런 추천!

J 슈퍼 닌텐도 월드

### 2 해리 포터 앤드 더 포비든 저니™

**ハリー・ポッター・アンド・ザ・フォービドゥン・ジャーニー™**

3D 안경 없이 현장감 넘치는 해리 포터의 세계를 경험할 수 있는 라이드로 용의 화염과 디멘터의 냉기를 피해 360도 질주하는 스릴을 경험할 수 있다.

H 위저딩 월드 오브 해리포터

### 3 할리우드 드림 더 라이드~ 백드롭~

**ハリウッド・ドリーム・ザ・ライド ～バックドロップ～**

선택한 배경음악을 들으며 43m 높이에서 머리부터 떨어지는, 역방향 롤러코스터. 덜컹거리는 불쾌한 기계음과 진동을 최소로 억제한 신기술이 두드러진다.

A 할리우드 에어리어

### 4 더 플라잉 다이너소어 ザ・フライング・ダイナソー

하늘의 지배자 프테라노돈의 등에 매달려 아찔한 속도로 360도 날아다니는 플라잉 코스터. USJ에서 가장 비명을 많이 지르기로 유명한 놀이기구 중 하나.

E 쥬라기 공원

### 5 미니언 메이헴 ミニオン・ハチャメチャ・ライド

괴도 그루의 연구실에서 그루가 발견한 특별한 차량을 타고 탐험하는 깜찍한 라이드. 동심의 세계로 돌아가는 흥분을 맛볼 수 있다.

C 미니언 파크

# 유니버설 스튜디오 재팬
# 제대로 둘러보기

**유니버설 스튜디오 재팬은 총 10개 테마로 구성되어 있다. 할리우드 에어리어, 뉴욕 에어리어, 미니언 파크, 샌프란시스코 에어리어, 쥬라기 공원, 애머티 빌리지, 워터월드, 위저딩 오브 해리포터, 유니버설 원더랜드가 시계 방향으로 이어진다. 규모가 엄청나기 때문에 하루에 모두 다 둘러보는 것은 현실적으로 불가능하다. 꼭 이용하고 싶은 테마와 어트랙션을 미리 정해두자.**

### 테마 ❶ 할리우드 에어리어

1930~1940년대의 화려한 할리우드 거리를 재현했다. 유니버설 스튜디오의 메인 퍼레이드와 다양한 상점이 가장 많이 집중된 구역.

### 테마 ❷ 뉴욕 에어리어

1930년대 뉴욕의 거리 풍경이 펼쳐진 지역. 화려한 5번가에서 서민적인 댈런시 스트리트까지 여러 영화와 책에 등장한 장소를 거닐어볼 수 있는 에어리어.

### 테마 ❸ 미니언 파크

미니언의 야망이 드디어 완성된 세계 최대의 미니언 파크.

### 테마 ❹ 샌프란시스코 에어리어

미국 최대의 항구 도시 피셔먼즈항과 차이나 타운을 재현했다. 활기와 개방감이 넘치는 항구 도시 샌프란시스코의 분위기를 만끽할 수 있는 곳.

### 테마 ❺ 쥬라기 공원

현대에 되살아난 공룡이 서식하는 아열대 수목이 우거진, 영화 <쥬라기 공원>을 그대로 옮겨 놓은 에어리어.

### 테마 ❻ 애머티 빌리지

영화 〈죠스〉의 무대가 된 작은 해안 마을 애머티를 재현한 에어리어.

### 테마 ❼ 워터월드

수상 스턴트 쇼를 즐길 수 있는, 영화 〈워터월드〉의 무대를 그대로 재현한 에어리어.

### 테마 ❽ 위저딩 월드 오브 해리포터

압도적인 스케일로 영화 해리포터의 모든 것을 그대로 재현한 에어리어.

### 테마 ❾ 유니버설 원더랜드

엘모, 스누피, 헬로키티 등 세계적인 캐릭터들이 모여 30개 이상의 엔터테인먼트가 집결된 에어리어. 특히 아이가 있는 가족에게 강력 추천. 어른과 아이 모두가 즐거울 수 있는 곳.

### 테마 ❿ 슈퍼 닌텐도 월드

세계적인 게임 〈마리오 월드〉의 게임 속 세상을 그대로 구현한 에어리어. 입구에서부터 설레임이 시작되는, 남녀노소 누구나 즐길 수 있는 공간.

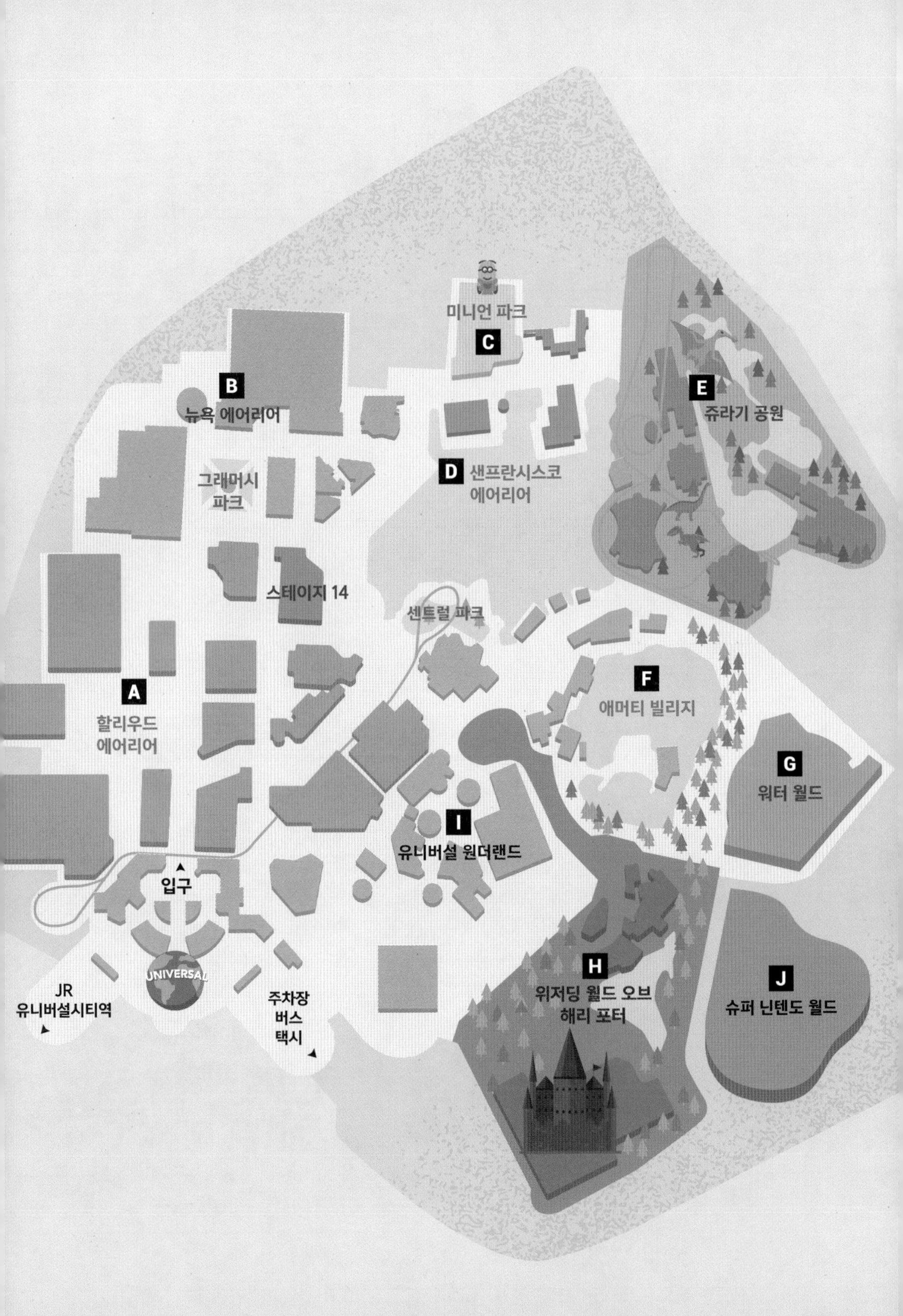
미니언 파크
C
B
뉴욕 에어리어
E
쥬라기 공원
그래머시
파크
D
샌프란시스코
에어리어
스테이지 14
센트럴 파크
F
애머티 빌리지
A
할리우드
에어리어
G
워터 월드
I
유니버설 원더랜드
입구
UNIVERSAL
H
위저딩 월드 오브
해리 포터
J
슈퍼 닌텐도 월드
JR
유니버설시티역
주차장
버스
택시

PART

# 04

# 진짜 간사이를 만나는 시간

KANSAI

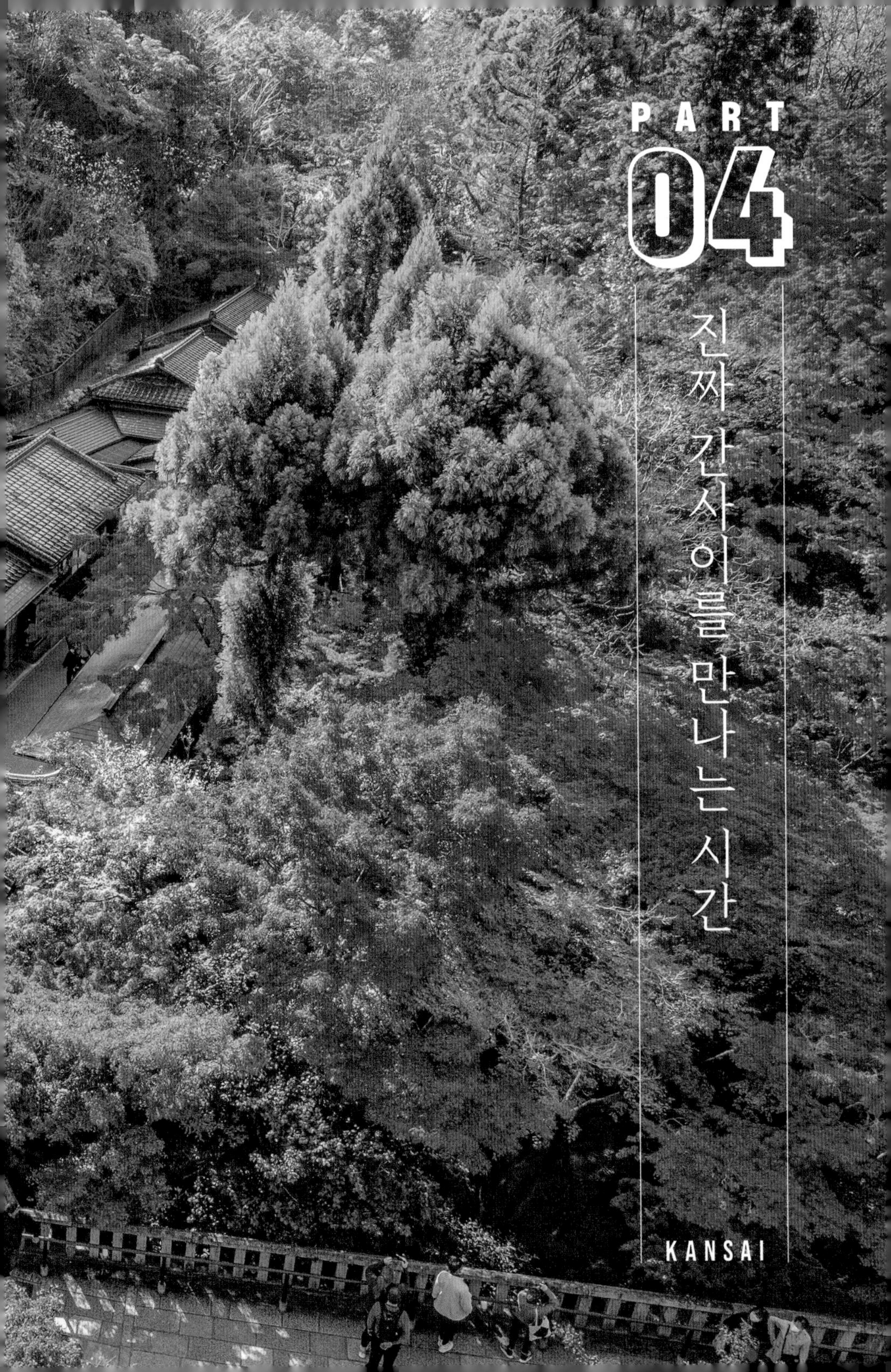

# 천 년의 역사를 찾아 떠나는 여행

# 교토

발길 닿는 거리마다 천 년의 역사가 서린 사찰과 신사가 반겨주는 곳.
교토가 전 세계 여행자에게 일본 최고의 여행지로 인정받을 수 있는 이유는
오랜 역사 때문만은 아니다. 과거와 현재를 오가며
오묘한 조화를 이루는 도심 풍경은 물론 지극히 일본다운
고즈넉한 분위기까지, 교토의 매력은 끝이 없다.

01

# 공항에서 교토 시내로 이동하기

간사이 국제공항에서 교토 시내로 이동하는 방법은 JR선과 리무진 버스 2가지다. JR선은 교통비를 아낄 수 있는 다양한 티켓이 있으므로 미리 알아보는 것이 좋다. 숙소가 교토역 근처라면 JR선의 하루카(はるか) 특급, 기온이나 카라스마 근처라면 하루카나 리무진을 이용해 교토역까지 이동 후 버스나 택시를 이용해야 한다.

## JR ジェイアール

공항 —— JR 하루카 특급 ⏱80분 ¥3,110엔(자유석) —— 교토역

공항 —— 오사카역 하차 후 7~10번 플랫폼으로 이동해 환승 —— 교토역

JR 칸쿠 쾌속 ⏱1시간 46분 ¥1,910엔

간사이 국제공항에서 교토(京都)역으로 이동할 때 가장 빠른 교통수단이다. JR의 하루카(はるか) 특급 열차를 이용하면 약 1시간 20분 이내에 교토역까지 한 번에 이동 가능하다. 간사이 국제공항에서 교토역까지 JR 하루카를 이용하고 같은 날 고베, 나라 등 주변 도시까지 이동한다면 JR 웨스트 레일 패스 1일권이 유용하며, 공항에서 교토까지 JR 하루카만 이용할 계획이라면 국내 여행사에서 하루카 편도 할인 티켓을 구매하는 것이 유리하다. 또 공항에서 교토로 이동한 후, 교토를 기점으로 3일 동안 JR선으로 고베, 나라, 오사카 여행을 한다면 JR 간사이 미니 패스를 이용하는 것이 금액적으로 유리하다. 하루카를 이용하지 않을 계획이라면, JR 칸쿠 쾌속(JR関空快速)을 타고 오사카역으로 가서 교토행 신쾌속으로 환승하는 것도 저렴한 이동 방법이다.

JR 티켓 발매기

### 하루카&JR 칸쿠 쾌속 요금표

| 목적지 | 하루카 특급(자유석) 이용 시 | 소요시간 | 요금 | JR 칸쿠 쾌속 이용 시 | 소요시간 | 요금 |
|---|---|---|---|---|---|---|
| 교토역 | 직행 | 1시간 20분 | 3,110엔 | 오사카역(환승)-교토역 | 1시간 46분 | 1,910엔 |

## 리무진 버스 リムジンバス

리무진 버스는 JR에 비해 요금도 비싸고 소요 시간도 길다. 하지만 배차 간격이 30분이고 티켓 교환에 시간이 오래 걸리는 하루카에 비해 배차 간격도 10~20분으로 짧고, 티켓 교환에 걸리는 시간이 없어 편리하다. 또한 2터미널 이용자들도 1터미널로 이동하지 않고 바로 이용할 수 있으며 승차 인원이 적어 쾌적한 편이다.

- **타는 곳**: 제1여객터미널 1층 8번 승차장, 제2여객터미널에 1층 2번 승차장
- **티켓 구매 장소**: 자동판매기, 버스 승강장 앞 매표소(신용카드 가능)
- **요금**: 편도 2,800엔, 왕복 5,100엔

편도 승차권은 구입 당일, 왕복 승차권의 경우 돌아오는 티켓은 당일을 포함하여 14일간 위탁 가능한 수하물은 1인당 2개 이내로 총중량 30kg 이내, 최대 길이 2m 이내다. 제1여객터미널에서 제2여객터미널로 이동 시 무료 셔틀을 이용할 수 있다.

**간사이 공항교통** www.kate.co.jp(한국어 지원) **케이한 버스** www.keihanbus.jp

02

# 오사카에서 교토로 이동하기

오사카에서 교토로 이동하는 방법은 한큐, JR, 케이한 전철 3가지다. 교토에서 첫 여행지가 아라시야마, 기온, 카와라마치 주변이라면 한큐 전철, 교토역 주변이라면 JR, 후시미이나리나 우지라면 케이한 전철을 이용하는 것이 편리하다.

## 오사카 ⟷ 교토

한큐 오사카우메다역 ○ ······ ○ 한큐 카라스마·교토카와라마치역

한큐 특급 43분 ¥410엔

JR 오사카역 ○ ······ ○ 교토역

JR 신쾌속 29분 ¥580엔

케이한 요도야바시역 ○ ······ ○ 기온시조역

케이한 쾌속특급 49분 ¥430엔

**한큐 전철** 특급(43분)·통근특급(45분)·쾌속급행(50분)·준급(52분)·보통(60분)으로 나뉘지만 요금은 410엔으로 모두 동일하다.

* 간사이 레일웨이 패스, E티켓 한큐 1일 패스 사용 가능

**JR** 신쾌속 이용 시 한큐와 케이한 전철에 비해 소요 시간은 짧지만 요금이 비싸며 두 전철과 달리 카와라마치가 아닌 교토역에 정차한다. 신칸센(14분, 지정석 2,670엔)·특급(27분, 1,670엔)·신쾌속(29분, 580엔)·쾌속(32분, 580엔)·보통(43분, 580엔)으로 나뉜다. 신칸센은 신오사카역 23~27번, 특급은 오사카역 11번, 신쾌속과 쾌속은 8번, 보통열차는 7번 플랫폼에서 탑승하면 된다.

* JR 웨스트 레일 패스(간사이 패스, 간사이 와이드 패스, 간사이 미니 패스) 사용 가능(신칸센과 특급은 추가 요금, 간사이 미니 패스는 신칸센과 특급 이용 불가)

**케이한 전철** 교토의 주요 역을 지나기 때문에 일정에 따라 승하차 하기가 편하다. 쾌속특급(49분)·특급(50분)·쾌속급행(54분)·급행(59분)·준급(64분)·보통(81분)으로 나뉘며 요금은 430엔으로 모두 동일하나, 특급 중 전석 지정 좌석인 프리미엄 카는 400~500엔의 추가 요금이 붙는다(패스 소지자도 추가 요금 발생).

* 간사이 레일웨이 패스, 케이한 교토-오사카 관광 승차권 사용 가능

- **오사카-교토 구간 케이한 정차 역**: 요도야바시역 ↔ 키타하마역 ↔ 텐마바시역 ↔ 교바시역 ↔ (중략) ↔ 시치조역 ↔ 키요미즈고조역 ↔ 기온시조역 ↔ 산조역 ↔ 진구마루타마치역 ↔ 데마치야나기역

TIP

**교토로 갈 때 알아두면 좋은 팁**

- 한큐 패스 1일권이 온라인 티켓으로 변경되면서 단순히 오사카에서 교토에 왕복 이용만 할 경우, 패스를 구매하는 것보다 편도 요금을 지불하는 것이 더 저렴해졌다.
- 교토 내에서도 어디로 갈지에 따라 이용 노선이 달라지는데, 카와라마치에는 한큐 전철과 케이한 전철로, 아라시야마까지는 한큐 전철과 JR로, 후시미이나리와 우지는 JR과 케이한 전철로 갈 수 있다. 기온, 카와라마치로 이동하는 경우 숙소가 우메다라면 한큐 전철을 이용해 패스권 없이 교토로 이동하는 것이 좋고, 난바라면 케이한 전철을 이용해 교토로 이동하는 것이 좋다.
- 편도 2시간 이상 걸리는 곳이 아니라면 소요 시간의 차이가 크지 않기 때문에 요금이 더 비싼 특급보다 쾌속열차를 이용하는 것이 좋다. 또한 특급열차는 일반 열차에 비해서 차량 편수가 적기 때문에 쾌속을 이용하는 것이 더 빠를 수도 있다. JR의 경우 요금 차이가 크지만 도착지까지의 소요시간과 환승 시간을 고려하면 쾌속이 더 빠른 경우가 많다.

## 03
# 교토 시내에서 이동하기

교토 시내에서의 주요 교통 수단은 바로 버스다. 특히 주요 명소가 지하철보다는 버스로 연결되어 있어 버스 타는 법만 제대로 알아도 여행은 성공이라 할 수 있다. 그 외에 지하철, 전철, 택시 이용법에 대해서도 알아보자.

## 버스 バス

교토는 오사카와 달리 지하철 노선이 미비한 편이며 버스가 주된 교통수단이다. 버스 노선이 주요 명소와 연결되어 있어 여행 시 이동 수단으로 삼기 좋다. 교토의 버스는 교토시 교통국에서 운영하는 시영 버스(京都市バス)와 민간 회사에서 운영하는 교토 버스로 나뉜다. 시영 버스는 주로 시내를 운행하며 교토 버스는 시 외곽과 교토역, 교토카와라마치역 중심가를 연결한다. 현금 지불은 물론 IC 카드인 이코카(ICOCA)도 사용 가능하다.

- **운행 시간**: 06:00~22:00
- **요금**: 시내 일괄 230엔, 시 경계를 기준으로 추가 요금 발생
- **버스공통회수권 バス共通回数券**: 1,000엔(230엔 4매, 180엔 1매), 5,000엔(230엔 24매) / JR 교토역 앞 버스 티켓 센터, 버스 정류장 근처 상점에서 판매

### 이용하기

교토 버스 노선은 언뜻 복잡해 보이지만 구조를 이해하면 파악하기 쉽다. 가로와 세로 노선이 바둑판 모양으로 교차하고 있어 출발지와 목적지에 따라 환승 정류장을 찾으면 된다. 여행자들이 가장 많이 이용하는 정류장은 교토역 앞에 있는 교토에키마에와 기온과 가까운 시조카와라마치 정류장이다. 버스 간 환승 할인은 불가능하며, 번호가 같아도 방향이 반대일 수 있으니 탑승 전에 버스 표지판을 잘 확인해야 한다.

## 관광 특급 버스

주말과 공휴일에만 운행하는 버스로, 교토 동부 관광지를 순환하는 버스다. 차량 겉면에 관광특급[観光特急] 이라 표기되어있으며, 노선 번호에 EX가 붙는다. 노선은 두 개뿐으로 EX100은 교토역, 기온, 키요미즈데라, 헤이안 신궁, 긴카쿠지를 순환하며 EX101은 교토역과 키요미즈데라만 순환해 빠르게 이동할 수 있는 장점이 있다. 1회 탑승 요금이 성인 500엔, 아동 250엔으로 다소 비싼편이지만, 지하철·버스 1일권(1,100엔)으로도 이용 가능하므로 이 패스가 있다면 걱정 없다. EX100번을 이용한다면 교토역 출발 기준 키요미즈데라는 10분, 긴카쿠지는 24분 걸리며 일반 노선버스를 이용하는 것에 비해 절반 감소된 시간으로 이동 가능하다.

- **요금**: 성인 500엔, 아동 250엔 / 지하철·버스 1일권(1,100엔) 이용 가능
- **노선**: EX100: 교토역-고죠자카(키요미즈데라)-오자카지공원(헤이안 신궁)-긴카쿠지미치(긴카쿠지) 순환
  EX101: 교토역-고죠자카(키요미즈데라) 순환
- **특징**: 다른 노선버스와 달리 앞문으로 탑승 후, 뒷문으로 하차한다(탑승 시 요금 지불)

## 지하철 地下鉄

교토 지하철은 남북으로 운행하는 카라스마선과 동서로 운행하는 토자이선으로 구성되어 있다. 교토 고쇼와 니조성을 제외하면 역과 명소의 거리가 멀기 때문에 여행자들이 이용할 일은 많지 않다. 간사이 레일웨이 패스, 교토 지하철·버스 1일권 소지 시 시영 버스와 지하철을 조합해서 여행하면 교토의 교통 체증을 피할 수 있다.

¥ 220~360엔(거리 비례) ⏲ 05:27~24:25(노선에 따라 상이)

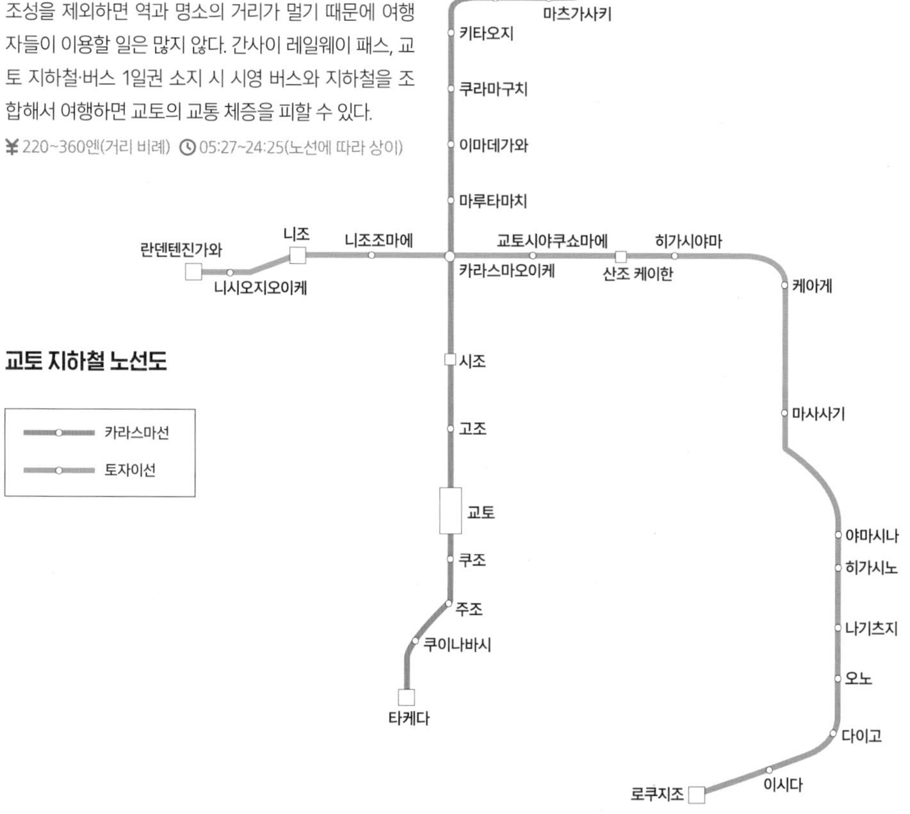


## 케이후쿠 전철 京福電鉄

‘란덴(嵐電)’으로도 불리는 케이후쿠 전철은 교토의 북서쪽을 지나는 노선으로 니조성 근처 시조오오미야역에서 아라시야마역까지 이어진다. 1량 혹은 2량으로 편성된 아주 작은 열차로, 가마쿠라에 에노덴이 있다면 간사이에는 란덴이 있다고 할 정도로 인기가 높다.

⏲ 06:10~23:40 ¥ 전 구간 250엔, 1일권 700엔, 교토 지하철+케이후쿠 전철 1일권 1,300엔

### 이용하기

케이후쿠 전철 승강장에는 승차권 판매기나 직원 없이 플랫폼만 있는 경우가 많다. 요금은 목적지에 내릴 때 운임함에 내면 되는데, 거스름돈이 나오지 않으므로 미리 잔돈을 준비하거나 운임함 옆에 있는 동전 교환기에서 교환 후 지불하면 된다. 카타비라노츠지역에서 료안지 방향으로 가는 기타노선과 니조성으로 가는 아라시야마 본선이 있다.

# 교토 추천 코스

**이용 패스** **교토-오사카 관광 패스 1일권** 케이한, **지하철·버스 1일권** 3회 이상 탑승할 경우 구입

**교통비** 약 1,800엔 **입장료** 약 1,000엔

**식비** 약 6,000~7,500엔

총 예산 **약 8,800~10,300엔**

**01**

## 핵심 완전 정복 **1일 코스**

**05:30** **오사카 지하철 사카이스지선 니폰바시역**

키타하마역 北浜駅(5분, 190엔) ➤ 도보 5분 ➤ 케이한 본선 키타하마역 北浜駅 ➤ 탄바바시역 丹波橋駅 ➤ 후시미이나리역 伏見稲荷駅(47분, 420엔) 2번 출구 ➤ 도보 13분

**06:40** **후시미이나리타이샤**

도보 13분 ➤ 케이한 후시미이나리역 伏見稲荷駅 ➤ 토후쿠지역 東福寺駅(8분, 170엔) ➤ 도보 3분 ➤ 시영 버스 토후쿠지 東福寺 정류장 202 또는 207번 ➤ 고조자카 五条坂 정류장(8분, 230엔) 하차 ➤ 도보 8분

**08:30** **키요미즈데라**

도보 2분

**09:30** **산넨자카 & 니넨자카**

도보 9분

**10:30** **마루야마 공원 & 야사카 신사**

도보 5분

**11:30** **이즈우 or 기온텐푸라 텐슈**

시조케이한마에 四条京阪前 A 정류장 203번 버스 탑승 ➤ 긴카쿠지미치 銀閣寺道 정류장 하차(30분, 230엔) ➤ 도보 5분

**14:00** **긴카쿠지**

도보 3분

**14:30** **철학의 길**

도보 20분

**15:20** **난젠지**

도보 4분

**16:30** **블루 보틀 교토 카페**

도보 10분 ➤ 오카자키코엔·도부츠엔마에 岡崎公園·動物園前 정류장 32번 버스 ➤ 시조카와라마치 四条河原町(13분, 230엔) 정류장 하차 ➤ 도보 7분

**18:00** **이노이치**

도보 10분

**19:20** **타이거 교자**

도보7분 ➤ 케이한 본선 기온시조역 祇園四条駅 ➤ 키타하마역 北浜駅(48분, 430엔) ➤ 지하철 사카이스지선 기타하마역 北浜駅 ➤ 니폰바시역 日本橋駅(5분, 190엔)

**22:00** **오사카 지하철 사카이스지선 니폰바시역**

**02**

여유만만
# 1일 코스

**10:00 오사카 지하철 사카이스지선 니폰바시역**

키타하마역 北浜駅(5분, 190엔) ➤ 도보 5분 ➤ 케이한 본선 키타하마역 北浜駅 ➤ 탄바바시역 丹波橋駅 ➤ 후시미이나리역 伏見稲荷駅(47분, 420엔) 2번 출구 ➤ 도보 13분

**11:10 후시미이나리타이샤**

도보 13분 ➤ 케이한 후시미이나리역 伏見稲荷駅 ➤ 기온시조역 祇園四条駅(8분, 220엔) ➤ 도보 10분(이즈우)/도보 4분(기온텐푸라 텐슈)

**13:30 이즈우 or 기온텐푸라 텐슈**

도보 6분

**15:00 야사카 신사 & 마루야마 공원**

도보9분

**16:00 산넨자카 & 니넨자카**

도보 2분

**17:00 키요미즈데라**

도보 13분 ➤ 고조자카 五条坂 정류장 84 또는 86번 ➤ 기온 祇園 정류장 하차(4분, 230엔) ➤ 도보 1분

**19:00 하나미코지도리**

도보 2분

**20:30 이노이치**

도보 2분

**21:20 타이거 교자**

도보 7분 ➤ 케이한 본선 기온시조역 祇園四条駅 ➤ 키타하마역 北浜駅(48분, 430엔) ➤ 지하철 사카이스지선 키타하마역 北浜駅 ➤니폰바시역 日本橋駅(5분, 190엔)

**23:00 오사카지하철 사카이스지선 니폰바시역**

**교통비** 약 1,450엔 **입장료** 약 500엔
**식비** 약 5,500~7,000엔
**총 예산 약 7,500~9,000엔**

**03**

교토의 매력을 한층 더 깊이 있게
# 1박 2일 코스

* 첫째 날은 핵심 완전 정복 또는 여유만만 코스 중 택 1

**08:30 한큐 아라시야마역**

도보 7분

**09:00 도게츠 교**

도보 10분

**09:40 노노미야 신사**

도보 2분

**09:55 치쿠린**

도보 2분

**10:30 텐류지**

도보 7~10분

**11:40 사가도후 이네 or 우나기야 히로카와 or 사가노유**

시영 버스 아라시야마텐류지마에 嵐山天竜寺前 정류장 11번 ➤ 야마고에나카초 山越中町 정류장(11분, 230엔) ➤ 도보 4분 ➤ 야마고에나카초 山越中町 정류장 ➤ 킨카쿠지마에 金閣寺前 정류장(14분, 230엔)

**14:40 킨카쿠지**

도보 4분 ➤ 시영 버스 킨카쿠지미치 金閣寺道 B 정류장 204번 ➤ 카라스마마루타초 烏丸丸太町(25분, 230엔) 정류장 ➤ 도보 7분

**17:00 혼케오와리야**

도보 5분

**18:10 카페 비브리오틱 하로**

도보 15분 ➤ 한큐 교토카와라마치역(京都河原町駅)에서 급행 탑승(47분, 410엔)

**22:00 오사카우메다역**

**교통비** 약 1,200엔 **입장료** 약 1,000엔
**식비** 약 9,500엔
**총 예산 1일 코스 비용+약 11,700엔**

TIP
### 아라시야마에서 바로 귀국하는 일정이라면?

만약 아라시야마에서 간사이 공항으로 바로 이동할 경우, JR 전철 이용을 추천한다. 한큐 전철보다 복잡하지 않고 요금도 저렴하다. 먼저 사가아라시마역에서 교토역까지 간 다음, 하루카를 이용해 간사이공항역까지 가게 되는데, 교토역에서 개찰구를 빠져나오지 않고 바로 하루카로 갈아탈 경우에 통상 가격 3,930엔이 아닌 하루카 편도권 할인 금액 2,200엔으로 이용 가능하다. 단 이 경우 하루카 편도권은 JR 서일본 홈페이지에서 예약하거나 국내 여행사에서 미리 구매해야 하며, 하루카 승차권은 교토역 등에서 실물 티켓으로 발권받아 두어야 한다.

# 나에게 맞는 패스를 골라보자
# 교토 여행 시 필요한 주요 패스

## 지하철·버스 1일권 地下鉄·バス一日券

### 교토 및 시 외곽을 저렴하게 돌아보고 싶다면

하루 동안 교토 시영 버스와 교토 버스, 케이한 버스 등 대부분의 버스와 시영 지하철을 제한 없이 이용할 수 있는 패스다. 주말에만 운영하는 관광 특급 버스(1회탑승 500엔)도 무제한 탑승 가능하다. 오하라, 이와쿠라, 야마시나 지역을 추가 요금 없이 갈 수 있으며 오하라(교토역 기준) 왕복 비용은 1,120엔으로 지하철 버스 1일권 구입만으로도 이미 이득이다.

**특징**

- **종류** 1일권 성인 1,100엔, 아동 550엔
- **추천** 오하라를 왕복으로 방문할 경우, 시영 버스 5회 이상 탑승할 경우, 관광 특급 버스를 2회 이상 탑승할 경우
- **혜택** 시영 지하철, 교토 시영 버스 전 노선, 교토 버스(교토시 중심부 및 오하라, 이와쿠라, 아라시야마 경계 내 포함), 케이한 버스(교토시 중심부 및 야마시나, 다이고 지역) 노선 이용 가능
- **판매처** 시영 버스 내, 지하철 안내소, 정기권 판매소, 영업소, 지하철역

## 케이한 교토 관광 패스 1일권 KYOTO SIGHTSEEING PASS

### 우지 여행자들에게 추천

교토 시내의 케이한선을 하루 동안 제한 없이 이용할 수 있다. 교토에서 숙박을 하고 우지를 방문할 여행자에게 가장 유용한 패스로 교토(기온 기준)에서 케이한선을 이용해 우지로 갈 경우 왕복 640엔이므로, 이 구간을 이용하고 후시미이나리 신사나 토후쿠지 등의 일정이 추가된다면 더욱 이득이다. 숙소가 기온시조, 산조 등 케이한선과 가깝다면 특히 좋다.

**특징**

- **가격** 성인 700엔, 아동 300엔(국내 여행사 구매)/성인 800엔(일본 현지 구매)
- **추천** 교토에서 묵으며 우지를 반드시 방문할 계획이고 그 외 후시미이나리 신사, 토후쿠지 등을 방문할 경우
- **혜택** 교토 케이한선 1일 무제한 이용(야와시타역-데마치야나기역, 주쇼지마역-우지역, 오토코야마 케이블선(야와타시역-오토코야마산조역))
- **판매처** 간사이 국제공항 제1터미널 간사이 투어리스트 인포메이션 센터, 간사이 투어리스트 인포메이션 센터 교토, 케이한 산조역, 케이한 교토그란데 호텔, 케이한 교토 하치조구치 호텔, 교토 타워 호텔, 교토 센추리 호텔, 더 사우전드 교토 호텔, 굿네이처 호텔 교토(여권 필수 지참)

## 란덴 1일 프리킷푸 嵐電1日フリーきっぷ

### 아라시야마와 교토 서부에 갈 예정이라면

'란덴'이라는 애칭으로 더 유명한 케이후쿠 전철을 무제한으로 이용할 수 있는 패스. 아라시야마와 교토 서부로 갈 수 있는 방법은 여러가지가 있지만, 아름다운 풍경으로 인기가 높아 연간 700만 명 이상이 탑승하는 란덴을 이용해 관광하고 싶다면 1일 승차권을 구매하면 유용하다. 케이후쿠 전철의 1회 승차 요금은 250엔이지만, 아라시야마 본선과 기타 노선 모두 자유롭게 1일동안 탑승 가능한 1일 승차권이 700엔이므로 3회 이상 탑승한다면 이득이다.

**특징**

- **가격** 성인 700엔, 아동 350엔
- **추천** 교토에 숙박하며 아라시야마와 닌나지, 묘신지, 료안지 등 교토 서부를 두루두루 방문할 경우
- **혜택** 케이후쿠 전철(아라시야마 본선, 기타 노선) 무제한 이용
- **판매처** 케이후쿠 전철 각역(시조오미야, 아라시야마, 카타비라노츠지, 기타노하쿠바이초 등)

TIP

**숙소 위치별 패스 선택 노하우**

- **오하라 포함**: 지하철·버스 1일권(1,100엔)
- **쿠라마 온천 포함**: 쿠라마·키부네히가에리킷푸(2,000엔)
- **우지·후시미이나리 포함**: 케이한 교토 관광 패스 1일권
- 키요미즈데라, 킨카쿠지, 긴카쿠지, 니조성 등 교토 시내에서 버스를 5회 이상 탑승 시 지하철·버스 1일권(1,100엔)

REAL GUIDE

# 교토에 가면 꼭!
# 교토 필수 체험

**교토에서는 뭘 해야 할까? 여행 고수들이 추린 '교토에 가면 꼭 해야 할 것들'을 소개한다.**

## 1 에도 시대로 타임슬립! 기온 골목 여행

교토 최대의 번화가! 하지만 골목으로 들어가면 유서 깊은 음식점과 목조 가옥이 흡사 에도 시대로 온 듯한 착각을 불러일으킨다. 이곳에서 옛 교토의 매력에 흠뻑 빠져보자.

## 2 축제의 나라 일본의 대표 '마츠리'

과거의 풍속과 문화를 집대성한 흥겨운 축제도 일본 여행에서 빼놓을 수 없다. 천년 고도답게 교토에는 여러 축제가 열리는데, 특히 7월에 개최되는 '기온 마츠리'는 일본 3대 마츠리 중 하나다. 30여 개의 화려하고 거대한 수레, 야마보코 행진은 꼭 구경하자.

## 3

### 교토의 부엌 니시키 시장에서 먹방

1,300년 역사의 니시키 시장에서 싱싱한 생선회 꼬치, 빨간 식초에 절인 주꾸미, 달콤한 장어가 들어 있는 포실한 달걀말이 등 다양한 먹거리로 먹방 투어 시작! 알록달록 귀여운 동전 지갑이나 거울 등 저렴한 기념품도 놓치지 말자.

## 4

### 3,000여 개의 토리이에서 인생샷!

우리에게는 영화 〈게이샤의 추억〉과 〈나는 내일, 어제의 너와 만난다〉 속 한 장면으로 익숙한 '여우 신사' 후시미이나리. 붉은 토리이를 배경으로 인생샷을 남겨보자.

## 5

### 신선, 정갈, 건강한 음식 교토 요리 (오반자이&두부 요리)

'즐겨 먹는 집 반찬'이라는 의미의 오반자이는 교토에서 재배한 제철 채소를 사용해 재료 자체의 맛을 살리는 향토 요리다. 더불어 물 좋기로 소문난 교토에서 발달한 두부 요리도 놓칠 수 없는 즐거움!

교토시

우지

D. 킨카쿠지 p.380

킨카쿠지

E. 아라시야마 p.385

텐류지

A. 천년 고도를 간직한 **키요미즈데라**

B. 교토 문화와 쇼핑의 중심 **기온**

C. 천천히 걷는 즐거움, 계절마다 벚꽃과 단풍으로 뒤덮이는 **긴카쿠지**

D. 눈부신 금빛 누각 **킨카쿠지**

E. 귀족들이 사랑한 풍경 **아라시야마**

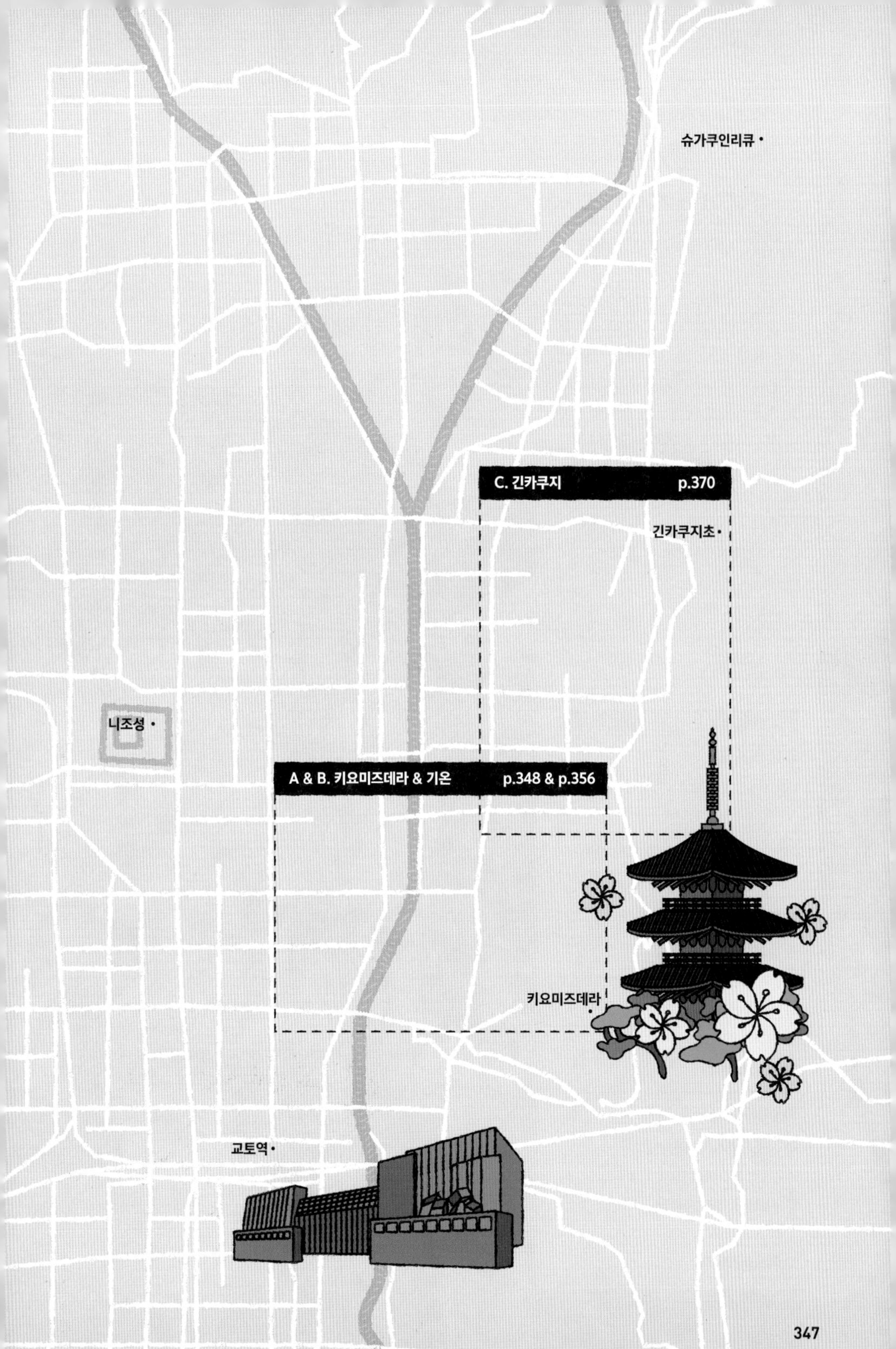

슈가쿠인리큐 •

C. 긴카쿠지 p.370

긴카쿠지초 •

니조성 •

A & B. 키요미즈데라 & 기온 p.348 & p.356

키요미즈데라 •

교토역 •

SECTION

# 키요미즈데라
## KIYOMIZUDERA 清水寺

명실상부 교토의 대표 관광지로 야사카 신사, 코다이지 등 유서 깊은 사찰들이 이곳을 중심으로 모여 있다. 1년 내내 현지인과 여행자들로 붐비는데, 특히 벚꽃 철과 단풍철, 4월 말~5월 초가 절정이다. 키요미즈데라는 교토의 관광지 중에서 비교적 문을 빨리 열기 때문에 이곳에서 하루 일정을 시작하는 것이 좋다.

### ACCESS

**주요 이용 패스**

- **오사카에서 이동** 교토-오사카 관광 패스, 간사이 레일웨이 패스
- **교토 내에서 이동** 지하철·버스 1일권, 간사이 레일웨이 패스

**교토역에서 가는 법**

- **교토에키마에 정류장**
- 86·206번 시영 버스 ⓒ15분 ¥230엔
- **키요미즈미치 정류장**
- ⓒ도보 10분
- **키요미즈데라**

**카와라마치에서 가는 법**

- **시조카와라마치 정류장**
- 207번 시영 버스 ⓒ10분 ¥230엔
- **키요미즈미치 정류장**
- ⓒ도보 10분
- **키요미즈데라**

# 키요미즈데라 상세 지도

SEE
EAT
SHOP

03 코다이지
03 니이미
아라비카 교토 히가시야마점
02 소혼케 유도후 오쿠탄 키요미즈점
효탄야 02
산넨자카&니넨자카 02
시치미야혼포 01
키요미즈자카
지슈 신사
키요미즈데라 01

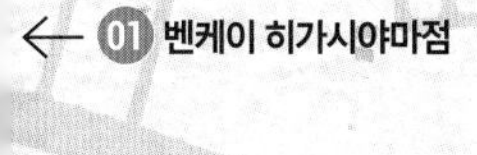
01 벤케이 히가시야마점

N
W
E
S

01

## 키요미즈데라 清水寺

**맑은 물이 흐르는 교토의 대표 명소**

세계 문화유산에 빛나는 교토의 대표 사찰이다. 778년 나라에서 온 승려 겐신(賢心)이 맑은 물이 흐르는 오토와 폭포(音羽の滝)를 발견하고 그곳에 관음상을 모시면서 창건되었으며, 에도 시대 초기에 도쿠가와 이에미쓰가 재건해 현재에 이른다. 국보로 지정된 본당을 비롯해 인왕문, 서문, 삼층탑, 종루 등 중요 문화재도 다수 있어 늘 방문객이 많다. 도심 전경을 한눈에 볼 수 있는 본당 무대는 천수관음상에 춤을 바치던 곳으로, 12m가 넘는 느티나무 기둥에 노송나무 판자 410개가 깔려 있다. 본당 내부로 들어가 십일면천수관음상을 관람한 후 오쿠노인에 오르면 사시사철 모습을 달리하는 본당 풍광을 즐길 수 있다. 본당 아래로 이어진 계단을 따라 내려가면 수행자들이 즐겨 마시던 세 갈래의 맑고 가는 물줄기인 오토와 폭포가 등장한다. 왼쪽부터 차례로 학업, 연애, 건강에 효험이 있다고 전해져 365일 물을 마시려는 방문객들로 붐빈다. 단, 세 종류의 물을 다 마시면 효험이 없다고 하니 유의하자.

¥ 성인 500엔, 중학생 이하 200엔(당일 재입장 가능, 야간 특별 개장 제외) 케이한 키요미즈고조역(清水五条駅)에서 하차 후 도보 25분/시영 버스 86·202·206·207번 탑승 후 키요미즈미치(清水道) 또는 고조자카(五条坂) 정류장에서 하차, 도보 15분 京都市東山区清水1丁目294 06:00~18:00(3·8·11월 야간 특별 개장 18:00~21:00) 075-551-1234 www.kiyomizudera.or.jp 34.99485, 135.78504

02

## 산넨자카&니넨자카 三年坂&二年坂

에도 시대로 떠나는 시간 여행

에도 시대 말기부터 다이쇼 시대까지의 모습이 고스란히 남아 있는 상점가로 키요미즈데라를 둘러본 후 기온 방면으로 내려가는 길에 나란히 자리한다. 중요 전통 건물 보존 지구로 지정되어 있으며 공예품점, 기념품점, 전통 찻집, 음식점 등이 모여 있다. 100년 이상 된 목조 건물이 빼곡히 자리한 거리를 걷다 보면 에도 시대로 시간 여행을 떠나온 듯하다. 산넨자카의 어원에는 몇 가지 설이 있는데 이 길에서 넘어지면 3년 혹은 2년간 재수가 없어서 생긴 이름이라는 설이 가장 유력하다. 만에 하나 넘어지더라도 몸에 지니고 있으면 액을 막아준다는 부적과 호리병을 근처 상점에서 쉽게 살 수 있다.

시영 버스 86·202·206·207번 탑승 후 키요미즈미치(清水道) 정류장에서 하차, 도보 10분 京都市東山区清水2丁目221 34.99634, 135.78087

03

## 코다이지 高台寺

남편을 향한 아내의 그리움이 담긴 곳

1606년 도요토미 히데요시의 정실 네네가 남편의 명복을 빌기 위해 세운 사찰로 정식 명칭은 코다이지주쇼젠지(高台寿聖禅寺)다. 도쿠가와 이에야스의 재정적 지원 덕분에 넓은 부지에 장엄하고 화려하게 지었지만 화재 등으로 피해를 입어 오늘에 이른다. 네네가 남편을 그리워하며 달을 바라보던 곳, 칸케츠다이(観月台) 등이 모두 국가 중요 문화재로 지정되어 있다. 벚꽃 철과 단풍철에 아름다움이 배가 되는 경내 정원은 라이트업 기간에 더욱 빛을 발한다.

¥ [코다이지+코다이지쇼 미술관] 성인 600엔, 중고생 250엔, 초등생 이하 무료 [코다이지+코다이지쇼 미술관+엔토쿠인] 성인 900엔 시영 버스 202·206·207번 탑승 후 히가시야마야스이(東山安井) 정류장에서 하차, 도보 5분 京都市東山区下河原町526 09:00~17:00, 라이트업 3~5월, 8월, 10~12월 일몰 후~21:30 075-561-9966 www.kodaiji.com 35.00076, 135.78111

**01**

## 벤케이 히가시야마점 辨慶 東山店

질 좋은 가다랑어포로 우린 진한 육수

니시쿄고쿠(西京極)에 본점을 둔 벤케이 우동의 히가시야마 지점으로 키요미즈데라와 가까워 늘 손님이 많다. 엄선한 가다랑어포로 뽑은 진한 국물과 쫄깃하면서도 부드럽게 넘어가는 면이 일품이다. 대표 메뉴인 벤케이 우동과 함께 소 힘줄을 아낌없이 넣은 스지 카레 우동도 인기다.

벤케이 우동(べんけいうどん) 1,100엔, 스지 카레 우동(すじカレーうどん) 1,050엔, 자루 소바(ざるそば) 800엔 케이한 키요미즈고조역(清水五条駅) 4번 출구에서 도보 1분 五条大橋東入ル東橋詰町30-3 월~토 11:30~23:00(일 휴무) 075-533-0441 benkei-udon.jp 34.99566, 135.77006

**02**

## 소혼케 유도후 오쿠탄 키요미즈점 総本家 ゆどうふ 奥丹 清水

일본 최고의 두부 명가

380년 역사의 두부 명가로 교토의 수많은 두부 전문점 가운데 최고로 꼽힌다. 콩 본연의 단맛과 향이 극대화된 이곳 두부는 15대째 내려오는 비법을 통해 한결같은 맛을 유지하고 있다. 아름답게 꾸민 일본식 정원을 보며 식사를 즐길 수 있어 더욱 좋다. 준비한 두부가 소진되면 문을 닫으니 방문을 서두르자. 현금 결제만 가능하다.

옛 두부 정식(昔どうふ一通り) 4,400엔 케이한 기온시조역(祇園四条駅) 1번 출구에서 도보 15분/키요미즈고조역(清水五条駅) 5번 출구에서 도보 20분 京都市東山区清水3-340 평일 11:00~16:30, 토·일·공휴일 11:00~17:30(영업 종료 30분 전 주문 마감, 목 휴무) 075-525-2051 tofuokutan.info 34.99798, 135.78078

### 01

## 시치미야혼포 七味家本舗

17세기에 카와치야(河内屋)라는 이름의 음식점으로 문을 연 양념 전문점이다. 추운 겨울에 키요미즈데라를 찾는 참배객과 승려들에게 무료로 고춧가루 등을 섞은 뜨거운 물을 제공해 호평을 얻으면서 고춧가루, 초피, 검은깨, 차조기 등 7가지 재료를 섞어 만든 수제 향신료인 시치미(七味)를 가장 먼저 만들어 선보인 이후 지금까지 이어오고 있다.

🚶 케이한 키요미즈고조역(清水五条駅) 5번 출구에서 도보 25분/시영 버스 86·202·206·207번 탑승 후 키요미즈미치(清水道) 또는 고조자카(五条坂) 정류장에서 하차, 언덕길로 도보 15분 📍 京都市東山区清水2丁目221 🕘 09:00~18:00 📞 0120-540-738 🏠 www.shichimiya.co.jp 🌐 34.9963, 135.78078

### 02

## 효탄야 瓢箪屋

산넨자카의 불운을 막아주는 아이템

산넨자카에 위치한 기념품점으로 1883년에 문을 열었다. 이곳의 표주박을 사 지니고 있으면 산넨자카에서 넘어졌을 때 재수가 없거나 죽을 수도 있다는 불운을 피한다는 전설인지 상술인지 모를 이야기가 전해진다. 원래는 고양이 관련 기념품점이었으나 지금은 표주박이 주력 상품이다.

🚶 시영 버스 86·202·206·207번 탑승 후 키요미즈미치(清水道) 정류장 하차, 키요미즈데라 방향으로 도보 10분 📍 京都市東山区清水3-317 🕘 09:00~18:00 📞 075-561-8188 🌐 34.9966, 135.78087

### 03

## 니이미 二井三

은은한 교토의 향

골목골목에 오래된 사찰이 많은 교토에서 필수품으로 꼽히는 향(香)을 판매하는 곳이다. '일본 다도의 완성자'라고 불리는 센노리큐의 스승인 다케 노조오가 조라쿠지(常楽寺)에 전한 향을 계승해 현재까지 유지하고 있다.

¥ 향(스틱형) 15개입 990엔~ 🚶 케이한 키요미즈고조역(清水五条駅) 5번 출구에서 도보 19분 📍 京都市東山区高台寺南門前通下河原 東入る桝屋町351-4 🕘 10:00~18:00 📞 075-551-2265 🏠 www.kou-niimi.com 🌐 34.99851, 135.78092

REAL GUIDE

# 대대손손
# 교토의 노포(老舗)

노포(老舗)는 100년 이상 가업의 이념을 지키며 타의 모범이 된 가게를 뜻한다. 1,200년 역사의 교토에서는 1,000곳이 넘는 노포가 성업 중이다. 전통과 신용을 바탕으로 수백 년을 장수하는 노포가 교토에 집중된 이유는 제2차 세계 대전의 피해가 주변 도시들보다 적었고, 교토의 수많은 절과 사원의 지원이 전통 공예를 지킬 수 있는 바탕이 되었기 때문이다. 여기에 철저한 후계자 교육과 전통을 지키면서도 새로운 변화를 적절히 꾀하는 고집과 도전이 더해져, 젊은 층에게도 노포가 그저 오래된 가게가 아닌 유서 깊은 개성과 고풍스러움이 묻어나는 '더 교토 the 京都'라는 하나의 브랜드로 자리 잡았다. 이러한 교토의 노포들이 가진 세련됨을 마음껏 만끽해보자.

## 우에바에소우

1751년 창업

일본 최고(最古)의 화구 전문점으로 현재 10대까지 이어져오고 있다. 화구 전문점이지만 이곳을 유명하게 만든 것은 바로 조가비를 태워 만든 백색 안료를 사용한 천연 매니큐어다. 화구 전문점답게 다양한 색감을 취급하며 특유의 자극적인 냄새가 없는 것이 특징이다.

카라스마선 시조역(四条駅) 5번 출구에서 도보 5분 京都市下京区東洞院通松原上ル燈籠町東側 09:00~17:00(토·일 공휴일 휴무)

## 혼케츠키모찌야 나오마사

1804년 창업

현재 4대까지 이어온 화과자 전문점으로 교토에 구운 화과자를 최초로 선보인 곳이다. 이것이 바로 츠키모찌이며, 이와 더불어 팥소를 고사리 전분으로 감싼 와라비모찌도 인기다.

카와라마치산조(河原町三条) 정류장에서 도보 3분 京都市中京区木屋町三条上ル8軒目 10:15~18:00(목·셋째주 수 휴무)

## 카즈라세이로호

1865년 창업

연극이 성황을 이룬 에도 시대, 연극 배우들의 가발과 머리 장신구를 취급하던 것이 시초다. 동백기름을 머리 치장에 활용하며 입소문을 타다 지금에까지 이르렀다. 자체 농장을 운영하며 품질을 관리하고 있다.

기온시조역(祇園四条駅) 7번 출구에서 도보 5분 京都市東山区四条通祇園町北側285 10:00~18:00(수 휴무)

## 교토벤리도

1887년 창업

130여 년 전통의 그림엽서 전문점이다. 일본 국보와 중요 문화재, 해외 세계 문화유산의 사진을 이곳만의 콜로타이프 기술로 인쇄해서 엽서로 만들어 선보이고 있다. 가격도 장당 70~300엔 정도로 저렴해 자기만의 명화 컬렉션을 만들어볼 수 있다.

마루타마치(丸太町)역 4번출구에서 도보 7분 京都市中京区新町通竹屋町下ル弁財天町302 10:00~19:00(일 휴무)

## 고켄 우이로

1855년 창업

5대에 이른 지금까지 전국 과자 박람회에서 여러 차례 수상을 한 공인된 화과자집이다. 쌀가루와 설탕을 물에 개서 대나무 통에 쪄낸 우이로는 우리나라의 찹쌀떡과 유사하다.P.355

SECTION

# 기온
## GION 祇園

교토에서 가장 번화한 기온 지역은 오사카와 고베를 연결하는 한큐 교토카와라마치역, 오사카를 잇는 케이한 기온시조역이 있어 간사이 레일웨이 패스를 소지한 여행자라면 반드시 들르게 되는 곳이다. 니시키 시장을 시작으로 테라마치도리, 시조도리 등 서민들의 정취가 물씬 풍기는 상점가, 유서 깊은 전통 음식점과 찻집, 기념품점이 가득한 폰토초, 세련된 백화점이 들어서 있는 시조카와라마치까지 과거의 매력과 현재의 활기가 조화를 이루고 있다.

ACCESS

### 주요 이용 패스

- **오사카에서 이동** 교토-오사카 관광 패스, 간사이 레일웨이 패스, JR 간사이 미니 패스
- **교토 내에서 이동** 지하철·버스 1일권, 간사이 레일웨이 패스

### 교토역에서 가는 법

**교토에키마에 정류장**
시영 버스 EX100·58·86·106·206번
11분 ¥230엔
**기온 정류장에서 하차**

**교토에키마에 정류장**
시영 버스 4·5·7·58·105·205번
10분 ¥230엔
**시조카와라마치 정류장에서 하차**

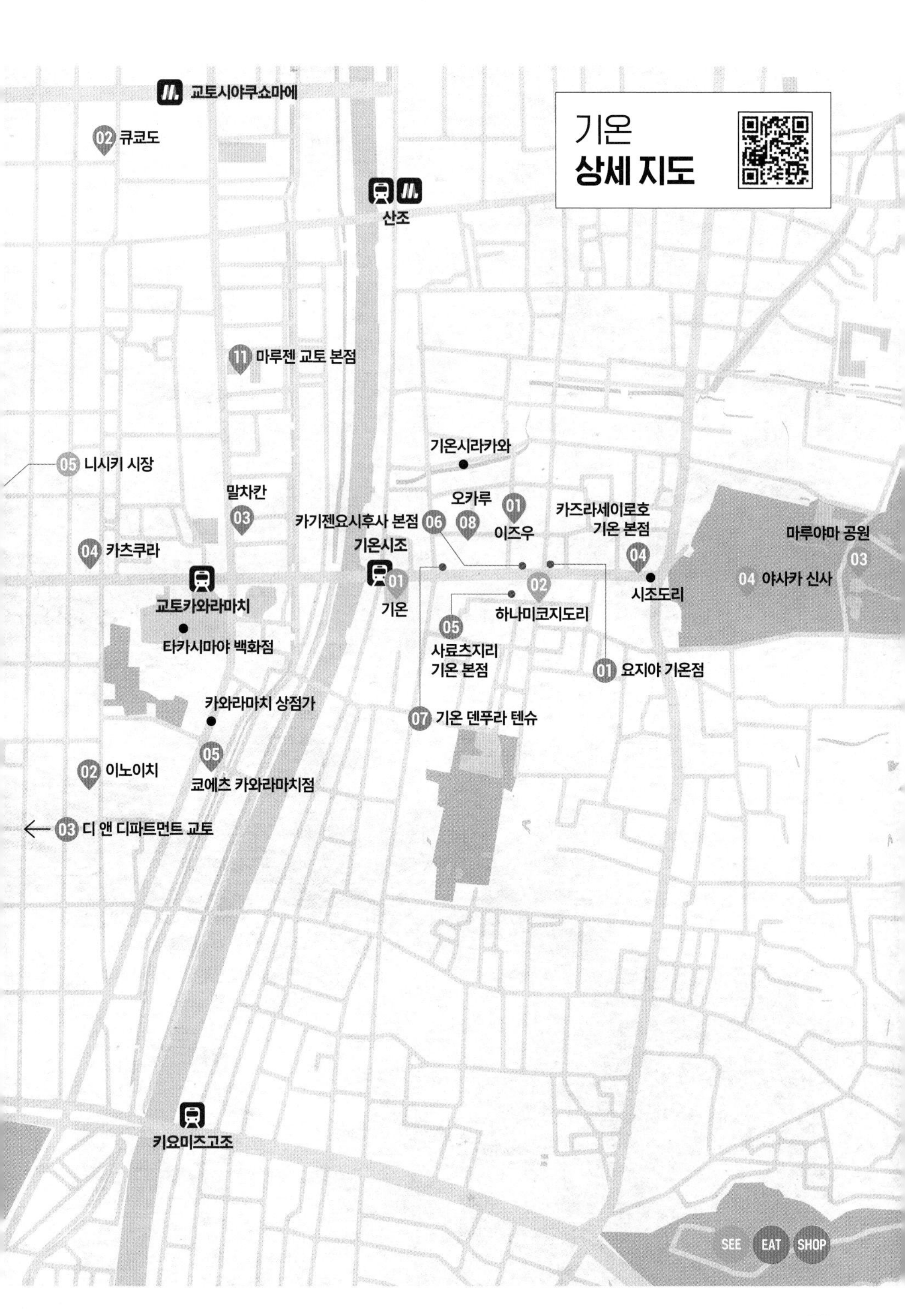
기온
상세 지도
교토시야쿠쇼마에
02 큐쿄도
산조
11 마루젠 교토 본점
기온시라카와
05 니시키 시장
말차칸
03
오카루
01
카즈라세이로호
기온 본점
카기젠요시후사 본점 06
08
이즈우
마루야마 공원
기온시조
03
04 카츠쿠라
04
04 야사카 신사
01
02
시조도리
교토카와라마치
기온
하나미코지도리
타카시마야 백화점
05
사료츠지리
기온 본점
01 요지야 기온점
카와라마치 상점가
07 기온 덴푸라 텐슈
05
02 이노이치
코에츠 카와라마치점
03 디 앤 디파트먼트 교토
키요미즈고조
SEE
EAT
SHOP

01

## 기온 祇園

교토의 옛 모습이 궁금하다면

'야사카 신사 앞에 위치한 마을'이라는 뜻으로, 카모강에서 히가시오지도리(東大路通)를 지나 야사카 신사에 이르는 지역을 가리킨다. 15세기에 오닌의 난으로 쑥대밭이 되었던 이곳은 19세기 초 300여 곳의 찻집이 들어서며 활기를 되찾았으며, 20세기 초부터 상업 시설이 생겨나며 지금의 모습을 갖췄다. 고급 요정이 있던 가부키 극장, 견습 게이샤인 마이코를 양성하던 기온코부카부렌소(祇園甲部歌舞練場) 등 세월의 흔적이 묻어 있는 건물도 여럿 자리하고 있다. 기온 거리에는 일본의 전통 가옥 마치야(町家)가 흔한데, 이를 개조한 찻집이나 화과자점이 늘고 있어 내부도 쉽게 구경할 수 있다. 해가 지면 기모노를 입은 마이코가 거리에 등장해 시선을 사로잡는다.

케이한 기온시조역(祇園四条駅)에서 도보 3분/한큐 교토카와라마치역(京都河原町駅)에서 도보 5분/시영 버스 EX100·12·46·58·86·106·201·202·203·206·207번 탑승 후 기온(祇園) 정류장에서 하차 京都市東山区祇園四条 10:00~20:00(상점마다 다름) 35.00375, 135.77243

02

## 하나미코지도리 花見小路通

고즈넉한 마치야의 풍취

기온의 중심을 가로질러 북쪽 산조도리, 남쪽 겐닌지로 이어지는 거리다. 시조도리를 경계로 북쪽에는 주점이 많고, 과거 겐닌지의 영지였던 남쪽은 마이코와 게이샤가 있는 찻집이나 요릿집이 즐비한 시가지로 거듭났다. 전통 가옥인 마치야 보존 지구로 지정되어 상대적으로 조용한 분위기에서 교토의 골목을 산책할 수 있다.

케이한 기온시조역(祇園四条駅) 6번 출구에서 도보 5분/한큐 교토카와라마치역(京都河原町駅) 1B 출구에서 도보 7분/시영 버스 12·46·201·202·203·207번 탑승 후 기온(祇園) 정류장에서 하차, 도보 2분 京都市東山区花見小路通 10:00~20:00(상점마다 다름) 35.00362, 135.77503

03

## 마루야마 공원 円山公園

시민들의 안락한 쉼터

교토에서 가장 오래된 공원으로 1886년에 조성되었다. 3,000명 규모의 야외 음악당 등 여러 편의 시설을 갖춰 사계절 내내 시민들이 즐겨 찾는 곳이다. 1912년 일본의 유명 조경사 오가와 지헤가 조경을 맡아 지금의 모습을 갖추었다. 교토 최고의 벚꽃 명소로 꼽히며, 조명으로 화려함을 더한 밤에 방문하면 더욱 황홀한 풍경을 만끽할 수 있다.

케이한 기온시조역(祇園四条駅) 6번 출구에서 도보 10분/한큐 교토카와라마치역(京都河原町駅) 1A 출구에서 도보 15분/시영 버스 EX100·12·46·58·86·106·201·202·203·206·207번 탑승 후 기온(祇園) 정류장에서 하차, 도보 5분 京都市東山区円山町473 ¥ 무료 24시간 075-643-5405 35.00388, 135.78091

04

## 야사카 신사 八坂神社

기온 마츠리의 본거지

일본 전역에 있는 기온쇼자의 수호신을 모시는 기온 신사의 총본산으로 새해 첫 참배를 드리러 오는 신도가 100만 명에 이른다. 이곳은 1,000년 역사를 자랑하는 일본의 3대 축제 중 하나인 기온 마츠리가 열리는 곳으로도 유명하다. 1,000년여 전 역병을 물리치고 망자를 위로하기 위해 긴자 신사에서 드리던 제사에서 유래한 이 축제의 하이라이트는 신을 모신 가마인 야마보코의 거리 행진이니 놓치지 말자.

케이한 기온시조역(祇園四条駅) 6번 출구에서 도보 5분/한큐 교토카와라마치역(京都河原町駅) 1A 출구에서 도보 10분/시영 버스 EX100·12·46·58·86· 106·201·202·203·206·207번 탑승 후 기온(祇園) 정류장에서 하차, 도보 3분 京都市東山区祇園町北側626 ¥ 무료 24시간 075-561-6155 35.00365, 135.77855

05

## 니시키 시장 錦市場

교토의 식탁을 책임져온

1,300년의 전통을 자랑하는 시장으로 왕실에 생선을 공급하던 가게들이 시초. 해산물, 장류와 교토 전통의 절임 반찬 츠케모노를 주로 취급하며, 토종 채소 '교야사이(京野菜)'로 만든 반찬 가게도 많다. 시식 코너나 즉석 식품도 많아 한끼 때우기도 좋다.

한큐 카라스마역(烏丸駅) 13번 출구에서 도보 2분/시영 버스 3·4·5·7·10·11·12·32·46·58·59·201·203·205·207번 탑승 후 시조카와라마치(四条河原町) 정류장에서 하차, 도보 4분 京都市中京区錦小路通青町-高倉間 10:00~18:00(상점마다 다름) 35.005, 135.7649

01

## 이즈우 いづう

**다시마 숙성 고등어의 놀라운 풍미**

1781년에 문을 연 고등어초밥 전문점으로 고등어초밥을 처음 만든 곳이다. 교토는 내륙에 위치해 생신 유통이 어려웠는데, 특히 성질 급한 고등어는 먹기가 더욱 어려웠다. 이곳은 소금간을 한 다시마로 고등어를 단단히 감싸 비린 맛을 없애고 보관 기간을 늘렸다. 긴 역사만큼이나 놀라운 맛을 자랑한다.

이즈우 교스시 모둠(京寿司盛合せ) 3,850엔, 사바즈시(鯖姿寿司) 4개 2,420엔 케이한 기온시조역(祇園四条駅) 9번 출구에서 도보 5분 京都市東山区八坂新地清本町367 월~토 11:00~22:00(주문 마감 21:30), 일·공휴일 11:00~21:00(주문 마감 20:30), 화 휴무 075-561-0751(예약 불가) izuu.jp/sushi 35.00148, 135.766963

02

## 이노이치 猪一

**이보다 더 맛있는 라멘이 있을까**

교토카와라마치역에서 가까운 맛있는 라멘집이다. 쇼유라멘이라고는 믿기지 않을 정도로 맑고 깔끔한 국물을 선보여 가장 간사이다운 라멘집이라고 해도 손색이 없다. 생선 육수에 맑은 간장을 넣어 맛을 내는데 비린내가 전혀 없고 깊은 맛을 자랑한다.

다시소바 시로(出汁そば白) 1,400엔 한큐 교토카와라마치역(京都河原町駅) 10번 출구에서 도보 6분 京都市下京区恵美須之町 猪一 寺町仏光寺下ル恵美須之町452 화~토 11:00~14:30, 17:30~21:00 35.00079, 135.76673

03

## 말차칸 MACCHA HOUSE 抹茶館

인기 절정의 녹차 티라미수

사각형 나무 상자에 담긴 가루 녹차 티라미수 디저트로 핫한 카페, 말차칸. 최근 현지인과 관광객 모두에게 인기 많은 곳으로, 유명 녹차 회사 모리한(森半)의 제품을 사용하는데 달콤한 티라미수와 가루 녹차의 쌉싸래함이 잘 어우러진다. 호지차를 이용한 호지차 라테, 호지차 티라미수 등도 판매 중이며, 파르페 종류도 다양하다. 카와라마치 본점은 보통 30분~1시간 이상 대기 시간이 필요하기 때문에 사람이 적은 저녁 늦게 가거나 기다림을 각오해야 한다. 최근에 니넨자카에도 분점을 냈다.

티라미수 드링크 세트(ティラミスドリンクセット) 1,100엔
한큐 교토카와라마치역(京都河原町駅) 3B 출구에서 도보 1분
京都市中京区河原町通四条上ル米屋町382-2
11:00~18:00 075-253-1540 35.00449, 135.76947

04

## 카츠쿠라 시조테라마치점 名代とんかつ かつくら 四条寺町店

교토에서 태어난 명품 돈카츠

교토에서 개업해 일본 전국으로 뻗어나간 돈카츠 전문점. 3가지 품종의 장점만을 모아 교배시킨 돼지고기와 식물성 기름, 직접 구운 빵가루를 사용해 바삭하고 건강한 저콜레스테롤 돈카츠를 선보인다. 엄청난 크기의 새우커틀릿과 히레카츠가 함께 나오는 카츠쿠라 정식이 최고 인기 메뉴.

키리시마SPF부타히레(霧島山麓SPF豚ヒレ) 120g 2,220엔, 키리시마SPF부타로스(霧島山麓SPF豚ロース) 120g 2,080엔
한큐 교토카와라마치역(京都河原町駅) 10번 출구에서 도보 1분
京都市中京区中之町寺町通四条上る559 11:00~21:00(주문 마감 20:30) 075-221-5261 www.katsukura.jp
35.004126, 135.766783

05

## 사료츠지리 기온 본점 茶寮都路里 祇園本店

우지 녹차로 만든 산뜻한 디저트

우지의 유명 녹차 전문점 츠지리(都路里) 계열 업체로 우지 녹차로 만든 다양한 메뉴를 선보인다. 최고 인기 메뉴는 녹차 크림, 카스텔라, 젤리, 경단, 셔벗, 단밤이 들어가는 특선 사료 파르페다. 우리에게는 생소하지만 일본식 빙수의 기원으로 얼음 대신 한천 젤리가 들어가는 안미츠(あんみつ)도 유명하다.

특선츠지리파르페(特選都路里パフェ) 1,694엔, 호지차파르페(ほうじ茶パフェ) 1,694엔 케이한 기온시조역(祇園四条駅) 6번 출구에서 도보 5분 京都市東山区四条通祇園町南側 573-3 祇園辻利本店 2-3F 10:30~20:00 075-561-2257
giontsujiri.co.jp/saryo/store/kyoto_gion
35.00366, 135.77447

## 06 카기젠요시후사 본점 鍵善良房 本店

**쫀득한 여름 별미 쿠즈키리를 맛보자**

기온의 유명 음식점이나 사찰, 가부키 극장에 간식을 배달하던 300년 전통의 화과자점으로, 금으로 화려하게 장식한 찬합을 사용하는 것으로 유명하다. 인기 메뉴는 열쇠 모양 자개로 장식한 2단 찬합에 담겨 나오는 쿠즈키리(くずきり)다. 쿠즈키리는 칡 반죽을 투명하게 익혀 우동 크기로 잘라 설탕물에 담가 먹는 여름 별미로, 이곳에서는 요시노산 칡으로 만든 쿠즈키리를 진한 흑당에 넣어 먹는다.

쿠즈키리(葛切り) 1,400엔 케이한 기온시조역(祇園四条駅) 7번 출구에서 도보 3분 京都市東山区祇園町北側264 찻집 10:00~18:00(주문 마감 17:30), 과자 판매 09:30~18:00(월 휴무) 075-561-1818 kagizen.co.jp 35.00397, 135.77474

## 07 기온 덴푸라 텐슈 ぎおん天ぷら「天周」

**바삭하고 폭신한 마성의 튀김옷**

고소한 기름 냄새가 코끝을 자극하는 기온 거리 초입에 위치한 튀김 전문점이다. 두껍지만 바삭함을 유지하는 비법은 튀김옷으로, 많은 이의 사랑을 받고 있다. 점심시간에는 합리적인 가격의 런치 메뉴를 맛보려는 사람들로 늘 붐빈다. 저녁에는 코스 요리만 취급한다.

[점심] 아나고텐동(穴子天丼) 1,450엔, 믹스텐동(ミックス天丼) 1,850엔 [저녁] 코스(コース) 6,900엔 케이한 기온시조역(祇園四条駅) 7번 출구에서 도보 2분/한큐 교토카와라마치역(京都河原町駅) 1A 출구에서 왼쪽으로 도보 5분 京都市東山区祇園四条通縄手東入北側244 11:00~14:00, 17:30~21:30(주문 마감 20:30) 075-541-5277 tensyu.jp 35.00396, 135.7736

## 08 오카루 おかる

**게이샤와 마이코가 즐겨 찾는 우동 맛집**

기온의 인력거꾼, 마이코, 게이샤들이 자주 찾는 수타 우동 전문점. 고등어, 가다랑어 등 신선한 생선 4종과 최상급 다시마로 우려내 맛이 깊고 면발도 쫄깃하다. 면에 스며든 진한 카레 맛이 일품인 치즈 니쿠 카레 우동과 적당한 크기로 자른 유부와 걸쭉한 소스를 섞어 먹는 안카케 우동이 인기다. 유명 인사들의 사인과 '쿄마루우치와(京丸うちわ)' 부채가 걸려 있는데, 이는 게이샤와 마이코들의 이름이 적힌 일종의 명함이다.

치즈 니쿠 카레 우동(チーズ肉カレーうどん) 1,220엔 케이한 기온시조역 7번 출구에서 도보 3분/한큐 교토카와라마치역(京都河原町駅) 1A 출구에서 도보 5분 京都市東山区八坂新地富永町132 일~목 11:00~15:00, 17:00~다음날 02:00, 금·토 11:00~15:00, 17:00~다음날 02:30 075-541-1001 35.004322, 135.774093

01

## 요지야 기온점 よーじや 祇園店

교토의, 교토에 의한 화장품

교토에 본사를 둔 화장품 전문 브랜드로 1904년에 문을 열었다. 오픈 당시 주력 상품은 이쑤시개였으나, 과거 '후루야카미'라 불리던 기름종이를 작은 수첩처럼 만들어 1권에 5전을 받고 판 것이 게이샤들의 호평 속에 오늘날의 요지야를 만들었다. 일등 공신인 기름종이를 비롯해 유자 립밤, 핸드크림, 손거울, 문구류 등이 총망라되어 있으며, 2층에서는 화장품을 테스트하고 상담도 받을 수 있다.

케이한 기온시조역(祇園四条駅) 7번 출구에서 도보 4분
京都市東山区祇園町北側270-11 월~금 10:30~18:30, 토·일, 공휴일 10:30~19:00(시즌에 따라 변동) 075-541-0177
www.yojiya.co.jp/store/gion 35.00395, 135.77522

02

## 큐쿄도 鳩居堂

종이로 만든 희귀 아이템

1663년에 개업해 300년 넘게 같은 자리를 지키고 있는 유서 깊은 문구점이다. 원래는 약과 향을 만들어 팔던 한약방이었으나 당나라에서 약재와 함께 붓, 종이를 들여오면서 서예 전문점으로 변신, 이후 그림엽서, 편지지, 부채, 파우치, 액세서리 등을 판매하는 문구점으로 자리 잡았다. 종이 용품, 고급 서예 용품, 디자인 상품까지 총 1만여 점에 달하는 아이템을 갖추고 있다. 내부 사진 촬영은 금지되어 있다.

한큐 교토카와라마치역(京都河原町駅) 9번 출구에서 도보 8분
京都市中京区寺町姉小路上ル下 本能寺前町520
10:00~18:00 075-231-0510 www.kyukyo do.co.jp
35.00996, 135.76709

03

## 디 앤 디파트먼트 교토 ディアンドデパートメント 京都

시간이 증명한 좋은 물건을 취급

"시간이 증명한 좋은 물건을 판다"라는 롱 라이프 디자인을 테마로 디자이너 나가오카 겐메이가 설립했다. 디자인을 하지 않는 디자이너의 독특함을 반영하듯 이곳은 고즈넉한 사찰 안에 있다. 실제 건물을 보기 전까지는 이곳이 정말 맞는지 두리번거리게 된다. 매장이 자리한 지역의 일상을 드러내는 장소를 표방하고자 교토의 특산품, 공예품 등을 주로 다룬다. 경내엔 편집 숍 외에 일본 가정식이나 교토의 디저트를 다다미방에서 맛볼 수 있는 D&D CAFE도 있다.

지하철 카라스마선 시조역(四条駅) 5번 출구에서 도보 5분
京都市下京区高倉通仏光寺下ル新開町397 本山佛光寺内
11:00~18:00(수 휴무) 075-343-3217
www.d-department.com 35.00018, 135.76264

04

## 카즈라세이로호 기온 본점 かづら清老舗 祇園本店

**에도 시대부터 이어진 동백기름의 명가**

1865년 연극이 성황을 이루던 에도 시대, 극장이 즐비한 지금의 데라마치도리인 쿄고쿠에 창업한 화장품·상신구 전문점으로, 당시 연극배우의 가발, 머리 장신구 등을 전문으로 취급한 시마야라는 가게가 시초다. 헤이안 시대부터 식용, 등와용, 화상용으로 사용하던 동백기름을 머리치장에 이용해 당시 배우와 게이샤들의 입소문을 탄 것을 계기로 현재까지 인기를 얻고 있다. 촉촉하면서도 은은한 동백기름의 멋스러움을 꾸준히 전파하고자 자체 농장도 운영 중이다. 대표 제품은 동백 에센스 오일로 뛰어난 보습력과 흡수력을 자랑한다.

¥ 카즈라세이 국산 특제 동백기름 2,145엔 🚶 시영 버스 201·203·207번 탑승 후 기온(祇園) 정류장에서 하차, 도보 1분/케이한 기온시조역(祇園四条駅) 7번 출구에서 도보 5분 📍 京都市東山区四条通祇園町北側285 🕘 10:00~18:00(수 휴무) 📞 075-561-0672 🏠 www.kazurasei.co.jp 🌐 35.00392, 135.77663

05

## 쿄에츠 카와라마치점 京越 河原町店

**가장 합리적인 금액을 원한다면**

SNS 핫스폿으로 각광받는 기모노 렌털 숍. 관광객들이 찾기 가장 좋은 곳에 위치한 키요미즈점, 카와라마치점과 아라시야마점 세 곳을 운영 중이며, 고풍스러운 디자인에서부터 귀여운 MZ 감성까지 모두가 만족할 만한 다양한 디자인의 기모노를 3만 벌 이상 구비하고 있다. 커플 요금, 학생 요금 등 다양한 요금제를 선보이는 합리적인 가게로 헤어 세트를 예약하는 고객에 한해 머리 장식을 무료로 이용할 수 있는 특전도 있다. 한국어 홈페이지도 있고 캐리어 등의 짐 보관도 가능하다. 착장 후 마무리까지 1인당 약 30분이 소요되니 시간에 여유를 두는 것이 좋다.

¥ 사전 웹 결제 시 풀세트 3,190엔~
🚶 한큐 교토카와라마치역 1B 출구에서 도보 4분 📍 京都府京都市下京区天満町456-25 杉田ビル
🕘 09:00~18:30(반납 마감 18:00)
🏠 kyoetsu-gion.com
🌐 35.000896, 135.769089

## 주황빛 토리이가 끝없이 이어지는 곳

# 후시미이나리 신사

## 稲荷神社

일본에 있는 3만여 개 이나리 신사의 본거지로 4km에 걸쳐 끝없이 늘어선 주황빛 토리이 터널인 '센본토리이(千本鳥居)'로 유명하다. '외국인에게 가장 인기 있는 일본 여행지' 중 1위를 차지한 곳으로 영화 〈게이샤의 추억〉, 〈나는 내일, 어제의 너와 만난다〉에 등장해 더욱 유명세를 탔다. 여우를 모시는 신사답게 곳곳에서 여우신 동상과 여우 머리 모양의 에마(소원패)를 발견할 수 있다.

JR 이나리역(稲荷駅)에서 도보 5분/케이한 후시미이나리역(伏見稲荷駅)에서 도보 7분 京都市伏見区深草薮ノ内町68 24시간 개방 075-641-7331 34.967138, 135.772673

REAL GUIDE

# 교토 빵지순례 베이커리

일본 총무성 통계국 '가계 예산 조사(2인 이상 가구)'의 항목별 도시 순위(2020~2022년 평균)에 따르면, 교토시는 일본 전국 내 빵 소비량 1위를 차지하고 있다. 오반자이, 카이세키 요리와 같은 정갈한 전통 음식만 먹고 살 것 같은 같은 교토의 이미지와는 상당히 다른 모습이지만, 교토의 빵집만 모아서 소개하는 책이 나올 정도로 교토 사람들의 빵 사랑은 일본 내에서 이미 유명하다. 지금 교토에서 가장 맛있기로 유명하면서 여행지와 가까운 베이커리 7곳을 소개한다.

## 플립 업

작은 가게가 아침부터 북적이는 이유는 바로 크루아상에 바나나크림을 넣은 크루아상노바나나와 쫀득한 초콜릿 베이글 덕분!

🚶 지카라스마오이케역(烏丸御池駅) 2번 출구에서 도보 4분 📍 京都市中京区押小路通室町東入ル蛸薬師町292-2 🕒 화~토 07:00~18:00, 일 07:00~16:00(월 휴무)

## 신신도 테라마치점

100여 년의 역사를 자랑하며 여전히 성업 중! 그때 그 시절 대표 메뉴였던 레트로 바게트 1924와 최근 가장 인기 있는 데일리 브레드 콘프레가 간판 스타다.

🚶 진구마루타마치역(神宮丸太町駅) 3번 출구에서 도보 10분 📍 京都市中京区寺町通竹屋町下ル久遠院前町674 🕒 07:30~19:00

신신도 테라마치점
進々堂 寺町店

플립 업
Flip up

르 프티 멕 오이케점
Le Petitmec
御池店

카라스마오이케

파이브란
Fiveran
ファイブラン

그란디루 오이케점
グランディール 御池店

교토시야쿠쇼마에

와루다
Walder

교토카와라마치

## 르 프티멕 오이케점

블랙 멕이라는 별명을 가진 르 프티 멕은 프랑스인들이 인정하는 진짜 프랑스 빵이다. 럼 건포도를 넣은 밀크 프랑스와 버터가 많이 들어간 크루아상이 대표 메뉴!

🚶 카라스마오이케역(烏丸御池駅) 2번 출구에서 도보 3분 📍 京都市中京区衣棚通御池上ル下妙覚寺186 🕒 09:00~18:00

## 그란디루 오이케점

접근성도 좋고 맛도 좋은 그란디루 오이케점. 황금 멜론빵이 대표 메뉴다. 멜론빵에 멜론 대신 버터를 듬뿍 넣어 식감이 부드럽다.

🚶 케이한 산조역(三条駅) 12번 출구에서 도보 8분 📍 京都市中京区寺町御池上ル上本能寺前町480-2 1F 🕒 08:00~19:00

## 파이브란

인기 절정의 베이커리로 오픈 1~2시간 후면 대부분의 빵이 팔린다. 가리비 문양이 새겨진 슈크림 빵인 파티쉐르가 대표 메뉴.

🚶 카라스마오이케역(烏丸御池駅) 6번 출구에서 도보 4분 📍 京都市中京区役行者町377 🕒 09:00~19:00(화 휴무)

## 와루다

식빵을 좋아한다면 이곳으로! 시내에서 좀 떨어져 있고 간판도 눈에 잘 띄지 않지만 그럼에도 갈 만한 곳이다. 대표 메뉴인 와루다 토스트를 꼭 먹어보자.

🚶 교토카와라마치역(京都河原町駅) 9번 출구에서 도보 8분 📍 京都市中京区麩屋町六角下ル坂井町452 🕒 09:00~19:00(목 휴무)

# 교토 하면 커피
# 카페 & 로스터리

빵만큼이나 커피 사랑도 만만치 않은 교토.
교토의 정취를 극대화시켜줄 커피를 취향대로 맛보고,
기념으로 원두도 사서 돌아오자.
여행의 기억이 일상에서도 오래 지속될 것이다.

(01)

## 요새 핫한! 줄 서서 기다리는 카페

### 말차칸 抹茶館

사각형 나무상자에 담긴 가루녹차 티라미수로 관광객뿐만 아니라 로컬들에게도 인기가 많은 곳. 일본의 유명 녹차 회사 중 하나인 모리한(森半)의 건강한 재료를 사용하며 맛까지 잡았다. 니넨자카와 기온에도 분점이 있다.

교토카와라마치역(京都河原町駅) 3B 출구에서 도보 1분 京都市中京区河原町通四条上ル米屋町382-2 11:00~20:30

### 아라비카 교토 히가시야마점

로고 %가 한글 '응'처럼 보인다고 해서 우리나라에서는 '응 커피'로 유명하다. 교토에서 시작돼 세계적으로 분점을 낸 곳이니 한번 방문해보자.

한큐 교토카와라마치역(京都河原町駅) 1B 출구에서 도보 15분 京都市東山区星野町87-5 09:00~18:00

## 한자리에서 역사를 지키고 있는 카페

### 스마트 커피 Smart Coffee

1932년에 개업해 교토에서 가장 오래된 커피 전문점으로 고전적인 분위기지만 깔끔하다. 직접 로스팅한 원두를 사용한다.

산조역(三条駅) 6번 출구에서 도보 8분 京都市中京区寺町通三条上ル天性寺前町537 08:00~19:00

### 츠키지 築地

교토에서 유럽 분위기를 느끼고 싶다면 여기가 제격이다. 문을 열고 들어가면 바로크풍 음악과 분위기에 반하게 될 것이다.

교토카와라마치역(京都河原町駅) 3A 출구에서 도보 2분 京都市中京区米屋町384-2 11:00~21:30

### 이노다 커피 イノダコーヒ

교토에 커피를 보급하는 데 큰 역할을 한 이노다 커피. 대표 메뉴인 '아라비아의 진주'는 첫맛은 깊고 끝 맛은 깔끔하다.

카라스마역(烏丸駅) 16번 출구에서 도보 6분 京都市中京区堺町通三条下ル道祐町140 07:00~18:00

SECTION

# 긴카쿠지

GINKAKUJI 銀閣寺

긴카쿠지 지역은 긴카쿠지와 철학의 길이 자리한 북부, 오카자키 공원, 교토 미술관, 헤이안 신궁이 있는 남부로 나누어 여행하는 것이 좋다. 오카자키 공원, 헤이안 신궁을 둘러본 후 버스를 이용해 긴카쿠지로 이동하자. 이후에는 철학의 길, 에이칸도, 난젠지 순으로 돌아보는 것이 좋다. 철학의 길을 따라 긴카쿠지에서 에이칸도로 가는 데 40분 정도 소요되고, 난젠지에서 관람을 마치고 버스 정류장으로 가는 데도 꽤 시간이 걸리는 만큼 중간중간 휴식을 취하며 일정을 조율하자.

## ACCESS

### 주요 이용 패스

- **오사카에서 이동** 교토-오사카 관광 패스, 간사이 레일웨이 패스
- **교토 내에서 이동** 지하철·버스 1일권

### 교토역에서 가는 법

**교토에키마에 정류장**
시영 버스 5·7번 ⓒ35분 ¥230엔
**기온 정류장에서 하차**

### 카와라마치에서 가는 법

**시조카와라마치 정류장**
시영 버스 5·7·32·203번
ⓒ25분 ¥230엔
**긴카쿠지미치 정류장**

# 긴카쿠지
# **상세 지도**

긴카쿠지 01

01 호호호자 서점

● 헤이안 신궁

● 에이칸도

01 야마모토멘조

교토 국립 근대미술관 ●

03 난젠지

02 블루보틀 교토 카페

케아게

01

## 긴카쿠지 銀閣寺

유네스코 세계 문화유산에 빛나는 흑빛 사찰

무로마치 막부의 8대 쇼군 아시카가 요시마사의 회한이 담긴 미완의 사찰이자 교토의 대표 명소로, 본래 명칭은 '히가시야마지쇼지(東山慈照寺)'다. 원래는 요시마사가 은퇴 후 기거할 목적으로 지은 저택으로, 외조부인 아시카가 요시미츠가 지은 긴카쿠지에 금박을 입힌 것처럼 이곳 외관에 은박을 입히려 했으나 오닌의 난과 재정난으로 은을 구하지 못해 옻칠로 마감한 상태에서 공사가 중단됐으며, 요시마사 사망 후 미완의 건축물로 지금까지 전해 내려오고 있다. 웬만한 단층 건물 높이만 한 나무 담벼락으로 둘러싸인 참배로를 따라 문을 들어서면, 흰 모래로 만든 모래 정원 긴샤단(銀沙灘)과 달빛을 감상하기 위해 모래를 쌓아 올린 고게츠다이(向月台)가 나온다. 고게츠다이 너머로 보이는 2층짜리 목조 누각이 긴카쿠지의 중심인 은각관음전이다. 1층 신쿠덴(心空殿)은 일본의 전통 주택 구조, 2층 조온카쿠(潮音閣)는 중국 사원 양식으로 지었으며, 지붕에는 청동으로 만든 봉황 조각상이 있다. 긴샤단 북쪽에는 요시마사의 개인 사원이자 현존하는 최고(最古)의 서원 건물인 도구도(東求堂)가 있다. 도구도 앞에 있는 긴쿄치(錦鏡池) 뒤로 연결된 관람 순로를 따라 올라가면 본당 풍경이 한눈에 보이는 전망대가 나온다.

¥ 성인·고등학생 500엔, 중학생 이하 300엔 🚶 시영 버스 EX100·5·7·32·102·105·203·204번 탑승 후 긴카쿠지미치(銀閣寺道) 정류장에서 하차, 도보 5분 📍 京都市左京区銀閣寺町2
🕒 3~11월 08:30~17:00, 12~2월 09:00~16:30 📞 075-771-5725 🏠 shokoku-ji.jp
35.02702, 135.7982

02

## 철학의 길 哲学の道

**철학자와 문인이 사랑한 산책로**

에이칸도 부근 냐쿠오지(若王子) 신사에서 긴카쿠지까지 수로를 따라 이어진 2km 길이의 산책로다. 봄에는 수로를 따라 만개한 벚꽃과 단풍이 아름다워 '아름다운 일본 거리 100선'에도 이름을 올렸다. 메이지 시대에는 주변에 문인이 많이 살아 '문인의 길(文人の道)'로 불리기도 했고, 일본 철학자 니시다 기타로(西田 幾多郎)와 타나베 하지메(田辺 元)가 산책하던 길이라 해서 '철학의 오솔길(哲学の小径)' 등으로 불렸다. '철학의 길'은 1972년 지역 주민이 보존 운동을 진행하면서 붙은 이름이다.

시영 버스 EX100·5·7·32·102·105·203·204번 탑승 후 긴카쿠지미치(銀閣寺道) 정류장에서 하차
京都府京都市左京区鹿ケ谷法然院西町
35.026834, 135.795362

03

## 난젠지 南禅寺

"절경이로다 절경이로다!"

일본 최초의 왕실 사찰로, 교토의 임제종 5대 사찰 중 하나로 꼽힐 만큼 웅장하고 격조 높은 곳이다. 산몬(三門)은 전투에서 사망한 무사의 명복을 기리는 22m 높이 2층 건물로, '산몬고잔노키리(楼門五三桐)'라는 가부키에서 등장인물 이시카와 고에몬(石川五右衛門)이 난젠지를 두고 "절경이로다. 절경이로다!"라는 대사를 했던 일화로도 유명하다. 카레산스이식 정원 호조테이엔(方丈庭園)이 있으며, 비와코 호수의 물을 교토로 끌어오기 위해 로마식 수로를 모방한 인공 수로인 수로각도 있다. 분위기가 고요하고 아늑해 드라마나 잡지에 자주 등장하며, 특히 신비한 느낌의 수로각(水路閣)은 일본에서 손꼽히는 포토존으로 인기가 많다.

시영 버스 5번의 난젠지·에이칸도미치(南禅寺·永観堂道) 정류장에서 도보 10분 12~2월 08:40~16:30 & 3~11월 08:40~17:00, 12월 28일~12월 31일 휴무 ¥ **경내** 무료, **호조테이엔** 성인 600엔, **산몬** 성인 600엔, **난젠인** 400엔
京都府京都市左京区南禅寺福地町
075-771-0365 nanzenji.or.jp
35.011268, 135.793262

01

## 야마모토멘조 山元麵蔵

기다림이 아깝지 않은 교토 우동의 명가

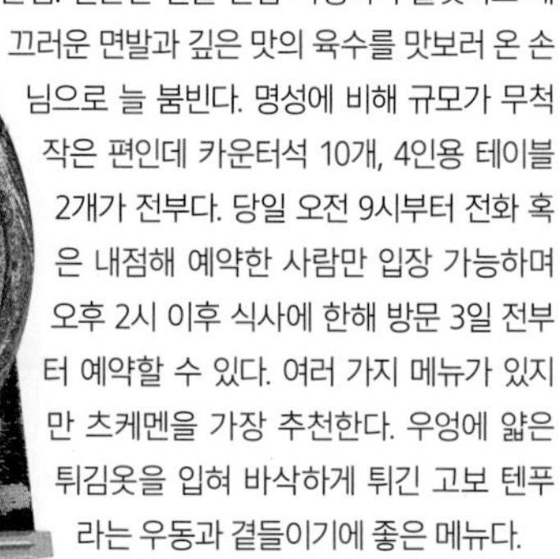

일본 전국에서도 열 손가락 안에 꼽히는 우동 전문점. 일본산 밀을 혼합 숙성시켜 쫄깃하고 매끄러운 면발과 깊은 맛의 육수를 맛보러 온 손님으로 늘 붐빈다. 명성에 비해 규모가 무척 작은 편인데 카운터석 10개, 4인용 테이블 2개가 전부다. 당일 오전 9시부터 전화 혹은 내점해 예약한 사람만 입장 가능하며 오후 2시 이후 식사에 한해 방문 3일 전부터 예약할 수 있다. 여러 가지 메뉴가 있지만 츠케멘을 가장 추천한다. 우엉에 얇은 튀김옷을 입혀 바삭하게 튀긴 고보 텐푸라는 우동과 곁들이기에 좋은 메뉴다.

코미아브라노 규토츠치고보우노 츠케멘(香味油の牛と土ゴボウのつけ) 1,350엔, 토리사사미텐 자루(鶏ささみ天ざる, 닭가슴살 자루 우동) 1,250엔, 교 카레 우동(京カレーうどん) 1,100엔, 츠치고보 텐푸라(土ゴボウ天プラ, 우엉튀김) 500엔 시영 버스 5번 도부츠엔마에(動物園前) 정류장에서 하차 후 도보 2분/지하철 토자이선 히가시야마역(東山駅) 1번 출구에서 도보 15분 11:00~16:00, 토 & 일, 공휴일 11:00~17:00, 목 & 넷째 수 휴무 075-744-1876, 075-751-0677 京都市左京区岡崎南御所町34 35.014285, 135.784879

02

## 블루 보틀 교토 카페 ブルーボトルコーヒー 京都カフェ

간사이 지역 1호점

'개인의 향기가 묻어나는 커피 체인'을 콘셉트로 내세워 2002년 미국 오클랜드에서 출발한 커피 전문점. 교토 지점은 일본의 8호점이자 간사이 지역의 1호점으로, 2018년 3월 28일 난젠지 참배로 근처에 자리한 100여 년 전 2층 고택 두 채를 보수해 문을 열었다. 건물 한 채는 관련 물품과 원두를 판매하는 상점으로, 다른 한 채는 카페로 운영 중이다. 상점에는 원두와 오리지널 아이템, 교토 한정 상품을 판매하며, 대형 유리창으로 꾸며 자연광이 잘 드는 시원한 카페 공간에서는 사계절의 아름다움을 즐기며 커피를 마실 수 있다. '커피계의 애플'이라는 애칭까지 얻은 블루 보틀은 교토에서도 하늘색 병이 그려진 로고를 인증하는 여행자의 발길이 끊이지 않는다.

카페라테 657엔, 에스프레소 577엔, 블렌드 드립 커피 594엔~ 시영 버스 5번의 난젠지·에이칸도미치(南禅寺·永観堂道) 정류장에서 도보 10분 09:00~18:00 京都府京都市左京区南禅寺草川町64 35.011429, 135.789528

03

## 오멘 긴카쿠지 본점 おめん 銀閣寺本店

교토 츠케 우동의 선구자

1967년 긴카쿠지 부근에 문을 연 우동 전문점으로, 면을 육수에 찍어 먹는 츠케 우동을 교토에서 가장 먼저 선보인 곳이다. 특히 이곳의 면은 첨가물 없이 일본산 밀로만 반죽해 구수한 향과 쫀득쫀득한 식감을 자랑한다. 인기 메뉴는 상호를 그대로 가져온 오멘. 가다랑어포로 우린 진한 국물에 제철 채소와 우엉, 참깨, 최상품 다시마 등을 넣고 면을 찍어 먹는 메뉴다. 고명을 다 넣지 말고 조금씩 넣으며 맛을 조절하는 것이 맛있게 먹는 비결이니 참고하자.

오멘 1,350엔(보통), 1,460엔(대) 시영 버스 EX100·5·7·32·102·105·203·204번의 긴카쿠지미치(銀閣寺道) 정류장 월·화·수 11:00~18:30(마지막 주문 17:30), 금·토·일·휴일 11:00~21:00(마지막 주문 20:00) 075-771-8994 京都市左京区浄土寺石橋町74 omen.co.jp 35.026258, 135.795012

01

## 호호호자 서점 ホホホ座

책이 많은 기념품점?

이 서점에 대해 한 마디로 정의해달라는 질문에 점주는 '책이 많은 기념품점'이라 답했다고 한다. 정확하게 말하면 이곳은 서점이지만, 책뿐 아니라 기념품, 액세서리, 엽서, 생활용품, CD, 옷 등 다양한 상품까지 판매한다. 책보다 귀엽고 예쁜 상품이 많아서 더 눈길을 사로잡는 매력이 있다. 2층은 중고 서적과 자기로 만든 다기 등을 판매하는 공간으로, 1층과는 별도로 운영되는 독립 서점이다.

시조카와라마치(四条河原町) E 승강장 시영 버스 203번 킨린샤코마에(錦林車庫前) 정류장에서 도보 3분 1층 11:00~19:00(무휴), 2층 11:30~19:00(수 휴무, 부정기 휴무) 1층 075-741-6501, 2층 075-771-9833 京都市左京区浄土寺馬場町71 ハイネストビル1階·2階 hohohoza.com 35.023333, 135.792840

REAL GUIDE

# 빛나는 여행의 밤
# 라이트업 여행지

교토의 명소는 대부분 오후 4~5시가 지나면 문을 닫는다. 그러나 4월 벚꽃 시즌과 11월 단풍 시즌에는 수많은 관광지에서 밤의 운치를 더하는 라이트업 행사를 개최한다. 자연이 선사하는 아름다운 경치와 밤의 운치를 함께 만끽할 수 있는 라이트업 관광지를 소개한다. 라이트업을 진행하는 명소의 경우 낮에 방문했다 하더라도 야간에는 입장권을 다시 구매해야 한다.

## 단풍 라이트업과 마츠리

### 우메코지 공원 모미지 마츠리 梅小路公園 紅葉まつり

공원 내 150여 그루의 단풍나무와 소나무를 배경으로 펼쳐지는 환상적인 라이트업을 체험할 수 있다. 공원 중앙 연못 수면에 비치는 풍경을 배경으로 인생 사진 촬영에 도전해보자.

11월 중순~12월 초순/17:00~21:00 ¥ 600엔(아동 300엔)

### 아라시야마 모미지 마츠리 嵐山もみじ祭

가을철 전통 축제로 매년 11월 두 번째 일요일에 도게츠교 상류 부근에서 열린다. 오쿠라산 단풍의 아름다움에 감사하는 마음을 담아 이름을 적은 배를 띄운다. 강변에서 무악(巫樂), 교겐(狂言, 일본 희극의 일종), 가무 등 전통 공연도 열려 볼거리가 풍부하다.

11월 두 번째 일요일 10:00~

### 지슈 신사 모미지 마츠리 地主神社・もみじ祭り

키요미즈데라 일대 단풍의 아름다움을 축복하고 사랑의 결실을 기원하는 축제다. 검무, 부채춤, 단풍의 춤을 올리는 행사와 제가 진행된다.

11월 중순 특정일 14:00~

## 라이트업 일정 및 입장료

| 종류 | 명소 | 기간 | 시간 | 입장료 |
|---|---|---|---|---|
| 벚꽃 라이트업<br>桜ライトアップ | 니조성 | 3월 하순~4월 중순 | 18:00~21:00 | 월~목요일 1,600엔 /<br>금·토·일요일 2,000엔 |
| | 토지 | 3월 중순~4월 중순 | 18:30~21:00 | 1,000엔 |
| | 키요미즈데라 | 3월 중순~4월 초순 | 18:00~21:00 | 400엔 |
| | 쇼렌인 | 3월 초순~3월 중순<br>3월 하순~4월 초순<br>4월 하순~5월 초순 | 18:00~21:30 | 800엔 |
| | 코다이지 | 3월 초순~5월 초순 | 일몰~21:30 | 600엔 |
| | 히라노 신사 | 3월 하순~4월 중순 | 일몰~21:00 | 무료 |
| | 아라시야마 나카노시마 공원 | 3월 하순~4월 중순 | 일몰~22:00 | 무료 |
| | 마루야마 공원 | 3월 하순~4월 중순 | 일몰~24:00 | 무료 |
| 단풍 라이트업<br>紅葉ライトアップ | 토후쿠지(완전 예약제) | 11월 중순~12월 초순 | 일몰~19:30 | 2,800엔 |
| | 코다이지 | 10월 중순~12월 초순 | 17:00~22:00 | 600엔 |
| | 치온인 | 11월 초순~12월 초순 | 17:30~21:30 | 800엔 |
| | 에이칸도 | 11월 초순~12월 초순 | 17:30~21:00 | 600엔 |
| | 키요미즈데라 | 11월 중순~12월 초순 | 17:30~21:00 | 400엔 |
| | 다이카쿠지 | 11월 초순~12월 초순 | 17:30~20:30 | 900엔 |
| | 토지 | 10월 하순~12월 초순 | 18:30~21:30 | 1,000엔 |
| | 뵤도인(입장 3일 전까지<br>온라인 사전 예약) | 11월 하순 또는<br>12월 초순 특정일 | 18:30~21:30 | 1500엔 |
| | 키타노텐만구 | 11월 중순~12월 초순 | 일몰~20:00 | 1,200엔 |
| | 토후쿠지 탑두 쇼린지 | 11월 중순~12월 초순 | 일몰~19:00 | 600엔 |
| | 키부네 신사 | 11월 초순~11월 하순 | 일몰~20:30 | 무료 |
| | 모미지 터널 | 11월 초순~11월 하순 | 17:00~21:00 | 에이잔 전철 이용객 무료<br>(차창) |
| | 사가노 토롯코 열차 | 10월 중순~12월 초순 | 17:09 토롯코사가역 출발<br>17:40<br>토롯코카메오카역 출발 | 토롯코 열차 이용객 무료<br>(차창) |

REAL PLUS

# 고즈넉한 시골 마을
# 오하라
## 大原

오하라는 교토 북부의 고즈넉한 시골 마을로 교토역에서 버스로 약 1시간 거리다. 오래된 신사와 사찰이 무수히 자리한 정적인 분위기의 교토와 달리 따스한 정감이 넘치며, 히에이 산록으로 둘러싸인 자연경관이 아름다워 현지인들 사이에서도 관광 명소로 손꼽힌다. 보고 있으면 시간 가는 줄 모를 만큼 신비로운 이끼 정원과 자연이 선사한 액자 정원까지 볼거리 가득한 마을 오하라로 여행을 떠나보자.

### 이동하기

**교토역 - 오하라** 교토에키마에 버스 정류장 → (교토 버스 17번, 65분, 630엔) → 오하라

**기온 - 오하라** 시조카와라마치 버스 정류장 → (교토 버스 17번, 50분, 590엔) → 오하라

TIP

**오하라 여행 노하우**

교토 도심에서 오하라까지의 버스 왕복 요금은 1,180~1,260엔이므로, 오하라만 왕복한다고 하더라도 지하철·버스 1일 승차권(1,100엔)을 구입하는 것이 좋다.

## 호센인 宝泉院

자연이 만든 예술 작품

우리나라의 범패(불교 음악)와 유사한 불교 음악인 텐다이쇼묘(天台声明)의 전문 도량(불교에서 도를 닦기 위해 설정한 구역)으로 1013년에 창건된 천태종 사찰이다. 이곳이 유명해진 이유는 호센인의 중앙 무대라고 할 수 있는 반칸엔(盤桓園) 덕분이다. 서원의 기둥과 상부를 가로지르는 상인방이 자연스럽게 액자 모양을 갖추고 700여 년 역사의 일본 천연 기념물인 교토 3대 오엽송(五葉の松)을 담아 움직이는 액자를 보고 있는 듯한 기분이 든다. 마루에 박힌 작은 대나무에 귀를 기울이면 우물로 떨어지는 물방울 소리가 들리는 스이킨쿠츠도 구경할 수 있다. 입장료에 간단한 다과 세트가 포함되어 있으니 따뜻한 차를 마시며 살아 있는 정원을 감상해보자.

¥ 성인/중고생/초등생 900/800/700엔(다과 세트 포함) 교토 버스 17번 탑승 후 오하라(大原) 정류장에서 하차, 도보 15분 京都市左京区大原勝林院町187 09:00~17:00 075-744-2409 hosenin.net 35.12133, 135.83398

## 산젠인 三千院

익살스러운 지장보살이 극락으로 안내하는

입구의 '산젠인몬제키(三千院門跡)' 비석이 말해주듯 황족들이 주지를 지낸 몬제키 사원으로 8세기 말에서 9세기 초에 창건되었다. 성곽을 연상시키는 높은 돌담에 둘러싸인 관문 고텐몬(御殿門)을 시작으로 손님을 맞이하는 전각 가쿠덴(客殿), 연못 정원이 아름다운 슈헤키엔(聚碧園), 주요 법회가 이뤄지는 신덴(宸殿), 산젠인을 가장 유명하게 만든 이끼 정원이 이어지는 유세이엔(有清園), 극락정토를 표현한 오조고쿠라쿠인(往生極楽院), 3m 높이의 관음상이 안치된 간논도(観音堂)가 자리하고 있다. 특히 신덴에서 오조고쿠라쿠인으로 향하는 길에 펼쳐진 이끼 정원과 곳곳에서 익살스러운 표정으로 여행객을 맞는 지장보살들은 마치 극락정토로 안내하듯 신비로운 분위기를 내뿜는다.

¥ 성인/중고생/초등생 700/400/150엔
교토 버스 17번 탑승 후 오하라(大原) 정류장에서 하차, 도보 10분 京都市左京区大原来迎院町540 08:30~17:00(3월~12월 7일), 09:00~16:30(12월8일~2월)
075-744-2531 sanzenin.or.jp
35.1197, 135.83433

SECTION

D

# 킨카쿠지

KINKAKUJI 金閣寺

킨카쿠지를 중심으로 교토 서부를 여행할 계획이라면, 킨카쿠지-료안지-묘신지 순서로 돌아보는 것이 효율적이다. 킨카쿠지 일대는 도보와 버스를 적절히 혼용해 돌아보면 훨씬 편하고 빠르게 여행을 즐길 수 있는 만큼, 미리 버스 노선을 익혀두는 것이 좋다.

## ACCESS

### 주요 이용 패스

- **오사카에서 이동** 교토-오사카 관광 패스, 간사이 레일웨이 패스, JR 간사이 미니 패스
- **교토 내에서 이동** 지하철·버스 1일권

### 교토역에서 가는 법

**교토에키마에 정류장**

시영 버스 205번 ⓒ40분 ¥230엔

**킨카쿠지미치 정류장**

### 카와라마치, 기온에서 가는 법

**시조카와라마치 정류장**

시영 버스 12·59·205번
ⓒ37분 ¥230엔

**킨카쿠지미치 정류장**

**한큐 교토카와라마치역**

한큐 교토선 ⓒ5분 ¥170엔,
사이인역 하차

**니시오지시조 정류장**

시영 버스 205번 ⓒ17분 ¥230엔

**킨카쿠지미치 정류장**

킨카쿠지
상세 지도
SEE
EAT
SHOP
01 킨카쿠지
01 곤타로 킨카쿠지점
02 료안지
리츠메이칸 대학교
03 닌나지
토요우케차야 02
료안지
토지인
키타노하쿠바이초
묘신지
N
W
E
S

01

## 킨카쿠지 金閣寺

유네스코 세계 문화유산에 빛나는 교토의 상징

화려한 금빛 누각이 인상적인 킨카쿠지는 교토를 대표하는 상징물로 정식 명칭은 로쿠온지(鹿苑寺)다. 가마쿠라 시대에 저택으로 지었으며, 1397년 쇼군 아시카가 요시미쓰가 별장으로 사용하기 위해 개축했다. 요시미쓰 사후 그의 유언에 따라 로쿠온지 선종 사찰로 바뀌었지만 금박을 입힌 3층 사리전이 유명세를 타면서 '킨카쿠지(금각사)'라는 이름으로 불리게 되었다. 기타야마 문화를 상징하는 3층 누각은 층마다 건축 양식이 다른데, 특히 금박을 씌워 화려함을 더한 3층 구쿄초(究竟頂)가 가장 유명하다. 킨카쿠지는 교토를 초토화시킨 15세기 오닌의 난에도 별다른 피해를 입지 않았으나 1950년 한 사미승이 불을 지르면서 소실되어 1955년에 재건했다. 화려한 금빛 누각이 녹아든 정원을 보고 있노라면 염원이 현실이 된 듯한 기분이 든다.

¥ 고등학생 이상 500엔, 중학생 이하 300엔
시영 버스 12·59·204·205번 탑승 후 킨카쿠지미치(金閣寺道) 정류장에서 하차, 도보 5분
京都市北区金閣寺町1 09:00~17:00
075-461-0013 shokoku-ji.jp/kinkakuji/ 35.03937, 135.72924

02

## 료안지 龍安寺

카레산스이 정원의 정수

1450년 무사 호소카와 가쓰모토가 귀족 후지와라의 별장을 개조해 세운 선종 임제종 사찰이다. 1467년부터 10년에 걸친 오닌의 난과 1797년 화재 등으로 건물 대부분이 소실되었으며, 본당인 방장과 일부 건물만 보전되어 있다. 중요 문화재로 지정된 방장은 1797년 화재 후 세이겐인(西源院)에서 옮겨온 것으로, 방장을 나서면 료안지의 대표 볼거리인 카레산스이(枯山水) 정원이 등장한다. 넓게 펼쳐진 흰 모래 위로 섬을 의미하는 15개의 돌이 동서 방향으로 무리지어 배치되어 무한한 우주를 그리고 있다. 어디에서 보든 돌은 14개만 보일 뿐 1개는 보이지 않는데, '인간은 불완전한 존재'라는 선종의 메시지를 전하고 있다.

¥ 성인 600엔, 고등학생 500엔, 중학생 이하 300엔 🚶 시영 버스 59번 탑승 후 료안지마에(竜安寺前) 정류장에서 하차
📍 京都市右京区龍安寺御陵下町13 🕓 08:00~17:00, 12~2월 08:30~16:30 ☎ 075-463-2216 🏠 www.ryoanji.jp
35.03449, 135.71826

03

## 닌나지 仁和寺

교토에서 가장 늦게 벚꽃이 피는 곳

교토 서쪽 일대는 헤이안 시대부터 경치가 좋기로 유명해 왕족과 귀족들의 별장이 많았다. 당시 귀족들은 미타 신앙으로 귀의해 산장을 절로 개조하고는 했는데, 이곳 역시 코코 일왕이 아미타 삼존을 모시기 위해 지은 사찰이 시초다. 코코 일왕 사후 888년 우다 일왕은 금당에 당시 연호인 '닌나'를 붙여 '다이나이산 닌나지(大内山仁和寺)'라 이름 짓고 이곳의 첫 번째 몬제키(황족, 귀족 승려)가 되었다. 이후 약 1,000년간 왕족들이 절의 주지를 이어받는 몬제키 사원으로 이어져 오다 1467년에 오닌의 난으로 파괴되었으며, 그로부터 150년 뒤 도쿠가와 이에미쓰가 재건했다. 내부에는 약사여래불이 안치된 레이메이텐(霊明殿), 국보로 지정된 본존 아미타여래가 있는 콘도(金堂) 등 문화재가 많다. 교토에서 벚꽃이 가장 늦게 피는 곳으로도 잘 알려져 있으며 유네스코 세계 문화유산으로 지정되었다.

¥ [경내] 무료 [고덴] 성인 800엔, 고교생 이하 무료 [레이호칸(보물 전시실)] 성인 500엔, 고교생 이하 무료 [벚꽃 철] 성인 500엔, 고교생 이하 무료 🚶 시영 버스 10·26·59번 탑승 후 오무로닌나지(御室仁和寺) 정류장에서 하차 📍 京都市右京区御室大内33 🕓 3~11월 09:00~17:00, 12~2월 09:00~16:30
☎ 075-461-1155 🏠 ninnaji.or.jp 35.03109, 135.71381

01

## 곤타로 킨카쿠지점 京都 権太呂 金閣寺店

**'키누카케의 길'의 명소**

킨카쿠지와 료안지를 잇는 세계 문화유산 순환 코스로 유명한 '키누카케의 길'에 자리한 아담하고 소박한 식당이다. 인기 메뉴는 깊은 맛의 특제 육수와 부드러운 닭고기, 달걀이 어우러진 오야코동과 그릇의 반을 차지하는 커다란 새우튀김이 인상적인 덴푸라 소바다. 일본식 정원을 바라보며 교토 정통의 소바 맛을 즐길 수 있어 늘 붐빈다. 선물용 세트도 구입 가능하다.

오야코동(親子丼) 1,400엔, 니싱소바(にしんそば) 1,500엔, 텐푸라 소바(天ぷらそば) 1,650엔 시영 버스 12번 또는 59번 버스 탑승 후 키쿠카사소우몬초(衣笠総門町) 정류장 하차하면 바로 앞 京都市北区平野宮敷町26 11:00~21:30 (수 휴무) 075-463-1039 gontaro.co.jp 35.03609, 135.72909

02

## 토요우케차야 とようけ茶屋

**보드랍고 고소한 교토 두부 요리를 선보이는 곳**

손두부를 만들어 팔던 가게로 시작한 두부 전문 식당이다. 입에서 사르르 녹는 치즈처럼 보드라운 두부로 유명세를 얻었으며, 두부를 맛보기 위해 일본 전역에서 모여든 사람들로 언제나 북적인다. 교토의 다른 두부 전문점에 비해 가격도 저렴하고 키타노텐만구 바로 맞은편에 자리해 수학여행을 온 학생들도 많이 찾는다. 두부탕 정식인 유도후젠, 두부를 만들 때 생기는 막을 말린 '유바'를 올린 덮밥 나마유바동, 매콤한 두부덮밥 토요우케동 등을 맛볼 수 있다.

유도후젠(湯豆腐膳) 1,540엔, 나마유바동(生湯葉丼) 1,243엔, 토요우케동(とようけ丼) 1,056엔 시영 버스 10·50·101·102·203번 탑승 후 키타노텐만구마에(北野天満宮前) 정류장에서 하차, 도보 1분 京都市上京区今出川通御前西入紙屋川町822
식당 11:00~14:30, 두부 판매 09:00~17:30(목 휴무, 월2회 추가 부정기 휴무, 홈페이지에서 확인 가능) 075-462-3662
www.toyoukeya.co.jp 35.02781, 135.7356

SECTION

# 아라시야마

## ARASHIYAMA 嵐山

과거 일본 귀족들의 별장지로 유명한 아라시야마는 사계절 모두 아름답지만 특히 봄의 벚꽃과 가을 단풍이 근사하다. 만일 이 시기에 여행을 계획한다면 일정을 여유롭게 잡고 둘러보는 것이 좋다. 아라시야마의 번화가에서 떨어져 있는 곳을 방문할 경우 한큐 아라시야마역에서 유료로 대여해주는 자전거를 이용하길 권한다.

### ACCESS

**주요 이용 패스**

- **오사카에서 이동** 간사이 레일웨이 패스, JR 간사이 미니 패스
- **교토 내에서 이동** 지하철·버스 1일권, 간사이 레일웨이 패스

**교토역에서 가는 법**

**교토역**
JR 산인 본선 15분 ¥240엔
**사가아라시야마역**

**카와라마치에서 가는 법**

**시조카와라마치**
시영 버스 11번 55분 ¥230엔
**아라시야마텐류지마에 정류장 하차**

**한큐 교토카와라마치역**
한큐 교토선 7분 ¥240엔
**카츠라역**
한큐 아라시야마선 7분
**한큐 아라시야마역**

# 아라시야마 **상세 지도**

다이카쿠지
교토부립 기타 사가고등학교
니손인
교토시립 사가초등학교
조잣코지
JR 사가아라시야마
토롯코 사가
05 노노미야 신사
토롯코아라시야마
04 치쿠린
우나기야 히로카와 01
란덴 사가
사가토우후 이네 02
텐류지 01
01 아라시야마 한나리홋코리스퀘어
란덴 아라시야마
호곤인
아라시야마 요시무라 03
02 도게츠교
아라시야마 공원 나카노시마 지구 03
한큐 아라시야마

**TIP**

❶ 한큐 아라시야마역과 JR 사가아라시야마역을 시작점으로 주요 명소인 도게츠교, 텐류지, 아라시야마 공원, 치쿠린, 노노미야 신사를 걸어서 둘러볼 수 있다.
❷ 아라시야마 깊숙이 위치한 다이카쿠지, 조잣코지, 니손인 등을 여행한다면 한큐 아라시야마역 앞에서 자전거를 대여하는 것이 편하다.
❸ 사가노 토롯코 열차와 호즈강 유람선은 시간 및 인원 제한이 있으므로 오전 일정으로 소화하는 것이 좋다. 특히 단풍철에는 예약 필수.

01

## 텐류지 天龍寺

700년 전 모습을 간직한 신비의 사찰

9세기에 사가 일왕의 왕비 다치바나노 카치코(橘嘉智子)가 창건해 궁궐로 사용하던 곳으로, 1339년 무로마치 막부의 장군 아시카가 다카우지(足利尊氏)가 고다이고 일왕의 명복을 빌고자 사찰로 건립했다. 건설 당시 고겐 일왕의 지원을 받았으나 건축 비용이 턱없이 부족해 그전까지 두절됐던 원나라와의 무역을 재개해 벌어들인 수익금으로 1344년에야 완공했다. 원래는 도게츠교, 카메야마 공원까지 포함해 150개의 사찰이 모여 있었지만, 무로마치 막부의 몰락과 오닌의 난으로 소실되었고, 메이지 시대에 현재의 모습으로 재건했다. 중요 종교 행사를 진행하는 법당, 완만한 곡선의 지붕과 흰 벽을 종횡으로 구분지은 외관, 현관에 달마도가 걸려 있는 구리(庫裏), 여덟 번의 화마를 피한 중요 문화재 석가모니상을 안치하고 있는 방장(方丈), 일본 최초의 특별 명승지로 지정된 소겐치 정원(曹源池庭園)이 유명하다. 유네스코 세계 문화유산 등재에 큰 역할을 한 소겐치 정원은 '한 방울의 물은 생명의 근원이며, 모든 사물의 근원'이라는 의미의 소겐치잇테키(曹源一滴)가 적힌 돌이 발견되면서 이 같은 이름이 붙었다. 700년 전에 무소 국사가 만든 당시 모습이 그대로 보존되어 있어 더욱 신비롭다.

¥ [정원] 고등학생 이상 500엔, 초·중생 300엔, 미취학 아동 무료, [사찰] 오호조+쇼인+다호덴 300엔, [법당 운용도 관람] 500엔 🚶 한큐 아라시야마역(嵐山駅)에서 도보 17분/JR 사가아라시야마역(嵯峨嵐山駅) 남쪽 출구에서 도보 15분/란덴 아라시야마역(嵐山駅)에서 도보 10분 📍 京都市右京区嵯峨天龍寺芒ノ馬場町68 🕓 정원 08:30~17:00(입장 마감 16:50), 사찰 08:30~16:45(입장 마감 16:30), 법당 09:00~16:30(입장 마감 16:20) 📞 075-881-1235 🏠 www.tenryuji.com 📡 35.01564, 135.67374

02

## 도게츠교 渡月橋

달이 건너는 다리

호즈강을 잇는 150m 길이의 2차선 다리로 아라시야마의 대표 명소로 꼽힌다. 헤이안 시대 초기 도쇼(道昌)라는 승려가 처음 다리를 놓았으며, 소실과 재건이 반복되다 17세기 초 스미노쿠라 료이(角倉了以)라는 거상이 현재의 위치로 다리를 옮겼다. 밤에 이곳을 지나던 카메야마 일왕이 다리 위에 뜬 달을 보고, "어둠 하나 없는 달이 강을 건너가는 것과 닮았도다(くまなき月の渡るに似る)"라고 하여 이 같은 이름이 붙여졌다. 이른 아침 물안개가 피어오르는 모습이 장관으로 꼽히며 봄에는 벚꽃, 가을엔 단풍 명소로 유명하다.

한큐 아라시야마역(嵐山駅)에서 도보 8분/JR 사가아라시야마역(嵯峨嵐山駅)에서 도보 18분
京都府京都市右京区嵯峨中ノ島町 35.01287, 135.67774

03

## 아라시야마 공원 나카노시마 지구 嵐山公園 中之島地区

아라시야마 최고의 경승지

개천과 강에 둘러싸인 공원으로 도게츠교를 건너기 전에 있다. 10.6ha 규모의 부지에 가메야마 지구(亀山地区), 나카노시마 지구(中ノ島地区), 린센지 지구(臨川寺地区)로 나뉘어 있다. 오쿠라산의 남동부에 위치한 카메야마 지구는 적송을 중심으로 벚나무, 단풍나무, 야생 철쭉 등이 군락을 이루고 있으며 광장, 휴게소, 전망대, 어린이 광장 등이 있어 산책 후 휴식을 취하기 좋다. 나카노시마 지구는 봄이면 벚꽃을 구경하려는 사람들로 붐비는 곳으로 낚시를 즐기는 사람도 많다. 린센지 지구는 노송을 주목으로 벚나무, 단풍나무가 어우러져 아름다운 풍경을 자아낸다.

한큐 아라시야마역(嵐山駅)에서 도보 5분/JR 사가아라시야마역(嵯峨嵐山駅)에서 도보 20분
京都府京都市右京区嵯峨中ノ島町 075-701-0101 35.01213, 135.67782

04

## 치쿠린 竹林

대나무 숲 사이로 보이는 파란 하늘

잡지, 방송, 영화 등 각종 매체에 자주 등장하는 아라시야마의 명소다. 치쿠린은 '대숲'이라는 뜻으로, 대나무가 늘어선 오솔길이 노노미야 신사에서부터 일본 명배우 오코치 덴지로가 30년 동안 가꾼 정원 오코치 산소까지 이어져 있다. 하늘을 향해 뻗은 20~30m 높이의 대나무들이 길가를 빼곡히 메우며 터널을 이루는데, 대나무 사이로 보이는 파란 하늘과 잎 사이로 들어오는 햇살을 보고 있노라면 일상에 지친 몸과 마음이 자연스레 치유되는 듯하다. 세계 각국의 여행자들로 늘 붐비는 곳이니, 아라시야마의 첫 코스로 둘러보거나 라이트업으로 신비로운 분위기를 자아내는 저녁에 방문하는 것을 추천한다.

JR 사가아라시야마역(嵯峨嵐山駅)에서 도보 15분/한큐 아라시야마역(嵐山駅)에서 도보 25분 京都市右京区嵯峨小倉山田淵山町 35.01717, 135.67197

05

## 노노미야 신사 野宮神社

〈겐지 이야기〉의 주 무대

다른 유명 사찰에 비해 규모는 작지만 일본의 고전 소설 〈겐지 이야기〉를 비롯한 여러 문학 작품에 등장하는 이곳은, 손으로 문지르면 1년 안에 소원이 이뤄진다는 오카메이시(お亀石, 거북 돌)와 소원을 적은 종이를 물에 띄워 글자가 모두 녹아 사라지면 소원이 성취된다는 샘물 벤자이 텐(弁財天)이 있다. 인연을 이어준다는 엔무스비의 신사로도 유명해 연인들의 발길 역시 끊이지 않는다.

¥ 경내 무료 JR 사가아라시야마역(嵯峨嵐山駅) 남쪽 출구에서 도보 10분/한큐 아라시야마역(嵐山駅)에서 도보 20분 京都府京都市右京区嵯峨野々宮町1 nonomiya.com 35.01779, 135.67418

01

## 우나기야 히로카와 うなぎ屋 廣川

미쉐린 1스타 장어 요리의 맛

미쉐린 1스타에 빛나는 장어 전문점으로 1967년 문을 열었다. 텐류지 근처에 위치한 헤이세이 시대의 다실풍 건물에 들어서 있으며, 1층에서는 사계절 모습을 달리하는 정원, 전석 예약제인 2층에서는 시원하게 펼쳐진 아라시야마 산경을 감상할 수 있다. 시즈오카, 아이치, 가고시마 등에서 매일 공수한 장어와 사가노 명수를 사용한다. 여기에 탁월한 조리 기술, 비법 소스, 숯과 불을 조절하는 기술까지 더해 최고의 맛을 선보인다.

우나기동(うなぎ丼) 3,100엔, 우나주(うな重) 3,900엔 JR 사가아라시야마역(嵯峨嵐山駅) 남쪽 출구에서 도보 8분/란덴 아라시야마역에서 도보 4분/시영 버스 11·28·93번 탑승 후 텐류지(天龍寺) 정류장에서 하차, 도보 2분/교토 버스 92·94번 탑승 후 텐류지(天龍寺) 정류장에서 하차, 도보 2분 京都市右京区嵯峨 天龍寺北造路町44-1 11:00~15:00(주문 마감 14:30), 17:00~21:00(주문 마감 20:00, 월 휴무) 075-871-5226(2층 좌석 예약금 3,000엔) unagi-hirokawa.jp 35.01696, 135.67727

02

## 사가토우후 이네 嵯峨とうふ 稲

궁극의 비법 두부

1984년 카페로 시작한 두부 요리 전문점으로 본관과 북관 두 곳을 운영하고 있다. 질 좋은 재료와 전통 비법으로 만든 일본 과자와 두부 요리를 선보인다. 인기 메뉴인 손두부와 유바는 엄선한 콩과 교토의 명수를 사용해 매장에서 직접 만든다. 2024년 4월 현재 본점은 내부 공사로 인해 임시 휴업 중이며, 북점은 정상 영업한다. 또한 전 지점 신용카드는 이용할 수 없으며, 현금 결제만 가능하다.

아라시야마 요리(嵐山御膳) 2,180엔, 사가 요리(嵯峨御膳) 1,980엔, 유바 도넛(湯葉ドーナッツ) 200엔, 유바 소프트아이스크림 500엔 란덴 아라시야마역(嵐山駅)에서 도보 1분 [본점] 京都市右京区嵯峨天龍寺造路町19, [북점] 京都市右京区嵯峨天龍寺北造路町46-2 11:00~18:00 075-864-5313(북점만 예약 가능) kyo-ine.com/tofu [본점] 35.015827, 135.677267 [북점] 35.017287, 135.676987

03

## 아라시야마 요시무라 嵐山よしむら

도게츠교를 바라보며 소바를 먹을 수 있는

100% 메밀로 만드는 구수한 소바를 선보이는 곳으로 〈미쉐린 가이드〉에도 소개되었다. 2층에 자리를 잡으면 도게츠교의 아름다운 경치를 감상하며 소바를 먹을 수 있어 늘 손님이 많다. 식후 차로 진한 면수가 나오는 것도 특징이다. 한국어 메뉴판도 있다.

도게츠 정식(渡月膳) 2,160엔, 아라시야마 정식(嵐山膳) 1,740엔, 새우튀김 소바(海老天そば) 1,600엔 한큐 아라시야마역(嵐山駅)에서 도보 8분/JR 사가아라시야마역(嵯峨嵐山駅) 남쪽 출구에서 도보 15분 京都市右京区嵯峨天龍寺芒ノ馬場町3 오프 시즌(オフシーズン) 11:00~17:00, 관광 시즌(観光シーズン) 10:30~18:00 075-863-5700 www.yoshimura-gr.com 35.01364, 135.67726

01

## 아라시야마 한나리홋코리스퀘어 嵐山 はんなりほっこりスクエア

천으로 만든 화사한 기둥

'여행자에게 편안한 휴식을'이라는 콘셉트로 만든 복합 시설이다. 치쿠린을 연상시키는 3,000그루의 대나무와 500개의 전구가 중앙 광장을 물들이며 환상적인 분위기를 자아낸다. 이곳의 가장 큰 볼거리는 기모노 천 유젠(友禅)으로 만든 기모노 포레스트(キモノフォレスト)다. 600개의 기둥이 숲을 형상화하며 교토 특유의 화사하고 고고한 빛을 연출한다. 시설에 자리한 족욕탕 에키노아시유(駅の足湯, 250엔)에서는 여행으로 지친 다리의 피로를 풀며 피부 개선에 효험이 있다고 알려진 아라시야마 온천수를 체험할 수 있다.

란덴 아라시야마역(嵐山駅)에서 연결 京都市右京区嵯峨天竜寺造路町20-2 1층·3층 10:00~18:00, 2층 11:00~18:00 075-873-2121 kyotoarashiyama.jp 35.01522, 135.67771

REAL GUIDE

# 아라시야마를 즐기는 가장 멋진 방법!
# 호즈강

## 호즈가와쿠다리 保津川下り

산악 풍경 속 유유자적 즐기는 뱃놀이

카메오카에서 아라시야마까지 16km 길이의 산간 협곡을 2시간에 걸쳐 운행하는 관광 유람선이다. '내려간다'는 뜻의 가와쿠다리(川下り)는 호즈강의 수류를 이용해 교토와 오사카에 물자를 운송하는 배를 의미한다. 강의 흐름은 잔잔한 편이지만 기암괴석이 나타나 급류가 생기는 구간도 있어 래프팅의 짜릿함도 느낄 수 있다. 사시사철 아름다움을 뽐내는 산악의 풍경 아래서 즐기는 유유자적한 뱃놀이는 신선놀음이 따로 없다. 보통 뱃사공은 3명이나 바람과 수량에 따라 4~5명으로 늘어나기도 한다. 2시간의 뱃놀이를 제대로 즐기려면 토롯코 열차를 이용해 카메오카로 이동한 후 호즈가와쿠다리를 이용해 아라시야마 도게츠교 선착장으로 돌아오는 코스를 추천한다. 클룩, 마이리얼트립 등에서도 예약 가능하다.

¥ 성인 6,000엔, 4세~초등학생 4,500엔 JR 카메오카역(亀岡駅) 북쪽 출구에서 도보 10분 亀岡市保津町下中島2 월~금 09:00·10:00·11:00·12:00·13:00·14:00·15:00, 주말 부정기 운항/12월 9일~3월 9일 10:00·11:30·13:00·14:30 0771-22-5846(예약 전화) www.hozugawakudari.jp 35.0172, 135.58685

## 사가노 토롯코 열차 嵯峨野トロッコ列車

호즈 강변을 따라 달리는 관광 열차

토롯코(トロッコ)는 호즈 강변 7.3km을 달리는 관광 열차로, 소형 광산 열차를 개조해 사용하고 있다. 시속 25km로 달리는 열차 안에서 풍경을 즐길 수 있는데, 경치가 뛰어난 곳에서는 느긋하게 감상할 수 있도록 운행 속도를 줄인다. 5량의 객차는 나무 의자와 갓 없는 전구 등 빈티지한 느낌이 강하며, 5호차인 리치호(ザ·リッチ号)는 창문이 없고 천장이 투명해 시원한 바람과 햇살을 만끽할 수 있다. 토롯코 사가역을 출발해 토롯코 아라시야마, 토롯코 호즈쿄, 토롯코 카메오카역까지 운행하며 전석이 지정석이다. 호즈쿄역을 제외한 토롯코역과 JR 서일본 매표소에서 예매가 가능하며, 홈페이지에서 잔여석 확인이 가능하다. 벚꽃철과 단풍철은 예매 경쟁이 엄청나며, 인기가 대단한 리치호 승차권은 탑승 당일, 사가노 철도 창구에서만 구매 가능하다.

¥ 880엔, 초등학생 이하 440엔 🚶 JR 사가아라시야마역(嵯峨嵐山駅) 남쪽 출구 바로 옆 토롯코 사가역(トロッコ嵯峨駅)/한큐 아라시야마역(嵐山駅)에서 도보 25분 🕓 토롯코 사가역 발→토롯코 카메오카 방면 10:02~16:02(1시간 간격), 토롯코 카메오카역 발→토롯코 사가역 방면 10:30~16:30(1시간 간격) *운행 스케줄을 홈페이지에서 미리 확인할 것 📞 075-861-7444 🏠 sagano-kanko.co.jp 📍 35.01857, 135.68077

# 녹차와 〈겐지 이야기〉를 만나는 곳

# 우지

## UJI 宇治

우지는 우지바시를 기준으로 JR 우지역과 케이한 우지역으로 나누어 여행하는 것이 좋다. JR 우지역에서 출발해 뵤도인, 다이호안 순으로 돌아보고 우지바시를 건너 케이한 우지역으로 이동한 후에는 우지가미 신사, 겐지 박물관 등을 둘러보자. JR 우지역과 시영 다실 다이호안 바로 옆에 위치한 관광안내소와 우지시 관광협회 홈페이지에서 한글 지도를 받아볼 수 있다.

### ACCESS

**주요 이용 패스**

- **오사카에서 이동** 교토-오사카 관광 패스, 간사이 레일웨이 패스, JR 간사이 미니 패스
- **교토 내에서 이동** JR 간사이 미니패스, 간사이 레일웨이 패스, 케이한 교토 관광 패스 1일권

**교토역에서 가는 법**

○ JR 교토역

JR 나라선 25분 ¥240엔

○ JR 우지역

## 뵤도인 平等院

10엔에 새겨진 교토의 세계 문화유산

1052년 후지와라노 미치나가의 시골 별장을 아들 후지와라노 요리미치가 불교 사원으로 개축했다. 전란 등으로 대부분의 건물이 소실되어 현재는 봉황당, 관음당, 종루만 남아 있다. 1053년에 세운 봉황당은 뵤도인의 핵심으로 현실 세계에 출현한 극락정토를 표현하고 있으며, 8척(2.43m) 높이의 아미타여래 좌상이 안치되어 있다. 이곳의 문화적 중요성을 기념하는 의미로 10엔 동전에는 봉황당, 1만 엔 지폐에는 봉황당의 지붕에 장식된 봉황이 새겨져 있다. 연못 건너편에서 봉황당을 바라보면 본존불의 얼굴과 봉황당 건물이 수면에 비치며 최고의 절경을 자아낸다.

¥ [정원+호쇼칸] 성인 700엔, 중고생 400엔, 초등학생 300엔 [봉황당 내부 관람] 300엔(별도) 🚶 JR 우지역(宇治駅) 1번 출구, 케이한 우지역(宇治駅)에서 도보 10분 📍 宇治市宇治蓮華116 🕓 [정원] 08:30~17:30 [호쇼칸] 09:00~17:00 [봉황당] 09:30~16:10(접수 09:00부터 20분당 50명씩 입장) 📞 0774-21-2861 🏠 byodoin.or.jp 📍 34.88929, 135.80767

## 우지가미 신사 宇治上神社

우지 7대 명수의 유일한 명맥이 자리한

일본에서 가장 오래된 신사로 원래는 뵤도인 근처에 있었으나 메이지 시대에 분리되어 지금 자리로 옮겨졌다. 우지노와키 이라츠코(菟道雅郎子) 태자가 형에게 왕위를 양보했지만 형이 거절하자 투신해 목숨을 끊은 그의 혼을 달래기 위해 지은 것이 시초. 우지 7대 명수 중 유일하게 지금까지 물이 솟아나는 기리하라미즈(桐原水)도 볼 수 있다.

¥ 무료 🚶 케이한 우지역(宇治駅)에서 도보 10분/JR 우지역(宇治駅) 1번 출구에서 도보 20분 📍 宇治市宇治山田59 🕓 08:30~17:00 📞 0774-21-4634 📍 34.89206, 135.81143

## 우지바시 宇治橋

일본에서 가장 오래된 다리

세타의 가라하시(唐橋), 야마자키바시(山崎橋)와 함께 일본에서 가장 오래된 3대 교량 중 하나다. 전란과 잦은 홍수로 훼손되었다가 1996년 3월 현재의 모습으로 재시공되었다. 다리 중간에 있는 산노마(三の間)는 도요토미 히데요시에게 찻물을 떠서 바치던 곳으로, 매년 10월 첫 번째 일요일에는 이곳에서 명수를 떠올리는 우지차 축제가 열린다. 다리에 자리한 여인상은 〈겐지 이야기〉를 쓴 작가 무라사키 시키부로 해당 작품에도 다리가 등장한다.

🚶 케이한 우지역(宇治駅)에서 도보 1분/JR 우지역(宇治駅) 1번 출구에서 도보 7분 📍 34.89294, 135.80624

# 동서양의 매력이 공존하는 도시

# 고베

일본과 서양의 분위기가 절묘한 조화를 이루는 고베는 간사이에서 가장 세련된 도시로 꼽힌다. 아름다운 고베항 야경을 비롯해 고베규, 빵과 케이크 등 동서양을 아우르는 다양한 먹거리는 물론 아리마 온천 같은 일본 최고의 휴양 시설과 일본에서 가장 아름다운 히메지성까지, 다채로운 즐길 거리가 기다린다.

01

# 오사카에서 고베 시내로 이동하기

### 고베산노미야역 도착

한신 오사카우메다역 大阪梅田駅 → 한신 본선 ⓒ30분 ¥330엔 → 고베산노미야역 神戸三宮駅

오사카난바역 大阪難波駅 → 한신 난바선 ⓒ40분 ¥420엔 → 고베산노미야역 神戸三宮駅

### 히메지역 도착

JR 오사카역 大阪駅 → 신쾌속 히메지행 ⓒ65분 ¥1,520엔 → 히메지역 姫路駅

한신 오사카우메다역 大阪梅田駅 → 직통 특급 ⓒ98분 ¥1,320엔 → 산요 히메지역 山陽姫路駅

# 고베 시내에서 이동하기

**시티루프 버스**
City Loop Bus

고베의 주요 명소를 순회하는 관광버스다. 정류장은 총 16곳이며 모토마치 상점가, 키타노이진칸, 하버랜드 등을 지난다. 산노미야와 키타노이진칸이나 하버랜드 사이는 도보로도 충분히 이동할 수 있으니 참고하자.

**교통 패스 구입**

**시내 이동을 위해 구입할 티켓**

**시티루프 버스 1일 승차권** 1일 3회 이상 시티루프 버스를 이용할 경우 구입하는 것이 유리하다. 가격은 700엔, 차 내(고액권 불가)에서 구입할 수 있다. 그 외 판매처와 노선 등은 홈페이지(kobecityloop.jp/kr)를 참고하자.

고베
상세 지도
SEE
EAT
SHOP
02 누노비키 허브엔
01 키타노이진칸
06 후로인도리브
03 스타벅스 이진칸점
파티스리 그레고리코레
04
05 나시무라 커피
라브뉘 03
고베규 스테키 이시다 02
01 그릴 잇페이
산노미야
JR 산노미야
한신 고베산노미야
이쿠타로드 04
토아웨스트 01
한큐 고베산노미야
산노미야·하나도케마에
겐초마에
한신 모토마치
09 모리야쇼텐
보에키센터
05 모토마치 상점가
10 사카에마치도리
한큐 하나쿠마
06 난킨마치
미나토모토마치
요쇼쿠노 아사히
07
08 파티스리 몽푸류
한신 니시모토마치
고베 포트타워
10
포트터미널
08 메리켄파크
09 스타벅스 메리켄파크점
우미에 모자이크
07
12 에그스 앤드 싱즈
JR 고베
02
11 빅쿠리동키
한큐·한신
코소쿠고베
고베 하버랜드
우미에
하버랜드
N
W
E
S

# 고베 1일 추천 코스

고베는 보통 오사카에서 당일 여행으로 다녀온다.
고베의 필수 명소를 모두 돌아볼 수 있는 1일 코스부터 알아보자.

**06:50 오사카난바역**

아마가사키역 尼崎駅(20분) ➤ 산요히메지역 山陽姫路駅(1시간 50분, 1,410엔) ➤ 도보 13분

**09:00 히메지성**

도보 9분

**11:10 야마사 카마보코**

도보 6분

**11:20 세키신**

산요히메지역 山陽姫路駅 ➤ 한신 고베산노미야역 神戸三宮駅(1시간 5분, 990엔) ➤ 도보 15분

**14:00 키타노이진칸, 스타벅스 이진칸점**

도보 6분

**15:30 파티스리 그레고리코레**

도보 20분

**17:00 모토마치 상점가, 난킨마치**

도보 8분

**18:00 사카에마치도리**

도보 11분

**19:00 스타벅스 메리켄파크점**

도보 16분

**20:00 빅쿠리동키 or 애그스 앤드 싱즈**

도보 1분

**21:00 하버랜드 야경 감상**

도보 15분

**22:30 한신 코소쿠고베역**

한신 코소쿠고베역 高速神戸駅 ➤ 아마가사키역 尼崎駅(30분) ➤ 오사카난바역 大阪難波駅(20분, 550엔)

**23:30 오사카난바역**

**교통비** 약 3,000엔(한신·산요 시사이드 1day 티켓 2,400엔 이용기준), 간사이 레일웨이 패스 이용시 무료

**입장료** 약 1,650엔 **식비** 약 3,500엔

**총 예산 약 7,200~9,700엔**

SECTION

# 산노미야
SANNOMIYA 三宮

JR, 한큐, 한신, 지하철이 모두 운행하는 고베의 교통 허브다. 포트라이너를 이용하면 고베 공항과도 직접 연결되며, 효고현 곳곳은 물론 여러 외곽 지역과 연결되는 고속버스터미널도 자리해 있다. 산노미야역을 중심으로 고베규 전문점을 비롯한 수많은 음식점과 상점이 늘어서 있으며, 산노미야 북쪽에는 메이지 시대의 교역항으로 외국인이 모여 살던 마을 키타노이진칸이 있다.

## ACCESS

### 주요 이용 패스

시티루프 버스 1일 승차권, JR 간사이 미니 패스

### 오사카에서 가는 법

**간사이 국제공항**
1층 리무진 정류장 6번
공항 리무진 약 65분 ¥2,200엔
**산노미야역**

**한큐 오사카우메다역**
한큐 고베선 30분 ¥330엔
**고베산노미야역**

**오사카난바역**
한신 난바선 40분 ¥420엔
**고베산노미야역**

01

## 키타노이진칸 神戸北野異人館

고베 속 작은 유럽

메이지 시대 개항 후 외국인이 모여 살던 곳으로, 말 그대로 '북쪽 언덕에 있는 외국인의 집'이라는 뜻이다. 한때 유럽풍 건물 200여 채가 모여 있어 '작은 유럽'이라 불렸지만 제2차 세계대전과 태평양 전쟁으로 사람들이 떠나면서 지금은 30여 채만 남아 있다. 건물은 박물관, 미술관, 바 등으로 개조해 활용하고 있지만 외관, 내부 모두 예전 모습을 간직하고 있어 무척 근사하다. 마음에 드는 건물만 골라 입장료를 내고 관람하거나, 입구 안내소에서 여러 건물 입장권이 묶여 있는 통합 티켓(세트권)을 구입해 둘러볼 수 있다.

한큐 고베산노미야역(神戸三宮駅)에서 도보 10분/시티루프 버스 키타노이진칸(北野異人館) 정류장에서 하차 09:00~ 18:00(건물마다 다름) 神戸市中央区山本通2丁目3
www.kobeijinkan.com 34.700737, 135.190790

02

## 누노비키 허브엔 布引ハーブ園

일본 최대의 허브 공원

200여 종 75,000가지 허브를 감상할 수 있는 초대형 공원으로 일본 최대 규모를 자랑한다. 계절별로 얼굴을 달리하는 허브와 꽃을 만날 수 있으며 다양한 이벤트도 열린다. 일반적인 관람 코스는 신고베역 근처에서 로프웨이를 타고 정상으로 올라가 허브 정원을 구경하면서 내려오는 것이다. 박물관, 온실, 상점, 레스토랑을 갖췄으며 주말에는 늦은 시간까지 개장해 야경을 즐기기에도 좋다. 연인의 데이트와 가족 나들이 장소로도 많은 사랑을 받는 곳이다.

한큐 고베산노미야역(神戸三宮駅)에서 도보 20분/JR 신고베역(新神戸駅)에서 도보 2분 10:00~17:00 (여름 야간 개장) ¥ 주간 편도 성인 1,400엔, 아동 700엔, 주간 왕복 성인 2,000엔, 아동 1,000엔, 야간 왕복 성인 1,500엔, 아동 950엔(17:00 이후 왕복권만 판매) 078-271-1160 神戸市中央区北野町1-4-3 www.kobeherb.com 34.704667, 135.193833

03

## 스타벅스 이진칸점 スターバックス 神戸北野異人館店

고풍스러운 건물에서 커피 한잔의 여유

1907년 건설된 미국인 소유의 2층짜리 목조 주택에 자리한 스타벅스 지점이다. 1995년 고베 대지진으로 피해를 입은 후 철거될 예정이었으나 고베시가 기증받아 2001년 현재 위치로 옮겼다. 오늘날에는 많은 관광객에게 필수 방문 코스로 알려져 고풍스럽게 꾸민 실내 공간에서 커피를 마시는 이들로 붐빈다. 1층은 대형 홀이고 2층에는 개성 넘치게 장식한 방이 여러 개 있다. 인기가 높아 자리를 잡기는 다소 어렵지만 거리가 내려다보이는 테라스석도 있다.

한큐 고베산노미야역(神戸三宮駅) 동쪽 출구에서 키타노이진칸 방향으로 도보 11분 08:00~22:00 ¥아메리카노 475엔 078-230-6302
神戸市中央区北野町3-1-31
34.699806, 135.190222

04

## 이쿠타로드 生田ロード

진짜 고베의 맛이 궁금하다면

이쿠타로드는 오사카의 도톤보리에 비견되는 고베의 대표 먹자골목이다. 좁은 도로 양옆으로 수많은 상점이 늘어서 있으며 골목마다 음식점이 빼곡히 들어서 있다. 도큐핸즈, 돈키호테와도 가까워 쇼핑을 즐기기에도 좋다. 이쿠타로드 우측에 위치한 이쿠타 신사(生田神社)는 일본 신토에서 가장 높은 신으로 통하는 태양신 아마테라스를 모시는 신사로 201년에 건축되었다. 이곳은 부활의 신사로도 유명한데, 창건 이후 홍수, 전쟁, 지진을 겪을 때마다 재건되었기 때문이다. 현재는 고베 시민의 기도 장소이자 고베 민속예술단의 공연이 펼쳐지는 전통 문화의 장으로 이용된다.

한큐 고베산노미야역(神戸三宮駅) 서쪽 출구에서 도보 7분 상점마다 다름 神戸市中央区下山手通2丁目-10-2 34.693417, 135.191167

01

## 그릴 잇페이 グリル一平

### 원조 규카츠의 참맛

신카이치에 본점을 둔 유서 깊은 경양식점. 한신 아와지 지진 당시 큰 피해를 입어 폐점 위기였을 때 단골손님이 사비로 가게를 다시 지어준 사연으로도 유명하다. 대표 메뉴는 두꺼운 안심을 튀긴 헤레비후카츠로, 도쿄에서 인기를 모으는 규카츠의 원조로 꼽힌다. 미디엄레어로 익힌 고기와 소스의 궁합이 최고!

헤레비후카츠(ヘレビフカツ) 100g 2,400엔 한큐/한신 고베산노미야역((神戸三宮駅), JR 산노미야역(三ノ宮駅)에서 도보 4~6분 11:00~15:00(마지막 주문 14:30), 17:00~20:30(마지막 주문 20:00) 수 휴무 神戸市中央区琴ノ緒町5-5-26 サンハイツ三宮1F 34.695935, 135.194957

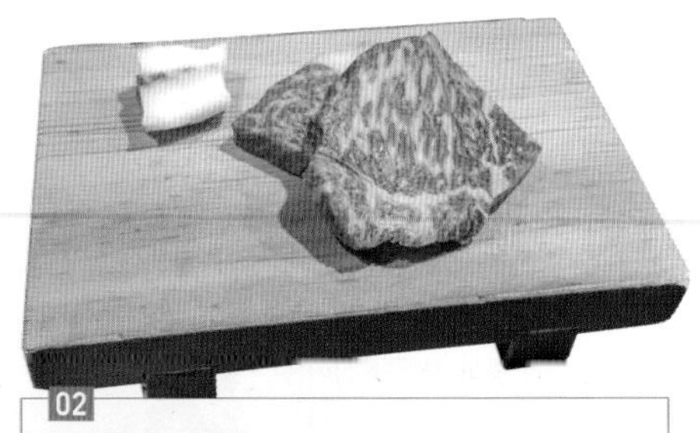

02

## 고베규 스테키 이시다 神戸牛ステーキishida

### 철판 스테이크를 저렴하게

고급 고베규에서부터 타지마규 스테이크와 햄버그 런치 코스를 저렴하게 판매하는 철판 스테이크 전문점. 다양한 코스가 있어 예산에 맞춰 선택할 수 있다. 타지마규와 고베규는 같은 소이고 마블링의 상태에 따라서 분류되는 것이므로 상대적으로 저렴한 타지마규를 선택하는 것도 괜찮다.

고베규 런치 코스(神戸牛コース) 110g 11,700엔 한큐/한신 고베산노미야역(神戸三宮駅) 도보 4분, JR 산노미야역(三ノ宮駅)에서 도보 2분 11:30~15:00 & 17:00~21:30, 화 휴무 神戸市中央区北長狭通1-21 TAKAIビル 3F 07-8599-7779 www.kobe-ishidaya.com(한국어 홈페이지에서 예약 가능) 34.694213, 135.192513

03

## 라브뉘 L'Avenue ラヴニュー

### 세계 최고 수준의 초콜릿과 케이크

토아로드 북쪽의 인기 케이크 전문점. 세 가지 초콜릿을 섞어 만든 '모드'가 대표 메뉴인데, 한두 시간 안에 완판될 만큼 인기가 대단하다. 다른 인기 케이크도 보통 전날 예약해야 한다. 2009년 세계 초콜릿 마스터 대회 우승자였던 장 본인이 만든 세계 최고 수준의 초콜릿도 꼭 맛보자.

모드(モード) 840엔 한큐 고베산노미야역(神戸三宮駅) 서쪽 출구에서 도보 10분 10:30~18:00, 수 & 부정기 화 휴무 78-252-0766 (예약 후 찾아가기 가능) 神戸市中央区山本通3-7-3 ユートピア·トーア1F lavenue-hirai.com) 34.695889, 135.186806

04

## 파티스리 그레고리코레

パティスリー グレゴリー・コレ

### 프랑스인 파티셰의 케이크

모토마치 상점가에서 2018년 키타노자카로 이전해 케이크와 차를 즐기는 공간으로 다시 태어났다. 대표 케이크인 앱솔루는 정통 초콜릿 케이크의 맛, 아방가르드는 화이트 초콜릿에 상큼한 맛을 더한 것이다.

앱솔루(アプソリュ) 732엔 한큐/한신 고베산노미야역(神戸三宮駅) 동쪽/서쪽 출구에서 도보 10/12분 1층 숍 10:30~18:30, 수 휴무, 2층 카페 12:00~18:00 078-200-4351 神戸市中央区山本通2-3-5 gregory-collet.com 34.697573, 135.190187

05

## 니시무라 커피

키타노자카점 にしむら珈琲店 北野坂店

### 일본 최초 회원제 커피숍

니시무라 커피 키타노자카점은 원래 회원제로만 운영하던 고급 커피숍이었다. 일반 커피숍과 다르게 조용한 분위기에서 차별화된 서비스를 받고 싶어하던 고베 상류층을 사로잡기 위해서였다. 내부 공간에는 옛 모습이 그대로 남아 있고, 메뉴판부터 찻잔과 식기까지도 궁전에 와 있는 듯 화려함이 묻어난다. 1층은 카페로 2층은 프렌치 레스토랑으로 운영한다. 2층에만 휴식 시간이 있으니 참고하자.

니시무라 오리지널 블렌드(にしむらオリジナルブレンド) 700엔, 케이크 세트(ケーキセット) 1,550엔 한신/한큐 고베산노미야역(神戸三宮駅) 서쪽/동쪽 출구에서 도보 12/7분 1층 10:00~22:00, 2층 11:00~14:30 & 17:00~20:30 078-242-2467 神戸市中央区山本通2-1-20 34.698339, 135.191122

06

## 후로인도리브 フロインドリーブ

### 옛 교회에서 즐기는 독일식 빵과 커피

1929년에 건축한 고베 유니언 교회 건물을 1층은 베이커리로, 2층은 카페로 개조해 1997년 문을 열었다. 1층에서는 정통 독일식 빵과 쿠키를 구입할 수 있고, 2층에서는 로스트 비프 샌드위치 같은 브런치 메뉴를 즐길 수 있다. 런치에는 한정 수량으로 판매하는 샌드위치 세트가 있어 대기표를 뽑고 기다려야 한다. 2층으로 올라가는 입구에 있으니 미리 표를 받아놓자.

런치(ランチ) 1,650엔(월~금 한정 판매), 커피 550엔 한큐 고베산노미야역(神戸三宮駅)에서 도보 19분/지하철 세이신야마테선 신고베역(新神戸駅)에서 도보 10분/시티루프 버스 신고베(新神戸) 정류장에서 도보 10분 10:00~18:00(런치 메뉴 11:30~14:00), 수 휴무 078-231-6051(평일에만 예약 가능) 神戸市中央区生田町4-6-15 2F freundlieb.jp 34.700805, 135.195157

01

## 토아웨스트 トーアウエスト

### 간사이에서 가장 세련된 고베 패션

간사이에서 가장 세련된 패션을 추구하는 것으로 알려진 고베 여성이 즐겨 찾는 패션 거리다. 행정 구역으로 따로 나뉘어 있진 않지만 통상적으로 토아로드 서쪽으로 의류 상점과 개성 넘치는 편집숍이 몰려 있는 구역을 토아웨스트로 부른다. 트렌드를 이끄는 거리 패션을 구경하고 상점을 둘러보는 것만으로도 즐거운 곳.

한신 모토마치역(元町駅) 동쪽 출구에서 도보 4분/한큐 고베산노미야역(神戸三宮駅) 서쪽 출구에서 도보 6분 10:00~22:00(상점마다 다름) 神戸市中央区北長狭通3丁目11 34.691934, 135.188639

# 모토마치 상점가

고베의 베이 에어리어는 모토마치역에서 하버랜드가 있는 고베역까지 이어진 남쪽 항구 지역을 가리키는데, 그중에서도 모토마치 상점가는 고베의 최대 상점 구역이다. 일본에서 가장 오래된 차이나타운 중 하나인 난킨마치와 카페 골목인 사카에마치도리에 들러 길거리 음식과 호젓한 산책을 즐겨보자.

## ACCESS

### 주요 이용 패스

JR 간사이 미니 패스, 시티루프 버스 1일 승차권

### 오사카에서 가는 법

**간사이 국제공항**
1층 리무진 정류장 6번
공항 리무진 ⓒ약 65분 ¥2,200엔
**산노미야역**

**오사카역**
고베 신쾌속 ⓒ21분 ¥420엔
**모토마치역**

**오사카난바역**
한신 난바선 ⓒ20분 ¥420엔
**아마가사키역**
한신 본선 ⓒ27분
**모토마치역**

05

## 모토마치 상점가 元町商店街

베이 에어리어를 대표하는 상점가

센터 스트리트와 대로를 사이에 두고 마주보고 있는 베이 에어리어의 대표적인 번화가로, 에도 시대부터 간사이 최대의 관문으로서 명성을 이어왔다. 센터 스트리트가 생활 밀착형 상점 위주로 구성되어 있다면 이곳은 식당가, 케이크점, 카페는 물론 다수의 브랜드 상점이 들어서 있으므로 좀 더 세련된 분위기를 원한다면 이 구역으로 가보자. 오랜 역사를 지닌 상점도 많아 과거와 현재가 공존하는 고베 특유의 분위기를 제대로 느낄 수 있다.

JR 모토마치역(元町駅), 한신 모토마치역(元町駅)에서 도보 1분 상점마다 다름
神戸市中央区元町通6丁目2-17 34.688861, 135.189361

06

## 난킨마치 南京街

일본의 3대 차이나타운

규슈의 나가사키, 간토의 요코하마와 더불어 일본에서 가장 오랜 역사를 지닌 차이나타운으로 꼽힌다. 규모 면에서는 셋 중 가장 작지만 차이나타운의 활기찬 분위기를 느끼기에는 충분하다. 모토마치 상점가 바로 아래쪽 블록에 길게 형성되어 있어 찾아가기에도 쉽다. 수많은 상점 가운데에서도 만두 전문점 료쇼키(老祥記)는 꼭 들러보자. 551 호라이 만두의 원조로 꼽히는 곳으로 일대에서 가장 긴 줄이 늘어서 있어 금방 찾을 수 있을 것이다. 만두 외에도 다양한 길거리 음식을 접할 수 있는 곳인 만큼 식사를 하지 않고 방문하는 것을 추천!

JR 모토마치역(元町駅), 한신 모토마치역(元町駅)에서 도보 5분 상점마다 다름 神戸市中央区元町通1丁目3-18 nankinmachi.or.jp 34.688210, 135.18811

07

## 요쇼쿠노 아사히 洋食の朝日

**고베에서 가장 유명한 경양식**

경양식은 고베의 유명한 먹거리 중 하나다. 이곳은 개점 전부터 긴 줄이 늘어서는 인기 경양식집으로, 주메뉴는 비프카츠다. 모토무라 규카츠 같은 유명 전문점과는 달리 화로가 따로 없고 데미글라스 소스를 뿌려주는데, 질 좋은 소고기를 사용해 씹을 때마다 고소한 향이 퍼지는 맛이 일품이다.

비프카츠(ビフカツ) 1,800엔, 치킨카츠(チキンカツ) 1,200엔, 크림 크로켓(クリームコロッケ) 1,200엔 한큐 코소쿠고베선 니시모토마치역(西元町駅)에서 도보 4분 월~금 11:00~15:00, 주말 휴무 神戸市中央区下山手通8-7-7 34.685083, 135.178833

08

## 파티스리 몽푸류 モンプリュ

**부드럽고 상큼한 케이크**

아기자기하고 편안한 분위기의 케이크점. 대표 메뉴인 퓌 다무르(Puits d'amour, ピュイ·ダムル)는 구운 설탕 아래 부드러운 크림을 듬뿍 얹은 크림 케이크로, 단맛이 조금 강하지만 빵 안에 든 오렌지가 상큼하게 맛의 균형을 잡아준다. 모토마치와 난킨마치를 구경하다 잠시 쉬고 싶을 때 들러보자.

퓌 다무르(ピュイ・ダムール) 580엔, 몽블랑(モンブラン) 700엔 한신 모토마치역(元町駅)에서 도보 7분 10:00~18:00, 화 & 부정기 수 휴무 078-321-1048 神戸市中央区海岸通3丁目1-17 www.montplus.com 34.686222, 135.186806

09

## 모리야쇼텐 森谷商店

**최고의 정육점에서 만든 명물 크로켓**

143년 역사를 자랑하는 고베 최고의 정육점으로, 난킨마치에서 모토마치로 이전했다. 직영 농장이 있고, 일본 왕실에도 납품했던 만큼 최고 품질의 고기를 자랑한다. 이곳의 유명세를 더욱 키운 것이 바로 최상급 소고기로 만든 크로켓인데, 반드시 맛봐야 할 명물이니 놓치지 말자.

민치카츠(ミンチカツ) 170엔, 크로켓(コロッケ) 110엔, 에비카츠(エビカツ) 200엔 한신 모토마치역(元町駅)에서 도보 3분 10:00~20:00(튀김 10:30~19:30) 078-391-4129 神戸市中央区元町通1丁目7番2号 34.689167, 135.189361

10

## 사카에마치도리 栄町通

**유서 깊은 건물이 즐비한 카페 골목**

1868년 최초의 미국 영사관이 있던 고베유센 빌딩, 1929년 지어진 구 거류지 38번관 등 근현대 건축물이 즐비한 색다른 분위기의 카페 골목이다. 비스트로, 갤러리 등 골목마다 개성 만점 상점이 가득하고 아기자기한 고베의 일상까지 엿볼 수 있으니 여유롭게 산책할 만한 매력적인 거리를 찾고 있다면 이곳으로 가자. 이 거리 옆으로 이어지는 유명 패션 거리 오츠나카도리(乙仲通)도 함께 돌아보자.

한신 모토마치역(元町駅) 동쪽 출구에서 도보 10분 神戸市中央区栄町通 34.686016, 135.184175

SECTION

# 하버랜드

HARBORLAND
ハーバーランド

고베항 일대를 일컫는 하버랜드는 비교적 넓지 않은 구역에 음식점, 쇼핑가, 볼거리가 밀집해 있어 고베에 머무는 시간이 짧은 여행자가 방문하면 좋다. 고베항과 고베 포트타워, 해양박물관 같은 다양한 명소가 있고 밤이 되면 고베를 대표하는 야경까지 감상할 수 있다.

## ACCESS

### 주요 이용 패스

JR 간사이 미니 패스, 시티루프 버스 1일 승차권

### 오사카에서 가는 법

**간사이 국제공항**
1층 리무진 정류장 6번
공항 리무진 약 65분 ¥2,200엔
**산노미야역**

**오사카역**
고베 신쾌속 27분 ¥460엔
**고베역**

**오사카난바역**
한신 난바선 20분 ¥420엔
**아마가사키역**
한신 본선 27분
**모토마치역**

07

## 우미에 모자이크 umieモザイク



고베 하버랜드에 자리한 대형 쇼핑센터로, 노스몰과 사우스몰로 구성되어 있다. 여유로운 실내 공간과 유럽풍 야외 공간에 다양한 상점과 음식점이 입점해 있고 특히 2층 식당가는 고베항 방면으로 나 있어 야경 감상 장소로 활용해볼 만하다. 우리나라 어린에게도 인기가 많은 호빵맨박물관도 이곳에 있다. 저렴하면서 실용성 있는 상점 3코인즈 플러스, 다양한 캐릭터 상품을 만날 수 있는 키디랜드, 산리오 기프트게이트, 스누피 타운 숍, 동구리 공화국 등이 모여있어 상점을 둘러보기만 해도 즐겁다.

JR 고베역(神戸駅)에서 도보 5분/지하철 하버랜드역(ハーバーランド駅)에서 도보 5분/한신·한큐 코소쿠고베역(高速神戸駅)에서 도보 10분 10:00~22:00(매장마다 다름) 神戸市中央区東川崎町1丁目6-1
umie.jp 34.680250, 135.184250

08

## 메리켄파크 メリケンパーク

### 고베 시민의 휴식처

하버랜드 오른쪽에 자리한 메리켄파크는 고베 개항 120주년인 1987년 방파제 매립지에 조성한 해양공원이다. 낮에는 시원한 바닷바람을 쐬며 산책과 운동을 즐길 수 있고, 밤에는 아름다운 고베항 야경을 감상할 수 있어 현지인과 여행자 모두에게 사랑받는 공원이다. 유람선 선착장인 포트터미널, 고베 포트타워, 고베 해양박물관과 지진 메모리얼 파크에서도 가까워 일대를 수월하게 둘러볼 수 있다. 최근 'BE KOBE' 조형물과 스타벅스 메리켄파크점이 생기면서 사진 촬영 포인트로도 인기다.

한큐 하나쿠마역(花隈駅)에서 도보 12분/JR·한신 모토마치역(元町駅)에서 도보 15분/지하철 카이간선 미나토모토마치역(みなと元町駅)에서 도보 5분 神戸市中央区波止場町2
34.682111, 135.188639

09

## 스타벅스 메리켄파크점 スターバックスコーヒー 神戸メリケンパーク店

야경과 함께 즐기는 커피 한잔

2017년 간사이에 문을 연 스타벅스 두 곳이 화제가 되었는데 하나는 교토의 니넨자카점, 다른 하나는 바로 이곳 고베 메리켄파크점이다. 야경 명소로 유명한 하버랜드의 맞은편, 고베 포트타워와 고베 해양박물관 옆에 문을 열어 모자이크 방면 야경을 감상하기에 훌륭한 위치이기 때문이다. 세련되고 현대적인 외부 디자인도 인상적이고 대형 통유리로 조성되어 있어 고베항의 모습을 감상하기에 이보다 더 완벽한 장소는 없다. 특히 모자이크가 보이는 2층 창가 자리는 만석인 경우가 많다.

¥ 아메리카노 톨 사이즈 475엔 🚶 한신 모토마치역(元町駅)에서 도보 15분/고베 시티루프 버스 메리켄파크(メリケンパーク) 정류장에서 도보 1분 🕒 07:30~22:00 📍 神戸市中央区波止場町2-4
🌐 34.681622, 135.188482

10

## 고베 포트타워 神戸ポートタワー

강렬한 자태를 뽐내는 고베의 랜드마크

고베항의 대표 상징물로 꼽히는 고베 포트타워는 1963년에 건립한 108m 높이 전망탑이다. 일본의 전통 북을 연상시키는 형태로 '철탑의 미녀'라는 별명을 얻었다. 낮에는 강렬한 붉은색이 시선을 사로잡고 밤에는 7,040개의 LED조명이 빛을 발하며 매력을 더한다. 내부에는 20분마다 한 바퀴씩 회전하는 카페와 음식점, 전망대가 있다. 광섬유 별자리가 반짝이는 5층 내부의 천장도 찾아보자. 360도 오픈된 공간에서 풍경을 즐길 수 있는 옥상 데크를 추가해 2024년 4월 리뉴얼 오픈했다.

🚶 한큐 하나쿠마역(花隈駅)에서 도보 12분/JR·한신 모토마치역(元町駅)에서 도보 15분/지하철 카이간선 미나토모토마치역(みなと元町駅)에서 도보 5분 🕒 09:00~23:00, 카페·레스토랑 월~금 11:00~21:00, 토~일 11:00~22:00 ¥ 전망 플로어+옥상 데크 성인 1,200엔, 중학생 이하 500엔 / 전망 플로어 성인 1,000엔, 중학생이하 400엔, 미취학 아동 무료
📞 078-391-6751 📍 神戸市中央区波止場町5-5
🌐 34.682583, 135.186694

11

## 빅쿠리동키 びっくりドンキー

### 최고의 야경 명소로 꼽히는 레스토랑

일본 전역에 퍼져 있는 햄버그스테이크 전문 체인 레스토랑. 오래된 자동차, 농기구, 가전제품 등 개성 있는 소품으로 장식한 실내 공간이 유쾌한 분위기를 선사한다. 햄버그스테이크와 사이드 메뉴도 다양하게 갖췄고 가격 또한 적당해 메리켄파크와 고베 해양박물관, 고베 포트타워로 이어지는 하버랜드 전망을 감상하며 느긋한 식사를 즐기기에 완벽한 공간이다.

치즈바그디쉬(チーズバーグディシュ) 970엔, 퐁듀풍 치즈바그스테이크(フォンデュ風チーズバーグステーキ) 1,130엔 JR 고베역(神戸駅)에서 도보 5분/지하철 하버랜드역(ハーバーランド駅)에서 도보 5분/한신 코소쿠고베역(高速神戸駅)에서 도보 10분 09:00~23:00(마지막 주문 20:30) 078-366-6808 神戸市中央区東川崎町1丁目6-1 神戸ハーバーランドモザイク2F www.bikkuri-donkey.com 34.679412, 135.184987

12

## 에그스 앤드 싱즈 하버랜드점 エッグスンシングス

### 고베에서 만나는 하와이 No.1 카페

팬케이크, 오믈렛, 크레이프를 선보이는 브런치 카페. 하와이를 여행한 사람이라면 가보지 않은 이가 없을 만큼 유명한 브랜드 카페로, 일본 전역에 지점이 있다. 목재로 모던하고 깔끔하게 꾸민 실내 공간과 바닷바람을 맞으며 휴식할 수 있는 야외 테라스 테이블을 갖췄다. 빅쿠리동키 바로 옆에 위치한 모자이크의 또 다른 야경 명소로 꼽힌다.

에그베네딕트(エッグスベネディクト) 1,518엔~, 오믈렛(オムレツ) 1,353엔~ JR 고베역(神戸駅)에서 도보 5분/지하철 하버랜드역(ハーバーランド駅)에서 도보 5분/한신·한큐 코소쿠고베역(高速神戸駅)에서 도보 10분 09:00~21:00 078-351-2661 神戸市中央区東川崎町1-6-1 umieモザイク 2F eggsnthingsjapan.com 34.679889, 135.184778

02

## 고베 하버랜드 우미에 神戸ハーバーランド umie

### 넓고 쾌적한 공간에서 쇼핑도 하고 야경도 보고

2013년 문 연 고베 최대 규모 쇼핑몰로, 고베항의 야경 명소인 모자이크와 이어져 있다. '바다, 도시, 사람'을 콘셉트로 패스트패션 매장과 레스토랑 등 약 225개점이 들어서 있다. 북관(North Mall)과 남관(South Mall) 둘로 나뉜 각 몰의 중앙은 넓은 통로와 유리 천장 덕분에 아주 시원하고 쾌적한 분위기를 선사한다. 프랑프랑, 유니클로, 자라, H&M GU, GAP, 무인양품, ABC-MART, 토이저러스 등 세계적으로 유명한 브랜드 매장이 많아 취향대로 골라 쇼핑을 즐기기에도 최고다.

한큐·한신 코소쿠고베역(高速神戸駅)에서 하버랜드 방향으로 도보 10분 10:00~22:00(상점마다 다름) 神戸市中央区東川崎町1丁目7番2号 34.679524, 135.182257

SECTION

D

# 히메지성

WHITE HERON CASTLE

姬路城

히메지의 대표 관광지인 히메지성은 JR 히메지역과 산요 히메지역에서 도보로 20분이면 갈 수 있다. 하루 동안 히메지와 고베를 모두 여행하는 경우에는 히메지를 오전에 보고, 고베는 오후 및 야경 위주 일정으로 구성하는 것이 좋다. 우메다에서 출발해 고베와 히메지를 하루 동안 여행할 예정이라면 한신·산요 시사이드 1day 티켓(阪神・山陽 シーサイド1dayチケット, 2,400엔을 구입하면 유리하다.

## ACCESS

### 주요 이용 패스

간사이 레일웨이 패스, 한신·산요 시사이드 1day 티켓, JR 웨스트레일 패스

### 오사카에서 가는 법

**JR 신오사카역**

토카이도 산요 신칸센
29분 ¥3,280엔(자유석)

**히메지역**

**JR 오사카역**

신쾌속 히메지행 65분 ¥1,520엔

**히메지역**

**한신 오사카우메다역**

직통 특급 98분 ¥1,320엔

**산요 히메지역**

11

## 히메지성 姫路城

일본에서 가장 아름다운 성

히메지성은 새하얀 천수각이 백로가 날아가는 모습을 닮았다고 하여 '백로의 성'으로도 불린다. 400년 동안 피해를 전혀 받지 않은 덕분에 옛 모습이 그대로 보존되어 있어 역사적 가치 또한 매우 높다. 일본에서 가장 아름다운 성으로 꼽히며, 벚꽃이 피는 4월과 단풍이 지는 11월에 방문하면 더욱 기억에 남는 절경을 만끽할 수 있다. '히메지성 대발견(姫路城大発見)'이라는 애플리케이션을 이용하면 성 곳곳에 설치된 AR 간판을 통해 히메지성에 얽힌 다양한 역사와 전설을 애니메이션과 동영상으로 볼 수 있다. 히메지역에서는 시티루프(210엔) 또는 택시를 이용해 성으로 이동하는 것이 좋다. 히메지성 일대를 순환하는 시티루프 버스를 1일간 무제한 탑승할 수 있는 히메지성 루프 1일권(600엔)을 구입하면 천수각 입장료도 20% 할인받을 수 있다.

JR 또는 산요 히메지역(姫路駅)에서 도보 20분/히메지성 시티루프 또는 신키버스 히메지조오오테몬마에(姫路城大手門前) 정류장에서 하차 09:00~17:00(마지막 입장 16:00), 12월 29~30일 휴무 ¥ 성인/초·중·고생 1000/300엔, 히메지성+코코엔 자유 이용권 1,050/360엔 姫路市本町68 079-285-1146
www.himejicastle.jp 34.839459, 134.693906

12

## 코코엔 好古園

에도 시대 정취를 간직한 정원

히메지성 서쪽, 영주의 저택에 조성한 1만 평 규모의 정원으로 발굴 당시의 모습을 그대로 살려 1992년 개원했다. 세토나이카이(瀨戶內海, 혼슈 서부와 규슈, 시코쿠에 둘러싸인 내해)의 풍경을 표현한 오야시키 정원(御屋敷の庭)을 비롯해 좌우의 전망이 인상적인 와타리로카(渡り廊下), 단풍이 아름다운 나츠키 정원(夏木の庭), 근사한 겨울 풍경을 자아내는 츠키야마치센 정원(山池泉の庭) 등 총 9개 정원으로 조성되어 있으며, 에도 시대 건축 양식이 보존되어 있어 사극 촬영지로도 인기가 높다. 천수각 입장료에 50엔만 추가하면 이곳까지 함께 돌아볼 수 있다.

JR 히메지역(姫路駅)에서 도보 20분/한신 산요히메지역(山陽姫路駅)에서 도보 20분/히메지 시티루프 히메지조오오테몬마에(姫路城大手門前) 정류장 하차 후 도보 5분 09:00~17:00(마지막 입장 16:30), 12월 29~30일 휴무 ¥ **코코엔** 성인 310엔, 고등학생 이하 150엔, **히메지성 천수각+코코엔 통합 입장권** 성인 1,050엔, 고등학생 이하 360엔 079-289-4120 姫路市本町68
himeji-machishin.jp/ryokka/kokoen 34.837936, 134.689745

## 13 야마사 카마보코
오테마에점 ヤマサ蒲鉾 大手前店

### 히메지의 명물! 치즈 가득 치이카마도그

카마보코는 어묵과 비슷한 음식으로, 이곳에서 핫도그 안에 여러 치즈를 혼합해 넣고 튀겨 선보인 것이 인기를 얻게 되어 히메지의 명물로 자리 잡았다. 현지인은 누구나 좋아한다는 대표 간식이니 성으로 가는 길에 꼭 맛보자. 고소한 핫도그 반죽과 녹은 치즈 맛의 조화가 기가 막히다.

조카마치도그(城下町どっぐ) 200엔 산요히메지역(山陽姫路駅)에서 도보 7분 09:30~19:00 079-225-0033 姫路市二階町60 1F 34.831936, 134.692031

## 14 세키신 본점 赤心 本店

### 일본의 집밥은 이런 것?

모녀가 운영하는 70년 역사를 간직한 이 아담한 공간에서는 집밥의 맛을 느낄 수 있다. 대표 메뉴는 돈카츠, 톤지루(국), 밥으로 구성된 A세트. 돈카츠와 비법 소스의 맛이 아주 훌륭하고, 고기를 듬뿍 넣은 톤지루까지 맛보면 그 인심과 맛에 놀랄 것이다. 정성스럽고 훌륭하게 맛을 낸 오므라이스도 추천!

A세트(돈카츠, 밥, 톤지루) 1,430엔, 오므라이스(オムライス) 870엔 JR 히메지역(姫路駅) 북쪽 출구에서 도보 3분/산요 히메지역(山陽姫路駅)에서 도보 3분 11:00~15:00, 월 & 목 휴무 姫路市駅前町301 079-222-3842 34.828946, 134.692502

## 15 돈카츠 이와시로 とんかつ いわしろ

### 푸짐한 돈카츠 정식집

천 엔이면 든든하게 배를 채울 수 있는 메뉴와 정감 넘치는 분위기를 자랑하는 돈카츠 전문점. 특히 재치 있는 메뉴명이 독특한데, 새우튀김, 돈카츠, 치킨카츠에 달걀 간장 소스를 얹은 '삼각관계 이야기 정식'이 최고의 명물이자 인기 메뉴다.

삼각관계 이야기 정식(三角物語定食) 900엔, 축제 이야기 정식(お祭物語定食, 모둠 돈카츠) 1,800엔, 시어머니 vs 며느리 이야기 정식(嫁vs姑物語定食, 돈카츠+김치) 1,000엔 JR 히메지역(姫路駅) 동쪽 출구에서 도보 3분/한신 산요히메지역(山陽姫路駅)에서 도보 4분 11:30~15:00, 토 휴무 079-222-6516 姫路市駅前町303 34.828962, 134.692258

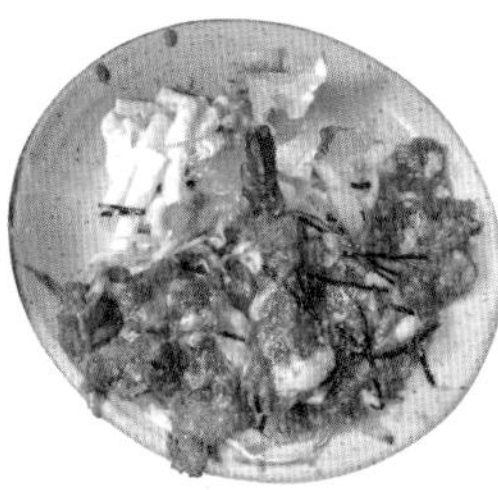

## 16 히메지멘테츠 姫路麺哲

### 하루 종일 줄이 늘어서는

유명 라멘 체인점 멘테츠의 히메지 1호점으로, 2015년 7월에 문을 열었다. 쇼유 라멘, 차슈쇼유 라멘, 쇼유 완탕, 차슈쇼유 완탕이 기본 메뉴다. 닭 뼈로 우려 담백하고 감칠맛 나는 국물에 직접 반죽해 쫄깃하고 매끈한 면발, 두툼하고 질 좋은 차슈가 조화를 이룬 훌륭한 맛을 자랑한다.

쇼유 라멘(醤油ラーメン) 900엔, 니쿠쇼유(肉醤油) 1,200엔 JR 히메지역(姫路駅) 북쪽 출구에서 도보 6분/한신 산요히메지역(山陽姫路駅)에서 도보 6분 11:30~15:00 & 17:30~21:00, 월 휴무 姫路市呉服町18 079-287-6909 34.830816, 134.693205

REAL PLUS

# 일왕들의 단골 온천지
# 아리마 온천
## ARIMA ONSEN 有馬温泉

일본에서 가장 오래된 온천 중 하나이자 3대 온천 중 하나로, 역대 일왕은 물론 전국을 통일했던 도요토미 히데요시와 그의 아내 네네가 즐겨 찾았던 곳이다. 아리마 온천에서는 적갈빛의 킨노유, 투명한 긴노유, 탄산을 함유한 탄산유 등 세 가지 온천수를 접할 수 있으며, 탄산천에서 나온 물로 만든 아리마 사이다와 탄산 전병 같은 별미도 맛볼 수 있다. 아리마 온천의 물은 요양 온천을 이루는 9가지 성분 가운데 유황천과 산성천을 제외한 7가지 성분을 포함하고 있으며 근처에 들어서 있는 료칸 역시 일본 최고 수준의 시설과 서비스를 자랑한다.

### 주요 이용 패스

아리마 온천 타이코노유 쿠폰, 간사이 레일웨이 패스

### 이동하기

**오사카에서 가는 법**

우메다 한큐 버스터미널 → (한큐 고속버스, 60분~, 1,400엔) → 한큐 버스 아리마 안내소

*** 타이코노유 패스 한신판을 소지한 경우**

오사카난바역大阪難波駅 → (한신 난바선 20분) → 아마가사키역尼崎駅 → (한신 본선 특급 20분) → 한신 고베산노미야역阪神神戸三宮駅 → (도보 3분) → 산노미야역三宮駅 → (시영 고베 지하철 10분) → 타니가미역谷上駅 → (고베 전철 15분) → 아리마온센역有馬温泉駅

**고베에서 가는 법**

고베산노미야역 앞 버스터미널 → (한큐 버스 or JR 버스, 50분, 710엔 or 35분 780엔) → 한큐 버스 아리마 안내소

## 타이코노유 온천 太閤の湯

### 아리마 온천의 최대, 최고 시설

아리마 온천 내에서도 최대 규모를 자랑하는 대표 온천. 실내탕, 노천탕, 사우나, 냉탕에 가족탕까지 갖추고 있으며 금탕, 은탕, 탄산천을 전부 이용할 수 있다. 이곳에는 타이코노유덴칸(太閤の湯殿館, 온천탕 유적)에 보존되어 있는 옛 온천이 그대로 재현되어 있는데, 특히 노천탕의 킨노유나 증기 온천 시설에서는 수백 년 전으로 시간 여행을 온 듯 색다른 경험을 할 수 있다. 한신 전철이나 한큐 전철과 묶인 패키지를 구입하면 조금 더 저렴하게 이용할 수 있다.

한큐 버스 아리마 안내소에서 도보 7분/아리마온센역(有馬温泉駅)에서 도보 10분 10:00~22:00(마지막 입장 21:00), 휴무일 홈페이지에서 미리 확인 ¥ 월~금 성인 2,750엔, 초등학생 1,239엔, 3~5세 440엔, 토~일 성인 2,970엔, 초등학생 1,430엔, 3~5세 550엔 078-904-2291 神戸市北区有馬町池の尻292-2 taikounoyu.com 34.797594, 135.251047

## 킨노유 온천 金の湯

### 저렴하게 즐기는 일본 최고의 온천

입장료가 아주 저렴한 시영 온천. '금빛 온천'이라는 이름과는 달리 철분 성분의 적갈색을 띠고 있는 킨노유는 고온의 나트륨 염화물 강염 온천이다. 요양 온천의 성분 9가지 중에서 7가지를 포함하고 있어 세계적으로도 희귀한 온천수이며 일본 최고의 온천수라는 평가를 받는다. 냉한 체질, 요통, 근육통, 관절통, 말초 순환 장애, 감염성 피부 질환, 만성 습진 등에 효과가 있으며, 염분과 메타규산이 피부를 부드럽게 하고 보습에도 도움을 준다고 한다.

¥ 한큐 버스 아리마 안내소에서 유모토자카 방향으로 도보 5분
08:00~22:00, 둘째 넷째 화 휴무
¥ 평일 성인 650엔, 주말 성인 800엔
神戸市北区有馬町833
arimaspa-kingin.jp
34.796819, 135.247891

## 유모토자카 湯本坂

아리마 온천의 천 년 역사를 품은 거리

아리마 온천의 번화가이자 유서 깊은 상점가에서 산책과 쇼핑을 즐겨보자. 구불구불하고 운치 있는 언덕길이 600m 정도 이어지고 자동차 한 대가 겨우 통과할 만큼 좁은 골목길을 따라 작은 상점과 음식점이 들어서 있다. 구두나 전병 같은 제품은 물론 아리마의 전통 죽제품, 인형이 나오는 붓 같은 특이한 물건도 찾을 수 있다. 유모토자카 안쪽에는 뜨거운 온천수가 나오는 텐진원천(天神泉源)이 있다.

한큐 버스 아리마 안내소에서 위로 직진 후 첫 번째 왼쪽 골목 神戸市北区有馬町1159
34.797111, 135.247389

## 아리마가와 신스이 공원 有馬川親水公園

롯코산의 아기자기한 공원

아리마역 부근에서 아리마 온천 단지 입구까지, 롯코산으로부터 내려오는 하천을 따라 조성된 공원이다. 물이 흐르는 모양 그대로 부드러운 곡선이 살아 있어 온천 방문객의 필수 기념 촬영 포인트다. 공원 위쪽에는 도요토미 히데요시의 아내인 네네(ねね)의 다리와 동상이 있는데, 네네는 아리마 온천을 자주 찾아 온천욕을 즐겼으며 온천 지구가 발전할 수 있도록 적극적으로 지원했던 것으로 알려져 있다.

아리마온센역(有馬温泉駅)에서 도보 5분/한큐 버스 아리마 안내소에서 도보 2분 24시간 神戸市北区有馬町1400 34.79875, 135.24694

## 소바 도산진 아리마점 蕎麦 土山人 有馬店

### 소바와 함께 술 한잔

간사이 최고의 부촌 아시야(芦屋)에서 출발한 소바 전문점으로, 선술집도 겸하고 있어 안주류도 잘 갖췄고 여름 한정 메뉴인 히야카케스다치 소바가 특히 인기 있다. 평소에는 메밀 함량이 높은 이나카 소바나 호소비키세이로를 주로 판매한다.

스다치소바(すだち蕎麦) 1,600엔, 아라비키이나카(粗挽き田舎) 1,100엔, 호소비키세이로(細挽きせいろ) 1,100엔 한큐 버스 아리마 안내소에서 도보 4분 11:00~15:00 &17:00~20:00, 수 휴무 050-5570-4435(예약) 神戸市北区有馬町1056 34.795951, 135.249564

## 미츠모리혼포 三津森本舗

### 아리마 온천의 탄산수로 만든 명물 전병

아리마의 대표 명물인 탄산 전병을 판매하는 곳. 온천에 요양 온 어린이나 노인이 먹기 쉽도록 탄산수로 전병을 만들면서 탄생했는데 현재는 온천 곳곳에 있는 매장에서 쉽게 발견할 수 있다. 옛 방식 그대로 천연 재료만으로 만들고 바삭한 식감과 고소한 맛도 훌륭하다.

아리마명산 테야키 탄산 센베이(有馬名産手焼き炭酸煎餅) 16개입 550엔 한큐 버스 아리마 안내소에서 유모토자카 방향으로 도보 2분 09:00~17:00 神戸市北区有馬町809 078-904-0106 tansan.co.jp 34.796676, 135.248286

## 타케나카 정육점 竹中肉店

### 고베규로 만든 크로켓과 규동

유모토자카를 따라 올라가다 보면 크로켓을 들고 있는 사람이 몰려 있는 삼거리가 나오는데, 바로 그곳에 크로켓과 멘치카츠를 직접 만들어 판매하는 정육점이 있다. 간식으로는 저렴한 세트 메뉴가 좋고 식사는 고베규 규동(한정 판매)을 추천한다.

크로켓(コロッケ) 170엔, 멘치카츠(ミンチカツ) 330엔 한큐 버스 아리마 안내소에서 도보 3분, 유모토자카 초입에서 두 번째 삼거리 09:00~17:00, 수 휴무 神戸市北区有馬町813 arima-takenaka29.com 34.7965, 135.2485

## 카페 드 보 Cafe de Beau カフェ・ド・ボウ

### 레트로한 분위기의 프랑스풍 카페

빵과 커피, 식사 메뉴를 모두 선보이는 카페로, 킨노유에서 추출한 소금을 넣은 다양한 프랑스 빵을 맛볼 수 있다. 옛 서양식 저택에 들어서 있어 고풍스러운 분위기도 만끽할 수 있다. 킨노유 바로 앞에 위치해 온천욕을 마치고 브런치를 즐기기에 좋은 곳.

고베하기와라 커피(神戸萩原コーヒー) 638엔, 아리마롤(有馬ロール) 451엔 한큐 버스 아리마 안내소에서 유모토자카 방향으로 도보 5분 09:00~18:00, 화 휴무 神戸市北区有馬町835 078-904-0555 34.79675, 135.24761

# 세계 최대 목조 건축물과 사슴 공원이 기다리는 곳

# 나라

JR 나라역과 킨테츠 나라역 주변에 위치한 나라 공원, 코후쿠지, 사루사와이케는 걸어서 돌아볼 수있다. 카스가타이샤를 시작으로 토다이지, 국립박물관, 나라 현청 전망대, 코후쿠지, 사루사와이케, 산조도리, 나라마치 순으로 이동하면 나라 공원 일대를 완벽하게 둘러볼 수 있을 것이다.

# 나라 공원

NARA PARK 奈良公園

## 오사카에서 가는 법

| | | |
|---|---|---|
| JR 오사카역<br>大阪駅 | 야마토지선<br>54분 ¥820엔 | JR 나라역<br>奈良駅 |
| 오사카난바역<br>大阪難波駅 | 킨테츠 나라선<br>41분 ¥680엔 | 킨테츠 나라역<br>近鉄奈良駅 |

## 교토에서 가는 법

| | | |
|---|---|---|
| JR 교토역<br>京都駅 | 46분 ¥720엔 | 나라역<br>奈良駅 |
| 킨테츠 교토역<br>近鉄京都駅 | 45분 ¥760엔 | 킨테츠 나라역<br>近鉄奈良駅 |

## 주요 이용 패스

JR 간사이 미니 패스, 간사이 레일웨이 패스



TIP

❶ 나라 공원 주변 명소는 도보로도 충분히 돌아볼 수 있지만, 걷는 것이 부담스럽다면 시내버스를 이용하자.

❷ 나라역과 떨어져 있는 카스가타이샤, 토다이지에 갈 예정이라면 JR 나라역 맞은편이나 킨테츠 나라역 맞은편 정류장에서 카스가타이샤혼덴(春日大社本殿)행 버스를 이용하자.

나라 공원
상세 지도
SEE
EAT
03 니가츠도
02 토다이지
01 나라 공원
01 이자사
카스가타이샤 05
N
W
E
S

# 나라 1일 추천 코스

오사카에서 당일 여행으로 다녀올 수 있는 나라의 핵심 명소는 나라 공원 일대와 호류지다.
필수 명소만으로 구성한 1일 추천 코스를 소개한다.

**00:50** **JR 난바역**

호류지역 法隆寺駅(31분, 480엔) ➤ 호류지역 法隆寺駅 정류장 72번 버스 ➤ 호류지 앞 法隆寺前(5분, 220엔) 정류장 하차

**09:00** **호류지**

호류지 앞 法隆寺前 정류장에서 72번 버스 ➤ 호류지역 法隆寺駅(5분, 220엔) 정류장 하차 ➤ JR선 호류지역 法隆寺駅 ➤ JR 나라역 奈良駅(11분, 230엔) 하차 ➤ JR 나라역 奈良駅 2번 정류장에서 2번 버스 탑승 ➤ 토다이지다이부츠단·카스가타이샤마에 東大寺大仏殿·春日大社前 정류장(10분, 250엔) ➤ 도보 1분

**12:00** **이자사**

도보 11분

**13:30** **토다이지**

도보 5분

**14:30** **니가츠도**

도보 15분

**16:00** **카스가타이샤, 나라 공원**

도보 25분

**18:30** **텐쿄쿠도**

도보 7분

**19:30** **킨테츠 나라역 近鉄奈良駅**

킨테츠 급행(42분, 680엔)

**20:20** **오사카난바역**

**교통비** 2,080엔
**식비** 약 3,300엔
**입장료** 2,600엔
**기타** 150엔(사슴 전병)
**총 예산 약 8,000엔**

01

## 나라 공원 奈良公園

사슴과 사람이 공존하는 곳

원래 코후쿠지의 부지였으나 메이지 시대 폐불훼석(廃仏毀釈) 정책으로 인해 절이 파괴되고 1880년 공원으로 조성됐다. 코후쿠지 와카쿠사산까지 동서로 4km, 남북으로 2km에 달하는 드넓은 부지에 사슴 1,200여 마리가 울타리 없이 자유롭게 서식하고 있어 '사슴 공원'으로도 불린다. 이곳의 사슴은 천연기념물로 지정되어 있는데, 예로부터 일본에서는 사슴을 신이 타고 온 동물로 여겨 귀하게 대접했다. 공원 곳곳에서 사슴이 좋아하는 전병(鹿せんべい, 150엔)을 판매하고 있으며, 수익금은 사슴 보호에 사용된다. 전병을 사면 손에 들고만 있어도 사슴이 졸졸 따라오는 진풍경을 볼 수 있을 것이다. 이 공원에서는 사슴뿐 아니라 봄에는 벚꽃, 여름엔 신록, 가을에는 아름다운 단풍이 펼쳐지는 풍경도 감상할 수 있어 연간 1,300만 명이 방문할 정도로 인기가 높다.

¥ 킨테츠 나라역(近鉄奈良駅) 2번 출구에서 도보 5분/JR 나라역(奈良駅) 동쪽 출구에서 도보 20분 ⏲ 24시간 ☎ 0742-22-0375
📍 奈良市芝辻町 543 🏠 nara-park.com
🌐 34.685047, 135.843010

02

## 토다이지 東大寺

세계 최대 목조 건물과 청동 불상

세계 최대의 목조 건축물 다이부츠덴을 품고 있는 일본 화엄종의 본산으로, '도다이지'라고도 표기한다. 다이부츠덴(大佛殿, 대불전)은 쇼무 왕이 4년에 걸쳐 260만 명이라는 어마어마한 인력과 청동 500t, 황금 40kg을 동원해 건축했다. 1180년 타이라 가문의 병화로 소실된 후 재건되었지만 1567년 전란에 휘말려 또 다시 잿더미가 되었다. 현재의 건물은 건립 비용 4,657억 엔(약 4조 7억 원)을 투자해 원래의 3분의 1 규모로 1709년에 다시 지은 것이다. 세계에서 가장 큰 불상인 다이부츠의 전체 높이는 15m로, 머리 6.7m, 귀 길이 2.5m, 대좌 높이 3m라는 엄청난 규모를 자랑한다. 다이부츠의 오른쪽에 있는 구멍 뚫린 기둥을 기어서 통과하면 한 해 동안 액운이 사라진다고 하니 찾아보자.

🚶 킨테츠 나라역(近鉄奈良駅) 2번 출구에서 도보 25분, JR 나라역(奈良駅) 동쪽 출구에서 도보 45분/JR 나라역(奈良駅) 동쪽 출구 2번 승강장 또는 킨테츠 나라역(近鉄奈良駅) 맞은편 2번 승강장에서 시내순환버스 탑승해 다이부츠덴카스가타이샤마에(大仏殿春日大社前)에서 하차 후 도보 5분 ⏲ 11~3월 08:00~17:00, 4~10월 07:30~17:30 ¥ **다이부츠덴+박물관** 중학생 이상 1,200엔, 초등학생 600엔, **다이부츠덴** 중학생 이상 800엔, 초등학생 400엔 📍 奈良市雑司町406-1 ☎ 0742-22-5511 🏠 www.todaiji.or.jp 🌐 34.689016, 135.839961

03

## 니가츠도 二月堂

### 나라의 환상적인 일몰을 볼 수 있는 곳

'니가츠도'라는 이름은 음력 2월에 '오미즈토리(お水取り)'라는 행사가 열리던 것으로부터 유래했다. 안쪽에는 '대관음, 소관음'으로 불리는 11면 관음상이 있지만 볼 수 없도록 철저하게 밀봉되어 있다. 2005년에 국보로 지정되었으며 토다이지를 보고 길을 따라가는 도중에 발견할 수 있다.

🚶 킨테츠나라역(近鉄奈良駅) 2번 출구에서 도보 25분, JR 나라역(奈良駅) 동쪽 출구에서 도보 45분/JR 나라역(奈良駅) 동쪽 출구 2번 정류장 또는 킨테츠 나라역(近鉄奈良駅) 맞은편 2번 정류장에서 시내 순환버스 탑승해 다이부츠덴카스가타이샤마에(大仏殿春日大社前)에서 하차 후 도보 13분 ⏱ 24시간 ¥ 무료 📍 奈良市雑司町406-1 二月堂 🧭 34.689386, 135.844266

04

## 나라마치 ならまち

### 새롭게 떠오르는 옛 상인촌

710년 헤이조쿄(平城京) 천도 후 수많은 사찰이 건립되면서 각종 문구와 술, 간장 등을 사찰에 공급하던 장인이 모여 살던 구역으로, 에도 시대에는 유력 상공업 지역으로 번성했다. 제2차 세계대전의 공습을 피한 덕분에 옛 거리의 모습이 잘 보존되어 있다. 지금은 사찰, 문화 시설은 물론 음식점, 갤러리 등이 들어서 나라의 새로운 관광지로 떠올랐다. 아기자기한 골목길을 거닐며 과거와 현재를 동시에 느껴보자.

🚶 킨테츠 나라역(近鉄奈良駅) 2번 출구에서 도보 15분, JR 나라역(奈良駅) 동쪽 출구에서 도보 25분 ⏱ 10:00~18:00(상점마다 다름) 📍 奈良市中院町21 📞 0742-26-8610 🏠 naramachiinfo.jp 🧭 34.676891, 135.829952

05

## 카스가타이샤 春日大社

### 주홍빛 신전과 3천 개의 등롱

1300년 전 후지와라 가문이 고장의 신(氏神)을 모시기 위해 세운 신사다. 멀리 가시마 신궁(鹿島神宮)에서 '타케미가즈치(武甕槌命)'라는 신을 이곳으로 모셔왔는데, 이때 신이 하얀 사슴을 타고 왔다고 해 사슴을 신성시하는 풍습이 생겨났다. 전국 3,000여 곳에 달하는 카스가 신사의 총본산인 카스가타이샤는 아름다운 주홍빛 신전과 참배로, 내부를 수놓은 3,000여 개의 등롱이 백미로 꼽힌다. 경내에는 중요 문화재 520점 및 보물 3천여 점을 소장한 보물전과 시가집 〈만요슈(万葉集)〉에 등장하는 만요슈 식물원이 있다.

🚶 JR 나라역(奈良駅) 동쪽 출구 2·3번 정류장 또는 킨테츠 나라역(近鉄奈良駅) 맞은편 2번 정류장에서 시내 순환버스 탑승해 카스가타이샤오모테산도(春日大社表参道) 정류장 하차 후 도보 10분/동일 정류장에서 카스가타이샤혼덴행 버스 탑승해 카스가타이샤혼덴(春日大社本殿) 정류장에서 하차 ⏱ 3~10월 06:30~17:30, 11~2월 07:00~17:00, 본전 특별 참배 09:00~16:00, 보물전 10:00~17:00, 만요슈 식물원 09:00~16:30 ¥ **본전 특별 참배** 500엔, **보물전** 성인 500엔, 대학생·고등학생 300엔, 초중생 200엔, **만요슈 식물원** 성인 500엔, 어린이 200엔 📞 0742-22-7788 📍 奈良市春日野町160 🏠 kasugataisha.or.jp 🧭 34.681386, 135.848385

01

## 이자사 유메카제히로바점 ゐざさ 夢風ひろば店

카키노하스시의 대표점

고등어, 연어 등을 올린 한입 크기의 초밥을 소금에 절인 감잎에 말아 숙성시킨 나라의 향토 요리 카키노하스시를 맛볼 수 있는 전문점이다. 감잎은 살균 효과를 지니고 있어 보존 기간이 길고 비린내가 거의 없다는 특징이 있다. 그 외 댓잎으로 감싼 이자사스시와 구운 고등어로 만든 야키사바스시도 맛있다.

아자사셋트(ゐざさ セット) 1,480엔 킨테츠 나라역(近鉄奈良駅) 2번 출구에서 도보 16분/JR 나라역(奈良駅) 동쪽 출구에서 도보 25분 1층 판매점 10:00~17:00, 2층 식당 11:00~17:00(마지막 주문 16:00), 월 휴무 奈良市春日野町16 0742-94-7133 izasa.co.jp 34.683805, 135.839055

02

## 텐쿄쿠도 나라본점 天極堂 奈良本店

나라의 명물 칡 요리

감잎 초밥 외에 나라에는 또 한 가지 명물 음식이 있는데, 그것은 바로 칡으로 만든 쿠즈기리(葛切り)다. 칡을 말려 가루로 만든 후 따뜻한 물에 풀고 따뜻한 물에 넣으면 칡 가루가 응고되어 젤리와 같은 상태가 되는데, 그것을 잘라서 젤리처럼 흑당에 찍어 먹는다. 텐쿄쿠도는 칡을 이용한 다양한 요리를 선보이는 곳으로, 다른 곳에서는 볼 수 없는 독특한 나라만의 요리를 맛 볼 수 있다.

쿠즈키리말차세트(葛切り抹茶セット) 1,540엔 킨테츠나라역(近鉄奈良駅)에서 도보 10분 수~월 10:00~19:30 마지막 주문 19:00), 화 휴무 0742-27-5011 奈良市押上町1-6 34.686912, 135.834894

03

## 호우세키바코 ほうせき箱

### 과학 실험처럼 재미있는 리트머스 빙수

어릴 적 해봤던 리트머스 종이 실험처럼, 시럽을 부으면 색이 변하는 빙수로 인기를 얻어 지금은 줄을 서지 않으면 먹을 수 없는 빙수 가게. 최근에는 제철 과일과 요거트를 이용한 계절 맞춤 빙수가 주력이다. 계절에 상관없이 맛볼 수 있는 메뉴는 오토나노 말차 DX. 나라현 특산 야마토 녹차의 맛과 향에 밀크 에스푸마와 시럽을 더했다. 웹사이트에서 전날 오후 9시부터 당일 아침 7시까지 예약이 가능하다.

오토나노말차DX(大人の抹茶DX) 1,320엔 킨테츠 나라역(近鉄奈良駅) 2번 출구에서 도보 8분 10:00~12:50 & 14:00~17:00, 목 휴무 0742-93-4260 奈良市餅飯殿町47 **예약** airrsv.net/housekibaco-sousuke/calendar 34.680165, 135.828931

# 아스카 시대의 모습을 간직한
# 호류지
## HORYUJI 法隆寺

**#호류지 #세계문화유산 #금당벽화 #불교미술 #5층목탑**

1,400여 년 역사를 자랑하는 호류지는 나라에서 반드시 방문해야 하는 명소이자 일본을 대표하는 사찰로 꼽힌다. 이곳이 중요한 유산으로 평가받는 이유는 훌륭한 문화재를 품고 있는 데다 백제의 흔적을 뚜렷이 확인할 수 있는 사찰이기 때문이다. 일본 불교가 싹트기 시작한 아스카 시대, 그 장엄한 분위기를 만끽해보자.

### ACCESS

**교토에서 가는 법**

**JR 교토역** 京都駅 — 미야코 쾌속 ⏱45분 ¥990엔 → **나라역** 奈良駅 — 야마토 쾌속 ⏱11분 → **호류지역** 法隆寺駅 — 72번 버스 ⏱5분 ¥220엔 → **호류지마에 정류장** 法隆寺前

**나라에서 가는 법**

**JR 나라역** 奈良駅 — 야마토지선 쾌속 ⏱11분 ¥230엔 → **JR 호류지역** 法隆寺駅 — 72번 버스 ⏱5분 ¥220엔 → **호류지마에 정류장** 法隆寺前

**TIP**

- 교토에서 호류지로 갈 때에는 JR선을 이용하는 것이 가장 편하고 빠르다.
- 호류지역에서 호류지까지 걸어서 가면 20분 정도 소요된다.

## 호류지 法隆寺

백제의 기술과 문화가 오롯이 담긴

세계 최고(最古)의 목조 건축물이자 일본 최초의 유네스코 세계 문화유산으로, 요메이 일왕(用明天皇)이 자신의 병을 치유하기 위해 착공해 쇼토쿠 태자(聖德太子)가 607년에 완공했다. 호류지는 오중탑과 금당을 중심으로 한 사이인 가람과 유메도노 불당을 중심으로 한 토인 가람으로 나뉘고 무려 2,300여 점의 국보와 중요 문화재가 있다. 호류지의 역사적 가치는 우리나라와도 관련이 많다. 백제의 기술이 반영된 건축 양식, 백제인이 일본으로 건너가 만든 것으로 추정되는 백제관음상, 금당벽화 등 경내 곳곳에서 교류의 흔적을 발견할 수 있다.

JR 호류지역(法隆寺駅) 남쪽 출구에서 72번 버스 탑승 후 호류지마에(法隆寺前) 정류장에서 하차, 도보 5분 2월 22일~11월 3일 08:00~17:00, 11월 4일~2월 21일 08:00~16:30 ¥ 중학생 이상 1,500엔, 초등학생 이하 750엔 生駒郡斑鳩町法隆寺山内1-1 horyuji.or.jp 34.614221, 135.734109

### 오중탑 五重塔

1,500년 전 석존의 사리를 봉안하기 위해 지은 탑으로, 일본의 목조 탑 가운데 가장 오랜 역사를 자랑하며 유네스코 세계 문화유산에 등재되어 있다. 높이가 32.5m에 이를 정도로 웅대하지만 부여의 정림사지 오층 석탑과 유사한 모습 때문에 꽤 친숙하게 느껴진다. 탑의 내전에는 나라 시대 초기에 점토로 빚은 불상이 다수 안치되어 있다.

### 중문 中門

사이인 가람의 입구로 지붕을 깊숙이 덮은 처마, 아름답게 휜 난간과 배흘림기둥까지, 아스카 양식의 진수를 간직하고 있다. 이곳에서도 백제의 영향을 확인할 수 있는데, 특히 삼국 시대에 시작된 우리나라의 기둥 양식인 배흘림이 대표적이다.

### 금당 金堂

본전이 안치된 곳으로, 중심 건물이다. 쇼토쿠 태자를 위해 건조한 금동석가삼존상, 태자의 부왕인 요메이 일왕을 위해 건조한 금동여사여래좌상 등 여러 국보가 있다. 천장과 벽면에서는 서역 문화의 영향을 받은 천인과 비상하는 봉황 등을 발견할 수 있다. 원 작품은 고구려의 담징 일행이 그린 것으로 알려져 있으나 아쉽게도 1949년 화재로 소실되었다.

## 와카타케 若竹

평범함 속 대반전의 맛

JR 호류지역에서 호류지로 올라가는 길 안쪽에 자리한 경양식집으로, 모든 것이 평범해 보이지만 음식을 맛보는 순간 엄청난 반전을 선사하는 곳이다. 멘치카츠 정식은 이곳의 대표 메뉴로, 멘치카츠(5개)가 작은 콘 수프, 밥과 함께 나온다. 적당한 간, 육즙 가득한 부드러운 고기소와 바삭한 식감이 절묘하게 어우러져 최고의 맛을 선사하는 멘치카츠를 놓치지 말자.

민치카츠 정식(ミンチカツ定食) 900엔 JR 호류지역(法隆寺駅) 북쪽 출구에서 도보 1분 11:00~14:30 & 17:00~20:30 (수 휴무) 生駒郡斑鳩町興留7-3-38 34.602625, 135.739031

## 카키노하즈시 히라소우

호류지점 柿の葉ずし 平宗 法隆寺店

155년 전통의 감잎 초밥 전문점

1861년 문을 열고 나라의 명물인 감잎 초밥을 선보였던 전문점이다. 호류지로 들어가는 입구에 위치한 데다 2개 층으로 나뉜 넓은 공간 덕분에 여유 있게 식사와 휴식을 즐길 수 있다. 감잎 초밥과 소바로 구성된 저렴한 런치 세트를 맛볼 수 있으며, 아이스크림과 쿠키도 별도 메뉴로 즐길 수 있다.

나라런치(奈良ランチ) 1,900엔 JR 호류지역(法隆寺駅) 남쪽 출구에서 72번 버스 탑승 후 호류지마에(法隆寺前) 정류장에서 하차, 도보 2분 매점 10:00~16:00(주말 ~17:00), 식당 11:00~15:00 0745-75-1110(예약 가능) 生駒郡斑鳩町法隆寺1-8-40 34.610333, 135.735295

SHOPS & RESTAURANT

# PART 05

# 즐겁고 설레는 여행 준비하기

OSAKA

## 여행 준비를 위한 필수 과정

# 여행 준비 캘린더

일본 여행은 다른 국가나 도시에 비해 상대적으로 준비 과정이 수월하다고 볼 수 있다. 현지의 관련 업체와 우리나라 여행사의 연계 및 티켓 판매 대행 등이 아주 잘 이루어지고 있고, 현지 사이트의 한국어 제공 서비스도 훌륭한 수준으로 발전하고 있기 때문이다. 호텔, 관광안내소, 공항 등 우리나라 여행자가 많이 찾는 웬만한 현지 시설에서는 한국어를 구사하는 직원이 응대하고, 핵심 역사 및 명소에도 한국어 표지판과 안내서를 잘 갖추고 있다. 걱정할 것은 아무것도 없다. 떠나기 전 꼭 챙겨야 할 부분만 다음 캘린더에서 확인하자.

## D-40
### 여권 만들기

여권은 출국 시 반드시 필요하고 항공권 역시 여권이 없으면 발급되지 않는다. 각 시·도·구청의 여권 발급과에서 신청할 수 있고, 6개월 이내에 촬영한 여권용 사진 1매와 신분증, 여권발급 신청서 1부(기관에 배치)가 필요하다. 25~37세 병역 미필 남성의 경우 국외 여행 허가서를 준비해야 하며, 미성년자 외에는 본인 발급만 가능하다. 여권 유효 기간이 6개월 미만이면 출입국 시 제재를 받을 수 있다. 여권 재발급의 경우, 정부24 홈페이지에서 온라인으로 신청도 가능하다(수령은 직접 방문).

**외교부 여권 안내** 02-733-2114 www.passport.go.kr

## D-35
### 여행 정보 수집

가장 먼저 국가에 대한 기본 정보부터 확인하자. 이후 가고 싶은 명소와 음식점 등을 알아보고, 특정 기간에 열리는 이벤트도 참고해 여행 시기를 결정하자. 일본은 우리나라 여행자가 가장 많이 찾는 여행지이기 때문에 온라인에서 쉽게 여행 정보를 찾을 수 있다. 하지만 휴식을 위해 떠나려는 여행자라면 너무 방대한 정보와 수많은 선택지가 오히려 독이 될 수 있다. 국가와 지역에 대한 이해, 내가 떠나는 이유와 오사카의 핵심 매력을 찾는 것이 먼저다. 아래 사이트가 도움이 될 것이다.

- **일본 여행 정보 사이트 일본 정부 관광국 JNTO** www.welcometojapan.or.kr
- **오사카시 공식 홈페이지** www.city.osaka.lg.jp
- **오사카 INFO** www.osaka-info.jp

## D-30
### 항공권 구매

일본 항공권은 상대적으로 저렴한 가격으로 구하기 쉽지만 여행 일정이 정해졌다면 예약해두는 것이 좋다. 발권은 온라인 가격 비교 사이트 또는 항공사 홈페이지에서 할 수 있는데, 날짜에 따라 가격 편차가 큰 편이므로 항공사 메일링 서비스를 신청하거나, 여행사 애플리케이션을 설치한 후 특가 알림을 설정해두는 것이 좋다. 더 자세한 내용은 〈항공권 저렴하게 구매하는 노하우P.439〉를 참고하자.

## D-25
### 숙소 예약

현지 도착 공항, 시내 접근성, 교통 편의성, 객실 서비스 등을 고려해 숙소를 알아보자. 오사카 시내 위주 여행이라면 미도스지선의 역 근처에 위치한 숙소가 좋고, 교토 등 근교 도시로 당일 여행을 갈 계획이라면 우메다역이나 난바역 부근이 효율적이다. 국내외 숙소 예약 사이트를 통해 요금을 비교해보자. 일본 현지 사이트의 숙소 리스트가 좀 더 세부적인 편이다. 체크인 시 호텔측에서 숙박 요금과 별도로 숙박세(도시세)를 요청할 수 있다. 이는 호텔 예약 시 숙박 요금에 더해 이미 지불했을 수도 있지만, 지불하지 않았다면 체크인 시 요청하니 당황하지 말자. 숙박세의 금액은 도시별로 다르나 오사카는 1인 1박 숙박 요금 기준 7,000~15,000엔 미만에 100엔, 15,000엔~20,000엔 미만에 200엔, 20,000엔 이상에는 300엔이다.

**유용한 숙소 예약 사이트**

- **자란넷** www.jalan.net
- **호텔스 컴바인** www.hotelscombined.co.kr
- **야후 재팬 트래블** www.travel.yahoo.co.jp
- **라쿠텐트래블** www.travel.rakuten.co.kr
- **Hotel.jp** www.hotel.jp

## D-20
### 여행 일정 & 예산 계획

책을 통해 여행지에 대해 파악하고 기본 준비를 마쳤다면 관련 사이트나 여행 커뮤니티 등에서 구체적인 정보를 수집하자. 블로그는 가장 최신 정보를 얻을 수 있는 수단이지만 내용이 부정확한 경우도 있으니 관련 공식 사이트를 함께 참고하는 것이 좋다. 본문에서 소개한 '추천 일정'을 참고해 일정과 상세 예산도 짜보자. 하루 경비는 5,000~10,000엔이 적당하다. 비상금은 따로 챙겨두고, 해외 인출이 가능한 카드를 챙겨가는 것이 좋다.

**네일동(네이버 일본 여행 동호회)** cafe.naver.com/jpnstory

## D-15
# 패스와 입장권 & 여행자 보험 준비

### 1 패스 & 입장권 구매

일본에서도 패스 대부분을 구매할 수 있지만 나의 일정에 맞는 패스와 입장권을 국내에서 미리 구매하는 것이 편리하다. JR 간사이 미니 패스 등 국내에서만 구입할 수 있는 패스는 미리 확인하여 구매해 두자.

* 간사이 공항에서 텐노지, 오사카, 신오사카, 나라, 교토로 이동시 하루카를 이용한다면 반드시 국내 여행사에서 미리 구매하거나 JR 서일본 홈페이지에서 사전 예약해야 할인된 요금으로 이용할 수 있다.

**입장권 및 패스 안내**

- **오사카 주유 패스** osaka-amazing-pass.com/kr
- **오사카 E패스(E-Pass)** www.e-pass.osaka-info.jp/kr
- **간사이 레일웨이 패스** www.surutto.com/kansai_rw/ko
- **유니버설 스튜디오 재팬** www.usj.co.jp/kr

### 2 여행자 보험 가입

인터넷 보험사 또는 공항에서 신청할 수 있다. 보험금과 보상 내역 차이가 많으므로 비교는 필수!

### 3 국제운전면허증 발급

경찰서 민원실 및 운전면허 시험장에서 발급받자. 운전면허증과 여권용 사진 1매, 수수료(8,500원)가 필요하다.

### 4 국제학생증(ISIC) 발급

대학원생을 포함한 국내 학생증 소지자라면 공식 사이트(www.isic.co.kr)에서 발급할 수 있다. 일본에서 활용도는 높지 않지만 일부 명소에서 할인 혜택을 제공한다.

## D-10
# 환전

환전 시기는 환율이 실시간으로 변하기 때문에 적기를 단언하기는 어렵다. 공항이나 현지에서는 환율 우대를 받을 수 없으므로 시중 은행 홈페이지에서 수수료 우대 쿠폰이 있는지 확인하는 것이 좋다. 주거래 은행을 이용하면 수수료 우대를 받을 수 있고, 사이버 환전이나 환전 애플리케이션에서는 환율 우대를 받을 수 있다.

### 1 사이버 환전 vs 환전 애플리케이션

- **사이버 환전** 신청 시 환전 대금을 입금, 영업점에서 수령하는 서비스로 신청 당시 환율이 적용된다.
- **환전 애플리케이션** 각 은행이나 결제 애플리케이션(토스, 카카오페이 등)에서도 환전이 가능하다. 수수료 우대율을 최대 100%까지 받을 수 있고, 토스와 카카오페이는 신청 당일 수령도 가능하다.

### 2 온라인 간편 결제 시스템

최근 일본 내에서 신용카드나 온라인 페이 시스템이 가능한 매장이 대폭 확대되었다. 이러한 페이 시스템을 이용하면 결제 당시 환율로 자동 계산되어 각 시스템에 등록한 신용카드나 계좌에서 바로 인출되어 결제가 이루어진다. 휴대전화만 있으면 편하게 결제 가능하고, 많은 금액을 환전해서 들고 다니는 부담 역시 줄어 좋다.

**네이버페이로 해외 결제 이용하기**

① 앱스토어 혹은 플레이스토어에서 네이버페이 앱을 다운로드, 실행한다.
② '현장결제' 메뉴에서 좌측 상단의 'NPay 국내' 부분을 터치, '결제 방법 선택'에서 '알리페이 플러스(해외)'를 선택한다. 포인트 보유잔액과 함께 잔액이 부족할 경우 인출될 충전계좌가 함께 표시된다.
③ 좌측 상단의 'Alipay+'를 확인하고 바코드 또는 QR코드를 제시해 결제한다.

**카카오페이로 알리페이 해외 결제 이용하기**

① 앱스토어 혹은 플레이스토어에서 카카오페이 앱을 다운로드, 실행한다.
② 앱을 실행하고 하단의 '결제하기'를 선택한다. 바코드 하단에서 '해외결제'를 누른 다음, 국가/지역 선택에서 '일본'을 선택한다.
③ 바코드 상단에 표시되는 'Alipay+'를 확인하고 바코드 또는 QR코드를 제시해 결제한다.

### 3 해외 수수료 없는 출금·결제 카드

- **트래블월렛** 세계 46개국 외화를 충전, 70여개 국에서 결제할 수 있는 충전식 선불 카드. 앱을 통한 충전과 환불이 자유롭고, 환전 수수료와 해외 결제 수수료가 없어 일반 신용카드 대비 2.5% 절약된다. 엔화 충전 후 현지 세븐뱅크(세븐일레븐 ATM), 우체국, 이온 ATM기 등에서 출금도 가능하다. 실시간 충전, 해외 교통카드 기능, 외화간 환전 기능, 회원간 송금 기능, 전액 환불 등이 강점이다.

- **트래블로그** 하나카드에서 발급하는 체크카드로, 하나은행 계좌에서 하나머니 충전 후 58종 통화로 환전할 수 있다. 일본, 미국 등은 환전 수수료가 없으며 해외 결제 수수료, 해외 ATM 출금시 카드사 수수료를 면제받는다. 최소 단위 원화 1,000원부터 충전이 가능한 것, 카드사 상품이기 때문에 부가적인 할인이나 서비스가 다양한 것이 강점이다.
- **네이버페이 머니카드** 환전할 필요 없이 현지 오프라인 결제가 가능한 네이버페이 머니카드가 출시되었다. 네이버페이는 일본의 많은 상점에서 알리페이+로 사용 가능하지만, QR이나 바코드 리더기가 없는 곳에는 일반 체크카드처럼 사용할 수 있다. 네이버페이 머니와 네이버페이 포인트 모두 이용 가능하며, 부족할 경우 연결 계좌에서 자동 충전된다. 다만 해외 이용 수수료는 체크해 볼 것.

## D-7
## 면세점 쇼핑

면세점은 크게 시내 면세점과 인터넷 면세점으로 나뉘며 공항 면세점보다 물건도 다양하고 가격도 훨씬 저렴하다. 인터넷 면세점에서는 타임 세일, 적립금, 추가 쿠폰 할인, 모바일 결제를 통한 추가 적립금 같은 혜택을 받을 수 있다. 구매한 면세품은 출국 시 공항 면세품 인도장에서 수령한다. 물론 여권과 항공권 지참은 필수다.

**TIP**

면세품을 비롯한 해외 구매 후 한국으로 반입하는 물품의 면세 한도는 국내 면세점, 해외에서 구매한 모든 물품을 합해 USD800이다. 여기에 술(2병까지), 향수(60ml 이하), 담배(200개피까지)는 포함되지 않는다. 이 금액을 초과할 경우 자진신고서를 제출해야 하며, 신고를 하지 않고 발각되는 경우 30%의 가산세가 부과된다. 면세품 구매는 출발일 하루 전까지 가능하지만 출국 시간 3시간 전까지 가능한 상품도 있으니 참고하자.

## D-5
## 로밍 vs 유심칩 vs 포켓 와이파이 선택

여행 중 인터넷 사용을 위해 미리 준비해두자. 자세한 내용은 〈Step 04 출국하기 P.076〉 편을 참고하자.

## D-3
## 짐 꾸리기

일본 여행의 경우 특별한 개인용품만 제외하면 웬만한 제품은 모두 현지에서 구매할 수 있기 때문에 걱정할 필요는 없다. 다만 여권 사본, 항공권, 여행 경비와 해외 사용 가능한 신용카드, 국내에서 구매한 입장권과 교통 패스, 호텔 바우처 등은 미리 준비하고 확인해둘 필요가 있다. 110V 변환용 멀티 플러그, 기내에서 사용할 액체류를 담을 지퍼백도 함께 챙기자.

## D-1
## 최종 점검

마지막으로 각종 준비물과 짐을 확인한 다음, 기내 및 위탁 수하물 반입 불가 물품을 확인하자. 액체류는 100ml 이하의 용기만 1L 이하의 지퍼백에 넣어 밀봉해야 하며, 인화물질과 칼, 가위 등 무기로 사용될 수 있는 제품은 들고 탈 수 없다. 부치는 짐에는 라이터 등 인화성 물질이나 폭발의 위험이 있는 배터리, 배터리 포함 전자기기는 넣어서는 안 된다. 공항까지 가는 리무진 버스 또는 공항 철도의 시간표도 출발 전날 미리 확인해두자.

## D-DAY
## 출국

항공편 출발 최소 2시간 전에는 공항에 도착하도록 하자. 환전금 수령이나 여행자 보험 가입, 통신사 로밍을 공항에서 진행하려 한다면 3시간 정도는 여유를 두고 도착해야 한다. 면세품을 구매했다면 면세품 인도장의 위치도 미리 확인해두자. 모바일 탑승권을 발급받은 경우에는 실물 티켓으로 교환할 필요 없이 휴대전화의 탑승권을 보여주고 출국장으로 바로 들어가면 된다. 부칠 짐이 있는 경우에는 별도로 마련된 수화물 체크인 카운터로 가자.

# 오사카의 인기 숙박 구역

오사카에서는 숙소를 예약할 때 교통이 편리한 구역을 기준으로 선택하는 것이 좋다. 대표적인 교통의 중심지는 난바와 우메다로, 이 구역 내 숙소는 예약이 빨리 마감되니 서두르자. 만약 난바와 우메다에 구하지 못했다면 지하철 중심 노선인 미도스지선의 역 주변에서 선택하면 편리할 것이다. 숙소로 결정할 각 지역의 장단점에 대해서는 다음 페이지를 참고하자.

① 우메다

나카자키초역
우메다 공중정원
한큐 오사카우메다역
헵파이브 대관람차
오사카역(JR)
미도스지 우메다역
한신 오사카우메다역

⑤ 요도야바시 & 혼마치 역 주변

요도야바시역
혼마치역

④ 오사카성

오사카성
타니마치욘초메역
타니마치로쿠초메역

② 난바

신사이바시역
아메리카 무라
오렌지 스트리트
도톤보리
난바역
난바파크스

에비스초역
츠텐카쿠
오사카 시립미술관
도부츠엔마에역
테라다초역
아베노 하루카스

③ 텐노지

스미요시타이샤
오사카 시립 자연사박물관

# 숙소 선택 시 중요한
# **지역별 특징**

## ❶ 우메다

① 오사카 최고 교통 중심지이므로 각 명소로 이동이 편리하다.
② 교토, 고베, 히메지 등 근교 도시로 이동하기에도 편리하다.
③ 오사카 최대 번화가이므로 각종 편의 시설이 몰려 있다.
④ JR 계열 패스를 이용한다면 JR 노선 탑승도 편리하다.

❶ 다른 구역에 비해 숙박료가 비싸다.
❷ 대형 역 주변이기 때문에 역에서 호텔까지의 거리가 멀다.
❸ 주로 고급 호텔이 많은 지역이며 배낭여행자형 숙소를 찾기 힘들다.

## ❷ 난바

① 간사이 국제공항을 오가기에 가장 좋은 구역이다.
② 오사카 대표 관광지인 도톤보리와 가깝고 볼거리가 많다.
③ 호스텔부터 특급 호텔까지 다양한 요금대 숙소가 모두 들어서 있다.

❶ 대표 중심가인 만큼 사람이 많고 복잡하다.
❷ 교토로 갈 경우 우메다를 거쳐야 하므로 다소 불편하다.
❸ 관광객이 가장 많이 묵는 구역이므로 서두르지 않으면 저렴하고 좋은 객실을 예약하는 것이 어렵다.

## ❸ 텐노지

① 알뜰한 배낭여행자를 위한 최저가 숙소가 즐비하다(1인실 기준 1,500엔~).
② 우메다, 난바에 이어 JR선, 난카이선, 지하철을 이용할 수 있는 교통 요지다.
③ 아베노 하루카스, 츠텐카쿠, 신세카이 등 관광 명소와 가깝고, 메가 돈키호테, 킨테츠 백화점이 있어 쇼핑하기에도 편리하다.

❶ 신이마미야 등 일부 지역은 우범 지대로 분류되어 치안이 불안정하다.

## ❹ 오사카성

① 난바, 우메다 같은 중심 지역에 비해 숙박 요금이 저렴하다.
② 복잡한 도심보다 여유로운 분위기를 즐길 수 있고, 지하철도 덜 복잡한 편이다.

❶ 간사이 국제공항, 난바 등으로 가기 위해서는 환승이 필수다.
❷ 주변에 쇼핑몰이 없다.

## ❺ 요도야바시 & 혼마치 역 주변

① 난바, 우메다 등 중심지에 비해 저렴한 객실이 많다.
② 특히 요도야바시 구역은 케이한선 역이 있어 교토의 우지와 기온 등으로 이동이 편리하다.
③ 지하철 미도스지선이 정차하는 역이 있어 난바, 우메다, 텐노지 등 번화가로 가기에 편리하다.

❶ 간사이 국제공항을 오가는 직행 교통수단이 없다.
❷ 주변에 쇼핑몰이 없다.

## ❻ 베이 에어리어

① 난바, 우메다 등 중심 지역보다 저렴한 객실이 많다.
② 바다가 보이는 객실이 많다.
③ 카이유칸, 레고랜드, 덴포잔 대관람차 등 아이들이 좋아하는 명소가 많아 가족 여행자에게 좋다.

❶ 간사이 국제공항을 직통으로 오갈 수 있는 방법이 리무진 버스뿐이고, 이마저도 시간대가 맞지 않으면 JR선과 지하철로 환승해야 한다.
❷ 난바와 우메다 등 중심지는 물론 교토, 고베 등 근교 도시로 가기 위해서도 환승이 필수다.

# 아는 사람만 아는 비법!
# 항공권 저렴하게 구매하는 노하우

### 1 인터넷 방문 기록 지우기

항공권 가격 비교 사이트의 경우 한 사이트에 오래 머물거나 반복적으로 사용할 경우 발권 확률이 높다고 판단해 가격이 높아질 수 있다. 웹의 경우 인터넷 방문 기록을 지우거나 시크릿 모드로 접속하자. 모바일의 경우 안드로이드는 인터넷 접속 → 메뉴 → 시크릿모드, iOS에서는 인터넷 접속 → 개인정보 보호를 활성화하자.

### 2 언제 사는 것이 저렴할까?

일찍 발권하는 '얼리버드'가 저렴한 항공권을 구매하는 가장 좋은 방법이다. 하지만 일본 여행은 보통 준비 기간이 짧아 한두 달 전 발권하는 경우가 대부분이다. 우리나라 방학과 휴가철, 명절, 징검다리 연휴 등 출국자 수가 많은 성수기와 주말이 끼어있는 일정일 경우 항공권이 더 비싸다. 항공권 구매는 예약자가 적은 일요일에 하는 것이 평균적으로 저렴하다. 화요일에는 항공권 이벤트와 세일이 가장 많이 열리니 기억해두자. 일본 내 체류 기간(유효 기간)이 짧을수록 더 저렴하다.

### 3 프로모션을 미리 알아두자

오사카의 경우 다양한 항공사 프로모션을 이용할 수 있다. 항공사 홈페이지 등을 참조해 프로모션 일자와 종류를 확인하고 오픈과 동시에 발권을 서두르자.

### 4 땡처리 정보를 기억해두자

많은 여행사가 대량으로 구매하고 남은 항공권을 출발 2주 전에 저렴한 가격으로 내놓는다. 주로 비수기이거나 일·월·화요일, 밤에 출발하는 노선이 가장 많다. 땡처리 등의 프로모션의 경우 대부분 환불이 불가하고, 유가나 환율 등 조건에 따라 매달 달라지기 때문에 신중하게 구매해야 한다.

### 5 어디서 구매할까?

스카이스캐너, 네이버 항공권, 땡처리닷컴, 와이페어모어, G마켓, 인터파크 투어 등 가격 비교 사이트에서 구매 가능하다. 항공사 홈페이지의 경우 프로모션 진행 시 가격 비교 사이트보다 저렴한 경우가 있다. 항공사 뉴스레터 구독을 신청하면 이벤트와 특가 정보를 가장 빨리 받아볼 수 있다. 그 외 소셜 커머스 사이트에서도 항공권 구매가 가능하지만 유류 할증료, 세금, 환불 규정, 마일리지 적립 여부 등을 꼼꼼하게 확인해야 한다.

**항공권 비교 사이트**

- **스카이스캐너** www.skyscanner.co.kr
- **G마켓 여행** gtour.gmarket.co.kr
- **땡처리닷컴** www.ttang.com
- **인터파크투어** tour.interpark.com
- **와이페이모어** www.whypaymore.co.kr
- **웹투어** www.webtour.com

# 긴급 상황 발생 시 필요한 정보

## 긴급 상황에 대비하자

### 주 오사카 대한민국 총영사관

예상치 못한 사건과 사고 및 여권 분실 시에도 도움을 받을 수 있다.

大阪府大阪市中央区西心斎橋2-3-4 (+81) 6-4256-2345(평일 09:00~17:30), [민원업무] 평일 09:00~16:00, [긴급 상황 발생 시] 24시간 (+81) 90-3050-0746(한국어), (+81) 90-5676-5340(일본어)

### 대한민국 외교부의 서비스

❶ **영사콜센터** 재난, 분실, 사고 등 긴급 상황에 놓였을 때 전화로 도움받을 수 있는 서비스다. 7개 국어 통역 서비스도 함께 제공하니 현지 의사, 경찰 등과 의사 소통이 필요할 때도 도움을 받자. 연중 24시간 무휴로 운영한다.

**로밍 휴대전화에서 걸 경우** (+82) 2-3210-0404

**영사콜센터 무료전화 앱** 플레이스토어 혹은 앱스토어에서 '영사콜센터' 검색 후 무료 전화 앱을 설치하면 영사콜센터와 무료 통화를 통해 지원받을 수 있다(와이파이 등 데이터 연결 필요).

**카카오톡 상담 서비스** 카카오톡 채널에서 '외교부 영사콜센터' 채널을 검색하고 친구 추가, 채팅하기를 선택하면 채팅으로 상담 가능하다.

❷ **〈동행〉 서비스** 신상 정보, 국내 비상 연락처, 현지 연락처, 일정 등을 등록한 해외 여행자에게 방문자의 안전 정보를 실시간으로 알려주는 외교부의 서비스 앱. 위급 상황 시 등록된 여행자의 소재 파악도 가능하다.

플레이스토어 혹은 앱스토어에서 '해외안전여행 국민외교'를 검색하여 앱 설치

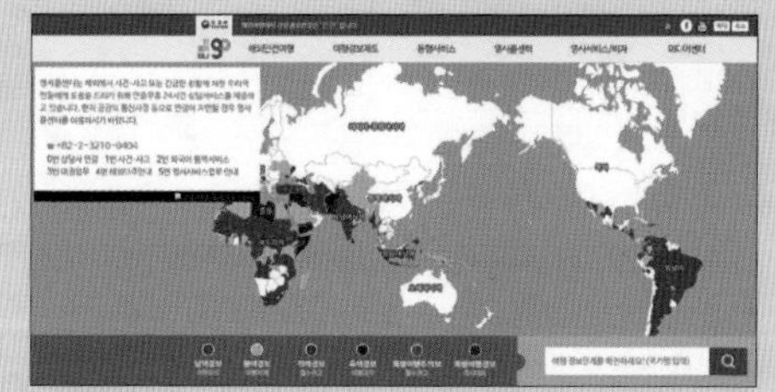

❸ **신속 해외 송금 지원 제도**

1. 현지 대사관 및 총영사관 방문 신청
2. 영사콜센터 상담(상기의 무료 전화 앱, 카카오톡 등 이용)을 통해 신청

**국내·해외 이용시(유료)** (+82) 2-3210-0404

## 현지에서 자연재해 발생 시 대처 요령

오사카를 비롯한 간사이 지방은 일본의 다른 지역에 비해 자연재해가 현저히 적은 편에 속하지만 만일의 사태에 대비해 태풍과 지진 대처 요령은 미리 알아두자.

- **지진 발생 시** 지진이 발생했을 때 건물 내부에 있으면 위험할 것이라는 생각에 외부로 나가려 시도할 수 있는데 이는 매우 위험한 행동이다. 지진으로 발생하는 피해 대부분은 넘어지는 벽이나 가구, 깨진 유리가 원인인 경우가 많다. 일본의 건물과 시설은 내진 설계가 기본이기 때문에 아주 큰 지진이 아닌 이상 무너지지 않는다. 침착하게 몸과 머리를 보호 할 수 있는 책상이나 탁자 밑으로 몸을 숨기는 것이 최우선이며, 진동이 멈추고 난 다음에 베개나 가방 등으로 머리를 보호하며 건물 밖으로 대피하자.

- **태풍 발생 시** 절대 무리하지 말고 숙소에 머물도록 하자. 귀국 항공편 운항이 취소 혹은 연기될 수 있으므로 홈페이지를 자주 확인하고, 숙박 연장과 대체 항공편을 알아보자. 급하게 귀국해야 하는 상황이라면 육로를 이용해 태풍 영향권이 미치지 않는 다른 지역 공항으로 가서 비행기를 타는 방법도 있지만, 육로 역시 위험할 수 있다는 점을 잊지 말아야 한다.

# 미리 공부하고 떠나요
# 리얼 일본어 여행 회화

## 기본 회화

### 인사

**안녕하세요.(아침)**
**おはようございます。** 오하요우고자이마스

**안녕하세요.(오전/오후)**
**こんにちは。** 콘니치와

**안녕하세요(밤)**
**こんばんは。** 콘방와

**안녕히 계세요.**
**さようなら。** 사요나라

**안녕히 주무세요.**
**おやすみなさい。** 오야스미나사이

**처음 뵙겠습니다.**
**はじめまして。** 하지메마시테

### 감사 / 거절 / 여부

**수고하셨습니다.**
**お疲れ様でした。** 오츠카레사마데시타

**고맙습니다.**
**ありがとうございます。** 아리가토우고자이마스

**죄송합니다**
**すみません。** 스미마셍

**괜찮습니다.**
**大丈夫です。** 다이조부데스

**실례합니다.**
**失礼します。** 시츠레이시마스

**괜찮습니까?**
**大丈夫ですか。** 다이조부데스까?

**안됩니다.**
**出来ません/だめです。** 데키마셍/다메데스

**정말입니까?**
**本当ですか。** 혼토데스까?

### 기초 단어

| | | |
|---|---|---|
| 예 | はい | 하이 |
| 아니오 | いいえ | 이이에 |
| 이것 | これ | 코레 |
| 저것 | それ | 소레 |
| 어느 것 | どれ | 도레 |
| 나/저 | 私 | 와타시 |
| 네/당신 | あなた | 아나타 |
| 그 | 彼 | 카레 |
| 그녀 | 彼女 | 카노조 |
| 이쪽 | こっち | 고찌 |
| 저쪽 | そっち | 소찌 |
| 그쪽 | あっち | 아찌 |
| 어느 쪽 | どっち | 도찌 |
| 그저께 | おととい | 오토토이 |
| 어제 | 昨日 | 키노우 |
| 오늘 | 今日 | 쿄우 |
| 내일 | 明日 | 아시타 |
| 모레 | 明後日 | 아삿테 |

### 숫자 / 시간

| 의미 | 일본어 | 발음 | 의미 | 일본어 | 발음 |
|---|---|---|---|---|---|
| 1 | 一 | 이치 | 1,000 | 千 | 센 |
| 2 | 二 | 니 | 10,000 | 一万 | 이치만 |
| 3 | 三 | 산 | 한 개 | 一つ | 히도츠 |
| 4 | 四 | 시/욘 | 두 개 | 二つ | 후타츠 |
| 5 | 五 | 고 | 세 개 | 三つ | 밋츠 |
| 6 | 六 | 로쿠 | 네 개 | 四つ | 욧츠 |
| 7 | 七 | 시치/나나 | 다섯 개 | 五つ | 이츠츠 |
| 8 | 八 | 하치 | 여섯 개 | 六つ | 뭇츠 |
| 9 | 九 | 큐 | 일곱 개 | 七つ | 나나츠 |
| 10 | 十 | 쥬 | 여덟 개 | 八つ | 얏츠 |
| 100 | 百 | 햐쿠 | 아홉 개 | 九つ | 고코노츠 |

| 의미 | 일본어 | 발음 | 의미 | 일본어 | 발음 |
|---|---|---|---|---|---|
| 1시 | 一時 | 이치지 | 5시 | 五時 | 고지 |
| 2시 | 二時 | 니지 | 6시 | 六時 | 로쿠지 |
| 3시 | 三時 | 산지 | 7시 | 七時 | 시치지 |
| 4시 | 四時 | 요지 | 8시 | 八時 | 하치지 |

| 의미 | 일본어 | 발음 | 의미 | 일본어 | 발음 |
|---|---|---|---|---|---|
| 9시 | 九時 | 큐지 | 12시 | 十二時 | 쥬니지 |
| 10시 | 十時 | 쥬지 | 30분 | 三十分 | 산줏분 |
| 11시 | 十一時 | 주이치지 | 1시간 | 一時間 | 이치지캉 |

## ■ 날짜 / 요일

| 1월 | 2월 | 3월 | 4월 | 5월 | 6월 |
|---|---|---|---|---|---|
| 一月 | 二月 | 三月 | 四月 | 五月 | 六月 |
| 이치가츠 | 니가츠 | 산가츠 | 시가츠 | 고가츠 | 로쿠가츠 |
| **7월** | **8월** | **9월** | **10월** | **11월** | **12월** |
| 七月 | 八月 | 九月 | 十月 | 十一月 | 十二月 |
| 시치가츠 | 하치가츠 | 큐가츠 | 쥬가츠 | 쥬이치가츠 | 쥬니가츠 |

| 1일 | 2일 | 3일 | 4일 |
|---|---|---|---|
| 一日 | 二日 | 三日 | 四日 |
| 츠이타치 | 후츠카 | 밋카 | 욧카 |
| **5일** | **6일** | **7일** | **8일** |
| 五日 | 六日 | 七日 | 八日 |
| 이츠카 | 므이카 | 나노카 | 요우카 |
| **9일** | **10일** | **11일** | **12일** |
| 九日 | 十日 | 十一日 | 十二日 |
| 고코노카 | 토오카 | 쥬이치니치 | 쥬니니치 |
| **13일** | **14일** | **15일** | **16일** |
| 十三日 | 十四日 | 十五日 | 十六日 |
| 쥬산니치 | 쥬욧카 | 쥬고니치 | 쥬로쿠니치 |
| **17일** | **18일** | **19일** | **20일** |
| 十七日 | 十八日 | 十九日 | 二十日 |
| 쥬나나니치 | 쥬하치니치 | 쥬큐니치 | 하츠카 |
| **21일** | **22일** | **23일** | **24일** |
| 二十一日 | 二十二日 | 二十三日 | 二十四日 |
| 니쥬이치니치 | 니쥬니니치 | 니쥬산니치 | 니쥬욧카 |
| **25일** | **26일** | **27일** | **28일** |
| 二十五日 | 二十六日 | 二十七日 | 二十八日 |
| 니쥬고니치 | 니쥬로쿠니치 | 니쥬나나니치 | 니쥬하치니치 |
| **29일** | **30일** | **31일** | |
| 二十九日 | 三十日 | 三十一日 | |
| 니쥬큐니치 | 산쥬니치 | 산쥬이치니치 | |

| 일 | 월 | 화 | 수 |
|---|---|---|---|
| 日曜日 | 月曜日 | 火曜日 | 水曜日 |
| 니치요우비 | 게츠요우비 | 카요우비 | 수이요우비 |
| **목** | **금** | **토** | |
| 木曜日 | 金曜日 | 土曜日 | |
| 모쿠요우비 | 킨요우비 | 도요우비 | |

# 실전 회화

## ■ 전철, 지하철에서 필요한 회화

**○○을 ○○장 주세요.**
**○○を○○枚ください。**
○○오○○마이쿠다사이

**실례합니다.**
**○○를 사고 싶은데 도와주시겠습니까?**
**すみません。**
**○○をかいたいのですが、手伝ってくれませんか。**
스미마셍.
○○오 카이따이노데스가 테츠다테 쿠레마셍까?

| 이코카 / IC카드 | ICOCA / ICカード<br>이코카 / 아이씨카-도 |
|---|---|
| 오사카 주유 패스 | 大阪周遊パス<br>오사카슈-유-파스 |
| 오사카 1일 승차권<br>(엔조이 에코 카드) | エンジョイエコカード<br>엔조이 에코 카-도 |

**실례합니다.**
**○○까지 가고 싶은데 도와주시겠습니까?**
**すみません。**
**○○まで行きたいのですが, 手伝ってくれませんか。**
스미마셍.
○○마데 이키따이노데스가, 테츠다테 쿠레마셍까?

**이 전차는 ○○에 갑니까?**
**この電車は ○○にいきますか**
코노덴샤와 ○○니 이키마스까?

**○○행 전차는 몇 번 홈입니까?**
**○○行きの電車は何番ホームですか。**
○○유키노덴샤와 난방 호-므데스까?

| 우메다역 | 梅田駅 우메다에키 |
|---|---|
| 난바역 | なんば駅 난바에키 |
| 텐진바시스지6초메역 | 天神橋筋六丁目駅<br>텐진바시스지로쿠초메에키 |
| 다니마치4초메역 | 谷町四丁目駅 다니마치욘초메에키 |
| 텐노지역 | 天王寺駅 텐노우지에키 |
| 오사카항역 | 大阪港駅 오오사카코우에키 |
| 야오역 | 八尾駅 야오에키 |

### ■ 시내버스

**버스 타는 곳은 어디입니까?**
**バス乗り場はとこですか。**
바스 노리바와 도코데스까?

**○○로 가는 버스정류장은 어디 입니까?**
**○○ゆきのバス乗り場はとこですか。**
○○유키노 바스 노리바와 도코데스까?

**이 버스는 ○○에 갑니까?**
**このバスは ○○にいきますか。**
고노바스와 ○○니 이키마스까?

### ■ 택시

**택시 타는 곳은 어디입니까?**
**タクシー乗り場はどこですか。**
타쿠시노리바와 도코데스까?

**○○까지 부탁드립니다.**
**○○までおねがいします。**
○○마데 오네가이시마스.

### ■ 호텔

**안녕하세요. 체크인하고 싶은데요.**
**예약한 ○○입니다.**
**こんにちは。チェックインしたいのですが、**
**予約した ○○です。**
콘니치와. 체쿠인시따이노데스가, 요야쿠시따 ○○데스.

**4박 5일 머물 예정입니다.**
**4泊5日でとまる予定です。**
욘파쿠이츠카데 토마루요테이데스.

**방은 ○○로 부탁합니다.**
**部屋は ○○でお願いします。**
헤야와 ○○데 오네가이시마스.

| | | | | | |
|---|---|---|---|---|---|
| **싱글** | シングル | 싱구루 | **금연실** | 禁煙室 | 긴엔시츠 |
| **트윈** | ツイン | 츠인 | **흡연실** | 喫煙室 | 큐우엔시츠 |
| **더블** | ダブル | 다부루 | **양실** | 洋室 | 요우시츠 |
| **트리플** | トリプル | 토리푸루 | **화실** | 和室 | 와시츠 |

**짐을 맡겨도 괜찮습니까?**
**荷物を預けても良いですか。**
니모츠오 아즈케때모 이이데스까?

**신용카드로 결제해도 될까요?**
**お支払いはクレジットカードでも良いですか。**
오시하라이와 쿠레짓토카도데모 이이데스까?

**○○시 ○○호실 모닝콜 부탁합니다.**
**○○時に○○号室にモーニングコール**
**をお願いします。**
○○지니 ○○고우시츠니 모닝코루오 오네가이시마스.

**택시를 불러주세요.**
**タクシーを呼んでください。**
타쿠시오 욘데쿠다사이.

### ■ 식당

**○명 입니다.**
**○人です。** ○닝데스

**점내에서 드십니까?(점원이 물어보는 경우)**
**店内でめしあがりますか。**
텐나이데 메시아가리마스까?

**주문은 정하셨습니까?(직원이 물어보는 경우)**
**ご注文はおきまりですか。**
고주몬와 오키마리데스까?

**이 가게의 추천 메뉴는 무엇입니까?**
**この店のおすすめはなんですか。**
코노미세노 오스스메와 난데스까?

**실례합니다. ○○로 부탁합니다**
**すみません、○○でおねがいします。**
스미마셍. ○○데 오네가이시마스.

| | | | | | |
|---|---|---|---|---|---|
| **녹차** | お茶 | 오차 | **리필** | おかわり | 오카와리 |
| **물** | お水 | 오미즈 | **주스** | ジュース | 주-스 |
| **찬물** | お冷 | 오히야 | **우롱차** | ウーロン茶 | 우롱차 |
| **생맥주** | 生ビール | 나마비-루 | **메뉴** | メニュー | 메뉴 |
| **커피** | コーヒー | 코-히 | **물수건** | お絞り | 오시보리 |

**잘 먹겠습니다.**
**いただきます。**
이타다키마스.

**이것은 어떻게 먹어야 합니까?**
**これはどうやって食べるんですか。**
코레와 도우얏떼 타베룬데스까?

한 그릇 더 주세요/리필해주세요.
**お替わりください。** 오카와리 구다사이.

화장실은 어디입니까?
**お手洗いはどこですか。**
오테아라이와 도코데스까?

계산 부탁드립니다.
**お会計をお願いします。**
오카이케이오 오네가이시마스.

잘 먹었습니다.
**ごちそうさまでした** 고치소우사마데시타.

■ 쇼핑

실례합니다. ○○는 어디에 있습니까?
**すみません ○○はどこにありますか。**
스미마셍. ○○와 도코니 아리마스까?

실례합니다. ○○는 없습니까?
**すみません ○○はありませんか。**
스미마셍. ○○와 아리마셍까?

이것은 얼마입니까?
**これはいくらですか。** 코레와 이쿠라데스까?

○○주세요
**○○ください。** ○○쿠다사이

이것 입어봐도 괜찮나요?(상의)
**これを着てみても良いですか。**
코레오 킷떼미떼모 이이데스까?

이것 입어(신어)봐도 괜찮나요?(하의/신발)
**これを履いてみても良いですか。**
코레오 하잇떼미떼모 이이데스까?

면세됩니까? 얼마부터 면세가 됩니까?
**免税できますか。いくらから免税できますか。**
멘제 데키마스까? 이쿠라까라 멘제 데키마스까?

신용카드 사용이 가능합니까?
**クレジットカードを使えますか。**
쿠레짓도카-도오 츠카에마스까?

영수증 주세요.
**レシートをください。** 레시-토오 쿠다사이

영수증(증빙용) 주세요.
**領収書をください。** 료슈쇼오 쿠다사이

■ 거리에서

○○는 어디에 있습니까?
**○○はどこにありますか。**
○○와 도코니 아리마스까?

○○는 어떻게 갑니까?
**○○へはどうやったらいけますか**
○○헤와 도우얏따라 이케마스까?

여기는 어디입니까?
**ここはどこですか。** 코코와도코데스까?

사진 좀 찍어주시겠습니까?
**写真を撮ってくれませんか。** 샤신오 톳떼쿠레마셍까?

물건을 잃어버렸습니다.
**荷物をわすれました。** 니모츠오 와스레마시타.

도와주세요.
**助けてください。** 타스케테쿠다사이.

경찰을 불러주세요.
**警察を呼んでください。** 케이사츠오욘데쿠다사이.

구급차를 불러주세요
**救急車を呼んでください。** 구큐샤오 욘데쿠다사이.

치한입니다.
**痴漢です** 치칸데스.

소매치기입니다.
**スリです** 스리데스.

| | |
|---|---|
| 지하철 | 地下鉄 치카테츠 |
| 버스정류장 | バス乗り場 바스노리바 |
| 수퍼마켓 | スーパーマーケット 수-파-마-켓토 |
| 코인로커 | コインロッカー 코인롯카- |
| 현금인출기 | 現金支払機 겐킹시하라이키 |
| 편의점 | コンビニ 콘비니 |
| 병원 | 病院 뵤우인 |
| 파출소 | 交番 코우방 |
| 서점 | 書店 쇼텐 |
| 우체국 | 郵便局 유우빈코쿠 |
| 화장실 | トイレ 토이레 |

## INDEX

방문할 계획이거나 들렀던 여행 스폿에 ☑ 표시해보세요.

# 오사카

### 명소



### 음식점 & 카페 & 바

# INDEX

방문할 계획이거나 들렀던 여행 스폿에 ☑ 표시해보세요.

# INDEX

방문할 계획이거나 들렀던 여행 스폿에 ☑표시해보세요.



## 상점



## 교토

# INDEX

방문할 계획이거나 들렀던 여행 스폿에 ☑ 표시해보세요.



## 고베



## 나라

# 〈리얼 오사카〉 지역별 지도 QR 코드

우메다

텐진바시

나카노시마 & 혼마치

오사카 북부

난바

신사이바시 & 도톤보리

오사카성

텐노지

오사카 남부

베이 에어리어

## 〈교토·고베·나라〉 지역별 지도 QR 코드

키요미스네라

기온

긴카쿠지

킨카쿠지

아라시야마

고베

히메지성

나라 공원

OSAKA

# 여행을 스마트하게!

# 스마트 MApp Book

# CONTENTS
# 목차

## 스마트하게 여행 잘하는 법
## App Book



## 종이 지도로 일정 짜는 맛
## Map Book

오사카 여행은 길 찾기와 교통편에 대한 걱정만 줄여도 반 이상은 성공한 것이다. 한국어로 검색 가능한 일본 교통 애플리케이션은 물론 항공편, 숙소, 패스 예약부터 일본어 번역까지, 〈리얼 오사카〉가 소개하는 애플리케이션과 활용법을 참고해 스마트한 오사카 여행을 즐겨보자.

# 여행을 스마트하게!
# 여행 애플리케이션

**항공권 & 숙소 예약**
- 스카이스캐너
- 인터파크 투어
- 호텔스컴바인
- 에어비앤비

항공권, 숙소, 렌터카 가격 비교와 예약 가능

**여행 정보 검색**
- 재팬트래블
- 트립어드바이저

일본 전역 여행 정보 & 평점 리뷰가 가득!

**패스 구입**
- 클룩
- 마이리얼트립

오사카 여행에 필요한 각종 패스와 티켓을 할인 판매

**일본 여행 필수 번역기**
- 파파고

대화 기능과 텍스트 번역 능력까지 탑재한 놀라운 번역기

**길 & 교통편 찾기**
- 구글 맵스
- 재팬트랜짓

길 찾기와 교통편 검색의 최고 강자

**유니버설 스튜디오를 방문한다면**
- 유니버설 스튜디오 재팬

어트랙션의 예상 대기 시간을 한눈에!

# 항공권 & 숙소 예약

## 스카이스캐너, 인터파크, 호텔스컴바인, 에어비앤비

스카이스캐너 & 인터파크 & 호텔스컴바인 세 업체는 항공권, 호텔, 렌터카 예약 서비스를 제공한다. 에어비앤비는 도시 곳곳에 숙소가 있어 현지인들의 삶을 조금 가까이서 들여다볼 수 있다는 장점이 있는 반면, 개인이 운영하는 숙소이기 때문에 취소나 문제 발생 시 대처 면에서 미흡하다는 단점도 있다.

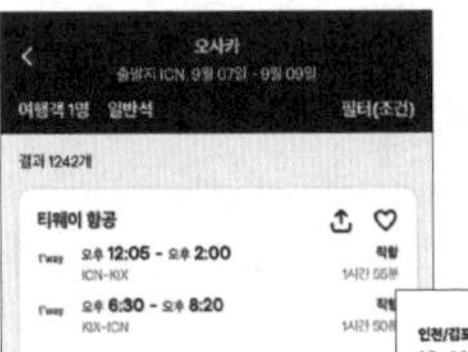

### 스카이스캐너

경로와 출발일을 지정하면 다양한 항공사의 운임과 시간대를 한눈에 확인할 수 있다.

### 인터파크

스카이스캐너와 비슷하다. 하지만 여행사를 통하기 때문에 결제 기한까지 시간적 여유가 있다. 따라서 항공권 우선 확보가 가능한 것이 장점.

### 호텔스컴바인

아고다, 익스피디아, 라쿠텐 등 다양한 업체에서 보유한 현지 숙소의 공실 상황과 요금을 비교 검색할 수 있다.

### 에어비앤비

현지에서 개인이 빌려주는 숙소를 찾아볼 수 있다. 대부분 호텔보다 가격이 저렴한 편.

# 여행 정보 검색

## 재팬트래블

일본 정부 관광국(JNTO)에서 운영하는 애플리케이션으로, 오사카는 물론 일본 전역의 여행 정보를 제공한다. 그밖에 가는 방법, 무료 와이파이 스폿, 관광안내소, 짐 보관소, 공중화장실 등의 위치를 확인할 수 있고 지진, 기상 정보, 긴급 연락처 정보까지 제공하니 일본 여행을 떠난다면 반드시 받아두자.

오사카 지역에 대한 정보부터 관광지를 포함한 각 시설의 주소, 전화번호 등 상세 정보를 찾아볼 수 있다.

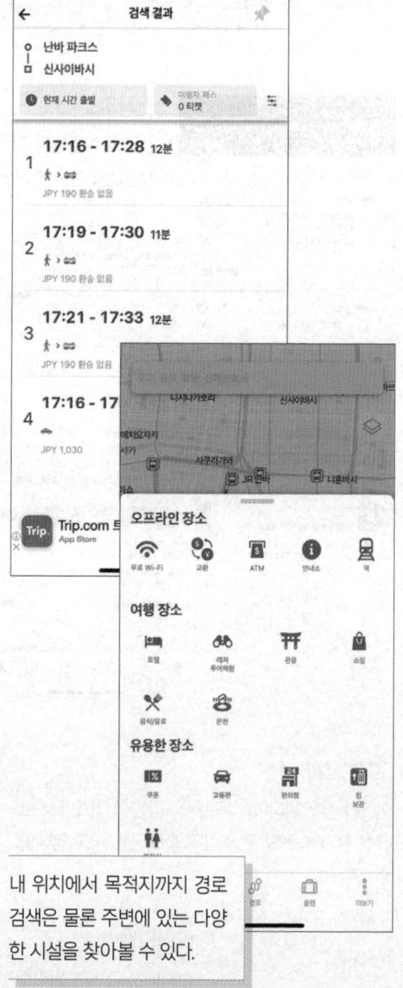


내 위치에서 목적지까지 경로 검색은 물론 주변에 있는 다양한 시설을 찾아볼 수 있다.

## 트립어드바이저

알 만한 사람은 다 아는 여행 가격 비교 웹사이트 & 애플리케이션. 항공편과 호텔 예약도 가능하고 여행 정보도 제공하지만 무엇보다 거의 실시간으로 업데이트되는 리뷰와 평점으로 많은 여행자에게 사랑받는다.

'둘러보기'에서 여행할 지역의 개요와 즐길거리, 호텔, 음식점 정보를 찾아볼 수 있고, 검색도 가능하다.

각각의 장소별 사진과 리뷰를 자유롭게 보고 올릴 수 있으며, 궁금한 점은 Q&A를 통해 질문할 수 있다.

# 패스 구입

## 클룩

오사카뿐 아니라 전 세계에서 즐길 수 있는 액티비티와 투어 프로그램 및 여행 정보, 각종 쿠폰 등을 제공하는 애플리케이션. 일본에서 사용할 각종 패스를 할인된 가격으로 구입할 수 있다. 보통은 미리 구입한 후 택배나 공항에서 실물을 수령하지만 클룩에서는 당일 구입이 가능하고 현지 도착 후 지정 장소에서 실물로 교환할 수 있다는 장점이 있다.

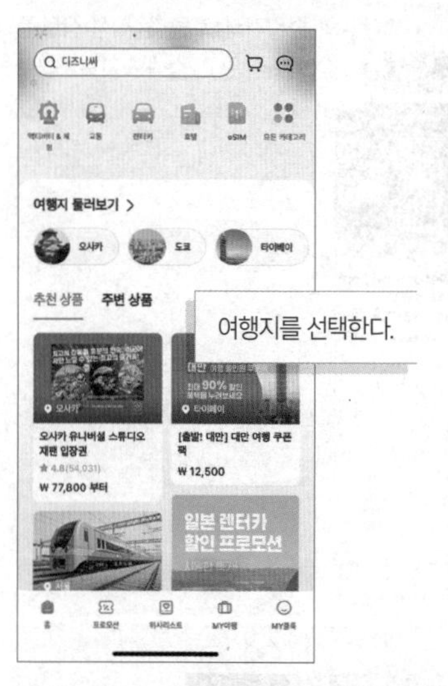


여행지를 선택한다.

교통 패스는 물론 공항 픽업 및 센딩 서비스, 각종 관광 시설 입장권, 투어 상품을 구매할 수 있다.

대부분 현지에서보다 저렴하게 구매할 수 있고 구매 당일에 즉시 사용 가능해 편리하다.

# 일본 여행 필수 번역기

### 파파고

파파고 하나면 일본에서 말이 통하지 않을 걱정은 없다. 인공신경망 기반 번역 서비스를 제공하는 강력한 번역 애플리케이션으로, 기본 번역은 물론 이미지 인식을 통한 텍스트 번역, 대화 번역 기능까지 갖췄으니 반드시 다운받아두도록 하자.

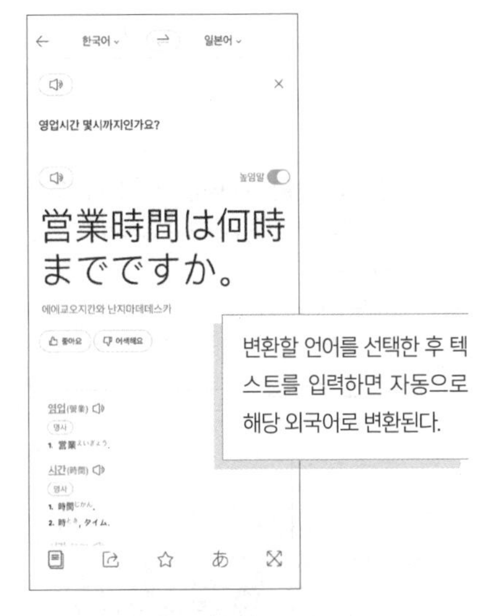


변환할 언어를 선택한 후 텍스트를 입력하면 자동으로 해당 외국어로 변환된다.

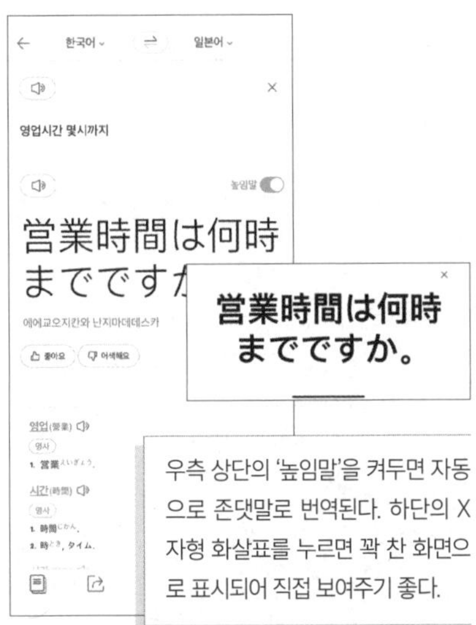


우측 상단의 '높임말'을 켜두면 자동으로 존댓말로 번역된다. 하단의 X자형 화살표를 누르면 꽉 찬 화면으로 표시되어 직접 보여주기 좋다.

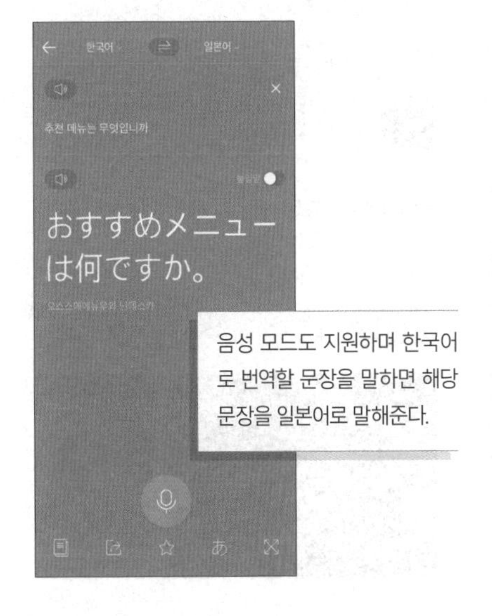


음성 모드도 지원하며 한국어로 번역할 문장을 말하면 해당 문장을 일본어로 말해준다.

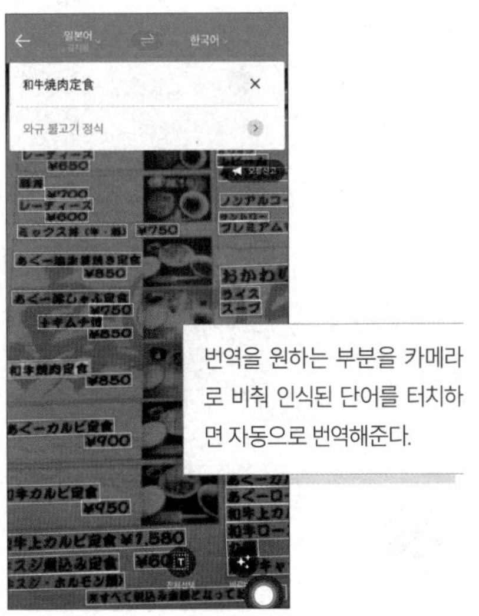


번역을 원하는 부분을 카메라로 비춰 인식된 단어를 터치하면 자동으로 번역해준다.

# 길 & 교통편 찾기 01

### 구글 맵스

여행 시 필수 준비물이 될 구글 맵스는 해외에서 더욱 빛나는 존재다. 어디에서 길을 잃어도 구글 맵스만 있으면 당황할 필요가 없다. 도보로 원하는 장소를 찾아갈 수 있는 지도 서비스는 물론 대중교통, 자전거 등 교통수단별 길 찾기 서비스와 스트리트 뷰, 위성 사진도 구글 맵스 하나로 모두 해결할 수 있다.

**#시뮬레이션** 난카이 난바에서 출발 → 우메다 스카이빌딩 도착

## STEP ❶ 위치 검색

① 구글 맵스 실행 후 '우메다 스카이빌딩' 검색

* 〈리얼 오사카〉 내 스폿에서 소개한 GPS 정보를 입력해도 가능

② 검색 후 나타난 빨간색 마커를 터치하면 해당 장소에 대한 정보가 나온다. 파란색 '경로' 또는 길 찾기' 아이콘 터치!

* '저장' 아이콘을 터치하면 구글 맵스에 저장도 가능

## STEP ❷ 경로 선택

① 자가용, 대중교통, 도보, 자전거, 차량 공유 아이콘 중 도보 또는 대중교통 터치

② '옵션'을 터치하면 최소 환승, 최소 도보 시간 등 세부 사항을 변경할 수 있고, 원하는 교통수단만 검색하는 것도 가능하다.

**TIP**

- 지하철로 이동 시 이용 가능한 노선과 요금 및 소요 시간을 확인
- 일반적으로 최적 경로부터 가장 상단에 노출된다.
- 지하철 회사가 다를 경우 환승이 번거롭고 할인받을 수 없다.
- 시내에서는 버스가 더 오래 걸리므로 되도록이면 전철과 지하철을 선택하는 것이 좋다.

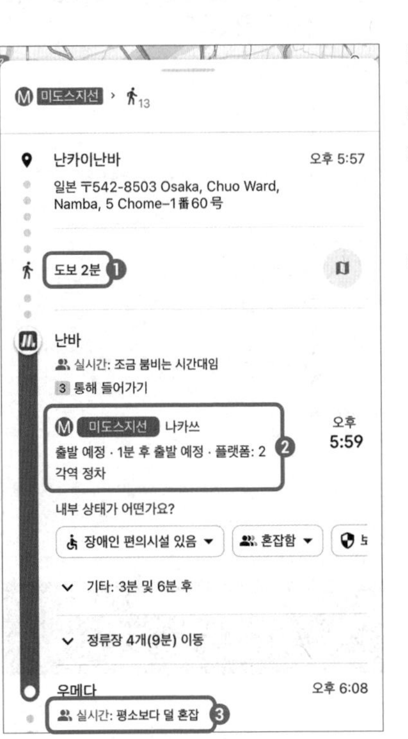


## STEP ❸ 선택한 경로의 세부 내용 확인

① 미도스지선 난바역으로 도보 2분 이동

② 미도스지선 난바역 2번 플랫폼에서 나카쓰 방면 지하철을 3분 후에 탑승할 예정(전광판에서 'XX 방면' 표시를 잘 확인하자.)

③ 구글 맵스 사용자의 평점을 기반으로 해당 열차의 혼잡도를 알려주는 부분

# 길 & 교통편 찾기 02

## 재팬 트랜짓 플래너

오사카를 포함해 일본 전역의 지하철, 전철, 신칸센, 버스 등의 노선을 한국어로 검색할 수 있는 강력한 교통편 애플리케이션으로 일본 내에서 가장 많은 다운로드 수를 자랑한다. 최대 강점은 JR, 사철 제외 등 추가 검색 조건을 다양하게 설정할 수 있는 것이다. 그 외에도 버스 정류장 검색, 회사별 및 추천 순 검색, 현재 위치 주변 역 검색 기능까지 갖췄다.

### STEP ❶ 경로 검색

출발역과 도착역, 원하는 시간을 입력한다. 원하는 역과 노선의 시간표도 확인할 수 있다.

로그인
노선도
닛폰바시 ❶ 출발역
우메다 ❷ 도착역
출발 도착 첫차 막차
2024년 9월 2일 (월) 현재 시각
경로 옵션 ❸ 원하는 탑승 시간 검색
검색
❹ 지하철, 사철, 특급 등 원하는 세부 옵션 선택
❺ 원하는 역과 노선의 시간표 확인
이 앱의 개인 맞춤 광고
자세히 알아보기
루트 시각표 지도 티켓

숫자별로 다양한 경로를 볼 수 있으며, 함께 표시된 알파벳 중 F는 시간이 빠른 경로, E는 환승이 적은 경로, L은 요금이 저렴한 경로를 가리킨다.

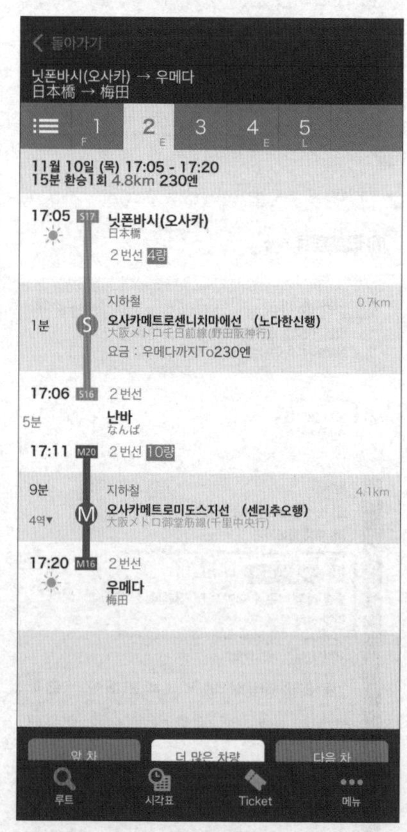

## STEP ❷ 경로 옵션

- 시외 다른 도시로 가는 경로도 검색 가능하며, 항공, 철도, 버스 등 다양한 교통수단을 이용하여 가는 방법을 보여준다.
- 신칸센/특급열차의 경우에는 지정석, 자유석, 그린석(특실) 지정 가능
- 짧은 소요 시간/저렴한 운임/적은 환승 등 우선 순위 옵션 선택

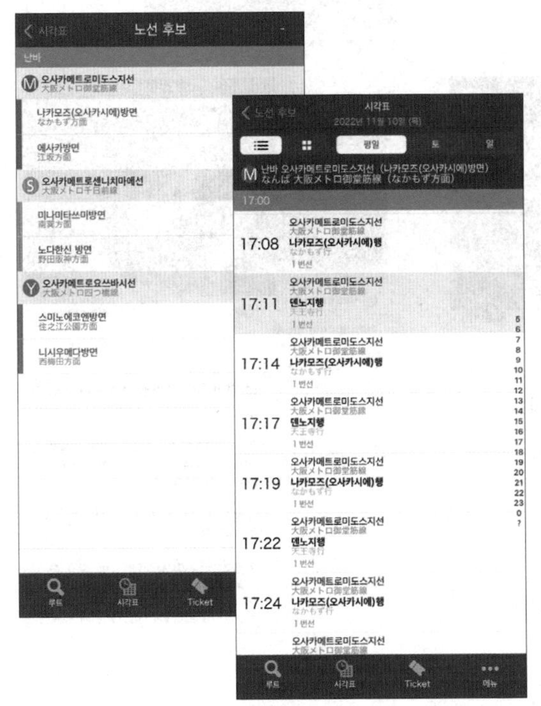


## STEP ❸ 역 & 노선 시간표 검색

- 원하는 역에서 운행하는 모든 노선의 시간표 확인 가능

> **TIP**
>
> 동일한 난바 지역으로 검색하더라도 지하철, 한신, 킨테츠, 난카이, JR 등 역에 따라 정차하는 노선에 차이가 많으므로 반드시 구분해 검색해보도록 하자.

## 유니버설 스튜디오 재팬 앱 활용

### 유니버설 스튜디오 재팬

사계절 내내 인파로 북적이는 유니버설 스튜디오의 어트랙션을 더욱 효율적으로 이용하기 위해서는 이 애플리케이션이 꼭 필요하다. 앱 내 지도를 통해 어트랙션 위치와 내 위치를 확인할 수 있는 것은 물론, 어트랙션별 설명과 제한 사항, 운영 현황, 현재 예상 대기 시간, 쇼 및 퍼레이즈 일정 등을 확인할 수 있다. 앱과 연결된 웹 페이지에서는 입장권 구매도 가능하며, 필터링을 통해 관심 있는 어트랙션만 골라 보고, 즐겨찾기에 등록해 한꺼번에 모아볼 수 있다. 특히 인기 있는 〈위저딩 월드 오브 해리 포터〉와 〈수퍼 닌텐도 월드〉의 구역 정리권(번호표) 발권, 인기 어트랙션의 정리권 발권 기능은 특히 유용하다.

### 어트랙션 대기 시간 확인

### e정리권 발권

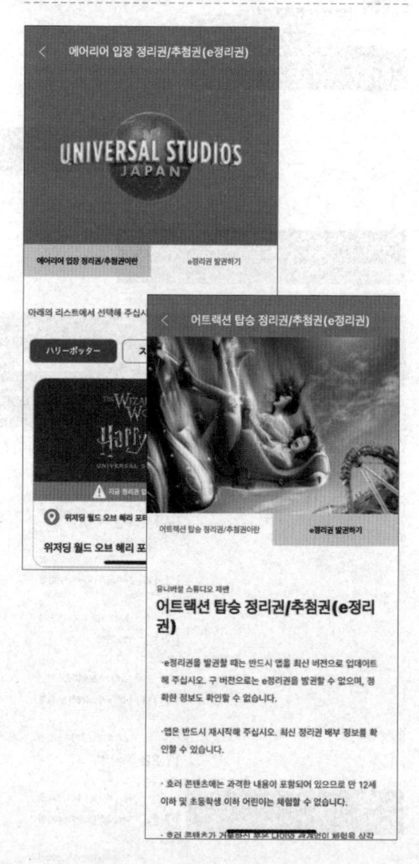

# 종이 지도로 일정 짜는 맛

# Map Book

지도 애플리케이션은 현장에서 유용하다. 가야 할 방향과 나의 위치를 실시간으로 알 수 있기 때문이다. 그러나 종이 지도는 길 위에 있지 않을 때 빛을 발한다. 여행을 떠나기 전 일정을 짜보고 싶을 때, 현지 숙소에서 다음 날 가볼 곳을 미리 확인하고 싶을 때 'Map Book'이 아주 좋은 친구가 되어줄 것이다.

02 오사카 북부 p 198

# 구역별로 만나는 오사카

07 베이 에어리어 p 314

레고랜드 디스커버리센터 오사카
덴포잔 대관람차
산타마리아 유람선
카이유칸
UNIVERSA
오사카 부 사키시마 청사 전망대

### ❶ 키타
#우메다 # 텐진바시 #나카노시마 & 혼마치
#오사카 여행의 중심 #맛집과 최첨단 유행

### ❷ 오사카 북부
#현지인이 즐겨 찾는 지역 #봄벚꽃 #가을단풍

### ❸ 미나미
#난바 #신사이바시 & 도톤보리
#1980~90년대의 화려했던 중심가 #글리코러너

### ❹ 오사카성
#오사카 여행의 필수 코스

### ❺ 텐노지
#1900년대 초 오사카의 중심지
#최고 높이에서 보는 야경

### ❻ 오사카 남부
#오사카의 옛 모습 #전통가옥

### ❼ 베이 에어리어
#상어고래 #아름다운 일몰

### ★ 오사카 외곽
#아름다운 자연 #힐링 명소

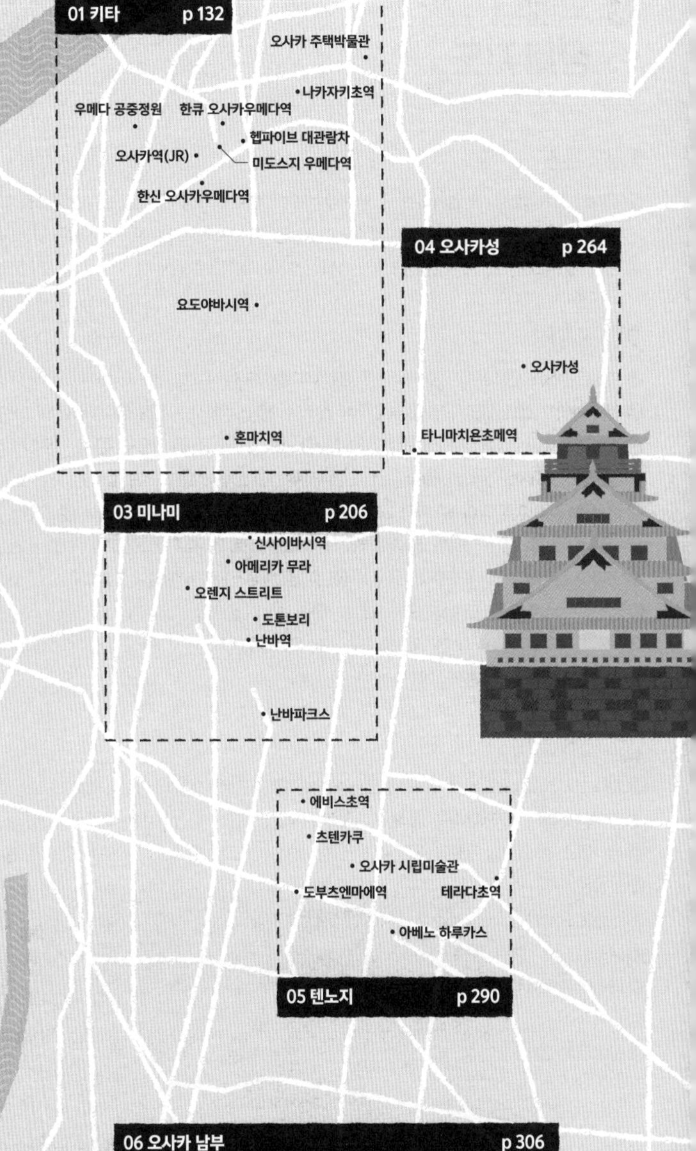
01 키타 p 132
오사카 주택박물관
나카자키초역
우메다 공중정원
한큐 오사카우메다역
헵파이브 대관람차
오사카역(JR)
미도스지 우메다역
한신 오사카우메다역
요도야바시역
혼마치역
04 오사카성 p 264
오사카성
타니마치욘초메역
03 미나미 p 206
신사이바시역
아메리카 무라
오렌지 스트리트
도톤보리
난바역
난바파크스
에비스초역
츠텐카쿠
오사카 시립미술관
도부츠엔마에역
테라다초역
아베노 하루카스
05 텐노지 p 290
06 오사카 남부 p 306
스미요시타이샤
오사카 시립 자연사박물관

# Ⓐ 우메다 상세 지도

## SEE

01 우메다 스카이빌딩 02 헵파이브 03 한큐삼번가 04 한큐 백화점 05 그랑 프런트 오사카
06 차야마치 07 한신 백화점 08 오사카 에키마에빌딩 09 오사카 스테이션시티 10 우메키타 공원
11 한큐 히가시도리 12 오하츠텐진도리 13 키타신치 14 츠유노텐 신사

## EAT

01 무기토멘스케 02 바쿠앙 03 하나다코 04 에페 05 타지마야 이마 06 타유타유 DX
07 키슈 야이치 08 인디안카레 09 부도테이 10 키지 11 츠루하시 후게츠 12 네기야키 야마모토
13 카이텐즈시 간코 14 산쿠 15 모에요멘스케 16 인류 모두 면류 17 잇푸도 18 큐 야무 테츠도
19 동양정 20 오사카 돈테키 21 우동보우 22 우무기 23 브루노 24 타코노테츠 25 하브스
26 코코로니아마이 양팡야 27 파티스리 몽셰르 28 니시무라 커피 29 클럽 하리에 30 요네야
31 사카바 야마토 32 마구로야 33 챠오챠오 34 히모노야로 35 루쥬에블랑 코하쿠 36 카메스시
37 도지마 스에히로 푸드홀 특집 38 루쿠아 푸드홀 39 한큐삼번가 우메다 푸드홀
40 한신 다이쇼쿠도 41 오이시이모노 요코초 42 우메키타 플로어
나카자키초 카페 특집 43 티 룸 우리엘 44 카야 카페 45 킷사 아카리마치 46 오사카 나니와야
47 이야시쿠칸테이 48 태양의 탑

## SHOP

01 킷테 오사카 02 요도바시 카메라 링크스 우메다 03 로프트 04 꼼 데 가르송 05 프랑프랑
06 화이티 우메다 07 헵나비오 08 루쿠아 & 루쿠아 1100 09 누차야마치&누차야마치 플러스
10 키디랜드 11 동구리 공화국 12 한큐 맨즈 13 이시이 스포츠 14 디즈니 스토어 15 점프 숍
16 포켓몬 센터
17 닌텐도 오사카
18 에스트
19 다이마루 백화점
20 미키 악기
21 만다라케 22 HMV

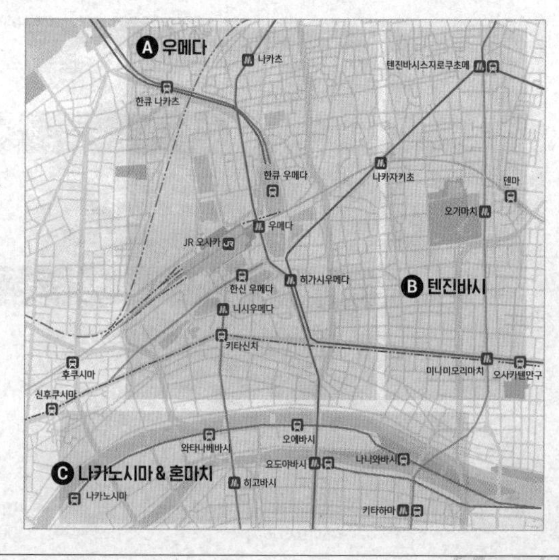


02
후쿠시마
15
신후쿠시마
14

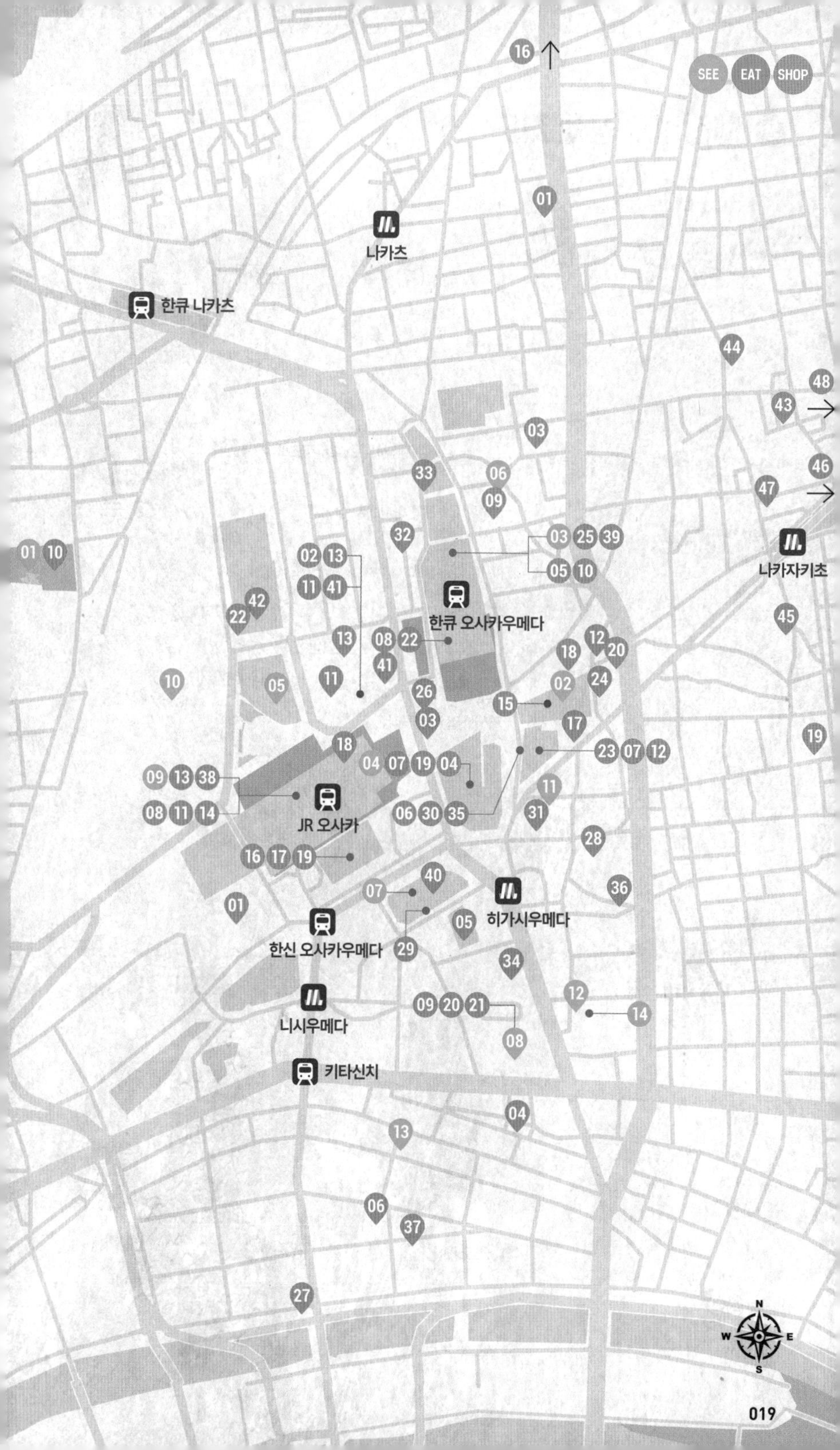
SEE
EAT
SHOP
나카츠
한큐 나카츠
한큐 오사카우메다
나카자키초
JR 오사카
히가시우메다
한신 오사카우메다
니시우메다
키타신치
N
W
E
S

# B 텐진바시 상세 지도

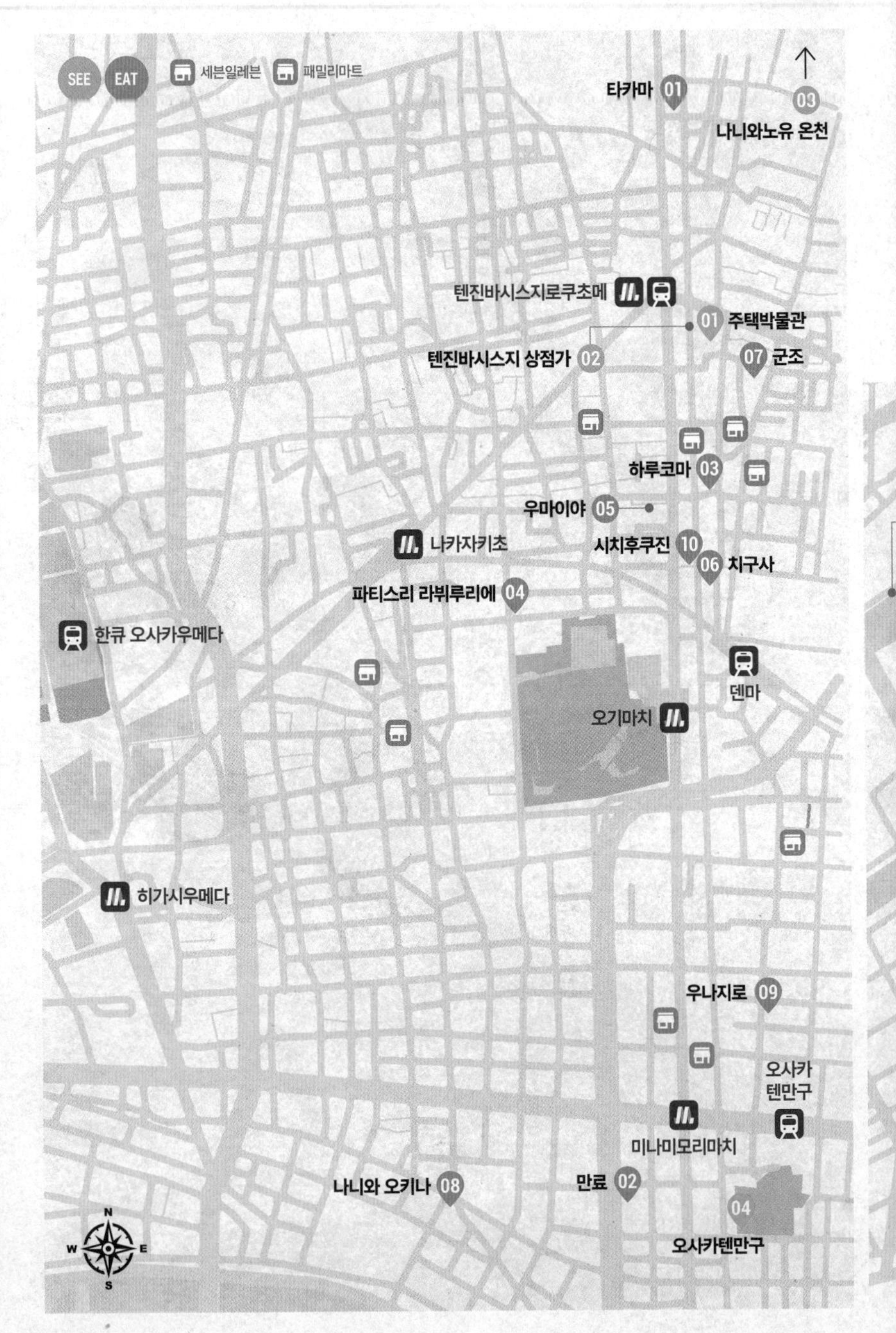
SEE
EAT
세븐일레븐
패밀리마트
타카마 01
03
나니와노유 온천
텐진바시스지로쿠초메
01 주택박물관
텐진바시스지 상점가 02
07 군조
하루코마 03
우마이야 05
나카자키초
시치후쿠진 10
06 치구사
파티스리 라뷔루리에 04
한큐 오사카우메다
텐마
오기마치
히가시우메다
우나지로 09
오사카
텐만구
미나미모리마치
나니와 오키나 08
만료 02
04
오사카텐만구
N
W
E
S

## Ⓒ 나카노시마 & 혼마치 상세 지도

키타센리

## 오사카 북부
## **상세 지도**

• 국립민족학박물관

• 태양의 탑

**반파쿠 기념공원**

반파쿠키넨코엔

**엑스포**

야마다

**엑스포시티**

이케다

**컵누들 뮤지엄**

**컵누들 뮤지엄** 04

세븐일레븐
패밀리마트
SEE
EAT
SHOP
코엔히가시구치
라라포트 엑스포시티
스이타 시립 축구 경기장
멘야 츠무구 01
아사히 맥주 스이타 공장
미노오 공원
코묘 공원
스이카츠 공원
02 구리구리
N
W
E
S

# Ⓐ 난바 **상세 지도**

## SEE

- 01 난바파크스
- 02 난바 야사카신사
- 03 우라난바
- 04 덴덴타운
- 05 쿠로몬 시장
- 06 난바시티
- 07 센니치마에

## EAT

- 01 카눌레 드 자폰
- 02 와나카
- 03 후쿠타로
- 04 멘야 조로쿠
- 05 사카나야 히데조우 타치노미텐
- 06 고우카이 타치스시
- 07 멘노요우지
- 08 키타로즈시
- 09 마루가메세이멘
- 10 토키스시
- 11 후츠우노쇼쿠도 이와마
- 12 닛폰바시 이치미젠
- 13 551 호라이
- 14 지유켄
- 15 타헤이
- 16 토리키조쿠
- 17 텐치진
- 18 리쿠로오지상 치즈케이크
- 19 기린시티 플러스
- 20 텐푸라 다이키치
- 21 요쇼쿠 아지트
- 22 미미우
- 23 요쇼쿠 레스토랑 히시메키야
- 24 야키니쿠노 와타미

## SHOP

- 01 빌리지 뱅가드
- 02 빅카메라
- 03 도구야스지
- 04 무인양품
- 05 타카시마야 백화점
- 06 난바 마루이
- 07 라비1

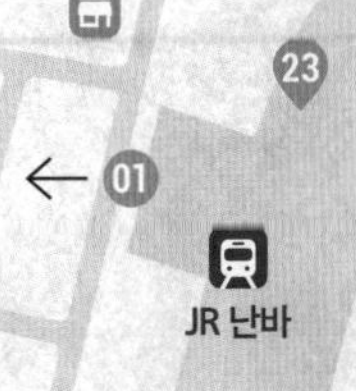

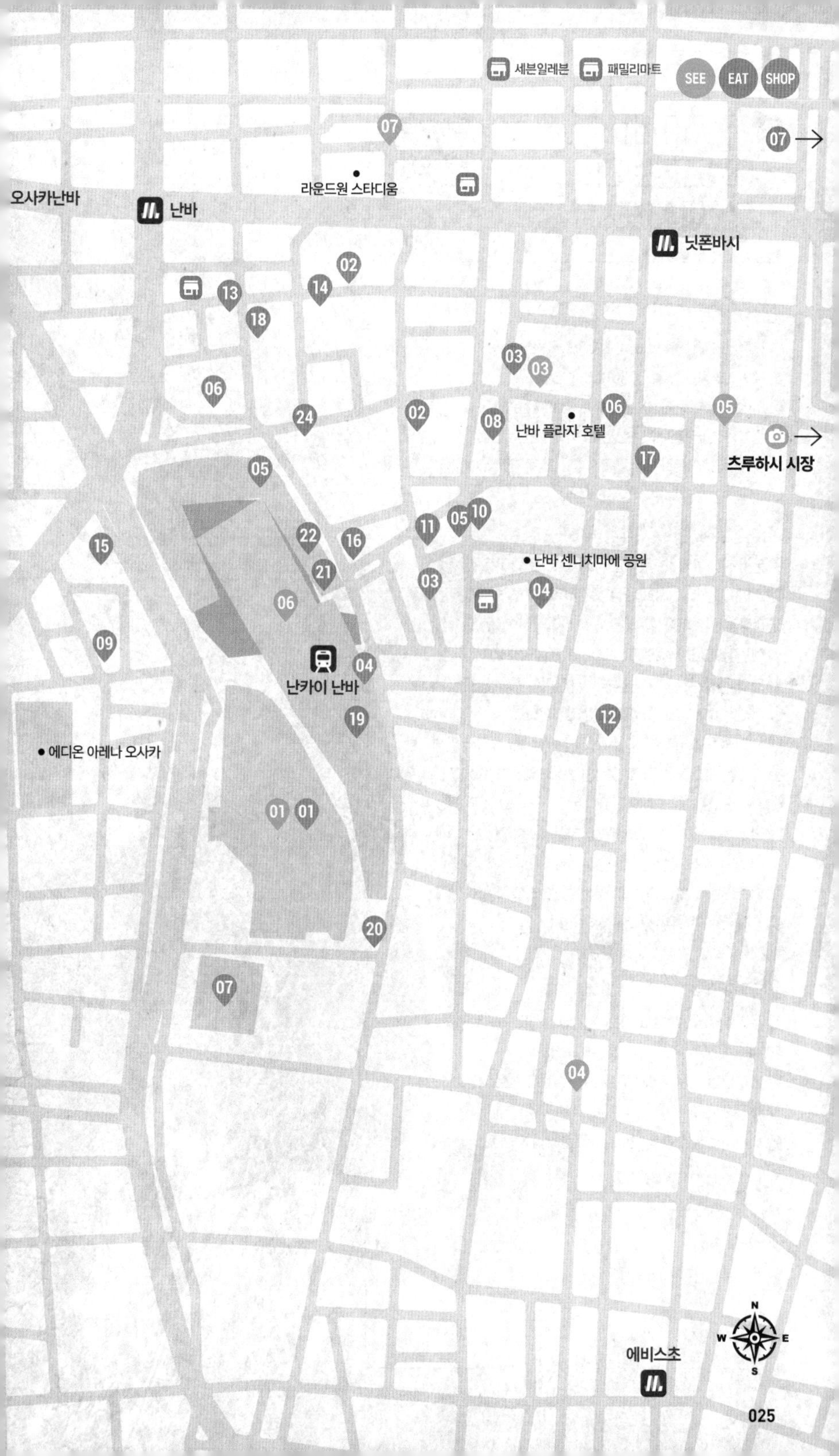

세븐일레븐
패밀리마트
SEE
EAT
SHOP
07
07
라운드원 스타디움
오사카난바
난바
닛폰바시
02
14
13
18
03
03
06
24
02
08
난바 플라자 호텔
06
05
17
츠루하시 시장
05
22
16
11
05
10
15
21
난바 센니치마에 공원
03
04
06
09
난카이 난바
04
19
12
에디온 아레나 오사카
01
01
20
07
04
N
W
E
S
에비스초

# B 신사이바시 & 도톤보리 상세 지도

## SEE

01 도톤보리 02 신사이바시스지 03 글리코러너
04 에비스바시스지 05 톤보리 리버 크루즈
06 아메리카 무라 07 미도스지 08 호젠지요코초
09 오렌지 스트리트 10 크리스타 나가호리
11 국립 분라쿠 극장

## EAT

01 돈카츠 다이키 02 몬디알 카페 328 03 다이코쿠
04 소라 05 사카마치노 텐동 06 파티스리 루셰루셰
07 마루후쿠 커피점 08 테우치 소바 아카리 09 간코
10 텟판진자 11 카이텐즈시 초지로 12 메이지켄
13 코가류 14 쿠시카츠 다루마 15 이마이 16 카츠동
17 이키나리 스테키 18 아지노야 19 미즈노
20 10엔빵 & 쵸코추로스 21 르 크루아상 22 순키사 아메리칸
23 앤드류 에그타르트 24 우지엔 25 바 래러티 26 하리쥬
27 카니도라쿠 28 도톤보리 코나몬 뮤지엄 29 킨구에몬
30 카무쿠라 31 킨류 라멘 32 이치란 33 북극성
34 다이키수산 회전초밥 35 자마이카 5 36 야키니쿠 라이크
37 카오스 스파이스 다이너 38 살롱 드 테 알시온
39 크레프리 알시온 40 아라비아 커피

## SHOP

01 돈키호테 02 마츠모토키요시 03 산리오 기프트게이트
04 핸즈 05 유니클로 06 지유 07 H&M
08 스포타카 신사이바시 09 러쉬 10 산큐 마트
11 애플 스토어 12 다이소 13 3코인즈
14 다이마루 백화점 & 파르코 15 한나리 & 펫 파라다이스
16 야마하 뮤직

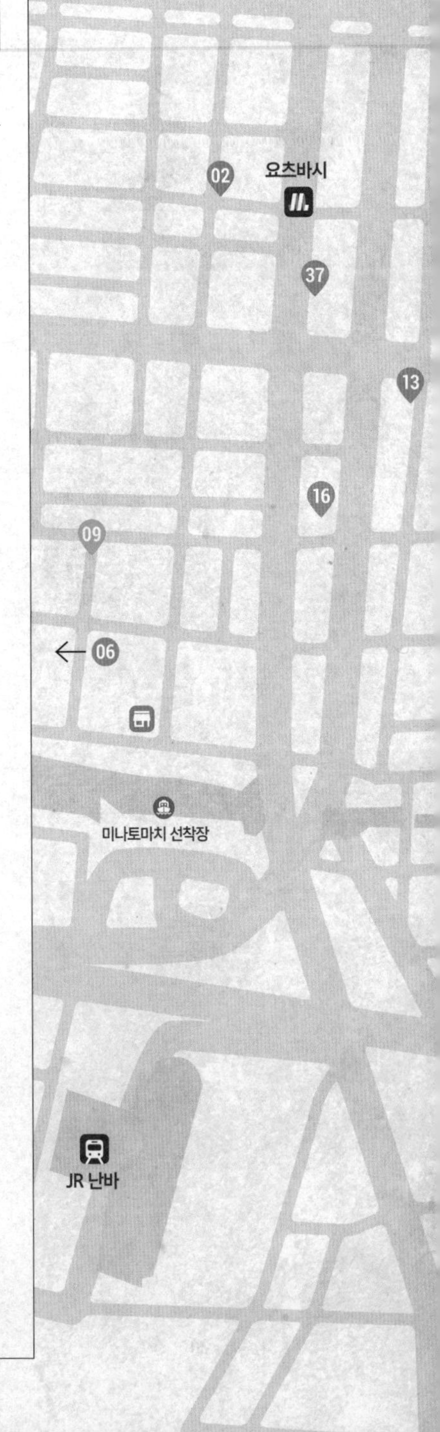

세븐일레븐
패밀리마트
SEE
EAT
SHOP
신사이바시
나가호리바시
호텔 닛코 오사카
돈키호테 도톤보리 미도스지점
오사카난바
난바
닛폰바시
N
W
E
S

# 오사카성 상세 지도

## SEE

01 오사카성
02 니시노마루 정원
03 오사카성 공원
04 오사카 역사박물관
05 오사카성 박물관
06 피스 오사카
07 조폐박물관
08 수상버스 아쿠아라이너
09 나니와궁 사적공원

## EAT

01 키즈나
02 아시드라시니스
03 슈하리
04 극락우동 TKU
05 소바키리 아야메도우
06 중화 소바 우에마치
07 소바 도산진
08 톤타
09 커리바 니도미
10 뉴 베이브
11 R 베이커
12 조 테라스

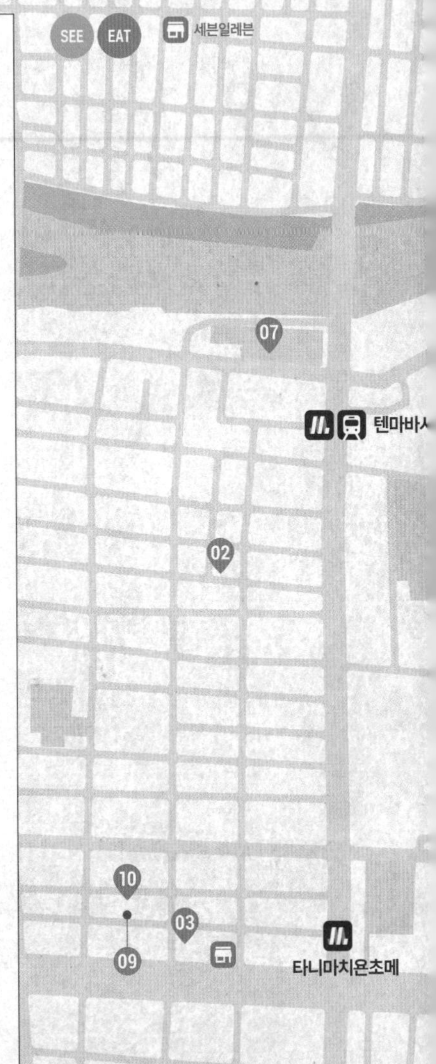

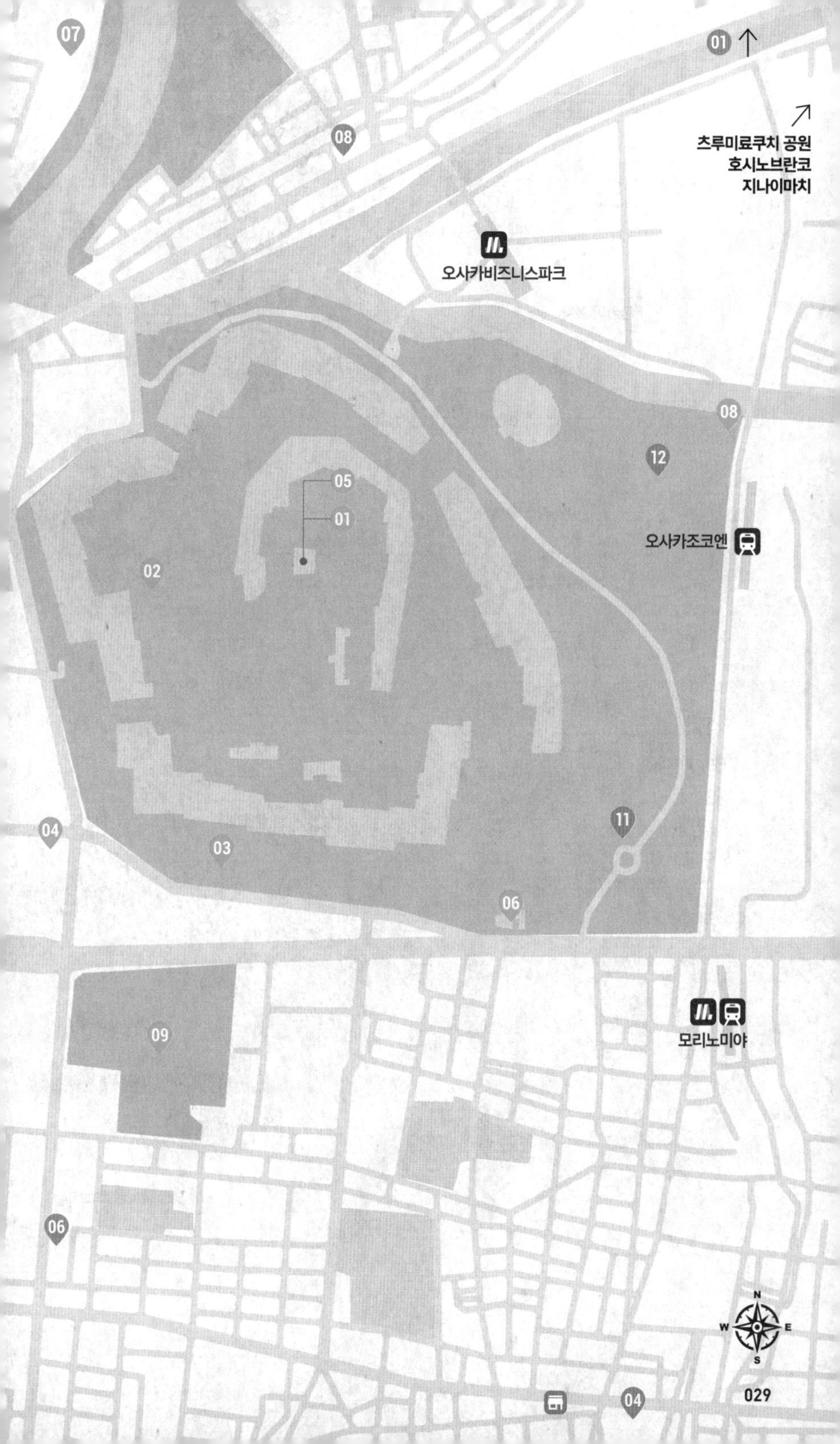
07
01
측루미료쿠치 공원
호시노브란코
지나이마치
08
오사카비즈니스파크
08
12
05
01
오사카조코엔
02
04
03
11
06
모리노미야
09
06
N
W
E
S
04

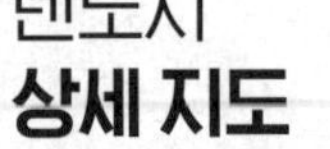

세븐일레븐 패밀리마트

06 한카이 전차

08 그릴 본

02 츠텐카쿠

03 신세카이

01 쿠시카츠 다루마

10 신세카이 칸칸

오사카 시립미술관

07 야에카츠

01 메가 돈키호테

05 케이타쿠엔

도부츠엔마에

텐노지

아루니아라무 09

센타로 킨테츠 06

아베노 큐즈 몰 03

야마짱

후프 다이닝 코트 11

후프 02

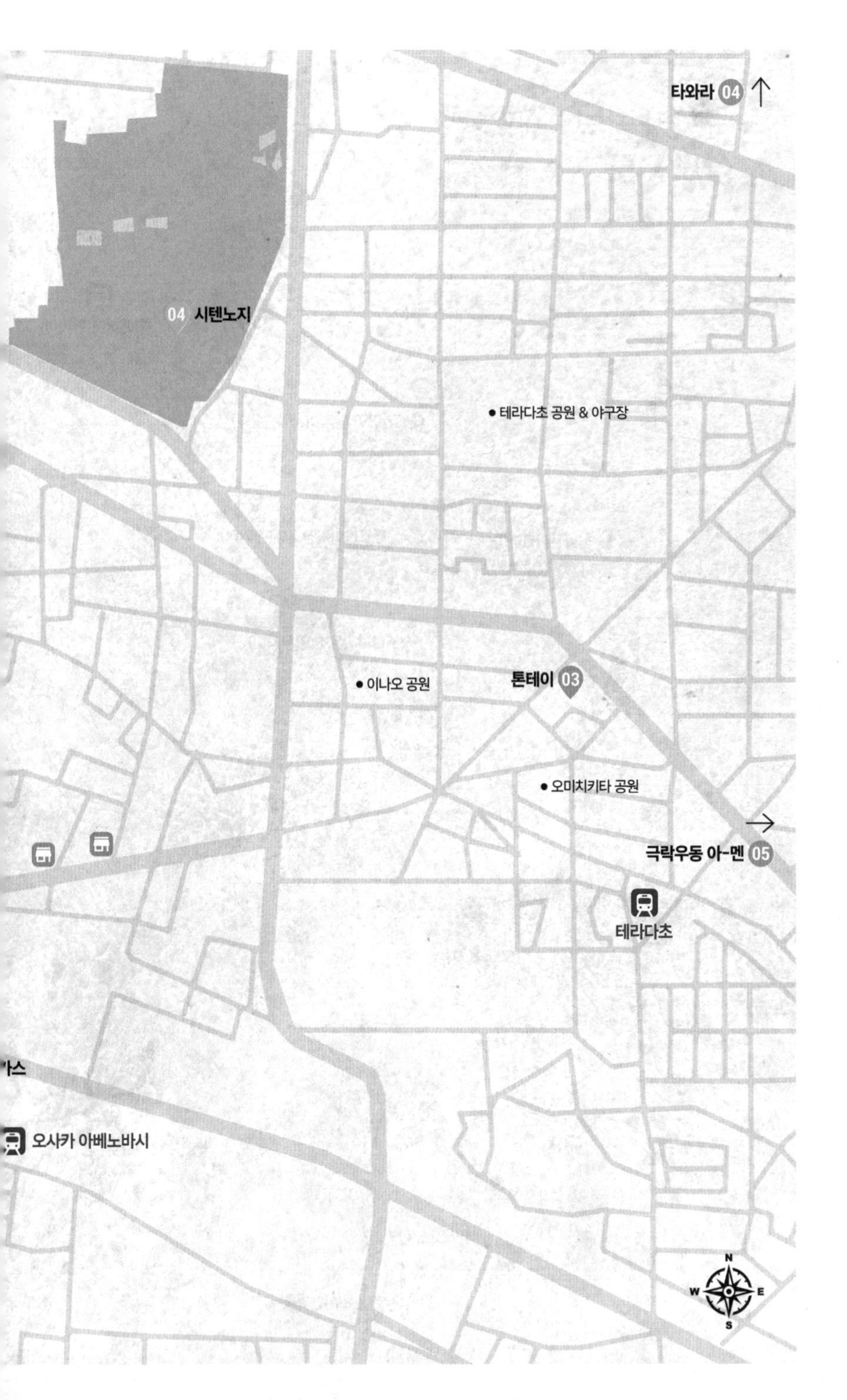
타와라 04
04 시텐노지
테라다초 공원 & 야구장
톤테이 03
이나오 공원
오미치키타 공원
극락우동 아-멘 05
테라다초
오사카 아베노바시
N
W
E
S

# 오사카 남부 **상세 지도**

카타바타케(한
02 겐지
히메마츠(한카이)
타마데
테즈카야마(난카이)
테즈카야마산초메(한카이)
하가시코야마
테즈카야마욘초메(한카이)
기미노키(한카이)
스미요시타이샤(난카이)
03 스미요시타이샤
스미요시토리이마에(한카이)
사와노초(난카이)
린쿠 프리미엄 아웃렛

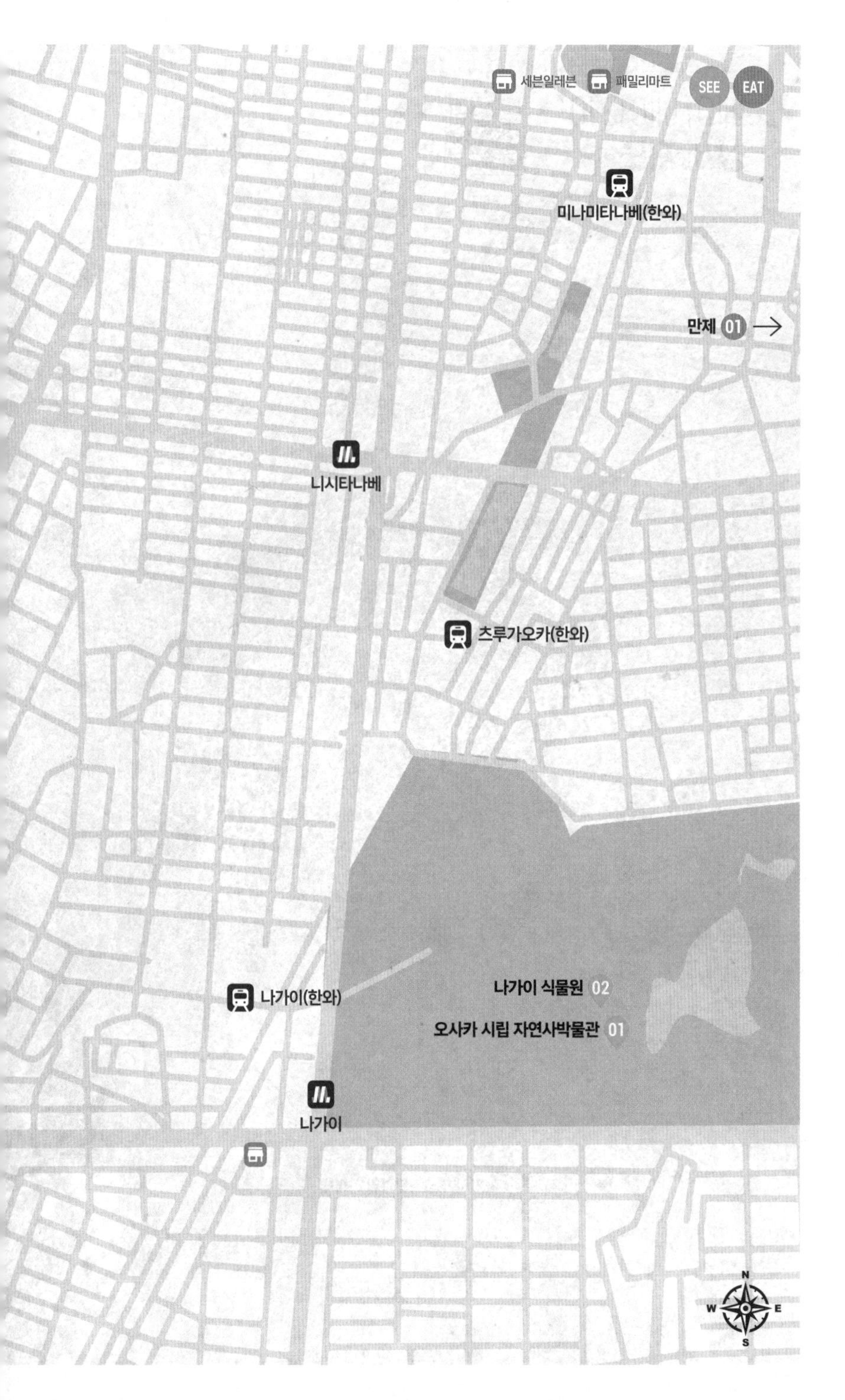
세븐일레븐
패밀리마트
SEE
EAT
미나미타나베(한와)
만제 01
니시타나베
츠루가오카(한와)
나가이 식물원 02
나가이(한와)
오사카 시립 자연사박물관 01
나가이
N
W
E
S

## 베이 에어리어 **상세 지도**

산타마리아 유람선

코스모스퀘어

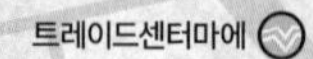


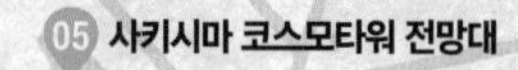

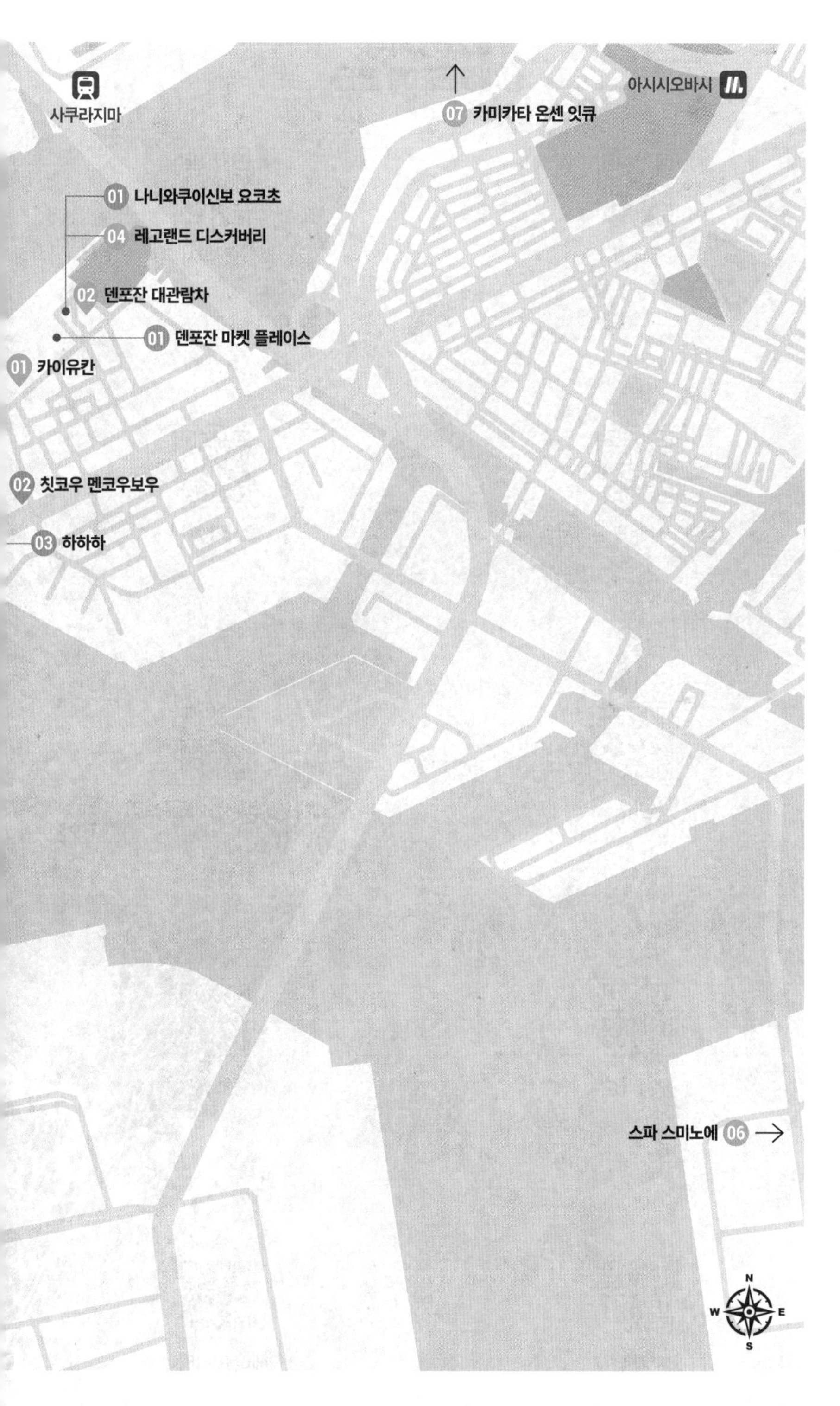
사쿠라지마
07 카미카타 온센 잇큐
아시시오바시
01 나니와쿠이신보 요코초
04 레고랜드 디스커버리
02 덴포잔 대관람차
01 덴포잔 마켓 플레이스
01 카이유칸
02 칫코우 멘코우보우
03 하하하
스파 스미노에 06
N
W
E
S

# 오사카 지역<br>상세 지도 QR 코드

우메다

텐진바시

나카노시마 & 혼마치

오사카 북부

난바

신사이바시 & 도톤보리

오사카성

텐노지

오사카 남부

베이 에어리어